视频会议系统实用指南

梅运谊　编著

石油工业出版社

内 容 提 要

本书以实践经验为基础,结合前沿技术,介绍了视频会议系统的主要技术内涵和实际操作技巧,内容涵盖计算机网络、音视频系统、灯光系统、控制系统、传输系统、显示系统等领域的技术。

本书既有理论分析,也有实际操作指南,可供大专院校多媒体专业、计算机网络专业、数字音视频技术研究和应用的师生、企事业单位信息化管理和技术人员、智能建筑设计实施单位,音视频厂家人员阅读参考。

图书在版编目(CIP)数据

视频会议系统实用指南/梅运谊编著. —北京:
石油工业出版社,2018.1
ISBN 978—7—5183—1597—0

Ⅰ.①视… Ⅱ.①梅… Ⅲ.①视频会议系统—指南
Ⅳ.TN948.63—62

中国版本图书馆 CIP 数据核字(2016)第 274637 号

出版发行:石油工业出版社
　　　　(北京安定门外安华里 2 区 1 号　100011)
　　　　网址:www.petropub.com
　　　　编辑部:(010)64523561　图书营销中心:(010)64523633
经　　销:全国新华书店
印　　刷:北京中石油彩色印刷有限责任公司

2018 年 1 月第 1 版　2018 年 1 月第 1 次印刷
787×1092 毫米　开本:1/16　印张:23.5
字数:540 千字

定价:128.00 元
(如出现印装质量问题,我社图书营销中心负责调换)
版权所有,翻印必究

前　言

我们每天都在用视觉和听觉接收信息，视觉与听觉的结合成为正确接收信息不可缺少的重要组成部分。随着信息化技术的突飞猛进，传统的会议模式正逐步被摒弃，新的网络化视频会议应用得到迅速普及，它将原来界限分明的专业技术和日常应用进行了融合，通过网络把相隔两地的各方人员"集中"在一起，视频会议越来越受到政府、大中型企业等用户的青睐并被广泛应用。

视频会议系统表面看来很简单，就像电视机一样，只要远方有信号传送，本地就可以接收显示，但是它不同于电视的单方被动接收，它可实现双方互动并保证内容的安全保密传输，是一个相对复杂的系统。为了达到高清舒适效果，需要运用到通信技术、建筑声学、扩声技术、视频技术、摄像技术、显示技术、灯光技术、信号传输控制技术以及网络技术等。对于没有接触过视频会议系统的人而言，难免眼花缭乱，会遇到一些生涩难懂的概念、原理和理解等方面的困难。为此，本书尽量考虑各层次用户需要，以深入浅出的文字和插图来阐明视频会议系统的相关知识和操作方法。

本书内容丰富，共分11章，主要介绍了计算机网络系统、多点控制单元和视频终端、摄像系统、扩声系统、灯光环境系统、视频系统、显示系统、控制系统、后期编辑系统、远程呈现系统、规章制度、工作流程、风险管控以及故障处理等内容。

本书的撰写得到中国石油信息管理部、中国石油信息技术服务中心以及王晶、张帆、颜辉、姚强、孔德宇等同事和中国石油长城钻探工程有限公司欧阳勇林同行的大力支持与帮助，并参考了国内外大量文献资料，在此一并表示感谢。但限于笔者的水平，在编写过程中不免带有片面性，因此书中不足、不当、疏漏甚至谬误之处，敬请专家、同行和读者批评指正。

联系电话：（010）59984964
电子邮件：cnpcit@126.com

目 录

1 视频会议综述 ·· 1
　1.1 视频和视频会议的概念 ·· 1
　1.2 视频会议的发展历程 ·· 2
　1.3 视频会议系统组成 ··· 4
　1.4 视频会议应用现状分析 ·· 8
　1.5 视频会议协议 ··· 10
　1.6 视频会议的设计原则与依据 ·· 15
　1.7 视频会议的发展趋势展望 ··· 16
　1.8 企业和行业用户市场前景 ··· 17
　1.9 视频会议系统面临的挑战 ··· 19
　1.10 影响视频会议未来的几项技术 ·································· 22
2 视频会议网络环境及交换技术 ··· 27
　2.1 网络管理 ··· 27
　2.2 网络选型 ··· 39
　2.3 路由与交换 ··· 43
　2.4 网线制作 ··· 56
　2.5 网络监控 Sniffer 软件介绍 ··· 58
　2.6 常用网络操作指令 ··· 59
　2.7 视频会议系统技术要求及产品 ··································· 62
3 多点控制单元及视频会议终端 ··· 65
　3.1 视频会议的模式 ·· 65
　3.2 视频会议系统的结构 ··· 65
　3.3 多点控制单元概述 ··· 67
　3.4 主流多点控制单元介绍示例 ······································· 71
　3.5 多点控制单元操作 ··· 76
　3.6 视频会议终端概述 ··· 95
　3.7 视频会议终端 WEB 界面操作 ··································· 104
4 远程呈现技术 ·· 123
　4.1 基本概念 ··· 123
　4.2 工作原理 ··· 124
　4.3 远程呈现的关键技术指标 ··· 126

4.4　应用现状和技术发展趋势 ………………………………………………………… 130
　　4.5　远程呈现系统应用前景 …………………………………………………………… 130

5　摄像系统 ……………………………………………………………………………………… 135
　　5.1　摄像机常见指标 …………………………………………………………………… 137
　　5.2　CCD 摄像机 ………………………………………………………………………… 139
　　5.3　选择合适的视频会议摄像头 ……………………………………………………… 141
　　5.4　数字视频技术 ……………………………………………………………………… 143

6　显示系统 ……………………………………………………………………………………… 147
　　6.1　投影技术分类与 DLP 投影机特点 ………………………………………………… 147
　　6.2　大屏幕显示系统 …………………………………………………………………… 149
　　6.3　软边融合大屏幕拼接系统 ………………………………………………………… 157
　　6.4　LED 显示屏 ………………………………………………………………………… 163
　　6.5　其他附属设备 ……………………………………………………………………… 167

7　扩声系统 ……………………………………………………………………………………… 170
　　7.1　调音台概述 ………………………………………………………………………… 170
　　7.2　矩阵及数码调音台 ………………………………………………………………… 175
　　7.3　周边设备介绍及使用 ……………………………………………………………… 178
　　7.4　功放系统 …………………………………………………………………………… 197
　　7.5　麦克风、音箱功放的选型与匹配 ………………………………………………… 201
　　7.6　同声传译会议系统的产品与技术 ………………………………………………… 203
　　7.7　音频编辑软件介绍 ………………………………………………………………… 204
　　7.8　某会议室音频测量报告示例 ……………………………………………………… 206

8　切换控制系统 ………………………………………………………………………………… 230
　　8.1　触摸屏 ……………………………………………………………………………… 230
　　8.2　中控系统 …………………………………………………………………………… 233
　　8.3　矩阵系统 …………………………………………………………………………… 239
　　8.4　视频切换台 ………………………………………………………………………… 242

9　视频会议室设计 ……………………………………………………………………………… 244
　　9.1　视频会议室总体要求 ……………………………………………………………… 244
　　9.2　视频会议室分类 …………………………………………………………………… 244
　　9.3　视频会议室的布局 ………………………………………………………………… 245
　　9.4　视频会议室背景墙设计 …………………………………………………………… 246
　　9.5　视频会议室环境设计关键要素 …………………………………………………… 247
　　9.6　视频会议室灯光设计 ……………………………………………………………… 247
　　9.7　视频会议室装修施工 ……………………………………………………………… 254
　　9.8　远程呈现视频会议室灯光要求 …………………………………………………… 257

	9.9 传输条件	258
	9.10 UPS电力供应	258
	9.11 消防安全	260
10	**音视频存储与后期非线编辑系统**	**262**
	10.1 常见视频格式介绍	262
	10.2 硬盘采集	263
	10.3 磁带采集	263
	10.4 视频采集卡	264
	10.5 非线性编辑	264
	10.6 后期制作	271
	10.7 选购非线性系统	285
	10.8 音视频编辑转换相关软件推荐	287
11	**视频会议管理制度与故障处理**	**288**
	11.1 某单位视频会议技术服务管理办法文本举例	288
	11.2 视频会议分会场管理制度	290
	11.3 视频会议系统运行维护规定	290
	11.4 视频会议技术服务细则	294
	11.5 视频会议系统风险管控	301
	11.6 POLYCOM产品主要故障解决办法	320
	11.7 视频会议常见问题统计与处理	328
	11.8 视频会议效益分析	335
12	**云视频会议**	**343**
	12.1 云视频会议产生背景	343
	12.2 云视频会议基本概念	345
	12.3 云视频会议的部署分类	346
	12.4 云视频会议的特性	347
	12.5 过渡中的云视频技术	351
附录1	**视频会议系统主要厂家介绍**	**353**
附录2	**视频会议相关辅件介绍**	**362**
参考文献		**365**

1 视频会议综述

在科技飞速发展的今天,人们在日常生活和工作中占有和接触的信息量越来越大,因而相互之间的信息交流和沟通也就变得越来越频繁,越来越重要。声音和图像是人类感觉器官的两大信息窗口。现今,人们对视频和音频信息的需求愈加强烈,追求远距离的视音频同步交互成为新的时尚。近年来,依托计算机技术、通信技术和网络条件的发展,集音频、视频、图像、文字、数据为一体的多媒体信息,使越来越多的人开始通过互联网享受到网上生活、远程医疗、远程通信的乐趣,缩短了时区和地域的距离。随着社会信息化程度的不断提高,当今企业所面临的竞争压力也不断增加,采用先进的信息化手段,加快企业沟通运作,提高竞争力,已是众多企业的当务之急。作为一种先进的通信手段,视频会议应运而生,并被众多跨国和跨地区企业所采用。它能使人们不受时间空间限制,进行自然的或计划好的会议,避免耗时、费力的长途奔波,它能够再现实地会议的效果,减小因距离因素而产生的与会者之间的隔阂。

1.1 视频和视频会议的概念

静止的画面叫图像(picture)。当连续图像变化每秒低于 24 帧画面时,人眼会有不连续的感觉,叫动画(cartoon)。当连续的图像变化每秒超过 24 帧(frame)画面以上时,根据视觉暂留原理,由于人眼无法辨别每幅单独的静态画面,而呈现出平滑连续的视觉效果,这样的连续画面叫视频。在日常生活中,我们可以根据需要设置不同帧率的文件,创造不同的显示效果。如聊天软件中自己制作动画或者制作电子相框中的视频。

视频会议是指通过现有的各种电气通信传输媒体,将人物的静态/动态图像、语音、文字、图片等多种信息分送到各个用户的硬件设备上,使得在地理上分散的用户可以在互联网上共聚一处,通过图形、声音等多种方式交流信息,增加双方对内容的理解能力。视频会议通常也叫电视会议,顾名思义,是利用电视技术和设备召开会议。但这种电视技术不同于普通的广播电视技术,它是一种利用视频、音频压缩技术及点到点或点到多点的通信规程、帧同步控制和指示信号等技术组成的设备,通过不同的传输信道进行码流的传送,进而实现会议的效果。

视频会议系统,又称会议电视系统(以下统称为视频会议系统),是指两个或两个以上不同地方的个人或群体,通过传输线路及多媒体设备,将声音、影像及文件资料互传,实现即时且互动的沟通,以实现会议目的的系统。视频会议有点像使用电话,除了能看到与你通话的人之外，能看到他们的表情、肢体语言，及他们对你的言谈的反应。通话双方可以使用同一张数据表或者任何其他计算机上的文件，就好像你跟和你所通话的人在同一房间、面对面地工作一样。由于相信"眼见为实"，更能加深人的理解与记忆，视频会议比电话更能使人们进行更有效的交流，产生更好的效果。

视频会议系统可以设计成允许好几组不同地方的人参加同一个会议，也可以设计成只允许几个人在他们的桌面上讨论项目。无论怎样，他们都能看到全方位的活动图像，清楚地听到对方所说的话，感觉就像在一起。用这种方式，视频会议创造了这样一个环境：更快地决策，更加有效地协作。还有一个更为显著的优点是——不用出差，拥有视频会议，你就可能参加任何一个地方的会议。

采用视频会议，可以实现与多人同时进行通信与面对面讲话。在全球各地的办公室和教育机构，视频会议还广泛用于学习、培训和与联系人会面。视频会议不仅能够节省电话费，而且通过取消旅行还有助于改善环境和减少业务开支中安排员工外出开会的差旅费。此外，朋友和家人能够利用视频会议与居住在其他国家的亲人保持联系，甚至在海外作战的士兵也能够利用视频会议与家属亲友保持联系，不因距离而疏远。

1.2 视频会议的发展历程

视频会议的普及和发展经过了从模拟到数字、从单点对单点到多点对多点、从有线到无线、从功能单一到功能全面的过程。

1.2.1 模拟视频会议阶段

模拟视频会议诞生于 20 世纪 70 年代，当时的视频会议传送的是黑白图像，并且只限于两方之间举行会议。尽管如此，视频会议还是要占用很宽的频带，费用很高，因此没有得到推广。但是，在此期间，Nippon Telegraphand Telephone 于 1976 年建设了东京和大阪之间的视频会议系统；IBM 于 1982 年采用 48kb/s 的通道将日本公司连接到了内部的视频会议系统之中，用于每周与美国总部之间的商务会议。这两个事件极大地促进了视频会议在软件和技术上的发展。

模拟电视会议系统由终端设备、数字通信网络、网路节点交换设备等组成。终端设备包括摄像机、显示器、调制解调器、编译码器、图像处理设备、控制切换设备等。终端设备主要完成电视会议信号发送和接收任务。

1.2.2 专用网数字视频会议阶段

20 世纪 80 年代出现了数字电视会议。它是随着数字图像压缩技术的发展而产生的，由于占用频带较窄，图像质量较好，因此，数字电视会议逐步取代模拟电视会议，并且得到发展，在国外某些地区开始形成了电视会议网。但是由于各地使用的标准不一，难于实现国际电视会议。1988年到1992年期间，国际电报电话咨询委员会在会议电视研究的基础上，形成了国际电视会议的统一标准（H.200 系列建议），规定了统一的视频网上通信模式交换标准，从此第一次出现了国际统一标准的电视会议系统（H.200），为国际电视会议提供了条件。

数字视频会议网络传输主要通过卫星、光纤等专用网络。其中，基于 ATM 网络组网可提供 QoS（Quality of Service，视频会议质量保证），只需在原有的 ATM 网上增加 ATM25M 接入交换机 V-Switch，增加 ISDN 电视会议网关设备 V-Gate，就可实现基于 ATM 的会议电视系统与基于 ISDN 的会议电视系统的互通。此方案的特点是图像质量很好（可达到 MPEG Ⅱ 图像质量）、组网方便，不用把所有电视会议终端线路都联到多点控制单元（MCU）上、可靠性高。不足之处是设备费用高，且必须具备 ATM 网络。

1.2.3 基于 IP 网络视频会议阶段

随着 Internet 的飞速发展以及网络带宽的提升，基于 Internet 的硬件方式视频会议和纯软件方式的视频会议得到广泛应用。其中纯软件视频会议由于成本低廉且效果基本满足要求，因此得到高速发展。随着 ADSL 接入方式的普及，网络使用费进一步降低，支持 ASDL 连接的视频会议设备大量出现，得到中小企业的广泛使用。随着通信技术的发展，光纤接入也得到普及，光纤传输速度快，高清视频成为可能。随着科学技术的不断发展，尤其是新的统一标准的电视会议系统 H.323 协议的推出，视频会议系统得到空前的发展，在政府、军事、金融、电信、教育、企业等领域得到广泛应用。

2006 年初，第一款 720P 高清视频会议产品问世，拉开了高清视频会议的序幕；2008 年首款 1080P 高清视频会议系统出现，标志着视频会议系统已经进入高清时代。与传统的标清视频会议系统相比，高清视频会议系统通过提供更为清晰的画面质量、更好的声音效果，提供给与会者高效、高质量的视频体验，使与会者能够更有效地进行会议交流。此外，高清视频会议系统能够高清晰度地显示高分辨度内容，这对于某些特定领域比如医疗、地图、测绘等是至关重要的。随着 HDTV、HD 摄像机等设备的普及，高清视频会议系统得到了更为广泛的应用。更多的企业和机构由于认识到信息化建设对于企业的发展起到至关重要的作用，对高清视频会议系统有了更多的需求，同时市场上也涌现出更多家厂商，积极应用高清视频会议新技术，不断开发出新产品，视频会议市场步入高清时代，进而打开高清视频会议系统的应用新局面。高清视频会议系统的技术主要包括视频编码技术、图像标准、网络通信协议等。

H.264 是一种高性能的视频编解码技术，它是由 ITU-T 和 ISO 两个组织联合组建的数字视频编码标准，既是 ITU-T 的 H.264，又是 ISOMPEG-4 标准的第 10 部分。H.264 堪称是当今高清晰多媒体通信的基石，HD-DVD 与蓝光 DVD 均采取 H.264 作为其制作标准。H.264 是在 MPEG-4 技术的基础之上建立起来的，采用"回归基本"的简洁设计，其最大的优势是具有很高的数据压缩比率，且在具有高压缩比的同时还拥有高质量流畅的图像。

采用 H.264 的多媒体系统在图像质量上大大优于传统系统，H.264 比以前 H.263 和 MPEG-4 编码效率提高约 50%。同等的图像质量条件下，H.264 的数据压缩比能比当前 DVD 系统中使用的 MPEG-2 高 2～3 倍，比 MPEG-4 高 1.5～2 倍，比 H.263 高 2 倍。

高清视频会议常用的网络通信协议包括 ITU-T 提出的 H.323 协议和 IETF 提出的 SIP 协议。H.323 是一个框架性建设，沿用的是传统的电话信令模式，技术比较成熟，当前市场上视频会议产品大多支持这个协议。H.323 集中控制便于计费，对带宽的管理也比较简单、有效。但是由于所有参加会议终端都向多点控制单元（MCU）发送控制消息，因此对于大型会议 MCU 可能会成为其瓶颈，并且 H.323 不支持信令的组播功能，因此扩展性较差。H.323 协议规定，音频和视频分组必须被封装在实时协议 RTP 中，并通过发送端和接收端的一个 UDP 的 Socket 对其进行承载。而实时控制协议 RTCP 用来评估会话和连接质量，以及在通信方之间提供反馈信息。相应的数据及其支持性的分组可以通过 TCP 或 UDP 进行操作。H.323 协议还规定，所有的 H.323 终端都必须带一个语音编码器，最低要求是必须支持 G.711 协议。

SIP（Session Initiation Protocol）是一个会话层的信令控制协议。用于创建、修改和释放一个或多个参与者的会话。这些会话好似 Internet 多媒体会议、IP 电话或多媒体分发。会话的参与者可以通过组播（multicast）、网状单播（unicast）或两者的混合体进行通信。使用 SIP 协议，服务提供商可以随意选择标准组件。不论媒体内容和参与方数量，用户都可以查找和联系对方。SIP 对会话进行协商，以便所有参与方都能够就会话功能达成一致以及进行修改。它甚至可以添加、删除或转移用户。

SIP 协议不需定义建立会话的类型，只定义应该如何管理会话。SIP 消息是基于文本的，因而易于读取和调试。新服务的编程更加简单，对于设计人员而言更加直观。SIP 为分布式的呼叫设计，具有分布式的组播功能，便于会议控制，而且简化了用户定位、群组邀请等，并且能节约带宽，具有简练、开放、兼容和可扩展的特点。

1.2.4 多功能统一通信管理平台阶段

多媒体通信管理平台，集视频会议、视频监控、应急指挥调度、即时通信、视频点播、桌面应用、VOIP 电话、办公软件协同等应用于一体，支持多协议的转换和兼容，支持移动网络和 Internet 网络融合，具有大容量组网、智能网络适应、高保真音视频、软硬结合、多业务融合、平台开放能接入第三方设备等特点。

1.3 视频会议系统组成

视频会议系统主要由主会场环境设备、分会场环境设备、传输网络、多点交换设备 MCU 组成。如图 1.1 所示。

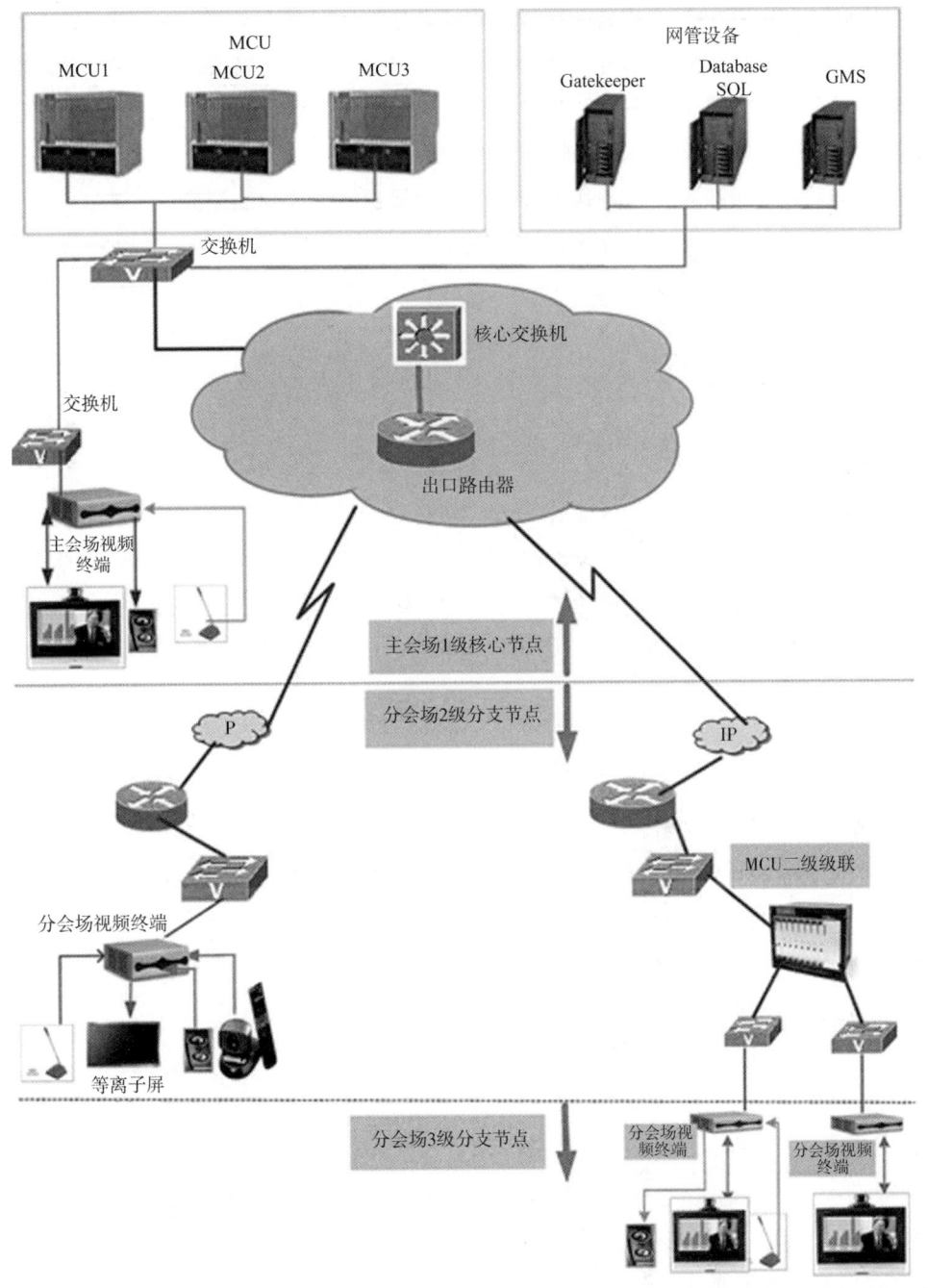

图 1.1　视频会议系统的组成

1.3.1 视频会议系统分类

视频会议系统可以从以下四个方面进行分类：

一是从设备上对视频会议系统进行分类，可以分为软视频会议系统和硬视频会议系统。软视频会议系统设备只需要一个电脑或移动终端、相关视频会议软件、设备外设话筒及麦克，一般部署在个人办公室和小微型会议室。硬视频会议系统一般部署在固定的会议场所，有专业的视频会议终端以及周边设备，传输的音视频效果要比前者好许多。一般部署在大中型会议室，支持电话加入会议，其部署要求相对软视频会议系统复杂。

二是从传输内容来看，可以分为普通视频会议系统和双流数据视频会议系统（后者在传送视频的同时可以传送数据流）。

三是从视频分辨率看，可以分为标清视频会议系统和高清视频会议系统，后者视频显示、音响效果比前者要强很多，同时也对带宽与设备要求更高，图像分辨率至少在720P以上。在高清视频会议发展阶段，目前又有了更好体验效果的远程呈现视频会议系统，其效果体验比高清效果还要好。

四是从会议进程控制方式的角度看，可以把视频会议系统分为两类，第一类是多点会议系统，需要MCU参与，也就是参加的会场数目至少在两个以上，按照MCU容量不同，最多可以同时接入上百个会场；第二类是不需要MCU参与的视频会议系统，也叫点对点会议系统，一般1～3个分会场参与，这是因为部分视频会议系统终端内部可以支持到4个会场通信。

1.3.2 Lync 软视频会议

Lync 软视频会议，英文名为 Lync（Microsoft Lync，前称 Microsoft Office Communicator），是微软开发的一个配合 Microsoft Lync Server 一同使用，又或随同 Office 365 与 Live@Edu Lync Online 附送的即时通信客户端，有 2010 和 2013 两个版本。

客户端软件的基本特性包括即时通信、IP 电话和视频会议。主要功能如下：

（1）即时消息和在线状态。

支持多个终端的同时登陆以及状态同步。

（2）会议功能。

电话会议、PPT 共享、应用程序共享；

桌面共享、白板共享、会议录制；

邀请电话、Lync 用户加入、呼叫停靠；

视频会议、远程控制。

（3）企业级语音平台

与现有 PBX 集成，实现办公电话随时带的功能；

替换现有 PBX，成为企业级 PBX。

（4）企业联盟。

实现和企业内部沟通相同的功能：即时消息、在线状态、音视频会议、Web会议、桌面共享、会议录制、内容过滤、消息存档；

互联公网IM系统：MSN、SKYPE、Yahoo、Google、AOL。

（5）与现有宝利通等主流平台进行视频互联系统组成。

Lync客户端可以随时随地通过各种网络连接直接加入宝利通的视频会议中，而无须部署专用设备。

1.3.3 视频会议系统构成

视频会议系统一般包括多点控制单元（MCU）、会议室终端或者PC桌面型终端、电话接入网关（PSTN Gateway）、Gatekeeper（网闸）等几个部分。各种不同的终端都连入MCU进行集中交换，组成一个视频会议系统。此外，语音会议系统可以让所有桌面用户通过PC参与语音会议，这些是视频会议功能上的衍生。目前，语音视频会议也是多功能视频会议的一个辅助功能。

1.3.3.1 多点控制单元（MCU）

MCU是视频会议系统的核心部分，为用户提供群组会议、多组会议的连接服务。目前主流厂商的MCU一般可以提供单机多达64个及以上用户的接入服务，并且可以进行级联，可以满足用户数量不断扩大的使用要求。MCU的使用和管理相对复杂，需要专业技术人员操作，从MCU操作软件上能明确看到会议网络质量、视频质量、音频质量以及各会场工作状态是否正常。

1.3.3.2 大中小型会议室终端产品（End Point）

大中小型会议室终端产品是提供给用户的会议室使用的，会议室终端设备一般自带摄像头和遥控器，可以通过视频会议终端连接电视机或者投影仪等显示系统显示摄像机信号，用户可以根据会场的大小选择不同的显示设备。一般会议室摄像设备使用视频会议专用摄像头（常见的是和终端配套的一体机）或者专业摄像机（对视频图像要求更高时部署），用户可以通过遥控方式前后左右转动云台，从而选择需要的人物和场景供播送。

1.3.3.3 桌面型（PC）终端产品

可以直接在电脑上举行的视频会议，一般配置价格低廉的PC网络摄像头，现已支持几十点几百点的会议。由于PC是办公的标准配置，桌面会议终端不需要增加过多的硬件投入，只需要购买比较高性能的PC机和视频采集卡即可。国内外的网络视频会议厂商已经率先推出Saas模式的会议系统，创新式地推出租用服务，更是让网络视频会议的成本降到一般企业可以接受的范围内。基于Windows操作系统的电脑，可以在召开视频会议的同时实现电子白板、程序共享、文件传输等数据会议功能。

1.3.3.4 电话接入网关（PSTN Gateway）

用户可以直接通过固定电话或手机通信加入视频会议。这点对国内外出差在外的人尤其重要，已经成为视频会议不可或缺的功能。

此外，视频会议系统一般还具有录播功能，能够即时发布并且即时记录下来。基于现代会议对于会议信息资料的要求，录播系统能够支持演讲者电脑中电子资料 PPT 文档、FLASH、IE 浏览器及 DVD 等视频内容，也包括音频的内容、会议中领导嘉宾视频画面、主分会场参与者视频画面的同步录制。

1.4　视频会议应用现状分析

1.4.1　应用领域

视频会议系统的应用范围非常广泛，可应用在网络视频会议、协同办公、在线培训、远程医疗、远程教育等各个方面，广泛应用于政府、军队、企业、IT、电信、电力、教育、医疗、证券、金融、制造等各个领域。

1.4.1.1　政府级行政会议

由于政府部门通常会议繁多，差旅费用往往成为令人头疼的开支。多媒体视频会议技术的应用使得政府部门不仅节省了高额的差旅费用，而且大大节省了政府人员不得不在旅行中消耗的时间，从而提高了办公效率。

1.4.1.2　远程医疗

对于较偏远和医疗事业不很发达的地区，如何向患者提供快速、便捷的专家级服务，是世界各国的难题。多媒体视频会议正是实现这一服务的最佳手段。利用专业的远程医疗设备，使各地的专家通过多媒体视频会议的方式在一起研讨病情、指导治疗成为可能，并已经在欧美等发达地区得到应用。当前，在中国大中型城市的三甲医院也开始得到推广。

1.4.1.3　远程教育

多媒体视频会议中的流媒体技术非常适宜于远程教学。全球普遍存在教育资源分布不均乃至相对短缺的问题，应用视频会议不但可以大大增加各地学生接受平等教育的机会，其实时的双向交互式教与学也使远程教育变得如亲临课堂般生动、高效。而传统校园式的教育模式因其课堂面授性质和成本结构特点，需要引入大量高水平教师和投入巨额资金，限制了传统教育在短期内大规模发展的可能性，也使传统校园的面授式教育难以大范围地在职业成人继续教育和终身教育中实施。因此，全球正在大力发展现代远程教育，如我国广播电视大学最早应用远程教育。

1.4.1.4　商业领域

多媒体视频会议无疑是提高商务交流效率、处理紧急商务事件、节省商家会议差旅开支的最佳工具。在各种商务会谈中，多媒体视频会议起到了积极的作用，使得双方能迅速就所发生的商务事件达成一致。如在大型国有企业中，多媒体视频会议系统就得到了广泛应用,各跨国企业经常利用远程多媒体视频会议系统与国外分公司召开会议,进行商谈;也有不少国外公司采取这种方式进行网络招聘。

1.4.1.5 个人应用

每个人都可以在家庭、办公室、宾馆等,方便地利用个人视频会议系统或者公用视频会议系统,与远在万里之遥的朋友进行视频交流。正是由于市场的驱动,会议电视正从面向企业、社会走向个人、家庭,低带宽的多媒体通信系统成为发展热点。

1.4.2 行业组成

如果把视频会议领域看作一个生态圈,那么这个生态圈目前是由以下角色组成的。

1.4.2.1 产品供应商

产品供应商是视频会议领域中的核心组成部分。产品供应商研发和生产多种类型的视频会议产品及系统,包括多点控制单元(MCU)、网关(Gateway)、网闸(Gatekeeper)、视频终端(Video Client)、机顶盒式视频终端(Video Set Top)、电话会议终端产品等多种产品,以及提供网络平台通信系统、管理工具和配件。产品供应商在该行业中可以直接面对最终用户,或者通过中间代理商,都可以直接从市场获得基于产品销售的利润。

由于视频会议系统涉及的产品较多,国内外著名的产品供应商各有优势。POLYCOM、SONY、VCON、VTEL、中兴通讯、华为通讯、华平等在终端产品上占有较多优势,TANDBERG、华为、Polycom、EZENIA、ACCORD 在 MCU 产品上居于领先位置。

1.4.2.2 通信网络运营商

通信网络运营商是视频会议系统赖以生存的基础平台,同时网络环境限制了视频产品的技术发展和市场推动。他们在投入大量的资金进行基础建设后,需要寻找上层的服务提供商和产品提供商,来为自己的网络创造增值服务。同时,由于通信网络运营商自身条件的影响,一般都具备巨大的品牌效应。产品提供商与他们合作,为产品提供全面的解决方案和快速创立品牌的基本途径。

目前视频会议领域的通信网络运营商基本上由 IT 业界的骨干网络运营商和部分 ISP 商组成,在国内如中国电信、中国网通、中国联通、中国卫通等。

1.4.2.3 行业应用系统提供商

面对广大的企业用户市场,通用的会议式产品必须根据企业的实际功能需求和使用模式,进行一定的改变,特别是在协同工作(文件共享)方面。这就产生了具备丰富的行业应用经验,拥有良好的客户资源的提供商,他们能够根据实际的案例,综合各方面的条件和资源,提供完全符合特定行业需求的行业应用系统。目前视频会议系统主要应用行业有政府、教育、金融、电信、石油、电力等。

1.4.2.4 服务平台提供商

服务平台提供商是在通信网络的基础上,为客户提供远程视频会议系统租用和其他

ASP服务。他们面对的是直接客户，但是这种服务平台投资大，不过回报稳定，在行业中属于长期项目。目前在国内，中国电信和中国网通已经开始建立个人用户的视频会议服务平台。

1.4.2.5 内容提供商

内容提供商是在行业应用平台服务上层的专业服务机构，他们面对特定的专业客户，提供相应的内容服务，比如远程教学的内容服务、实时股评服务等。内容提供商通过收集、整理、编辑和发布特定的资讯内容和课程，并组织、协调客户之间的关系来获得服务利润。

1.5 视频会议协议

视频标准的发展大致是这样的，1990年H.261得到运用，呈现的图像是CIF格式；1996年H.263得到运用，呈现的图像为CIF格式；2006年H.264得到运用，呈现的图像为720P格式；2008年H.264得到运用，呈现的图像为1080P、720P/50FPS格式；2010年H.264-HP格式得到运用，呈现的图像为1080P/30－60FPS、720P/50FPS格式。

H.221——ITU-T关于会议电视系统中通信帧结构的协议。它主要定义了音频、视频、数据、控制信令等如何复接成帧传输的格式。

H.230——ITU-T关于会议电视系统帧同步控制和指示信号协议。

H.231——ITU-T关于会议电视系统多点控制协议。

H.242——ITU-T关于会议电视系统终端间通信规程。

H.224——ITU-T关于会议电视系统利用H.221的LSD/HSD/MLP的信道控制协议。

H.233——ITU-T关于会议电视系统的加密协议。

H.331——ITU-T关于会议电视系统单向接收的通信规程。

H.243——会议电视系统中关于3个或者3个以上会议电视终端建立通信的协议。实际为多个终端与MCU建立通信的规程。

H.281——ITU-T关于会议电视远端摄像机控制协议。

H.225——ITU-T关于H.323会议电视系统分组/解分组的通信规程。

H.245——ITU-T关于H.323会议电视系统的控制协议。

H.264——国际电信联盟（ITU）所制定的视讯会议系统规约标准。但是所提供的会议质量更优于H.263，接近MPEG4-port10的等级。H.264影像压缩技术是H.263的两倍，不论在IP或ISDN网络环境下，384kb/s的频宽下都能表现出如同H.263在768kb/s频宽下的影像画质，画面平顺清晰，即使人在移动也不会有马赛克或残影出现，不但呈现出最优质的画质，使用者只要花费过去频宽费用的一半就能以过去一半的频宽达到如同以往的视觉效果，堪称是业界视讯技术上的一大突破。

H.264 HP——国际电信联盟（ITU）国际标准高级图像编码技术，其编码包含四个层次：Baseline、Extended、Main、High profile；当前最先进的技术，使用效率最高，可以节约50%以上的网络带宽，其实现条件是具备技术很强的处理芯片和硬件平台。

H.239——双影像输出标准（Dou Video），为TANDBERG首创，并由ITU-T归纳成正式标准。H.239旨在使用双屏幕同时显现远程的与会者画面以及数据画面。

Data Encryption Standard（DES）——使用最广的数据加密标准（DES），在1997年被美国国家标准局（National Bureau of Standard）所采用。国家标准局现在已改名为国家标准与技术协会（National Institute of Standards and Technology，NIST）；而DES就成为NIST发布的第46项联邦信息处理标准（Federal Information Processing Standard 46，FIPS PUB 46）。DES会使用一把56位的钥匙来对64位的数据区段进行加密。这个算法会透过一连串的步骤将64位的输入转换成64位的输出。而同样的步骤与钥匙也会被用在解密上。

Advanced Encryption Standard（AES）——2000年10月，NIST（美国国家标准和技术协会）宣布通过从15种候选算法中选出的一项新的密匙加密标准。这个加密体系据说是一种分群群组加密方法，因为信息的内容是以128位长度的分群群组为加密单元的。加密密匙长度有128、192或256位多种选择，AES与目前使用广泛的加密算法——DES算法的差别在于，如果一秒可以解DES，则仍需要花费1490000亿年才可破解AES，由此可知AES的安全性。

4CIF——视讯会议所用的影像规格，分辨率704×576只能在ITU-T H.263标准下运行。

H.263——国际电信联盟（ITU）所制定的视讯会议系统规约标准。所定义的是在低宽带下所使用的影像压缩/解压缩技术，是将所需传输的影像，在每一次压缩过程中，只将动态的部分作压缩及传输。

G.711——是国际电信联盟制定出来的一套语音压缩标准，它利用一个64kb/s未压缩信道传输语音讯号。

G.729——是国际电信联盟制定出来的一套语音压缩标准，它可以利用数字编码的方式，将16BIT PCM的语音档案压缩，让语音数据文件的SIZE减低，因此在现在网络频宽有限的情况之下，原本需要较长时间传送较大档案量的传输情况，已经可以借由压缩方式，节省单位数据在频宽上的使用量，因此加快了语音在网络上的传输速度，也减低了网络上的负荷，所以让语音实时性的技术理想可以大大地往前迈进一大步，因此这对网络语音方面的发展有很大的帮助。这就是现在网络上语音处理常常采用这套标准的原因之一。

H.323——视频轨迹标准之一，是目前最普遍用于VoIP的标准，由ITU-T于1996年提出，原本是以局域网络（LAN）为基础做视讯会议的应用，后来被应用于网络电话，其新的版本也陆续进行，以适应网络电话新的应用，最新的第四版已于2000年提出，而目前市面上以第二版最为普遍，基于IP包交换网络的多媒体终端系统，针对没有QoS保障的IP网络环境中的视听业务制定。H.323定义了一个综合性的规范，H.323协议栈组成如图1.2所示，它使网络上的终端设备遵循这些规范，得以顺利进行沟通，包括语音压缩格式（G.711、G.722、G.723、G.722.1）、影像压缩格式（H.261、H.263）、呼叫信令（H.225）、控制信令（H.245）、注册与认证等（Registration，Admission，Status；RAS）。H.323架构由

4个组件所组成,包括终端设备(Terminal)、网关器(Gateway)、网关管理员(Gatekeeper)、多点控制单元(MCU),可进行点对点或点对多点的通信。

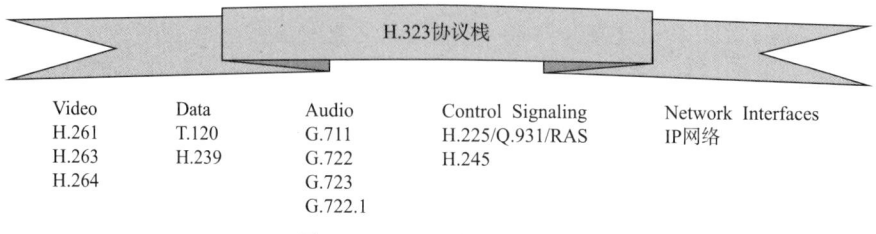

图1.2　H.323协议栈组成

H.320——视频轨迹标准之一,国际电信联盟(ITU)所制定的视讯会议系统规约标准,是关于N-ISDN网络中会议终端设备和业务的框架协议,协议栈包括语音压缩格式(G.711、G.722、G.728)、影像压缩格式(H.261、H.263)、呼叫信令(H.242)、控制信令(H.243、230),H.320标准方框图如图1.3所示。H.320系列是规范用于ISDN、DDN、T1和E1专线等数字网络的视讯电话/会议系统,是保证服务质量的多媒体通信和业务。其特征是专网专用,呼叫不灵活。H.320标准方框图如图1.4所示。

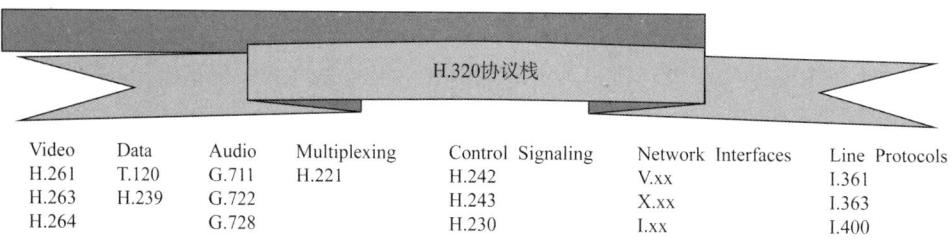

图1.3　H.320协议栈组成

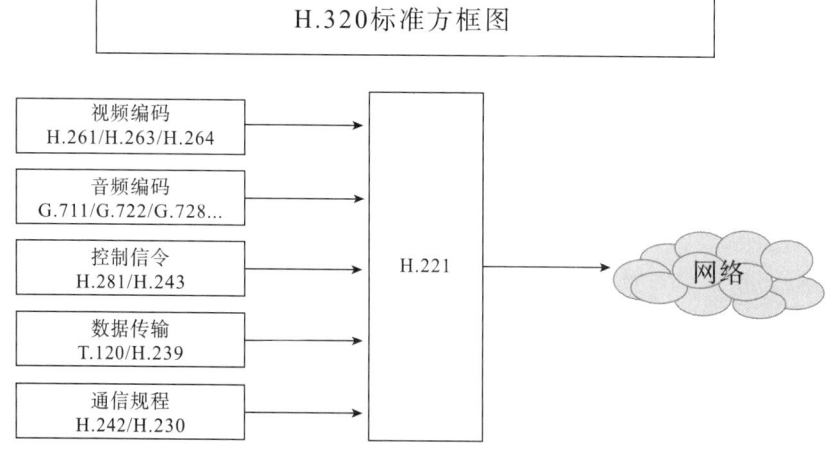

图1.4　H.320标准方框图

H.324/M——1995年11月通过H.324标准协议，H.324/M协议建立在电路交换无线网络上，而非IP分组交换网络。H.324M协议包含7个部分，其算法结构图如图1.5所示。分别是：(1)视频协议。负责视频信号的编解码，其中H.263是强制使用的协议，Mpeg-4和H.264都是可选的协议。(2)音频协议。负责音频信号的编解码，其中AMR是强制使用的协议，G.723.1和AMR-WB是可选的。(3)数据应用协议。可以支持的其他的数据应用协议，包括T.84点对点静态图片传送协议、T.434点对点文件传真协议及T.120系列Audiographic电话会议协议等。(4)通话控制协议。负责发起和结束通话、交换双方终端的处理能力、确定主叫方和被叫方、在通话中控制流量、交换指令等工作使用H.245协议。(5)控制信道分片重组协议。负责控制命令的分片工作，使用CCSRL方法。(6)数据包重发协议。负责控制命令的正确发送，使用包含NSRP和WNSRP方法。(7)数据复用协议。负责把不同的数据流（视频、音频、应用数据、控制）复用成一个流，把一个流解复用成不同的流的工作。

TCP/IP (Transmission Control Protocol/Internet Protocol)——Internet Protocol (IP)工作于网络层，它提供了一套标准让不同的网络有规则可循。当然，前提是想使用IP从一个网络封包路由到另一个网络。IP在设计上是用来在LAN和LAN及PC和PC之间进行传输，每一台PC或每一个LAN，都可以由一组IP地址来区分。一个IP地址的格式是四个用小数点（*.*.*.*）分隔开来的十进制数，每个数值介于0～255之间。TCP提供了一套协议，能够将计算机之间使用的数据透过网络相互传送，同时也提供一套机制来确保数据传送的准确性和连续性。

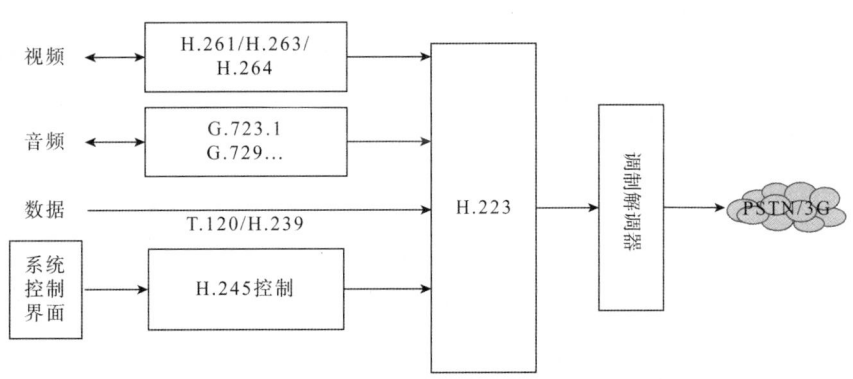

图1.5 H.324/M算法结构图

ISDN (Integrated Services Digital Network)——ISDN称为整体服务数字网络，是数字式多功能的公众通信网路，客户经由ISDN线路即可同时传送语音、数据、文字、影像、多媒体等信息。

BRI (Basic Rate Interface)——最高速度可达128kb/s，每一线路上同时提供两个64kb/s的B-Channel和一个16kb/s的D-Channel。

PRI (Primary Rate Interface)——因系统的不同会分为T1和E1线路，T1线路约相

当于 23 个 B-Channel，E1 约相当于 30 个 B-Channel。

MCU（Multipoint Control Unit）——MCU 是用在做多媒体视讯会议（Video Conference）时所用到的设备，主要功能是在协调及控制多个终端间的视讯传输。

Codec——泛指视讯会议之终端主机。

SIP（Session initiation Protocol）——IETF（Internet Engineering Task Force）在 1999 年 3 月的 SIP（Session Initiation Protocol）新架构，试图简化 H.323 的复杂性，且在语音传递功能提供较高的延展性，并直接采用文字（text-based）式的通信协议，能在两两或更多的传送参与者间，发展及控制多媒体传送（Multimedia Sessions），SIP 也规范通话建立与结束所使用的信令方式与讯息传输规格的协商机制。简单讲，SIP 是针对 H.323 标准过于庞杂，呼叫建立的速度慢与扩充性低的缺点，由 IETF 在 1999 年提出的通信协议标准。SIP 借用了很多 HTTP 的语法和语义（Syntax and Semantics）。在网络架构下的协议标准，透过 Gateway 达成与传统 PSTN 互通的目的，完成简单的网络电话架构。由于 SIP 具有 Client-Server 的架构，可利用 HTTP 既有的封包信息，而 H.323 封包必须保留不少的传输讯息，所以 SIP 适用于广域网络的传输架构。若与 H.323 相比，SIP 更为简单并易广为应用，具备简单（INVITE、ACK、BYE）扩展性好，易与 INTERNET 应用层结合的特点。SIP（Session Intiation Protocol）的架构除了包含 User Agent（Terminal）、Gateway 外，更包含了 Location Server、Redirect Server、Register Server 及 Proxy Server，SIP 使用 URL 来代表不同的用户，另外一点即是控制讯息的编码方式，SIP 所采用的 Text Mode 比 H.323 的 Binary Mode 更容易了解。但由于 SIP 是近来才被广泛讨论，一部分的架构定义还在制订当中，支持的展品数量及厂商自然比不上 H.323 来得普及。

MGCP（Media Gateway Control Protocol）——另一种不同于 H.323 和 SIP 的协定，不像 H.323，SIP 属于 Peer-to-Peer Protocol，MGCP 是属于 Master-Slave Protocol，也就是完全由 MGCP Server 控制其 Terminal。MGCP Call Agent 控制了 Terminal 及 Gateway，一旦客户端拿起电话或是拨了什么号码，这些信息都会一五一十地传送给 Call Agent，由 Call Agent 决定这些信息所代表的意义，以产生相对应的动作。相对应于 H.323 或 SIP，MGCP Terminal 显得似乎简单了许多，将所有的功能都由 Call Agent 控制，Call Agent 相较于 H.323 SIP 的 Server 也复杂了许多。

NTSC（National Television Standards Committee）——美国国家电视讯系统委员会，是由 FCC（联邦通信委员会）在美国地区所实行的电视播送格式，日本、加拿大、墨西哥、菲律宾等国亦跟进采用。此种标准由于可将亮度及色彩聚合在单一模拟信号内，因此常被称为复合视，每秒 30 个画面，每个画面具 525 条扫描线、60Hz 场频，需要 6MHz 模拟频道进行传输。

PAL（Phase Alteration Line）——是以 50Hz 电力系统为根据，德国、英国及大部分欧洲国家，还有中国香港、澳洲、尼泊尔、约旦及东南亚诸国（菲律宾除外）使用此种电视播送标准。此标准借着在交替扫描在线倒转色彩信号组件的相对相位，来避免 NTSC 所出现的色彩失真。在其他方面，PAL 与 NTSC 事实上极为相似。每秒 25 个画面，每个画面具 625 条扫描线、50Hz 场频，需要 8MHz 模拟频道进行传输。

CIF——视讯会议所用的影像规格，分辨率为 352×288，为 ITU-T H.261 标准的一部分，是专门为 PAL 系统设计的。含 QCIF、CIF 两种，其中四分之一画面大小的规格称为 QCIF。

SIF——视讯会议所用的影像规格，分辨率为 352×240，为 ITU-T H.261 标准的一部分，是专门为 NTSC 系统设计的。

T.120——是针对多媒体会议环境，提供了一套多点通信服务。无论使用者是否位于同样的实体网络上，只要遵循这套标准，便可以互相交换数据，在此基础下的程序可以使用档案传输、实时数据分享、电子白板等。

T.140——在 T.120 下的文字交谈（Chat）协议。

1.6 视频会议的设计原则与依据

1.6.1 设计原则

在进行视频会议系统设计时，主要应遵循以下原则：

（1）实用性原则。

以现行需求为基础，充分考虑发展的需要来确定系统规模。

（2）可靠性原则。

系统设计能有效保障可靠性，一方面最大限度地减少故障的可能性，另一方面要保证系统能在最短时间内恢复。

（3）安全性原则。

系统应能提供不同权限和信任度管理，防止系统外部人员的非法侵入以及操作人员的越级操作，保护建设者的合法利益。

（4）成熟和先进性原则。

系统结构设计、系统配置、系统管理方式等方面采用国际上先进、成熟、实用的技术，投标方应有相关领域的丰富经验和良好业绩。

（5）规范性原则。

系统设计所采用的技术和设备应符合国际标准、国家标准和业界标准，为系统的扩展升级、与其他系统的互联提供良好的基础。

（6）开放性和标准化原则。

在设计时，要求提供开放性好、标准化程度高的技术方案，设备的各种接口满足开放和标准化原则。

（7）可扩充和扩展化原则。

所有系统设备不但要满足当前需要，并在扩充模块后满足可预见将来需求，如设备的扩展、应用的扩展和办公地点的扩展等。保证建设完成后的系统在向新的技术升级时，能保护现有的投资。

（8）可管理性原则。

整个系统的设备应易于管理，易于维护，操作简单，易学易用，便于进行系统配置，在设备、安全性、性能等方面得到很好的监视和控制，并可以进行远程管理和故障诊断。

1.6.2 设计依据

视频会议系统的设计依据以下标准：

GB/T 15381—1994《会议系统的电及其音频性能要求》；

GYJ 25—1986《厅堂扩声系统声学特性指标》；

GB 50371—2006《厅堂扩声系统设计规范》；

GB 50148—2010《电气装置安装工程 电力变压器、油浸电抗器、互感器施工及验收规范》；

GB/T 14197—1993《声系统设备互联优选配接值》；

GB/T 14947—1994《声系统设备互联用连接器应用》；

GB/T 4197—1994《声系统设备互连用联机器的优选配置》；

GB/T 1 5644—1995《视听系统设备互连用连接器的应用》；

GB/T 15859—1995《视听、视频和电视系统中设备互连的优选配接值》；

GB 50312—2007《综合布线系统工程验收规范》；

GB 4959—1995《厅堂扩声特性测量方法》；

GBJ 76—1984《会议系统电与音频性能要求》；

GB/T 15859—1995《视听、视频和电视系统中设备互连优选配接值》；

GB 12060—1989《声系统设备一般术语解释和计算方法》。

1.7 视频会议的发展趋势展望

在标准协议以及应用等方面，视频会议系统将呈现以下发展趋势：

一是流媒体技术将会得到广泛应用。随着流媒体技术在宽带业务中支持技术，如负载均衡、服务器边缘化、内容配送以及流媒体缓冲的不断发展和完善，流媒体技术与数字视频会议系统一样，成为视/音频技术的重要组成部分，受到了业内人士的热烈追捧，两种技术之间的相互融合将会开拓更为广阔的市场应用空间。随着网络宽带化，视频会议终端也将智能化，需要集成度更高、处理能力更强的终端技术，将通信、娱乐、信息等各种功能融合在一起。

二是协议类型将会向 H.323 协议或新的协议不断转化，视频编解码技术会向 H.264、H.265 发展，语音技术向高保真、低带宽发展；MCU 向交换机和路由器融合；出现更为先进的音视频编解码技术和更专业的图像及语音前后端处理技术。能与下一代网络相融合，例如支持 IPv6 等；随着 IP 网络的普及和性能的提升，以及用于改善 H.323 协议本身存在缺陷（如网络适应性不好、过于复杂、缺乏安全性等）的新的协议和方案（如 SIP 协议）不断补充到现有的框架中，符合 H.323 协议的产品成为市场的主流。视频会议将从传统的视频会议室向"网真"型视频会议和桌面型视频会议两个方向延伸，拓宽使用领域，满足更高要求。

三是系统将会更加开放化和软件化。在视频会议系统中，最重要的能力就是传输视频数据，但由于数据量很大，必须在传输前进行压缩编码，传输后再进行解压缩，因此对终端的计算能力要求较高，同时对带宽的要求仍然较高，随着 PC 计算能力的不断增强和网络带宽的迅速增加，基于 IP 网络和 PC 的软件视频会议系统将成为其一大发展趋势。

四是系统市场应用的重心向低价位的普通用户市场转移。由于大多数产品的目标市场用户都是从高端用户向中低价位用户逐渐转移，视频会议系统也同样遵循这一规律。不同的是，随着 IP 的飞速发展和 PC 的普及，基于 IP 网络的视频会议系统以其价格低廉、开放灵活等优点，将使得这一转移过程的时间大大缩短。在不降低系统性能的前提下，提高系统的便携性极有必要。大量数据表明，视频会议系统正向灵活易用性、大众化、平民化、家用小型化发展。

1.8 企业和行业用户市场前景

1.8.1 企业视频通信应用方式

目前，企业实现视频通信应用的方式主要有两种：一种是企业同视频通信专业厂商直接合作，采用自建视频通信系统的方式；另一种则是通过选用某些运营商提供的运营级的视频通信服务。

1.8.1.1 自建式应用

企业自建方式适用的企业用户群主要是设有较多的分支机构、对于视频通信应用需求比较迫切频繁的且要求高质量、并拥有承担全套设备经济能力的企业用户。

运营商级的视频通信应用的适用用户群主要是那些是分支机构较少、对视频通信应用需求不是很频繁和迫切的，或者是不愿意全部购置整套视频通信系统的企业用户，或是商业人员和某些个人用户。

企业自建的视频通信系统对于企业而言，拥有自主选择权，因此可以根据企业自身的发展需要来定制业务种类。这其中主要的业务种类包括：点对点和点到多点的视频会议、流媒体服务等。

1.8.1.2 运营级应用

相对而言，运营级视频通信应用处于逐渐发展的阶段，目前可供选择的业务品种主要还是视频会议应用。

当然，企业在享受视频通信应用带来轻松感觉的同时，也要承受一定的负担。首先，线路的资费加上设备的购置费用，会给一些企业在投资和使用上造成一定的经济压力；其次，在设备的使用、维护和管理上，会占用企业一定的人力和物力资源。

选择企业自建方式，企业需要购买视频通信系统所需要的全部设备，包括视频会议 MCU（多点控制单元）和视频会议终端，企业在应用视频会议的过程中，需要支付相应时间的带宽占用费用；而若是选择运营商提供的服务，企业用户只需租用 MCU 的端口，另购买或租赁视频会议终端即可享受视频通信应用。因此，运营商所提供的视频通信应用也不失为一部分中小企业的合适选择。

随着中国经济的发展，国内众多大中小型企业的规模已经脱离了单一区域的生产模式，形成了遍布全国范围的联合生产和联合经营的布局。一家相当规模的企业，基本都拥有一个地点以上的生产基地、存储基地、销售公司和一定数量的二级销售点。另外，随着中国加入 WTO，更多的外国企业将进入中国境内投资，开设工厂、办事机构。企业面临这种跨地区的管理，采用基于 IP 网络的视频会议系统（通用型），将会为企业减少费用开支，提高办公效率。

1.8.2 行业企业市场

行业企业市场一直是视频会议的第二大市场，仅次于政府应用。

行业企业包括金融（证券、银行、保险等）、医疗、教育、通信、贸易、IT、石油、电力等。对于行业用户来说，对 IP 视频会议的需求主要来自对客户的远程（教育）服务和培训、内部办公的即时沟通、内部外部远程项目的虚拟合作、产品展示和新闻发布会以及路演等公开多媒体信息传递等。

1.8.2.1 证券行业

随着国内数据网络的不断完善，大部分证券公司已经完成了广域网模式下的多种线路组成的数据网络和带宽升级。由于线路采用包月租赁方式，证券公司需要为集中交易、办公自动化等业务支付大量的通信费用。对于证券公司来说，基于现有网络设备和环境，引入视频会议系统、流媒体广播系统、远程同步股评讲解系统、可视化客户服务系统等，是对证券公司现有网络的一种升值。

由此可见，针对证券公司视频会议系统的应用，除了传统的行政会议、培训外，更需要提供与实时股评讲解、咨询、投行、高级客服、经纪人和大机构等各项业务结合起来，使证券公司内部员工和客户步入先进的"虚拟现实"。以领先的视频通信技术提升证券公司竞争能力。

1.8.2.2 教育行业

视频会议系统在教育领域主要应用在远程教育、各地教育分支机构会议、远程师资培训、远程分校教育等方面。各级的教育主管部门和学校，通过视频会议系统，可以定期或者随机性地召开各种工作会议，开展各种形式的培训和教学，远程教学还可以节省大量的资源和费用，因为一个老师可以同时给上千人授课，而一个好的课程可以在长达数周、数月内，在不同的地区使用。由于专家和资深教师为数有限，这种教学技术可以使他们发挥更大的作用，解决了学校分部学员能够接受最优秀的教师授课的问题。远程教学可以使教学跨越很大的地理区域，这对于中国的边远地区会有很大的价值。

以视频会议系统为支撑的远程教学风靡美国诸多大企业，企业利用这一系统为内部员工提供培训。而各大院校也正朝着这一方向努力，像美国麻省理工学院和杜克大学这样顶尖的美国大学都在远程教育方面进行了很大投资。

1.8.2.3 视频会议厂家

进入国内市场的国外视频会议厂家主要有来自欧洲的泰德、爱斯乐、飞利浦；美国的宝利通、LifeSize、视讯、ICON、ClearOne、Radvision；日本的索尼、松下；中国的华为、中兴、鼎视通、科达、华平、网动、台电、威速、视维、普天、WANCON 以及友讯等 50 多家厂商。

1.9 视频会议系统面临的挑战

视频会议系统是一种人与人之间实现异地语音、视频实时交流的工具，它的本质作用就是把用户的声音、摄下的画面以及各种数据资料实时地传送给其他用户，人们只要有沟通的需要，就有它的用武之地。但目前，视频会议系统的应用离普及还有不小的距离。为什么视频会议系统到现在还没能够广泛应用起来？以下三方面来探讨这一问题的原委。

1.9.1 与业务处理相分离

传统的视频会议系统产品，譬如召开会议、远程教学、可视电话等，对用户来说，都是一个专门的软、硬件系统。需要启动它，进入它独立的操作环境。而现实中大部分情形为：用户有沟通的需求，但是又不愿意或者不允许变换当前的业务处理环境，传统的视频会议系统产品因此无法走进这些用户的工作和生活。这样一种以软（硬）件产品为中心、与用户业务处理相分离的应用模式有违视频会议要增强人与人之间沟通的初衷。要想进一步普及视频会议的应用，就需要把视频会议系统与用户的具体业务处理系统紧密融合起来，让它真正成为用户随手可得的工具。

要把视频融入用户的业务处理中，把视频会议系统与其他业务处理工具融合起来，具体实现的方式有很多：可以把视频会议软件系统封装成控件（如 ActiveX）的形式，集成到 Word 文档处理工具中去，让使用者在编辑文档的界面里既能看到文档内容，也能看到协商者的画面；还可以把 Web 浏览器嵌入到视频会议系统中来，让视频会议的与会者在面对面交谈的同时能够浏览相同的网络资源；甚至可以把视频会议放到电子邮件里，让人们浏览邮件时即可实现视频交流。抛开视频会议系统独立的"外衣",不用管"视频会议""电视会议""视频电话"的称谓,让用户感觉视频会议系统的使用就像身边的手机、桌面上的网页那么方便、轻松,视频会议系统不愁没有更广阔的应用空间。

1.9.2 认识上的误区

"视频会议系统,就是开会用的呗,我们又不开会,用它干嘛!"问问身边的人,许多人如是说。实际上,"视频会议"只是视频会议系统非常典型的一种应用。视频会议系统的基本功能在于满足人们跨越空间界限、异地进行"面谈"的需求。它不仅可以实现远程教学、远程医疗、业务谈判、异地联合办公、异地面试,还可以完成可视电话、真正的在线咨询、电视节目的多点"时空连线"、同学聚会等,具体的应用场合是不胜枚举的。社会对视频会议系统的认识,仅限于字面意义的理解。这种认识偏差直接影响着视频会议系统的广泛应用。是"视频会议"这一术语误导了大家,还是对视频会议系统的宣传、引导太少?

社会对视频会议系统还存在一种错误的认识:实现视频会议系统非常复杂,必须配备专用硬件设备,在一般环境下,视频会议系统无法实现,就是想用也用不起来。这反映出许多人只习惯于视频会议的硬件实现,而忽视了其软件实现方式。十年以前,也许存在这种状况。但随着计算机技术、网络技术、通信技术的迅速发展,视频会议系统的应用环境已是日新月异,视频会议系统应用的基本条件早已成熟。PC 机的 CPU 运算速度越来越快,胜任语音、视频信号的处理工作不在话下;宽带网的应用日益普及;一个摄像头价格也就几百元,能满足一般用户的需求。要实现基本的视频会议,并非一定要配置专用的硬件终端、通信线路、摄录机等设备,利用现有的处理环境,只要配以合适的软件,就能轻松实现视、音频交流。软件实现方式在视频会议应用中的作用越来越突出,并将逐步取代硬件实现方式的主导地位。

1.9.3 技术上的瓶颈

随着视频会议系统应用的普及,用户对它的功能要求将更加全面、更深入。在提供基本功能的基础上,视频会议系统也应当满足日益增长的用户需求,譬如交互对象数量的增加、视频画质的提高、安全保密性的增强等。这也是对实现视频会议系统所需环境(技术条件)提出的进一步完善的要求。在更完善的技术条件下,视频会议才能提供更优质的音视交互服务,才能促进视频会议系统应用的更进一步推广。

现阶段,视频会议系统应用环境的瓶颈主要有以下几点。

1.9.3.1 网络服务质量(QoS)保障的欠缺

视频会议系统的实时交互性对网络提出了 QoS 的要求,包括基本带宽、丢包率、延迟(时延)及抖动等。没有这些量化的 QoS 指标的保障,实时音视频交流就会出现障碍:连接丢失、图像不能分辨、声音中断、信号明显滞后、画面不连续等现象。视频会议系统发展到今天,其底层支撑网络主要是 IP 网络,这也是通信网络的发展趋势。然而,传统的 IP

网络并没有提供 QoS 保障。它最初是为简单数据通信而设计的，是开放、共享的，它的特点就是"尽力而为"。要在这样的网络环境上提供大量的实时多媒体通信服务，必须要有一些附加的措施。

目前已经有了一些比较成熟的解决方案。RSVP（资源预留协议）工作在 IP 协议上。它的基本思想是通过对端到端资源的预约来实现端到端的服务质量保证。RTP/PTCP（实时传输协议/实时传输控制协议）也是 IP 网的实时传输措施之一，RTP 是 UDP 上运行的协议，它对数据进行包封装；RTCP 控制协议与 RTP 数据协议配合使用，它提供对数据传输质量的反馈信息，以便应用系统采取相应策略与处理。Diff-Serv（分类业务服务）定义了一种实现 IPQoS 的方法：在对 IP 层所承载的数据进行分类标识的基础上，针对不同类型的数据给予不同的处理策略，在一定程度上实现了不同级别的 QoS 保证。为了从根本上解决网络 QoS 的问题，网络通信领域也开展了大量研究，准备在下一代 IP 网络（IPv6）上充分保证网络服务的质量，这样视频会议系统也就有了更完美的网络环境。

1.9.3.2 接入网的带宽问题

视频会议系统所需通信网络的带宽资源在接入网处存在瓶颈。主干传送网的带宽一般都是 Gb/s、Tb/s 的数量级，相当丰富，而用户终端处的接入网相对而言就显得比较紧张。目前，网络用户的接入方式主要有拨号上网、xDSL（数字用户线路）、光纤接入或者 HFC（光纤同轴电缆混合）接入以及无线接入等。光纤或 HFC 接入的数据传送率较高（10Mb/s 左右），但价格偏贵，应用还不是很广泛；比较流行的是 xDSL，如 ADSL（上行为 128～768kb/s，下行为 2～8Mb/s）；拨号则逐渐淡出市场，毕竟能力有限（56kb/s 以内）。再看看视频会议系统对带宽的需求。数据的占用忽略不计，一路语音信号需 6kb/s（参考 ITU-T 的 G·723 规范），一路图像信号需 64kb/s（参考 MPEG-4 标准），视频会议系统终端需要 80kb/s 左右的上行带宽、N×80kb/s 的下行带宽，其中 N 为参与交流用户的数量。依此看来，ADSL 虽然能支持视频会议系统的应用，但是参与交互用户的数量被限制在个人以内。要让视频会议系统成为人们日常工作、生活的工具，不应该有这样的限制。所以说，光纤接入是接入技术的必然发展趋势。

1.9.3.3 网络访问障碍

视频会议系统需要传输语音、图像、数据、控制等各种信息，需要使用大量的网络资源，如需建立连接、获取真实 IP 地址、使用多个端口，而实际网络中的防火墙、代理服务器、路由器等设施对网络资源的操作进行了重重限制。结果，我们的音、视频通信可能根本就建立不起来。也就是说，网络管理设备的配置策略直接影响着视频会议系统的应用范围。最理想的情形是，视频会议系统能够像 WWW 服务一样为所有人许可，其所需网络资源是默认开放的，这就需要社会对视频会议系统的应用达成广泛的共识。

随着视频会议系统产品形式的丰富多样，社会认识的逐步深入，多媒体通信技术的不断完善，相信视频会议系统必将如雨后春笋般出现在社会的各个角落，必将触发网络应用的新高潮。

1.10 影响视频会议未来的几项技术

全球经济的快速发展，刺激了对视频会议的需求，特别是基于软件实现的视频会议产品对视频会议系统的普及应用更是起了推波助澜的作用。随着该应用的普及，用户的需求正在不断细化，不仅需要通过视频会议系统进行交流，而且需要基于视频的合作和协同。

考虑到用户的应用特点，无论在技术还是应用层面上，都需要视频会议提供商们提供新的解决方案，以适应市场的需要。下面将探讨未来可能会影响视频会议应用的几项关键技术，这包括被业界人士普遍看好的 SIP 协议、在将来视频应用中会越来越显示其作用的视频中间件技术和 Web 技术。

1.10.1 SIP 协议

在下一代网络中，由于 IP 产品和 IP 网关将在网络中得到大规模使用和集成，使得端到端都可以采用 IP，以实现纯 IP 的业务应用。而基于纯 IP 的 SIP 借鉴了 HTTP 和 SMTP，结构简单，在风格上遵循简练、开放、兼容和可扩展的原则，比较适合于灵活的视频应用。对于 NGN 在 IP 网络上实现 VoIP 和多媒体通信来讲，SIP 在全面满足 NGN 特性要求的应用上具有独特的优势，在"哪里有视频需要哪里就会有视频"的今天，SIP 会有广阔的应用前景。

SIP 中有两个要素：SIP 用户代理和 SIP 网络服务器。SIP 用户代理是呼叫的终端系统元素，而 SIP 服务器是处理与多个呼叫相关联信令的网络设备。SIP 的目的是用来帮助提供跨越因特网的高级电话业务，IP 电话正在向一种正式的商业电话模式演进，SIP 就是用来确保这种演进实现而需要的 NGN 系列协议中重要的一员。SIP 是 IETF 标准进程的一部分，它是在诸如 SMTP 和 HTTP 基础之上建立起来的，用来建立、改变和终止基于 IP 网络的用户间的呼叫。为了提供电话业务，它还需要结合不同的标准和协议，特别是需要确保传输（RTP），与当前电话网络的信令互联，能够确保语音质量（RSVP）、提供目录（LDAP）、鉴别用户（RADIUS）等。

SIP 被描述为用来生成、修改和终结一个或多个参与者之间的多种数据形式的会话。SIP 中的会话包括因特网多媒体会议、因特网（或任何 IP 网络）电话呼叫和多媒体发布。会话中的成员能够通过多播或单播联系的网络来通信，而且每一个会话可以是各种不同类型的应用内容，可以是普通的文本数据，也可以是经过数字化处理的音频、视频数据，还可以是诸如游戏等应用的数据，这给 SIP 的应用带来了巨大的灵活性和潜力。

SIP 支持会话描述，它允许参与者在一组兼容媒体类型上达成一致。它同时通过代理和重定向请求到用户当前位置来支持用户移动性。SIP 不与任何特定的会议控制协议捆绑。本质上，SIP 提供以下功能：

（1）名字翻译和用户定位。无论被呼叫方在哪里都确保呼叫达到被叫方。执行任何描述信息到定位信息的映射。确保呼叫（会话）的本质细节被支持。

（2）特征协商。它允许与呼叫有关的组（这可以是多方呼叫）在支持的特征上达成一致（注意：不是所有方都能够支持相同级别的特征）。例如视频可以或不可以被支持。总之，存在很多需要协商的范围。

（3）呼叫参与者管理。呼叫中参与者能够引入其他用户加入呼叫或取消到其他用户的连接。此外，用户可以被转移或置为呼叫保持。

（4）呼叫特征改变。用户应该能够改变呼叫过程中的呼叫特征。例如，呼叫可以被设置为"voice－only"，但是在呼叫过程中，用户可以依需要开启视频功能。

通过将Internet开发协议和经验应用于语音和视频等实时通信领域，采用SIP协议的应用服务器将为服务提供商带来的好处包括：

（1）加快应用的部署。SIP可以在数周之内开发和推出应用程序，从而加快获得收益的步伐。

（2）降低成本。SIP采用标准化的方法开发，产生大量的重用资源，这可以降低成本，缩短服务提供商获得投资回报的时间。

（3）改善最终用户的体验。重用资源会使用户收益，可以在熟悉的单一外观下，实现多种应用。

作为IP网络中用来建立会话的信令协议，SIP已经引起了普遍关注，将成为具有重要意义的应用，如微软的Windows XP采用SIP信令协议，这意味着SIP在大多数个人计算机上实现了实时通信；3GPP（Third Generation Partnership Project）采用了SIP的3G体系结构计划，SIP成为3G用户建立实时通信会话的基石。

尽管现在的H.323在视频会议和其他网络视频应用中已经比较成熟，在市场上的产品中占了很大一部分，但其基于传统的电话信令的思想，采用集中、层次式控制，使得协议比较复杂，带来应用中灵活性不够。而SIP的简单、灵活等特点正吸引着越来越多的设备厂商关注和支持，并逐渐成为未来发展的方向。

1.10.2 Web技术

采用SIP和视频中间件技术，为各种视频会议应用系统的迅速构建提供了一种高效的方式。但如何在一个人们熟悉的应用环境中，提供给用户足够的视频应用服务支持，是当前视频会议系统的一个重要的应用方向。在互联网普及的今天，人们最熟悉的网络应用就是Web服务了，探讨如何构建基于Web的视频会议系统具有重要意义。

基于Web的视频会议系统若能实现实时的、互动的沟通技术，必将极大地改变人们的工作方式，引发新一波的互联网应用变革。这种应用实际上是把视频会议技术与Web技术结合，用户只需会简单使用IE，就可以与对方进行点对点和一点对多点的沟通，这当然需要服务提供商的支持。这是目前互联网上最吸引人的应用，国外的运营商和服务提供商已经提供该项服务。例如基于 Web 实现的网络面试系统很有特色。该系统采用视频中间件构建的视频服务器提供用户目录、认证和授权、视频流分发等服务，在 Web 应用服务和电子邮件系统中调用相应的视频控件，能使用人单位和求职者利用浏览器和电子邮件，完成信息发布、简历资料上传、网络面试预约、网络面试、考评打分等涉及人才招聘的全过程，用户足不出户就可以完成面试全过程。既节约了求职者和用人单位的时间，也节约了企业和个人的开支。这种基于 Web 的网络视频会议方式，有效地实现了用户之间的交流，用户不需要安装任何额外的应用程序，使用起来十分方便。

总之，SIP、视频中间件技术和基于 Web 的视频顺应了视频发展的需要，能够很好地满足人们方便、快速、直接沟通的需求，在未来的信息技术发展中会有更为广泛的应用。

1.10.3 视频中间件技术

视频中间件技术起源于 Internet2 组织的中间件计划，其视频工作组制订了数字视频和相关领域的中间件发展规划，侧重于点对点和多点之间视频会议中的资源发现和用户授权，包括视频会议、视频点播、数据协作、VoIP 等视频中间件领域的研究。

采用视频中间件的作用是为处于上层的视频应用软件提供运行与开发的环境，帮助用户灵活、高效地开发和集成复杂的应用软件，屏蔽底层操作系统的复杂性，繁杂的网络程序设计、管理，复杂多变的网络环境，数据分散处理带来的不一致性问题、性能和效率、安全等问题，并提供一些公共的服务，使程序开发人员面对一个简单而统一的开发环境，减少程序设计的复杂性，将注意力集中在自己的业务上，不必再为程序在不同系统软件上的移植而重复工作，从而大大减少了技术上的负担。

例如，H.350 是国际电信联盟（ITU）的一个新协议，就其本身而言，可以看作是一种视频中间件技术。该协议是一个为存储与 SIP、H.323 和 H.320 语音和视频端点有关的信息设计的轻载目录访问协议（LDAP）的对象级规范。这些信息包括它们的 IP 地址、别名和与连接有关的其他信息，用于集中和集成 VoIP 和视频端点目录，使用户更容易互相查找和连接。因为信息是基于 LDAP 的，所以可以和传统企业目录结合，为员工提供一个通过电话或视频端点查找同事信息并和他们连接的统一渠道。H.350 还能通过集中每个端点和用户的全部配置数据，方便视频会议网络的管理。在这基础上构建的视频会议系统就会有很多的优势：在视频会议系统中可以屏蔽底层的复杂性；利用媒体会议目录服务标准，存储足够多的终端配置信息，灵活搜索用户及其各种信息，实现视频会议用户之间的通信；可以实现配置细节、授权、认证与企业级目录服务的相关联；提供了多协议支持等。

基于中间件技术实现的视频会议系统可以迅速扩展，允许视频会议系统被包含在应用之内。所以，采用视频中间件构建视频会议系统具有足够的优势，可以快速构建个性化的视频应用，实现网络视频协作功能。视频中间件技术代表着视频会议的发展方向。

1.10.4 QoS 技术

由于 IPv4 网络在服务质量和安全方面与生俱来的缺陷，它不能从技术上保证视频会议的带宽。当网络上产生随机的突发数据时，视频会议的效果就会受到较大影响。为了得到更稳定的效果，应该在数据网络上部署 QoS 机制。目前，可实现 QoS 的方法很多，如在路由器上配置相关的 QoS 策略或部署单独的带宽加速和 QoS 设备，实际效果不是很理想。

1.10.5　可伸缩视频编码技术（SVC）

SVC 是英文 Scalable Video Coding 的缩写，中文译作可伸缩视频编码或可扩展视频编码，是视频编码的一种技术。其又可以细分为时域可伸缩性、空域可伸缩性和质量可伸缩性。SVC 是 H.264/AVC 标准的一个重要的扩展。

SVC 技术能够实现只通过一次编码，即可应用于高清电视、标清电视、网络电视、手机电视等各种不同的领域，接收终端可以根据自身屏幕大小以及网络连接情况，选择合适的分辨率及传输码率，随时保持视频画面的流畅清晰。

1.10.6　冗余备份技术

视频会议系统在政府、央企等行业高端用户中的普及率非常高，用户对视频会议系统的稳定性要求严格，会议召开过程中，不能出现任何差错。因此，在视频会议系统的建设过程中，系统的稳定可靠是一个极其重要的指标。冗余备份技术主要体现在当设备发生故障或网络出现故障时，冗余备份设备能够准确地反映该设备的工作状态是否正常，并通过反馈终端的工作状态实现音频输入及音视频输出信号的同步切换，不影响会议的收听观看的效果，保证会议正常运行，实现设备及线路的备份，大大地提高了系统可靠性与稳定性。

1.10.7　无线多方通信技术

高清视频通信的普及，使技术成熟的 3G 正好适应了这一发展趋势。随着 4G 来到，用户将可以方便地快捷地参与到会议之中。相比第三代移动通信技术来说，第四代主要是运用路由技术（Routing）为主的网络架构。由于利用了不同的技术，所以无线频率的使用比第二代和第三代系统有效得多。第四代移动通信系统提供的无线多媒体通信服务将包括语音、数据、影像等大量信息透过宽频的信道传送出去。视频通信所需要的网络带宽远远大于语音通信所需要的网络带宽。

1.10.8　云会议技术

云会议是基于云计算技术的一种高效、便捷、低成本的会议形式。使用者只需要通过互联网界面，进行简单易用的操作，便可快速高效地与全球各地团队及客户同步分享语音、数据文件及视频，而会议中数据的传输、处理等复杂技术由云会议服务商提供。目前国内云会议主要集中在以 SaaS（软件即服务）模式为主体的服务内容，包括电话、网络、视频等服务形式，如好视通云会议、视高云会议、全时云会议。基于云计算的视频会议就叫云会议。云会议系统支持多服务器动态集群部署，并提供多台高性能服务器，大大提升了会议稳定性、安全性、可用性。毫无疑问，视频会议运用云计算以后，在方便性、快捷性、易用性上具有更强的吸引力，必将激发视频会议应用新高潮的到来。云会议是视频会议与云计算的完美结合，带来了最便捷的远程会议体验。

1.10.9 网真技术

网真作为一种新技术，为人们和各个场所以及工作生活各个方面的交互创造了一种独特的面对面体验，通过融合环境与创新的视频、音频和交互式组件（软件和硬件）实现了这种体验。

网真系统基于全新的远程呈现技术，综合集成了 IP 网络通信、超高清视频编解码、空间 IP 语音、建筑声学、空间照明以及人体工程学等领域的一系列技术创新，从而实现了网络与空间的真实转换，为远在异地的人们营造出一种跨越时空的真实面对面体验。网真产品因其出色的音视频效果、独特的真实体验和感受，并且能够融合统一通信，实现与行业应用的无缝集成，具有极大的市场潜力和广阔发展前景。

2 视频会议网络环境及交换技术

视频会议系统是基于网络的应用系统。如果把视频会议系统硬件比喻成一部"车",那么"车"是必须在路上跑的,网络就是支撑视频会议应用的"路",没有好的"路","车"是跑不起速度的。因此,了解和掌握网络知识是保障视频会议系统运行质量非常重要的一个环节。

2.1 网络管理

从20世纪90年代开始,计算机网络逐渐走进人们的生活工作,基于计算机网络的应用也越来越多,例如:足不出户可以实现电子商务,一卡支付全球货币金融,移动聊天和社交等。网络技术与应用的发展已经与人们的生活和工作息息相关,因此网络运行的稳定性、可靠性就显得至关重要。

早期的计算机网络主要是局域网,在一定范围内连接数百台计算机,局域网内的所有计算机可以传递和共享文件,因此最早的局域网网络管理相对简单。但是Internet的出现打破了网络的地域限制,跨地域的广域网络得到飞速发展,这时的网络管理需要保障连接网络的网络对象(路由器、交换机、线路等)、文件传输的正常运转,同时监测网络的运行性能,优化网络的拓扑结构。网络管理成为计算机专业的一个重要分支,逐步变得规范化、专业化。

2.1.1 传统局域网管理

传统的局域网管理主要管理对象有:服务器、客户机、各种网络线路与集线器以及各种网络操作系统。网络管理一般包括三个方面:了解网络、网络运行以及网络维护。

2.1.1.1 了解网络

要用好和管理好一个局域网,首先应对该局域网有清楚的了解。

(1) 识别网络对象硬件。

局域网是由各种节点组成的,节点主要是服务器和客户机,因此首先需要识别这些节点的硬件组成。硬件识别包括了解服务器和客户机的品牌、芯片速率、网卡品牌与配置情况,集线器的型号与品牌。还可以进一步了解服务器的外设配置、硬盘驱动器容量以及内存大小等指标。

(2) 判别局域网的拓扑结构。

局域网传输方式也就是网络结构下的实际布线系统。常见的是星形、总线和环型拓扑结构，另外还有无线和点对点的拓扑结构。常用的网络传输方式是 Ethernet，它是一种支持广泛的传输协议以及多种布线形式的成熟标准。Ethernet 是非确定型的，网络传送任务越重，越有可能发生冲突，而冲突将影响响应时间。Ethernet 的缆线包括：粗缆 Ethernet，或叫 10Base5 Ethernet，使用大号的同轴电缆；细缆 Ethernet，也叫 10Base2 Ethernet，使用小口径的 RG-58 同轴电缆；10BaseT Ethernet，在星形结构中使用非屏蔽双绞线。除了 Ethernet 之外，其他的网络传输方式还有标记环（Token Ring）、光纤分布数据接口（FDDl）以及 ARCNet 等。

(3) 确定网络的互联方式。

确定网络的互联方式首先需要确定网络连接的设备和接入网络的方式。这些设备与接入方式包括：使用调制解调器（Modem）、网络插座、CSU/DSU、网桥工作、路由器、网关。这些接入设备对于保证网络节点的连通以及该局域网与主干网连通有着重要作用，同时也是网络故障多发的故障点和影响网络性能的可能瓶颈所在。另一方面，还需要确定该局域网的所有子网与各客户机都能连通。

(4) 确定用户负载和定位。

网络负载最重要的是用户的分布，因为用户数量是影响网络性能的关键因素。首先，查看文件服务器上的负载，了解文件服务器正常运行的时间，查看服务器 CPU 使用率，以及服务器上网络连接数目；然后，利用数据分析服务器中哪个使用率高，哪些网络的负担重，掌握网络用户以及负载分布情况。

2.1.1.2 网络运行

局域网正常的运转包括配置网络，即选择网络操作系统，选择网络连接协议，并根据选择的网络协议配置客户机的网络软件；然后配置网络服务器及网络的外围设备，做好网络意外预防处理；最后还有网络安全管理、网络用户权限分配以及病毒的预防与处理。

(1) 网络配置。

配置网络首先需要选择网络操作系统。传统的网络操作系统包括 UNIX、Windows NT、NetWare、VINES、Windows for Workgroups、LANtastic、Personal Net-Ware 等，这些网络操作系统各有特点，相对而言，在局域网中 Windows NT 和 Net-Ware 比较普遍。

局域网网络协议主要包括 IPX/SPX、TCP/IP、NETBIOS、NetBEUI 和 AppleTalk 等。比较普遍的协议是 IPX/SPX 和 TCP/IP，其中 IPX/SPX 是 Net-Ware 所采用的数据传输方式，在局域网中使用非常普遍；TCP/IP 是面向 Internet 所使用的网络协议，具有广泛的影响力。

在确定了网络操作系统和网络协议之后，需要配置该网络中每台客户机的网络软件。在 DOS 平台上，一般是安装相应网络协议的网络驱动软件，然后修改一些配置文件中的参数；在GUI的操作系统（例如Windows系列、Macintosh和OS2）中，则选择相应的对话框窗口配置网络参数；在UNIX系统中，主要靠修改系统配置文件来配置网络。

(2) 网络服务器配置。

在局域网中，服务器具有重要作用，可以保障网络的稳定运行。首先需要对服务器分配划分空间大小，把不同的程序和数据按照一种顺序存放在磁盘中，磁盘卷的使用可以控制用户的访问权，然后在服务器上启动网络服务进程，监测网络用户的访问。此外，还有一些外围设备需要在服务器上进行配置。比如共享打印机、共享外接磁盘或驱动器等。最后还应该注意的是预防网络意外发生，首先是保证电源正常（特别是网络服务器的电源），一般配置UPS应急电源；其次是保证服务器的环境状况稳定（比如维持机房的温度与湿度在一定的范围）；最后是做好重要数据和系统的备份工作。备份的硬件设备包括硬盘阵列和磁带、光盘驱动器等，备份的方法常用的是磁盘镜像、磁盘双工或磁盘阵列等。

(3) 网络安全控制。

网络安全控制的首要任务是管理用户注册和访问权限。在局域网上，网络操作系统一般都提供用户管理和权限分配的工具。例如改变账号密码、设置组、确定组中的账号、修改组或账号的权限、设定账号有效时间等。另外，管理局域网外部权限和连接也很重要，一般局域网外部用户可能访问该局域网，如查看已有文件、传递文件或使用其他网络资源，因此对这种用户也需要建立账号，配置其访问权限，定期检查用户活动情况，对一些僵尸账号及时注销。

查找并消除病毒也是局域网管理的一项重要任务。病毒对局域网的危害非常严重，一种网络病毒可以通过网络迅速地传染到局域网的每一台客户机。识别病毒有多种方法：在文件级上，用CRC技术可以将预期的文件大小或其他特征与文件被打开之前所看到的实际特征进行比较识别；利用杀毒软件杀死病毒恢复原来的文件；删除原有病毒文件，然后用备份的无病毒文件替代。另外还必须对受病毒感染的服务器上的各卷进行扫描，如果在网络服务器之间或客户机之间存在通信联络，还必须去扫描其他系统。确定适当的持续的病毒防护策略，包括建立和增强反病毒规则和程序，在客户机上安装和更新反病毒软件，安装基于网络的反病毒软件等。

2.1.1.3 网络维护

网络维护是保障网络正常运行的重要方面，主要包括故障检测与排除、网络日常检查及网络升级。

(1) 常见网络故障和修复。

在局域网中，最重要的故障检测工作是文件服务器的维护。只要服务器正常工作，集中存储的数据就是安全的，用户就可以按需访问。

故障处理过程有四个主要部分：发现故障苗头；追踪故障的根源；排除故障；记录故障的解决方法。在处理故障期间，应该按照流程图对网络故障进行逻辑和条理分析。

当网络管理人员收到故障报告时,首先应该检查其他局域网用户是否也遇到类似问题,如果有多个用户报告了同类问题,那么很可能是出现了服务器或缆线故障,而不是用户客户机所引起的故障。

排除文件服务器上的错误非常关键,因为它通常会影响到很多用户,因此首先要对服务器进行认真检查:服务器是否在正常运行?监视器是否正常显示信息?服务器是否响应键盘输入控制?服务器控制台是否显示异常终止或其他信息?服务器 NIC(网络适配器)是否发送和接收数据?服务器的卷是否已安装?

文件服务器通常是十分稳定的,但也容易出现三种类型的故障:第一类是由于配置的更改造成的,因此无论何时改变网络操作系统的配置都必须备份以前的配置并记录更改日期;第二类是部件失效,虽然 NIC 和磁盘失效是最为常见的,但从键盘端口到 SIMM 的任何部件都可能会发生故障,甚至在高品质服务器上也无法避免;第三类是服务器的软件模块引发的系统冲突故障,比如磁盘驱动程序或 LAN 驱动程序引发的内存故障等。

当服务器故障检查各方面都没有问题时,引起大量用户访问故障的问题很可能出现在网络缆线系统上。如果故障网络采用的是总线拓扑结构,那么故障检测工作可能会比较繁重;对于星形结构,则应检查集线器或 MAU 是否通电并能正常运行。如果连接设备本身运行良好,可检查它们与服务器的物理连接。一般而言,对于物理网络、电缆和安插件老化、电磁干扰、电缆长度限制是最常见的物理网络故障源;连接设备,如接插板、集线器和路由器也是故障多发点。

(2)网络检查。

网络检查是在网络正常情况下对服务器状态和网络运行情况的动态信息收集和分析的过程。有些数据最好每天检查一次,而有些数据则较长时间检查一次即可。下面列出一些需要定期检查的网络关键信息。故障检测流程如图 2.1 所示。故障检测频率见表 2.1。

表 2.1 故障检测频率表

频率	活动	频率	活动
每日	检查各服务器的卷空间	每日	去除旧用户
每日	列出前一天创建的文体	每月	检查用户账号安全性
每日	找出可被存档/删除的旧文件	每月	确保备份的完整性
每日	检查备份的执行情况	每月	更新服务器模块
每日	检查服务器错误记录文件	每月	更新客户文件

(3)网络升级。

网络升级是一个持续的过程,通过升级能够保证网络正常运转。服务器升级是必要必需的。服务器升级通常有三种:第一种是用户许可证升级,如果网络服务器的能力已达到最大限度,还需要更多的用户容纳;第二种升级是网络操作系统的升级,保证网络操作系统为当前最新版本；第三种升级所指的范围相对来说要广泛一些，主要指硬件升级，硬件升级可能包括增加磁盘空间、改进容错措施或系统升级。另外，客户软件的升级有时也是必要的，因为旧客户软件对于网络操作系统也可能是负担。

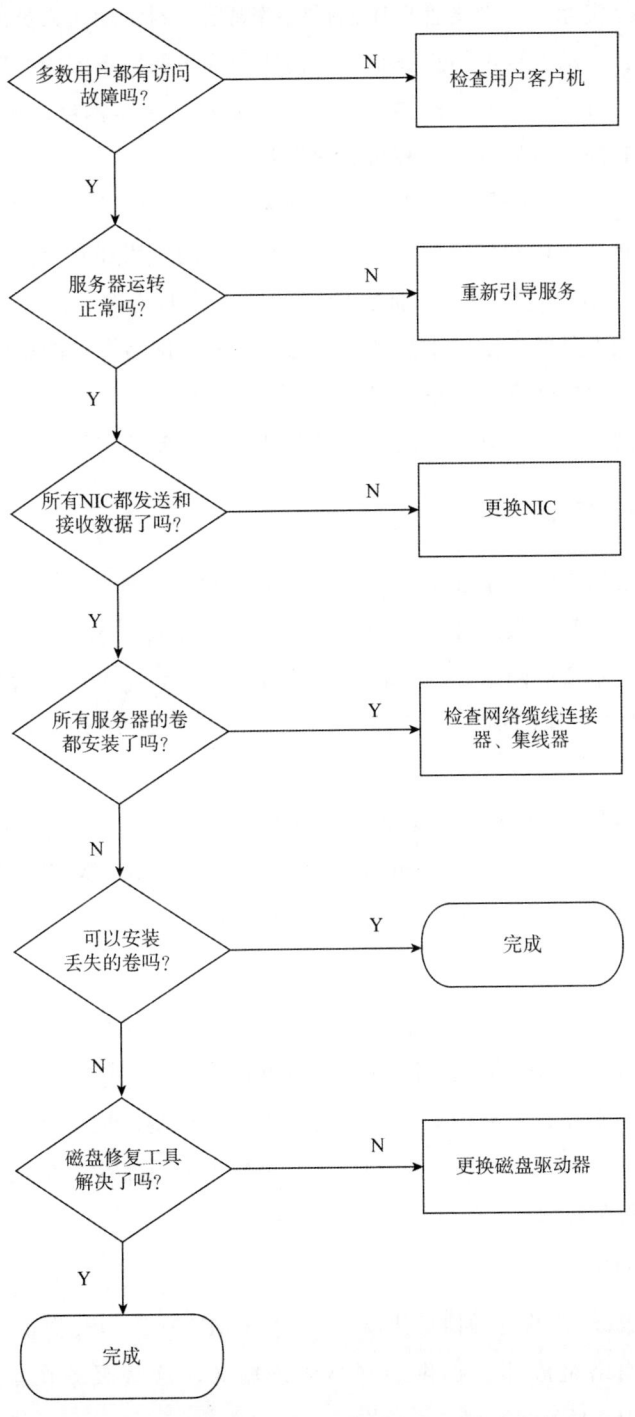

图 2.1　故障检测流程图

2.1.2 网络管理功能

在网络管理过程中，网络管理包括配置管理、性能管理、故障管理、安全管理和计费管理五大基本功能。实际上，网络管理还包括网络规划、网络操作人员的管理等。

（1）配置管理：自动发现网络拓扑结构，构造和维护网络系统的配置。

（2）故障管理：过滤、归并网络事件，有效地发现、定位网络故障，给出排错建议与排错工具，形成整套的故障发现、告警与处理机制。

（3）性能管理：采集、分析网络对象的性能数据，监测网络对象的性能，对网络线路质量进行分析。同时，统计网络运行状态信息，对网络的使用和发展做出评测、估计。

（4）安全管理：结合使用用户认证、访问控制、数据传输、存储保密与完整性机制，以保障网络管理系统本身的安全。维护系统日志，控制对网络资源的访问。

（5）计费管理：对网际互联设备按 IP 地址的双向流量统计，产生多种信息统计报告及流量对比，并提供网络计费工具，以便用户根据自定义的要求实施网络计费。

2.1.3 网络管理协议概述

随着网络的发展增大，复杂性不断增加，简单的网络管理技术已不能适应网络迅速发展的要求。以往的网络管理系统往往是厂商开发的专用系统，具备私密性，很难对其他厂商软硬件进行管理，不适应网络异构互联的发展趋势。20 世纪 80 年代初期 Internet 的出现和发展促进了对网络管理的研究，并提出了多种网络管理方案，包括 HEMS、SGMP、CMIS/CMIP 等。

IAB 最初制订的关于 Internet 管理的发展策略，此后成立了相应的工作组，相应推出了 SNMP（Simple Net Work Management Protoc011988）和 CMOT（CMIP/CMIS Over TCP/IPl989）等网络管理协议，下面分别进行简单介绍。

2.1.3.1 SNMP

简单网络管理协议（SNMP）的前身是 1987 年发布的简单网关监控协议（SGMP）。SGMP 给出了监控网关（OSI 第三层路由器）的直接手段，SNMP 则是在其基础上发展而来的。最初，SNMP 是作为一种可提供最小网络管理功能的临时方法开发的。SNMP 经历了两次版本升级，在最新的版本中，SNMP 在安全性方面有了很大的改善，SNMP 缺乏安全性的弱点正逐渐得到克服。

2.1.3.2 CMIS/CMIP

公共管理信息服务/公共管理信息协议（CMIS/CMIP）是 OSI 提供的网络管理协议簇。CMIS 定义了每个网络组成部分提供的网络管理服务，这些服务在本质上是很普通的，CMIP 则是实现 CMIS 服务的协议。

OSI 网络协议旨在为所有设备在 OSI 参考模型的每一层提供一个公共网络结构，而

CMIS/CMIP 正是这样一个用于所有网络设备的完整网络管理协议簇。

出于通用性的考虑，CMIS/CMIP 的功能与结构跟 SNMP 很不相同，SNMP 是按照简单和易于实现的原则设计的，而 CMIS/CMIP 则能够提供支持一个完整网络管理方案所需的功能。

CMIS/CMIP 的整体结构是建立在使用 OSI 网络参考模型的基础上的，网络管理应用进程使用 ISO 参考模型中的应用层。也在这层上，公共管理信息服务单元（CMISE）提供了应用程序使用 CMIP 协议的接口。同时该层还包括了两个 OSI 应用协议：联系控制服务元素（ACSE）和远程操作服务元素（RpSE），其中 ACSE 协议在应用程序之间建立和关闭联系，而 ROSE 协议则处理应用之间的请求/响应交互。另外，值得注意的是 OSI 没有在应用层之下特别为网络管理定义协议。

2.1.3.3 CMOT

公共管理信息服务与协议（CMOT）是在 TCP/IP 协议上实现的 CMIS 服务，这是一种过渡性的解决方案。CMOT 并没有直接使用参考模型中表示层实现，而是要求在表示层中使用另外一个协议，即轻量表示协议（LPP），该协议提供了目前最普通的两种传输层协议 TCP 和 UDP 的接口。

2.1.3.4 LMMP

局域网个人管理协议（LMMP）试图为 LAN 环境提供一个网络管理方案。LMMP 以前被称为 IEEE802 逻辑链路控制上的公共管理信息服务与协议（CMOL）。由于该协议直接位于 IEEE802 逻辑链路层（LLC）上，它可以不依赖于任何特定的网络层协议进行网络传输。

由于不要求任何网络层协议，LMMP 比 CMIS/CMIP 或 CMOT 更易于实现，但是没有网络层提供路由信息限制，LMMP 信息不能跨越路由器，只能在局域网中发展。

2.1.4 网络管理系统

由于网络管理已经有了一系列的标准，以及 OSI 定义的网络管理五大功能，使得具有配置管理、性能管理、故障管理、安全管理和计费管理五大功能的管理系统成为可能。常见的四种网络管理系统分别是：惠普（HP）公司的 OpenView、国际商用公司（IBM）的 NetView、SUN 公司的 SunNet 以及 Cabletron 公司的 SPECTRUM。

2.1.4.1 HP 的 OpenView

HP 的 OpenView 是第一个真正兼容的、跨平台的网络管理系统，也是一个企业级的网络管理系统。它的最大特点是被第三方应用开发厂商所广泛接受。比如 IBM 就把 OpenView 增强功能并扩展成为自己的 NetView 产品系列，从而与 OpenView 展开竞争。与其他网络管理系统相比，OpenView 拥有更多的第三方应用开发厂商。在近期，OpenView 看上去更像一个工业标准的网络管理系统。

2.1.4.2 IBM 的 NetView

IBM 的 NetView 既可以作为一个跨平台的、即插即用的系统提供给最终用户，也可以作为一个开发平台，在上面开发新的网络管理应用。IBM 从 HP 得到 OpenView3.1 的许可证，并在此基础上大大扩展了它的功能，并与其他软件产品集成起来，从而形成了自己的 NetView 产品系列。

2.1.4.3 SUN 的 SunNet Manager

SunNet Manager（SNM）是第一个重要的基于 Unix 的网络管理系统。一直主要作为开发平台而存在。SNM 只能运行在 SUN 平台上，它需要 32MB 内存和 400MB 硬盘。

2.1.4.4 Cabletron 的 SPECTRUM

Cabletron 的 SPECTRUM 是一个可扩展的、智能的网络管理系统，它使用了面向对象的方法和 Client/Server 体系结构。SPECTRUM 构筑在一个人工智能的引擎之上，该引擎叫 Inductive Modeling Technology（IMT），同时 SPECTRUM 借助于面向对象的设计，可以管理多种对象实体；该网络管理系统还提供针对 Novell 的 NetWare 和 Banyan 的 VINES 这些局域网操作系统的网关支持。另外，一些本地的协议支持（比如 AppleTalk、IPX 等）都可以利用外部协议 API 加入到 SPECTRUM 中。

与前三种网络管理系统相比，SPECTRUM 只得到少数第三方开发厂商的支持。

2.1.5 网络管理和维护

网络管理和维护是一项非常复杂的任务，做好这项工作需要广泛的背景知识与大量的实际操作经验。

2.1.5.1 VLAN 管理

VLAN（虚拟局域网）是一个计算机网络，其中的计算机好像是被同一网线连接在一起，而实际上它们可能分处于局域网的不同区域。VLAN 更多的是通过软件而非硬件来实现，因此这使得它具有很高的灵活性。VLAN 的一个主要特性就是提供了更多的管理控制，减少了日常管理开销，提供了更大的配置灵活性。

VLAN 的这些特性包括：（1）当用户从一个地点移动到另一个地点时，简化了配置操作和过程修改；（2）当网络阻塞时，可以重新调节流量分布；（3）提供流量与广播行为的详细报告，同时统计 VLAN 逻辑区域的规模与组成；（4）提供根据实际情况在 VLAN 中增加和减少用户的灵活性。

上面的这些操作必须透明地执行，同时需要不用具备太多实际网络复杂连接情况的了解，或者不用知道如何重新配置协议。虽然用户可以直接地通过设置或重置 VLAN 的端口来配置 VLAN，但缺乏智能网络管理工具的帮助；而保证 VLAN 在若干部门之间正常通信是很困难的。

2.1.5.2 WAN 接入管理

大型网络一般是 WAN，通过分层进行管理。比如在一个全国性的网络中心之下有许多地区性的网络中心，一般全国性的网络中心主要保证这个 WAN 的主干网正常运转，而地区性网络中心则主要负责各个网络用户的接入管理。

对于每个想入网的用户而言，首先要考虑在网络连接上怎么接入这个网络。一般用户需要找到主管片地的地区性网络中心，然后提出申请，最后该地区性网络中心再进行用户的接入操作。这些操作一般包括：

（1）联网用户必须租用一条网络线路，连接用户与地区性网络中心。该线路可以是已经存在的，属于某个商业网络公司或电信公司，也可以是单独为该用户铺设的一条线路。线路既可能是使用光纤的 DDN 专线，也可能是使用电话线的 DDR 线路。

（2）联网用户需要向地区网络中心申请一段属于自己的 IP 地址，然后在全国网络中心注册域名。

（3）对于接入的联网用户，一般都要向地区性网络中心一次性交纳一笔接入费用，然后地区网络中心再对该用户进行网络接入的相关配置。

（4）在联网用户端也需要进行相应的配置，然后开通该用户的网络连接，最后联网用户需要根据其使用网络资源的流量交纳网络费用。

在上面的操作中可以看到，地区网络中心对新联网用户的接入需要进行相应的配置。这些配置操作一般包括：

（1）在接入路由器上，选择一个空闲端口，在该端口上进行相应的配置，然后再根据接入的拓扑关系，配置该端口的路由信息。

（2）在接入路由器上，根据用户的 IP 地址范围建立一个 access-list 组，一旦用户要求或其他情况（如用户没有按规定交纳费用等）发生时，可以立即断掉该用户的网络连接。

（3）把该路由器端口和连接联网用户的线路加入网络管理监视对象集，以保障提供给用户可靠、稳定的网络接入服务。

2.1.5.3 网络故障诊断和排除

网络中可能出现的故障多种多样，一个复杂的网络故障往往需要广泛的网络知识与丰富的工作经验。这也是为什么一个成熟的网络管理机构必须有一整套完备的故障管理日志记录机制，同时把专家系统和人工智能技术引进到网络故障管理中来的原因。另一方面，由于网络故障的多样性和复杂性，网络故障排查分类方法也不尽相同。根据网络故障的性质可以把故障分为物理故障与逻辑故障。

（1）物理故障。

物理故障，是指设备或线路损坏、插头松动、线路受到严重电磁干扰等情况。比如说，网络中某条线路突然中断，这时网络管理人员从监控界面上发现该线路流量突然掉下来或系统弹出报警界面，这时首先用 Ping 检查线路在网络管理中心这端的端口是否连通。如果不连通，则检查端口插头是否松动，如果松动则插紧，再用 Ping 检查，如果连通则故障解决。这时需把故障的特征及其解决步骤详细记录下来。也有可能是线路远离网络管理中心的那端插头松动，则需要通知对方进行解决。另一种常见的物理故障就是网络插头误接。这种情况经常是没有搞清网络插头规范或没有弄清网络拓扑规划的情况下导致的。比如说网络插头都有一些规范，只有搞清网线中每根线的颜色和意义，才能做出符合规范的插头，否则就会导致网络连接出错。另一种情况，比如两个路由器直接连接，这时应该让一台路由器的出口连接另一路由器的入口，而这台路由器的入口连接另一路由器的出口才行，这时制作的网线就应该满足这一特性，否则也会导致网络误解。

（2）逻辑故障。

逻辑故障中的一种常见情况就是配置错误，就是指因为网络设备的配置原因而导致的网络异常或故障。配置错误可能是路由器端口参数设定有误，或路由器路由配置错误以至于路由循环或找不到远端地址，或是网络掩码设置错误等。比如，同样是网络中某条线路故障，发现该线路没有流量，但又可以 Ping 通线路两端的端口，这时很可能就是路由配置错误导致循环了。诊断该故障可以用 traceroute 工具，可以发现在 traceroute 的结果中某一段之后，两个 IP 地址循环出现。这时，一般就是线路远端把端口路由又指向了线路的近端，导致 IP 包在该线路上来回反复传递。这时需要更改远端路由器端口配置，把路由设置为正确配置，就能恢复线路了。当然处理该故障的所有动作都要记录在日志中。逻辑故障中的另一类故障就是一些重要进程或端口关闭，以及系统的负载过高。比如，路由器的 SNMP 进程意外关闭或死掉，这时网络管理系统将不能从路由器中采集到任何数据，因此网络管理系统失去了对该路由器的控制。还有，也是线路中断，没有流量，这时用 Ping 发现线路近端的端口 Ping 不通，这时检查发现该端口处于 down 的状态，就是说该端口已经给关闭了，因此导致故障。这时只需重新启动该端口，就可以恢复线路的连通了。另一种常见情况是路由器的负载过高，表现为路由器 CPU 温度太高、CPU 利用率太高，以及内存余量太小等。虽然这种故障不能直接影响网络的连通，但却影响到网络提供服务的质量，而且也容易导致硬件设备的损害。

网络故障根据故障的不同对象也可划分为：线路故障、路由器故障和主机故障。

（1）线路故障。

线路故障最常见的情况就是线路不通，诊断这种故障可用 Ping 检查线路远端的路由器端口是否还能响应，或检测该线路上的流量是否还存在。一旦发现远端路由器端口不通，或该线路没有流量，则该线路可能出现了故障。这时有几种处理方法。首先是 Ping 线路两端路由器端口，检查两端的端口是否关闭了。如果其中一端端口没有响应，则可能是路由器端口故障。如果是近端端口关闭，则可检查端口插头是否松动，路由器端口是否处于 down 的状态；如果是远端端口关闭，则要通知线路对方进行检查。进行这些故障处理之后，线路往往就通畅了。如果线路仍然不通，一种可能就得通知线路的提供商检查线路本身的情况，看是否线路中间被切断，等等；另一种可能就是路由器配置出错，比如路由循环了,就是远端端口路由又指向了线路的近端,这样线路远端连接的网络用户就不通了,这种故障可以用 traceroute 来诊断。解决路由循环的方法就是重新配置路由器端口的静态路由或动态路由。

(2) 路由器故障。

事实上,线路故障中很多情况都涉及路由器,因此也可以把一些线路故障归结为路由器故障。但线路涉及两端的路由器,因此在考虑线路故障是要涉及多个路由器。有些路由器故障仅仅涉及它本身,这些故障比较典型的就是路由器 CPU 温度过高、CPU 利用率过高和路由器内存余量太小。其中最危险的是路由器 CPU 温度过高,因为这可能导致路由器烧毁。而路由器 CPU 利用率过高和路由器内存余量太小都将直接影响到网络服务的质量,比如路由器上丢包率就会随内存余量的下降而上升。检测这种类型的故障,需要利用 MIB 变量浏览器这种工具,从路由器 MIB 变量中读出有关的数据,通常情况下网络管理系统有专门的管理进程不断地检测路由器的关键数据,并及时给出报警。而解决这种故障,只有对路由器进行升级、扩内存等,或者重新规划网络的拓扑结构。另一种路由器故障就是自身的配置错误。比如配置的协议类型不对,配置的端口不对等。

(3) 主机故障。

主机故障常见的现象就是主机的配置不当。比如,主机配置的 IP 地址与其他主机冲突,或 IP 地址根本就不在子网范围内,这将导致该主机不能连通。还有一些服务的设置故障。比如 Email 服务器设置不当导致不能收发 Email,或者域名服务器设置不当将导致不能解析域名。主机故障的另一种可能是主机安全故障。比如,主机没有控制其上的 finger、rpc、rlogin 等多余服务。而恶意攻击者可以通过这些多余进程的正常服务或 bug 攻击该主机,甚至得到该主机的超级用户权限等。另外,还有一些主机的其他故障,比如不当共享本机硬盘等,将导致恶意攻击者非法利用该主机的资源。发现主机故障是一件困难的事情,特别是别人恶意的攻击。一般可以通过监视主机的流量或扫描主机端口和服务来防止可能的漏洞。当发现主机受到攻击之后,应立即分析可能的漏洞,并加以预防,同时通知网络管理人员注意。

2.1.5.4 网络管理工具

目前网络管理的工具很多,但很多网络管理工具都集成到网络管理系统中,单独的网络管理工具不多。但仍然存在一些简单、实用的网络管理工具,这些工具包括:连通性测试程序(Ping)、路由跟踪程序(traceroute)和 MIB 变量浏览器。

(1) 连通性测试程序。

连通性测试程序就是 Ping,是一种最常见的网络工具。用这种工具可以测试端到端的连通性,即检查源端到目的端网络是否通畅。Ping 的原理很简单,就是从源端向目的端发出一定数量的网络包,然后从目的端返回这些包的响应,如果在一定的时间内收到响应,则程序返回从包发出到收到的时间间隔,这样根据时间间隔就可以统计网络的延迟。如果网络包的响应在一定时间间隔内没有收到,则程序认为包丢失,返回请求超时的结果。这样如果让 Ping 一次发一定数量的包，然后检查收到相应的包的数量，则可统计出端到端网络的丢包率，而丢包率是检验网络质量的重要参数。

在广域网中，线路一般是网络的重要对象，因此监测线路的通断、统计线路的延迟与丢包率是发现网络故障、检查网络质量的重要手段。而网络中线路两端一般是路由器的两个端口，所以通常的监测手段就是登录到线路一端的路由器端口上 Ping 线路另一端路由器的端口地址，从而掌握该线路的通断情况和网络延迟等参数。

Ping 这种工具有一个局限性，它一般一次只能检测一端到另一端的连通性，而不能一次检测一端到多端的连通性。因此 Ping 有一种衍生工具就是 fPing，fPing 与 Ping 基本类似，唯一的差别就是 fPing 一次可以 Ping 多个 IP 地址，比如 C 类的整个网段地址等。网络管理员经常发现有人依次扫描本网的大量 IP 地址，其实就是 fPing 做到的。

（2）路由跟踪程序。

路由跟踪程序就是 traceroute，在 WIN95 中是 tracert 命令。由于 Ping 工具存在一些固有的缺陷，比如从网络的一台主机 Ping 另一台主机，可以知道端到端之间的通断和延迟，但这个端到端之间可能有多条网络线路组成，中间经过多个路由器。用 Ping 检查端到端的连通情况，如果不通则无法知道是网络中哪一条线路不通，即使端到端通畅也无法了解四条线路中哪条线路延迟大，哪条线路质量不好，因此这就需要 traceroute 工具了。traceroute 在某种方面与 Ping 类似，它也向目的端发出一些网络包，返回这些包的响应结果，如果有响应也返回响应的延迟。但 traceroute 与 Ping 的最大区别在于 traceroute 是把端到端的线路按线路所经过的路由器分成多段，然后以每段返回响应与延迟。如果端到端不通，则用该工具可以检查到哪个路由器之前都能正常响应，到哪个路由器就不能响应了，这样就很容易知道如果线路出现故障，则故障源可能出在哪里。另一方面，如果在线路中某个路由器的路由配置不当，导致路由循环，用 traceroute 工具可以方便地发现问题。即 traceroute 一端到另一端时，发现到某一路由器之后，出现的下一个路由器正是上一个路由器，结果出现循环，两个路由器返回的结果中间来回交替出现，这时往往是那个路由器的路由配置指向了前一个路由器导致路由循环了。

（3）MIB 变量浏览器。

MIB 变量浏览器是另一种重要的网络管理工具。在 SNMP 中，MIB 变量包含了路由器的几乎所有重要参数，对路由器进行管理很大程度上是利用 MIB 变量来实现的。比如，路由器的路由表、路由器的端口流量数据、路由器中的计费数据、路由器 CPU 的温度、负载以及路由器的内存余量等，所有这些数据都是从路由器的 MIB 变量中采集到的。虽然对 MIB 变量的定时采集与分析大部分都是程序进行的，但一种图形界面下的 MIB 变量浏览器也是需要的。一般 MIB 变量浏览器，都按照 MIB 变量的树形命名结构进行设计，这样就可以自顶向下，根据所要浏览的 MIB 变量的类别逐步找到该变量，而无须记住该变量复杂的名字。网管可以利用 MIB 变量浏览器取出路由器当前的配置信息、性能参数以及统计数据等，对网络情况进行监视。

2.2 网络选型

2.2.1 光纤收发器

2.2.1.1 光纤收发器概述

光纤收发器又叫光电转换器,是一种将短距离的双绞线电信号和长距离的光信号进行互换的以太网传输媒体转换单元。按传输速率分为单10M、100M光纤收发器、10/100M自适应的光纤收发器和1000M光纤收发器;按工作方式分为工作在物理层的光纤收发器和工作在数据链路层的光纤收发器;按结构角度分桌面式(独立式)光纤收发器和机架式光纤收发器;按接入光纤的不同又有多模光纤收发器和单模光纤收发器。此外还有单纤光纤收发器和双纤光纤收发器、内置电源光纤收发器和外置电源光纤收发器以及网管型光纤收发器和非网管型光纤收发器。光纤收发器在数据传输上打破了以太网电缆的百米局限性,依靠高性能的交换芯片和大容量的缓存,在真正实现无阻塞传输交换性能的同时,还提供了平衡流量、隔离冲突和检测差错等功能,保证数据传输时的高安全性和稳定性。

光纤收发器本质上只是完成不同介质间的数据转换,可以实现0~100km内两台交换机或计算机之间的连接,但实际应用却有着更多的扩展。

(1) 实现交换机之间的互联。

(2) 实现交换机和计算机之间的互联。

(3) 实现计算机之间的互联。

(4) 传输中继:当实际传输距离超过收发器的标称传输距离,特别是实际传输距离超过100km的时候,在现场条件允许的情况下,采用2台收发器背对背进行中继,是一种很经济有效的解决方案。

(5) 单多模转换:当网络间出现需要单多模光纤连接时,可以用1台多模收发器和1台单模收发器背对背连接,解决了单多模光纤转换的问题。

(6) 波分复用传输:当长距离光缆资源不足,为了提高光缆的使用率,降低造价,可将收发器和波分复用器配合使用,让两路信息在同一对光纤上传输。

2.2.1.2 光纤收发器产生背景

在多媒体应用系统中,往往需要把模拟计算机显示信号送到远处进行处理。这为工程应用带来了很多难以解决的问题,其中最为突出的问题有:

(1) 由于电缆对信号的高频部分损耗太大,信号带宽又很高,造成远处收到的信号模糊;

(2) 因很难保证R、G、B三路信号的传输延迟一致,因而造成远处收到的信号出现分色现象;

(3) 由于信号模拟传输,很难保证整个传输过程中的信号匹配,因此造成远处收到的信号产生重影和拖尾；

（4）在长距离传输的情况下，很难消除系统中的电位差，容易造成远处收到的信号出现网纹干扰；

光纤收发器就是专为解决这类工程问题而设计的。

2.2.1.3　光纤收发器使用注意事项

从前面介绍中我们知道光纤收发器有多种不同的分类，而实际使用中大多注意的是按光纤接头不同而区分的类别：SC 接头光纤收发器和 ST 接头光纤收发器。

在使用光纤收发器连接不同的设备时，必须注意使用的端口不同。

（1）光纤收发器到 100BASE-TX 设备（交换机、集线器）的连接。

确认双绞线的长度最长不超过 100m；

连接双绞线的一端到光纤收发器的 RJ-45 口（Uplink 口），另一端到 100BASE-TX 设（交换机、集线器）的 RJ-45 口（普通口）。

（2）光纤收发器到 100BASE-TX 设备（网卡）的连接。

确认双绞线的长度最长不超过 100m；

连接双绞线的一端到光纤收发器的 RJ-45 口（100BASE-TX 口），另一端到网卡的 RJ-45 口。

（3）光纤收发器到 100BASE-FX 的连接。

确认光纤长度没有超出设备能提供的距离范围；

光纤的一端连光纤收发器的 SC/ST 接头，另一端连接 100BASE-FX 设备的 SC/ST 接头。

另外，需要补充的是很多用户在使用光纤收发器时认为：只要光纤的长度在单模光纤或多模光纤所能支持的最大距离内就可以正常使用。其实这是一种错误的认识，这种认识只有在连接的设备都是全双工的设备时才是正确的，当有半双工的设备时，光纤的传输距离就有一定的限制。

2.2.1.4　光纤收发器选购原则

光纤收发器作为一个区域网络连接器设备，其主要的任务就是如何更好地把两方数据进行无缝连接。所以必须考虑其与周边环境相互兼容性的配合，本身产品的稳定性、可靠性，反之：价格再低，也不能选用。

（1）本身是否支持全双工及半双工。

市面上有些芯片目前只能使用全双工环境，无法支持半双工，如接到其他品牌的交换机（SWITCH）或集线器（HUB），而它又使用半双工模式，则一定会造成严重的冲突及丢包。

（2）是否与其他光纤收发器做过连接测试。

目前市面上的光纤收发器愈来愈多，如不同品牌的收发器相互的兼容性事前没做过测试则会产生丢包、传输时间过长、忽快忽慢等现象。

（3）是否有防范丢包的安全装置。

有些厂商在制造光纤收发器时，为了降低成本，往往采用寄存器（Register）数据传输模式。这种方式最大的缺点就是传输时不稳定、丢包，而最好的就是采用缓冲线路设计，可安全避免数据丢包。

（4）温度适应能力。

光纤收发器本身使用时会产生高热，温度过高时（一般不能大于85℃），光纤收发器是否工作正常？允许的最高工作温度是多少？对于需要长期运行的设备，此项非常值得关注。

（5）是否符合 IEEE802.3u 标准。

光纤收发器如符合 IEEE802.3 标准，即 delay time 控制在 46bit，如超过 46bit 时，则表示光纤收发器所传输的距离会缩短。

2.2.2 DDN 专线

DDN 专线是数字数据专线（Digital Data Network Leased Line）的简称，是利用数字信道传输数据信号的数据传输网，它是随数据通信业务的发展而迅速发展起来的一种新型网络。它的传输媒介有光纤、数字微波、卫星信道以及用户端可用的普通电缆和双绞线。利用数字信道传输数据信号与传统的模拟信道相比，具有传输质量高、速度快、带宽利用率高等一系列优点。

DDN 专线将数字通信技术、计算机技术、光纤通信技术以及数字交叉连接技术等有机地结合在一起，提供了一种高速度、高质量、高可靠性的通信环境，为用户规划建立安全高效的专用数据网络提供了条件，因此，在多种 Internet 的接入方式中深受广大客户的青睐。

DDN 专线向用户提供的是半永久性的数字连接，沿途不进行复杂的软件处理，因此延时较短，避免了传统的分组网中的传输协议复杂、传输时延大且不固定的缺点；通信信道容量的分配和连续均在计算机控制下进行，具有极大的灵活性和可靠性，使用户可以开通种类繁多的信息业务，传输任何合适的资料信息。具体说来，DDN 专线接入 Internet 的特点主要有以下几个方面：

DDN 专线接入能提供高性能的点到点通信，通信保密性强，特别适合金融、保险等保密性要求高的客户需要；

DDN 专线接入还适用于 20/80 业务规则的大中型企业，即 80% 的网络业务在内部网络（Intranet）内传输，只有 20% 的网络业务在内部网络（Intranet）与外部网络（这里主要的指 Internet）之间的传输；

DDN 专线接入传输质量高，通信速率可根据用户需要在 $N*64 \text{kb/s}$（$N=1\sim32$）之间选择，网络时延小；

DDN 专线信道固定分配，充分保证了通信的可靠性，保证用户使用的带宽不会受其他客户使用情况的影响；

通过这条高速的国际互联网信道，用户可构筑自己的 Intranet，建立自己的 Web 网站、Email 服务器等信息应用系统；

局域网整体接入 Internet，使局域网的用户均可共享互联网的资源；

专线用户可以免费得到多个合法的 Internet IP 地址和一个免费的国内域名；

实现每天 24 小时全天候信息发布，即用户可建立自己的 Web 站点，向国际互联网发布自己的信息或提供信息服务；

提供详细的计费、网管支持，还可以通过防火墙等安全技术保护用户局域网的安全，免受不良侵害；

通过 VPN（Virtual Private Network）——一种虚拟私有网络，利用本公司的网络综合平台实现安全、可靠的企业国际网络互联，从而构建起企业的国际私有互联 DDN 专线。

2.2.3 SDH 数字微波通信

SDH 微波通信是新一代的数字微波传输体制，它兼有 SDH 数字通信和微波通信两者的优点。由于微波具有在空间直线传输的特点，这种通信方式又称为视距数字微波中继通信。

数字微波传输线路的组成形式可以是一条主干线，中间有若干分支，也可以是一个枢纽站向若干方向分支。其主干线可长达几千千米，另有若干条支线线路，除了线路两端的终端站外，还有大量的中继站和分路站，构成一条数字微波中继通信线路。它分为以下几个部分：

（1）数字终端机。

其基本功能是把来自交换机的多路信号变换为时分多路数字信号，送往数字微波传输信道，以及把数字微波传输信道收到的时分多路数字信号变换为交换机所需的信号，送至交换机。

（2）SDH 微波站。

按工作性质不同，它可分成数字微波终端站、数字微波中继站和数字微波分路站。而数字微波枢纽站一般处在干线上，能完成数个方向的通信任务。

（3）SDH 中继站。

主要完成信号的双向接收和转发，可分为再生中继站、中频转接站、射频有源转接站和无源转接站。由于 SDH 数字微波传输容量大，一般只采用再生中继站，它对收到的已调信号解调、判决、再生，转发至下一方向的调制器。

（4）交换机。

这是用于功能单元、信道或电路的暂时组合以保证所需通信动作的设备，用户可通过交换机进行呼叫连接，建立暂时的通信信道或电路。这种交换可以是模拟交换，也可以是数字交换。目前，大容量干线绝大部分采用数字程控交换机。

(5) 用户终端。

直接为用户所使用的终端设备，如自动电话机、电传机、计算机、调度电话等。

SDH 传输是一种全新的传输网络系统，SDH 微波产品与传统 PDH 微波产品相比，具有以下特点：

(1) 传输容量大。由于微波射频带宽很大，一个微波射频信道能够同时传输若干路数字信息，可以满足新的宽带通信业务的需求，如 STM-l，它的速率为 155.520Mb/s，相当于 30CH×63=1890CH。更高等级的 STM-4 信号是将 STM-1 按同步复用，其速率为 622.08Mb/s。

(2) 可以满足北美、日本 1.5Mb/s 和欧洲 2Mb/s 两大数字体系在 STM-1 等级上获得统一，真正实现数字传输系统的世界性标准。

(3) 简化了交叉连接设备，上下业务十分方便，使网络容易容纳和引入各种新的宽带业务，网络的运行管理和维护能力大大加强。

(4) 可与程控数字交换机直接接口，组成传输与交换一体化的综合业务数字网（ISDN），有利于各种数字业务的传输，SDH 网与现有的 PDH 网可以完全兼容。

2.3 路由与交换

路由就是指通过相互连接的网络把信息从源地点移动到目标地点的活动。一般来说，在路由过程中，信息至少会经过一个或多个中间节点。通常，人们会把路由和交换进行对比，这主要是因为在普通用户看来两者所实现的功能是完全一样的。其实，路由和交换之间的主要区别就是交换发生在 OSI 参考模型的第二层（数据链路层），而路由发生在第三层，即网络层。这一区别决定了路由和交换在移动信息的过程中需要使用不同的控制信息，所以两者实现各自功能的方式是不同的。

2.3.1 路由器介绍

路由器的发展有起有伏，20 世纪 90 年代中期，传统路由器成为制约因特网发展的瓶颈，被 ATM 交换机取而代之，成为 IP 骨干网的核心，路由器变成了配角。进入 90 年代末期，Internet 规模进一步扩大，流量每半年翻一番，ATM 网又成为瓶颈，路由器东山再起。Gb/s 路由交换机在 1997 年面世后，人们又开始以 Gb/s 路由交换机取代 ATM 交换机，架构以路由器为核心的骨干网。

作为核心设备，路由器在 IP 网上处于至关重要的位置。随着因特网应用的普及，网络带宽的迅速增加，用户对服务质量要求的提高，路由器的未来也面临着新的变革。

2.3.1.1 路由器的概念

路由器是一种连接多个网络或网段的网络设备，它能将不同网络或网段之间的数据信息进行"翻译",以使它们能够相互"读懂"对方的数据,从而构成一个更大的网络。

路由器有两大典型功能,即数据通道功能和控制功能。数据通道功能包括转发决定、转发以及输出数据链路调度等,一般由硬件来完成;控制功能一般由软件来实现,包括与相邻路由器之间的信息交换、系统配置、系统管理等。

2.3.1.2 路由器基本功能介绍

传统上,路由器工作于所谓网络7层协议模型中的第3层,其主要任务是接收来自一个网络接口的数据包,根据其中所含的目的地址,决定转发到哪个目的地,可能是路由器也可能就是最终目的点,并决定从哪个网络接口转发出去。这是路由器的最基本功能——数据包转发功能。

根据TCP/IP协议,路由器的数据包具体转发过程是:

(1) 网络接口接收数据包不同的物理网络介质,决定了不同的网络接口,如对应于10Base-T以太网,路由器有10Base-T以太网接口;对应于DDN,路由器有V.35接口。

(2) 根据网络物理接口,路由器调用相应的链路层以解释处理数据中的链路层协议。这一步处理主要是对数据完整性的验证。

(3) 在链路层完成对数据帧的完整性验证后,路由器开始处理此数据帧的IP层。根据数据帧中的目的IP地址,路由器在路由表中查找下一IP地址,并计算新的校验和。如果接收数据帧的网络接口类型与转发数据帧的网络接口类型不同,则IP数据包还可能因为最大帧长度的限制而对其进行分段或重组。

(4) 根据在路由表中所查到的下一IP地址,IP数据包送往相应的输出链路层,最后经网络物理输出接口发送出去。

为了维护和使用路由器,路由器还需要有配置功能或者说控制功能。

控制功能是由一系列规则所提供的,举例来说,可能是优先权、拒绝访问或提供记账数据。当数据包进入路由器时,这些相关的规则也同样作用于数据包。在基于软件的路由器中,这些规则被存储于一个软件数据库内,每个数据包通过时都必须与该数据库进行核对。

2.3.1.3 路由器的发展趋势

芯片速度每18个月翻一番,而因特网的流量是每6个月翻一番。作为因特网的枢纽,路由器正在朝速度更快、服务质量更好和更易于综合化管理三个方向发展。

(1) 速度更快。

传统意义上,路由器通常被认为是网络速度的瓶颈。在局域网速度早已达到上百兆时,路由器的处理速度至多只到几十兆比特率。1996—1997年间,美国出现了一批极具创新精神的小公司,如Nexabit、Juniper、Avici等,把路由器的处理速度提高到了登峰造极的地步,连Cisco公司在速度方面都只能望其项背。由于这些高速路由器无一例外地都引入了交换的结构,因此它们也被称作千兆位交换路由器(GSR—Gigabit Switch Router)。这些路由器的光接口速度也很快从OC-12（622Mb/s）升到OC-48（2.5Gb/s），再升到OC-192（10Gb/s），这样的速度早已把ATM交换机远远地甩在后面。自此，ATM在核心网络中不可代替的地位彻底发生了动摇。旷日持久的IP与ATM技术之争终于以IP占压倒性的优势结束。不过，IP路由器速度的提高是直接得益于ATM的概念和技术的，在IP领域中提出的许多新概念和新技术也有相当一部分是直接或间接来源于ATM，两种优秀的技术逐渐开始融合。

（2）服务质量更好。

IP路由器要想提供包括电信、广播在内的所有业务，提高服务质量（QoS）是其关键。这也正是目前各大网络设备厂商（包括华为、Cisco、3Com、Nortel等）所努力推进的方向。各大厂商新推出的高、中、低档路由器中都不同程度地支持QoS，从硬件和软件协议两方面都对QoS有很强的支持。事实上，QoS不仅是路由器的一个发展趋势，以路由器为核心的整个IP网络都在朝这个方向发展。

"三网合一"这一概念便是这个方向的产物。然而以传统IP路由器为核心的网络已经不能适应"三网合一"的趋势，以美国为首的各发达国家都在推进能提供更好、更快的服务质量的网络技术的研发。其中路由器的研发又是关键。

对QoS的支持来自软件和硬件两个方面。从硬件方面说，更快的转发速度和更宽的带宽是基本前提。

（3）管理更加智能化。

随着网络流量的爆炸式增长，网络规模日益膨胀，以及对网络服务质量的要求越来越高，路由器上的网络管理系统变得日益重要，网络连接已成为日常工作、生活中不可缺少的部分。在保证质量的情况下最大限度地利用带宽、及早发现并诊断设备故障，迅速方便地根据需要改变配置，这些网络管理功能都日益成为直接影响网络用户和网络运营商利益的重要因素。在网络协议七层模型中，网络管理属于高层应用，目前各厂家网络管理的一个重要发展趋势是向智能化方向发展。而智能化又体现在两个方面，一是网络设备（路由器）之间信息交互的智能化；二是网络设备与网络管理者之间信息交互的智能化。在网络管理智能化的大趋势中，"基于策略的管理"和"流量工程"这两个技术概念是目前最引人注目的。各路由器厂商在新推出的产品中无不标榜自己的网络管理配套系统具有或部分具有这两个方面的功能。

"基于策略的管理"这一概念将同时影响路由器之间和路由器与网络管理者之间的信息交互行为模式，使得网络管理者更易于从用户的角度去定义和约束网络行为，而这些上层策略将直接影响网络基本行为，使传统的路由算法发展为基于策略的路由算法，使路由器之间的信息交互必须包涵策略性所涵盖的信息内容。

"流量工程"是核心网运营商最关心的问题。新的协议如MPLS在解决标记交换的同时，也提供了一个很好的解决"流量工程"的方法，即通过路由器之间交互各端的流量状态等信息，用收敛算法计算一段时间内网络中标记的显式路径，约束最短路径优先算法被采用以使整个网络的流量在每一段时间内尽量保持均衡。

网络技术的发展日新月异。交换式路由技术不仅解决了通信流量问题，而且具有更高的网络控制能力和管理能力。

2.3.2 交换机介绍

交换机（英文：Switch，意为"开关"）是一种用于电信号转发的网络设备。它可以为接入交换机的任意两个网络节点提供独享的电信号通路。最常见的交换机是以太网交换机。其他常见的还有电话语音交换机、光纤交换机等。

2.3.2.1 概念和原理

交换（switching）是按照通信两端传输信息的需要，用人工或设备自动完成的方法，把要传输的信息送到符合要求的相应路由上的技术的统称。广义的交换机（switch）就是一种在通信系统中完成信息交换功能的设备。

在计算机网络系统中，交换概念的提出改进了共享工作模式。前面介绍过的HUB集线器就是一种共享设备，HUB本身不能识别目的地址，当同一局域网内的A主机给B主机传输数据时，数据包在以HUB为架构的网络上是以广播方式传输的，由每一台终端通过验证数据包的头地址信息来确定是否接收。也就是说，在这种工作方式下，同一时刻网络上只能传输一组数据帧的通信，如果发生碰撞还得重试。这种方式就是共享网络带宽。

交换机拥有一条高带宽的背部总线和内部交换矩阵。交换机的所有端口都挂接在这条背部总线上，控制电路收到数据包以后，处理端口会查找内存中的地址对照表以确定目的MAC（网卡的硬件地址）的NIC（网卡）挂接在哪个端口上，通过内部交换矩阵迅速将数据包传送到目的端口，目的MAC若不存在才广播到所有的端口，接收端口回应后交换机会"学习"新的地址，并把它添加到内部MAC地址表中。

使用交换机也可以把网络"分段"，通过对照MAC地址表，交换机只允许必要的网络流量通过。通过交换机的过滤和转发，可以有效地隔离广播风暴，减少误包和错包的出现，避免共享冲突。

交换机在同一时刻可进行多个端口之间的数据传输。每一端口都可视为独立的网段，连接在其上的网络设备独自享有全部的带宽，无须同其他设备竞争使用。当节点A向节点D发送数据时，节点B可同时向节点C发送数据，而且这两个传输都享有网络的全部带宽，都有着自己的虚拟连接。

总之，交换机是一种基于MAC地址识别，能完成封装转发数据包功能的网络设备。交换机可以"学习"MAC地址，并把其存放在内部地址表中，通过在数据帧的始发者和目标接收者之间建立临时的交换路径，使数据帧直接由源地址到达目的地址。

2.3.2.2 技术发展史

"交换机"是一个舶来词，源自英文"Switch，我国技术界在引入这个词汇时，翻译为

"交换"。在英文中，动词"交换"和名词"交换机"是同一个词。

1993年，局域网交换设备出现。1994年，国内掀起了交换网络技术的热潮。其实，交换技术是一个具有简化、低价、高性能和高端口密集特点的交换产品，体现了桥接技术的复杂交换技术在OSI参考模型的第二层操作。交换技术允许共享型和专用型的局域网段进行带宽调整，以减轻局域网之间信息流通出现的瓶颈问题。现在已有以太网、快速以太网、FDDI和ATM技术的交换产品。

交换机能经济地将网络分成小的冲突网域，为每个工作站提供更高的带宽。协议的透明性使交换机在软件配置简单的情况下直接安装在多协议网络中；交换机使用现有的电缆、中继器、集线器和工作站的网卡，不必作高层的硬件升级；交换机对工作站是透明的，这样管理开销低廉，简化了网络节点的增加、移动和网络变化的操作。

利用专门设计的集成电路可使交换机以线路速率在所有的端口并行转发信息，提供了比传统桥接器高得多的操作性能。如理论上单个以太网端口对含有64个八进制数的数据包，可提供14880b/s的传输速率。这意味着一台具有12个端口、支持6道并行数据流的"线路速率"以太网交换器必须提供89280b/s的总体吞吐率。

（1）人工交换。

电信号交换的历史应当追溯到电话出现的初期。当电话被发明后，只需要一根足够长的导线，加上末端的两台电话，就可以使相距很远的两个人进行语音交谈。

电话增多后，要使每个拥有电话的人都能相互通信，于是设立了电话局，每个电话用户都接一根线到电话局的一个大电路板上。当A希望和B通话时，就请求电话局的接线员接通B的电话。接线员用一根导线，一头插在A接到电路板上的孔，另一头插到B的孔，这就是"接续"，相当于临时给A和B拉了一条电话线，这时双方就可以通话了。当通话完毕后，接线员将电线拆下，这就是"拆线"。整个过程就是"人工交换"，它实际上就是一个"合上开关"和"断开开关"的过程。因此，把"交换"译为"开关"从技术上讲更容易让人理解。

（2）电路程控交换机。

人工交换的效率太低，不能满足大规模部署电话的需要。随着半导体技术的发展和开关电路技术的成熟，人们发现可以利用电子技术替代人工交换。电话终端用户只要向电子设备发送一串电信号，电子设备就可以根据预先设定的程序，将请求方和被请求方的电路接通，并且独占此电路，不会与第三方共享。这种交换方式被称为"程控交换"，而这种设备也就是"程控交换机"。

目前，语音程控交换机普遍使用的通信协议为七号信令（Signalling System No.7）。

（3）以太网交换机。

随着计算机及其互联技术（也即通常所说的"网络技术"）的迅速发展，以太网成为迄今为止普及率最高的短距离二层计算机网络。而以太网的核心部件就是以太网交换机。

不论是人工交换还是程控交换，都是为了传输语音信号，是需要独占线路的"电路交换"。而以太网是一种计算机网络,需要传输的是数据,因此采用的是"包交换"。但无论采取哪种交换方式,交换机为两点间提供"独享通路"的特性不会改变。

目前,以太网交换机厂商根据市场需求,推出了三层甚至四层交换机,其核心功能仍是二层的以太网数据包交换,只是具备了一定的处理IP层甚至更高层数据包的能力。

(4) 光交换。

光交换是新一代交换技术。目前交换技术大多是基于电信号的,即使是目前的光纤交换机也是先将光信号转为电信号,经过交换处理后,再传回光信号发到另一根光纤。

2.3.2.3 分类

交换机的传输模式有全双工、半双工、全双工/半双工自适应之分。

交换机的全双工是指交换机在发送数据的同时也能够接收数据,两者同步进行,这好像我们平时打电话一样,说话的同时也能够听到对方的声音。目前的交换机都支持全双工。全双工的好处在于迟延小,速度快。

半双工就是指一个时间段内只有一个动作发生,举个简单例子,一条窄窄的马路,同时只能有一辆车通过,当目前有两辆车对开,这种情况下就只能一辆先通过,等到头后另一辆再开,这个例子就形象地说明了半双工的原理。早期的对讲机以及早期集线器等设备都是实行半双工的产品。随着技术的不断进步,半双工正逐渐退出历史舞台。

从广义上来看,网络交换机分为两种:广域网交换机和局域网交换机。广域网交换机主要应用于电信领域,提供通信用的基础平台。而局域网交换机则应用于局域网络,用于连接终端设备,如PC机及网络打印机等。从传输介质和传输速度上可分为以太网交换机、快速以太网交换机、千兆以太网交换机、FDDI交换机、ATM交换机和令牌环交换机等。从规模应用上又可分为企业级交换机、部门级交换机和工作组交换机等。各厂商划分的尺度并不是完全一致的,一般来讲,企业级交换机都是机架式,部门级交换机可以是机架式(插槽数较少),也可以是固定配置式,而工作组级交换机为固定配置式(功能较为简单)。另一方面,从应用的规模来看,支持500个信息点以上大型企业应用的交换机为企业级交换机,支持300个信息点以下中型企业的交换机为部门级交换机,而支持100个信息点以内的交换机为工作组级交换机。本文所介绍的交换机指的是局域网交换机。

2.3.2.4 功能

交换机的主要功能包括物理编址、网络拓扑结构、错误校验、帧序列以及流量控制。目前交换机还具备了一些新的功能,如对VLAN(虚拟局域网)的支持、对链路汇聚的支持,有的还具有防火墙的功能。

交换机除了能够连接同种类型的网络之外,还可以在不同类型的网络(如以太网和快速以太网)之间起到互联作用。如今许多交换机都能够提供支持快速以太网或FDDI等的高速连接端口,用于连接网络中的其他交换机或者为带宽占用量大的关键服务器提供附加带宽。

一般来说，交换机的每个端口都用来连接一个独立的网段，但是有时为了提供更快的接入速度，可以把一些重要的网络计算机直接连接到交换机的端口上。这样，网络的关键服务器和重要用户就拥有更快的接入速度，支持更大的信息流量。

最后简略地概括一下交换机的基本功能：

（1）像集线器一样，交换机提供了大量可供线缆连接的端口，这样可以采用星形拓扑布线。

（2）像中继器、集线器和网桥那样，当它转发帧时，交换机会重新产生一个不失真的方形电信号。

（3）像网桥那样，交换机在每个端口上都使用相同的转发或过滤逻辑。

（4）像网桥那样，交换机将局域网分为多个冲突域，每个冲突域都是有独立的宽带，因此大大提高了局域网的带宽。

（5）除了具有集线器、中继器和网桥的功能以外，交换机还提供了更先进的功能，如虚拟局域网（VLAN）和更高的性能。

2.3.2.5 交换方式

交换机通过以下三种方式进行交换：

（1）直通式。

直通方式的以太网交换机可以理解为在各端口间是纵横交叉的线路矩阵电话交换机。

（2）存储转发。

存储转发方式是计算机网络领域应用最为广泛的方式。它把输入端口的数据包先存储起来，然后进行CRC（循环冗余码校验）检查，在对错误包处理后才取出数据包的目的地址，通过查找表转换成输出端口送出包。

（3）碎片隔离。

这是介于前两者之间的一种解决方案。它检查数据包的长度是否够64个字节，如果小于64字节，说明是假包，则丢弃该包；如果大于64字节，则发送该包。这种方式不提供数据校验。它的数据处理速度比存储转发方式快，但比直通式慢。

2.3.2.6 几种交换技术

（1）端口交换。

端口交换技术最早出现在插槽式的集线器中，这类集线器的背板通常划分有多条以太网段（每条网段为一个广播域），不用网桥或路由连接，网络之间是互不相通的。端口交换还可细分为：

①模块交换：将整个模块进行网段迁移。

②端口组交换：通常模块上的端口被划分为若干组，每组端口允许进行网段迁移。

③端口级交换：支持每个端口在不同网段之间进行迁移。这种交换技术是基于OSI第一层上完成的，具有灵活性和负载平衡能力等优点。如果配置得当，那么还可以在一定程

度进行容错,但没有改变共享传输介质的特点,因而未能称之为真正的交换。

(2) 帧交换。

帧交换是目前应用最广的局域网交换技术,它通过对传统传输媒介进行分段,提供并行传送机制,以减小冲突域,获得高带宽。一般有以下几种:

①直通交换:提供线速处理能力,交换机只读出网络帧的前14个字节,便将网络帧传送到相应的端口上。

②存储转发:通过对网络帧的读取进行验错和控制。

前一种方法的交换速度非常快,但缺乏对网络帧进行更高级的控制,缺乏智能性和安全性,同时也无法支持具有不同速率的端口的交换。存储转发对网络帧进行分解,将帧分解成固定大小的信元,该信元处理极易用硬件实现,处理速度快,同时能够完成高级控制功能,如优先级控制。

(3) 信元交换。

ATM技术采用固定长度53个字节的信元交换。由于长度固定,因而便于用硬件实现。ATM采用专用的非差别连接,并行运行,可以通过一个交换机同时建立多个节点,但并不会影响每个节点之间的通信能力。ATM还容许在源节点和目标节点建立多个虚拟链接,以保障足够的带宽和容错能力。ATM采用了统计时分电路进行复用,因而能大大提高通道的利用率。ATM的带宽可以达到25M、155M、622M甚至数吉字节(Gb)的传输能力。但随着万兆以太网的出现,曾经代表网络和通信技术发展的未来方向的ATM技术,正逐渐失去存在的意义。

2.3.2.7 发展前景

作为局域网的主要连接设备,以太网交换机成为应用普及最快的网络设备之一。

不同网络环境下交换机的作用各不相同,在同一网络环境下添加新的交换机和增加现有交换机的交换端口对网络的影响也不尽相同。使用交换机的目的就是尽可能地减少和过滤网络中的数据流量,所以如果网络中的某台交换机由于安装位置设置不当,几乎需要转发接收到的所有数据包的话,交换机就无法发挥其优化网络性能的作用,反而降低了数据的传输速度,增加了网络延迟。

除安装位置之外,如果在那些负载较小、信息量较少的网络中盲目添加交换机的话,同样也可能起到负面影响。受数据包的处理时间、交换机的缓冲区大小以及需要重新生成新数据包等因素的影响,在这种情况下使用简单的HUB要比交换机更为理想。因此,不能一概认为交换机就比HUB有优势,尤其当用户的网络并不拥挤,尚有很大的可利用空间时,使用HUB更能够充分利用网络的现有资源。

2.3.2.8 层数区别

一般把交换机分为二层交换机、三层交换机及四层交换机。

(1) 二层交换。

二层交换技术的发展比较成熟，二层交换机属数据链路层设备，可以识别数据包中的MAC地址信息，根据MAC地址进行转发，并将这些MAC地址与对应的端口记录在自己内部的一个地址表中。

从二层交换机的工作原理可知以下三点：

①由于交换机对多数端口的数据进行同时交换，这就要求具有很宽的交换总线带宽，如果二层交换机有 N 个端口，每个端口的带宽是 M，交换机总线带宽超过 $N \times M$，那么这个交换机就可以实现线速交换；

②学习端口连接的机器的MAC地址，写入地址表，地址表的大小（一般两种表示方式：一为BEFFER RAM，一为MAC表项数值），地址表大小影响交换机的接入容量；

③二层交换机一般都含有专门用于处理数据包转发的ASIC（Application Specific Integrated Circuit，专用集成电路）芯片，因此转发速度可以做到非常快。由于各个厂家采用ASIC不同，直接影响产品性能。

以上三点也是评判二、三层交换机性能优劣的主要技术参数，这一点请大家在考虑设备选型时注意比较。

（2）三层交换。

三层交换的特点：

①由硬件结合实现数据的高速转发。这就不是简单的二层交换机和路由器的叠加，三层路由模块直接叠加在二层交换的高速背板总线上，突破了传统路由器的接口速率限制，速率可达每秒几十吉字节。算上背板带宽，这些是三层交换机性能的两个重要参数。

②简洁的路由软件使路由过程简化。大部分的数据转发，除了必要的路由选择交由路由软件处理，都是由二层模块高速转发，路由软件大多是经过处理的高效优化软件，并不是简单照搬路由器中的软件。

二层和三层交换机的选择：

二层交换机用于小型的局域网络。在小型局域网中，广播包影响不大，二层交换机的快速交换功能、多个接入端口和低廉价格为小型网络用户提供了很完善的解决方案。

路由器的优点在于接口类型丰富，支持的三层功能强大，路由能力强大，适合用于大型的网络间的路由，它的优势在于选择最佳路由、负荷分担、链路备份及和其他网络进行路由信息的交换等。

三层交换机的最重要的功能是加快大型局域网络内部的数据快速转发，加入路由功能也是为这个目的服务的。

（3）四层交换。

第四层交换的一个简单定义是：它是一种功能，它决定传输不仅仅依据MAC地址（第二层网桥）或源/目标IP地址（第三层路由），而且依据TCP/UDP（第四层）应用端口号。第四层交换功能就像是虚IP，指向物理服务器。它传输的业务服从的协议多种多样，有HTTP、FTP、NFS、Telnet或其他协议。这些业务在物理服务器基础上，需要复杂的载量平衡算法。

在 IP 世界，业务类型由终端 TCP 或 UDP 端口地址来决定，在第四层交换中的应用区间则由源端和终端 IP 地址、TCP 和 UDP 端口共同决定。在第四层交换中为每个供搜寻使用的服务器组设立虚 IP 地址（VIP），每组服务器支持某种应用。在域名服务器（DNS）中存储的每个应用服务器地址是 VIP，而不是真实的服务器地址。当某用户申请应用时，一个带有目标服务器组的 VIP 连接请求（例如一个 TCP SYN 包）发给服务器交换机。服务器交换机在组中选取最好的服务器，将终端地址中的 VIP 用实际服务器的 IP 取代，并将连接请求传给服务器。这样，同一区间所有的包由服务器交换机进行映射，在用户和同一服务器间进行传输。

TCP/UDP 端口号提供的附加信息可以为网络交换机所利用，这是第四层交换的基础。具有第四层功能的交换机能够起到与服务器相连接的"虚拟 IP"（VIP）前端的作用。每台服务器和支持单一或通用应用的服务器组都配置一个 VIP 地址。这个 VIP 地址被发送出去并在域名系统上注册。在发出一个服务请求时，第四层交换机通过判定 TCP 开始，来识别一次会话的开始。然后它利用复杂的算法来确定处理这个请求的最佳服务器。一旦做出这种决定，交换机就将会话与一个具体的 IP 地址联系在一起，并用该服务器真正的 IP 地址来代替服务器上的 VIP 地址。

每台第四层交换机都保存一个与被选择的服务器相配的源 IP 地址以及源 TCP 端口相关联的连接表。然后第四层交换机向这台服务器转发连接请求。所有后续包在客户机与服务器之间重新影射和转发，直到交换机发现会话为止。在使用第四层交换的情况下，接入可以与真正的服务器连接在一起来满足用户制定的规则，诸如使每台服务器上有相等数量的接入或根据不同服务器的容量来分配传输流。

选用合适的第四层交换机需要注意以下几点：

①速度。

为了在企业网中行之有效，第四层交换必须提供在所有端口以千兆速度操作，即使在多个千兆以太网连接上也是如此。千兆以太网速度等于以每秒 1488000 个数据包的最大速度路由（假定最坏的情形，即所有包为以太网定义的最小尺寸，长 64 字节）。

②服务器容量平衡算法。

依据所希望的容量平衡间隔尺寸，第四层交换机将应用分配给服务器的算法有很多种，包括简单的检测环路最近的连接、检测环路时延或检测服务器本身的闭环反馈。在所有的预测中，闭环反馈提供反映服务器现有业务量的最精确的检测。

③表容量。

四层交换机需要有区分和存储大量发送表项的能力。核心交换机尤其如此。四层交换机发送表的数量必须乘以网络中使用的不同应用协议和会话的数量。大的表容量对制造支持线速发送第四层流量的高性能交换机至关重要。

④冗余。

第四层交换机内部有支持冗余拓扑结构的功能。在具有双链路的网卡容错连接时，就可能建立从一个服务器到网卡、链路和服务器交换的完全冗余系统。

2.3.2.9 管理方式

可网管交换机可以通过以下几种途径进行管理：通过 RS-232 串行口（或并行口）管理、通过网络浏览器管理和通过网络管理软件管理。

(1) 串口管理。

可网管交换机附带了一条串口电缆，供交换机管理使用。先把串口一端插在交换机的串口上，另一端接在电脑的串口上。然后接通交换机电源和电脑电源。串口登录方式的认证方式有 None、Password、Scheme 三种，不同的认证方式下，需要配置不同的串口登录方式的属性。其中，串口登录方式的公共属性都有设备出厂默认值，用户可以根据需要选择配置，包括串口的传输速率、校验方式、停止位和数据位等。其中通过交换机的串口本地登录是登录交换机的最基本方式，也是配置通过其他方式登录交换机的基础。

(2) 通过 Web 管理。

可网管交换机可以通过 Web（网络浏览器）管理，但是必须给交换机指定一个 IP 地址。这个 IP 地址除了供管理交换机使用之外，并没有其他用途。在默认状态下，交换机没有 IP 地址，必须通过串口或其他方式指定一个 IP 地址之后，才能启用这种管理方式。

使用网络浏览器管理交换机时，交换机相当于一台 Web 服务器，只是网页并不储存在硬盘里面，而是在交换机的 NVRAM 里面，通过程序可以把 NVRAM 里面的 Web 程序升级。当管理员在浏览器中输入交换机的 IP 地址时，交换机就像一台服务器一样把网页传递给电脑，此时给你的感觉就像在访问一个网站一样。这种方式占用交换机的带宽，因此称为"带内管理"（In band）。

(3) 通过网管软件管理。

可网管交换机均遵循 SNMP 协议。凡是遵循 SNMP 协议的设备，均可以通过网管软件来管理。只要在一台网管工作站上安装一套 SNMP 网络管理软件，通过局域网就可以很方便地管理网络上的交换机、路由器、服务器等。它也是一种带内管理方式。

可网管交换机的管理可以通过以上三种方式来管理。究竟采用哪一种方式呢？一般而言，在交换机初始设置的时候，往往通过带外管理；在设定好 IP 地址之后，就可以使用带内管理方式了。带内管理因为管理数据是通过公共使用的局域网传递的，可以实现远程管理，然而安全性不强。带外管理是通过串口通信的，数据只在交换机和管理用机之间传递，因此安全性很强；然而由于串口电缆长度的限制，不能实现远程管理。所以采用哪种方式应视安全性和可管理性的要求而选择。

2.3.2.10 选购标准

交换机是非常重要的，把握着一个网络的命脉，那么如何选购交换机？用什么交换机？在选购交换机时交换机的优劣无疑十分的重要，而交换机的优劣要从总体构架、性能和功能三方面入手。

交换机选购时。性能方面除了要满足 RFC2544 建议的基本标准，即吞吐量、时延、丢包率外，随着用户业务的增加和应用的深入，还要满足一些额外的指标，如 MAC 地址数、路由表容量（三层交换机）、ACL 数目、LSP 容量、支持 VPN 数量等。

（1）交换机功能。

一般的接入层交换机，简单的 QoS 保证、安全机制、支持网管策略、生成树协议和 VLAN 都是必不可少的功能。

（2）交换机的应用级 QoS 保证。

交换机的 QoS 策略支持多级别的数据包优先级设置，既可分别针对 MAC 地址、VLAN、IP 地址、端口进行优先级设置，支持 Diffserv 区分服务，能够根据源/目的的 MAC/IP 智能的区分不同的应用流。注意的是，目前市场上的某些交换机号称具有 QoS 保证，实际上只支持单级别的优先级设置，为实际应用带来很多不便。

（3）交换机应有 VLAN 支持。

VLAN 即虚拟局域网，通过将局域网划分为虚拟网络 VLAN 网段，可以强化网络管理和网络安全，控制不必要的数据广播，网络中工作组可以突破共享网络中的地理位置限制，而根据管理功能来划分子网。不同厂商的交换机对 VLAN 的支持能力不同，支持 VLAN 的数量也不同。

（4）交换机应有网管功能。

通常，交换机厂商都提供管理软件或第三方管理软件远程管理交换机。一般的交换机满足 SNMPMIBI/MIBII 统计管理功能，并且支持配置管理、服务质量的管理、告警管理等策略，而复杂一些的千兆交换机会通过增加内置 RMON 组（mini-RMON）来支持 RMON 主动监视功能。

（5）交换机应支持链路聚合。

链路聚合可以让交换机之间和交换机与服务器之间的链路带宽有非常好的伸缩性，比如可以把 2 个、3 个、4 个千兆的链路绑定在一起，使链路的带宽成倍增长。链路聚合技术可以实现不同端口的负载均衡，同时也能够互为备份，保证链路的冗余性。在一些千兆以太网交换机中，最多可以支持 4 组链路聚合，每组中最大 4 个端口。生成树协议和链路聚合都可以保证一个网络的冗余性。在一个网络中设置冗余链路，并用生成树协议让备份链路阻塞，在逻辑上不形成环路，而一旦出现故障，启用备份链路。

（6）交换机要支持 VRRP 协议。

VRRP（虚拟路由冗余协议）是一种保证网络可靠性的解决方案。在该协议中，对共享多存取访问介质上终端 IP 设备的默认网关（Default Gateway）进行冗余备份，从而在其中一台三层交换机设备宕机时，备份的设备会及时接管转发工作，向用户提供透明的切换，提高了网络服务质量。

2.3.2.11 部分品牌型号介绍

(1) 华为交换机。

LI（Lite Software Image）表示设备为弱特性版本。

SI（Standard Software Image）表示设备为标准版本，包含基础特性。

EI（Enhanced Software Image）表示设备为增强版本，包含某些高级特性。

HI（Hyper Software Image）表示设备为高级版本，包含某些更高级特性。

Z：表示没有上行接口（新产品不允许此位）；

G：表示上行 GBIC 接口；

P：表示上行 SFP 接口；

T：表示上行 RJ45 接口；

V：表示上行 VDSL 接口；

W：表示上行可配置 WAN 接口；

C：表示上行接口可选配；

M：表示上行接口为多模光口；

S：表示上行接口为单模光口；

F：表示下行接口为模板，可插光接口板或电接口板。主要为兼容 3526F、3526EF、3552F 等老产品的命名。

当同时存在时，表示上行接口为多种接口类型复合。

注：Combo 端口不在命名中显示。

(2) 思科交换机。

在网络界，美国思科公司（Cisco System Inc.）凭借它的 IOS（Internet Operating System），在多协议路由器市场上处于领先的地位。除了路由器这个主打产品之外，Cisco 还有全线的网络设备，包括集线器、交换机、访问服务器、软硬防火墙、网络管理软件等。

① 概述。

Cisco 的交换机产品以"Catalyst"为商标，包含 1900、2800、2900、3500、4000、5000、5500、6000、8500 等十多个系列。总的来说，这些交换机可以分为两类：

一类是固定配置交换机，包括 3500 及以下的大部分型号；

另一类是模块化交换机，主要指 4000 及以上的机型。

Cisco 对产品的命名有一定之规。就 Catalyst 交换机来说，产品命名的格式如下：

Catalyst NN XX [-C] [-M] [-A/-EN]

其中，NN 是交换机的系列号，XX 对于固定配置的交换机来说是端口数，对于模块化交换机来说是插槽数，有-C 标志表明带光纤接口，-M 表示模块化，-A 和-EN 分别是指交换机软件是标准板或企业版。

② 产品介绍。

目前，网络集成项目中常见的 Cisco 交换机有以下几个系列，1900/2900 系列、3500 系列、6500 系列。它们分别使用在网络的低端、中端和高端。

2.4 网线制作

网线水晶头有两种做法标准，分别为 TIA/EIA 568B 和 TIA/EIA 568A。制作水晶头首先将水晶头有卡的一面向下，有铜片的一面朝上，有开口的一方朝向自己，从左至右排序为 12345678，下面是 TIA/EIA 568B 和 TIA/EIA 568Av 网线线序（优先选择 568B 网线接法）。

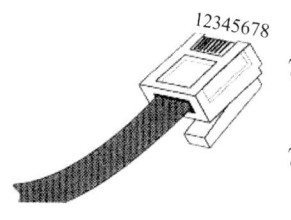

图 2.2 RJ45 接头

TIA/EIA-568B：1 白橙；2 橙；3 白绿；4 蓝；5 白蓝；6 绿；7 白棕；8 棕；

TIA/EIA-568A：1 白绿；2 绿；3 白橙；4 蓝；5 白蓝；6 橙；7 白棕；8 棕。

RJ45 接头如图 2.2 所示。

在整个网络布线中应用一种布线方式，但两端都有 RJ45 接头的网络连线无论是采用端接方式 A，还是端接方式 B，在网络中都是通用的。双绞线的顺序与 RJ45 头的引脚序号一一对应。

10M 以太网的网线接法使用 1、2、3、6 编号的芯线传递数据，100M 以太网的网线使用 4、5、7、8 编号的芯线传递数据。为何现在都采用 4 对（8 芯线）的双绞线呢？这主要是为适应更多的使用范围，在不变换基础设施的前提下，就可满足各式各样的用户设备的网线接线要求。例如，可同时用其中一对绞线来实现语音通信。

100BASE-T4 RJ-45 对双绞线网线接法的规定如下：

1、2 用于发送，3、6 用于接收，4、5、7、8 是双向线。

1、2 线必须是双绞，3、6 双绞，4、5 双绞，7、8 双绞。

根据网线两端水晶头做法是否相同，有两种网线接法。

（1）直通线。

网线两端水晶头做法相同，都是 TIA/EIA-568B 标准，或都是 TIA/EIA-568A 标准。

用于 PC 网卡到 HUB 普通口，HUB 普通口到 HUB 级联口。一般用途使用直通线就可全部完成。直通线如图 2.3 所示。

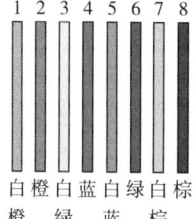

图 2.3 直通线

(2) 交叉线。

网线两端水晶头做法不相同,一端 TIA/EIA-568B 标准,一端 TIA/EIA-568A 标准。交叉线如图 2.4 所示。

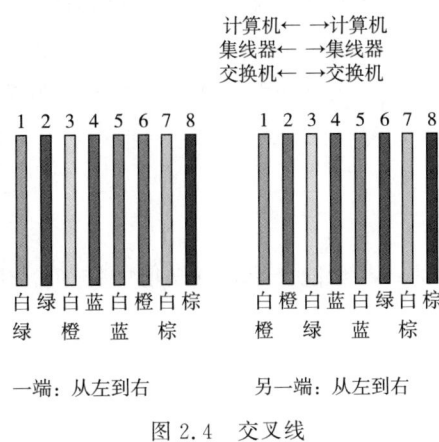

图 2.4 交叉线

用于 PC 网卡到 PC 网卡,HUB 普通口到 HUB 普通口。

如何判断用直通线或交叉线:简单的方法是观察设备口,若设备口相同是交叉线,设备口不同是直通线。

双绞线的最大传输距离为 100m。如果要加大传输距离,可在两段双绞线之间安装中继器,最多可安装 4 个中继器。如安装 4 个中继器连接 5 个网段,则最大传输距离可达 500m。通常在距离较长时用光纤传输。

两台电脑通过网线直接连接(即对等网)的有关设置如下:

上面已经提到两台电脑之间通过网线进行连接时,RJ45 型网线插头与网线的接法是:一端按 T568a 线序接,一端按 T568b 线序接,然后网线经 RJ45 插头插入要连接电脑的网线插口中,这就完成了两台电脑间的物理连接。但是这时两台电脑间不一定马上就能进行数据传送,还必须进行相关的设置。

(1) 指定每台电脑的 IP 地址:可以选择 192.168.0.1—192.168.0.254 之间任何值作为这两台电脑的 IP 地址,注意 IP 地址不要重复使用。

(2) 设置每台电脑的子网掩码为:255.255.255.0。

(3) 设置每台电脑的网关一样:例如,如果第一台电脑的 IP 地址是 192.168.0.1,第二台电脑的 IP 地址是 192.168.0.2,则第一台电脑和第二台电脑的网关都应该是 192.168.0.1 或都是 192.168.0.2,或者网关取 192.168.0.1—192.168.0.254 之间任何值,例如两台机子的网关都取 192.168.0.100。

(4) 设置要访问电脑的硬盘为共享:设置共享的方法与局域网中的操作相同。

完成了上面(1)至(4)项的设置后,在电脑的"网上邻居"中就可以看到互相连接的电脑了，接下来就可以像局域网那样用"复制—粘贴"互相传送数据了。

2.5 网络监控 Sniffer 软件介绍

Sniffer 软件是 NAI 公司推出的功能强大的协议分析软件。利用 Sniffer Pro 网络分析器的强大功能和特征，解决网络问题。

Sniffer 软件支持的协议更丰富，如 PPPOE 协议，在 Sniff 软件 er 上能够进行快速解码分析。Sniffer Pro 4.6 可以运行在各种 Windows 平台上，但运行时需要的计算机内存比较大。

2.5.1 功能简介

下面列出了 Sniffer 软件的一些功能介绍，其功能的详细介绍可以参考 Sniffer 软件的在线帮助。

捕获网络流量进行详细分析；

利用专家分析系统诊断问题；

实时监控网络活动；

收集网络利用率和错误等。

在进行流量捕获之前首先选择网络适配器，确定从计算机的哪个网络适配器上接收数据。

选择网络适配器后才能正常工作。该软件安装在 Windows 98 操作系统上，Sniffer 软件可以选择拨号适配器对窄带拨号进行操作。如果安装了 EnterNet500 等 PPPOE 软件还可以选择虚拟出的 PPPOE 网卡。对于安装在 Windows 2000/XP 上则无上述功能，这和操作系统有关。

2.5.2 报文捕获解析

（1）捕获面板。

报文捕获功能可以在报文捕获面板中完成。

（2）捕获过程报文统计。

在捕获过程中可以通过查看面板查看捕获报文的数量和缓冲区的利用率。

（3）捕获报文查看。

Sniffer 软件提供了强大的分析能力和解码功能。

①专家分析。

专家分析系统提供了一个智能的分析平台，对网络上的流量进行了一些分析，对于分析出的诊断结果可以查看在线帮助获得。

②解码分析。

对于解码主要要求分析人员对协议比较熟悉，这样才能看懂解析出来的报文。使用该软件是很简单的事情,要能够利用软件解码分析来解决问题,关键是要对各种层次的协议了解得比较透彻。工具软件只是提供一个辅助的手段。因涉及的内容太多,这里不对协议进行过多讲解,请参阅其他相关资料。

对于 MAC 地址,Snffier 软件进行了头部的替换,如 00e0fc 开头的就替换成 Huawei,这样有利于了解网络上各种相关设备的制造厂商信息。

③统计分析。

对于 Matrix、Host Table、Portocol Dist、Statistics 等提供了丰富的按照地址,协议等内容做了丰富的组合统计,比较简单,可以通过操作很快掌握,这里就不再详细介绍了。

(4) 设置捕获条件。

基本的捕获条件有两种:

①链路层捕获,按源 MAC 和目的 MAC 地址进行捕获,输入方式为十六进制连续输入,如:00E0FC123456。

②IP 层捕获,按源 IP 和目的 IP 进行捕获,输入方式为点间隔方式,如:10.107.1.1。如果选择 IP 层捕获条件则 ARP 等报文将被过滤掉。

2.5.3 报文放送

(1) 编辑报文发送。

(2) 捕获编辑报文发送。

发送模式有两种:连续发送和定量发送。可以设置发送间隔,如果为 0,则以最快的速度进行发送。

2.5.4 网络监视功能

网络监视功能能够时刻监视网络统计,网络上资源的利用率,并能够监视网络流量的异常状况,其他功能可以参看在线帮助,或直接使用即可,比较简单。

2.5.5 数据报文解码详解

通过协议数据报文分层、以太报文结构、IP 协议、ARP 协议、PPPOE 协议、Radius 协议等的解码分析。

2.6 常用网络操作指令

2.6.1 Ping 指令检测

在网络管理中,Ping 是使用最频繁的命令之一,Ping 指令主要用于检查网络的连接。Ping 指令支持两种网络协议:IP 协议和 IPX 协议,使用 Ping 来判断 TCP/IP 网络故障是一个网络用户应具备的技能。Ping 指令是一个外部命令，在 Windows 下有 Ping.exe 与之相应。

Ping 指令的使用方法：

Ping IP 地址（或目标主机域名）

n：执行 Ping 指令时发送测试数据包的次数，缺省值为 4。

t：连续向指定目标主机域名或 IP 地址，发送测试数据包，直到收到 C－信号为止。在遇到网络不通的故障时，利用 Ping 命令可以诊断出网络不通的故障点。具体的操作步骤如下：

Ping 127.0.0.1 或者 127.0.0.1 是本地循环地址，如果该地址无法 Ping 通，表明本机 TCP/IP 协议不能正常工作；如果 Ping 通了该地址，证明 TCP/IP 协议正常。

协议如有故障，解决方法是在网络属性对话框中，删除已安装网络组件中的"TCP/IP 协议"，然后再重新添加"TCP/IP 协议"，可解决由于 TCP/IP 协议不能正常工作而产生的问题。

（1）Ping 本机的 IP 地址。

使用 IPCONFIG 或 WINIPCFG 命令可以查看本机的 IP 地址，Ping 本机的 IP 地址，如果 Ping 通，表明网络适配器工作正常，则可以进入下一个步骤继续诊断；反之则是网络适配器出现故障。

故障解决方法：一般网络适配器上有两个指示灯，其中一个是连接指示灯，如果该指示灯亮（通常为绿色），则表明网络适配器连接导通工作正常；如果该指示灯不亮，则表明网络适配器连接导通工作不正常。产生网络适配器连接导通工作不正常的原因通常有两个：一是网络适配器没坏，问题是网络适配器与插槽的接触不良所至，那么更换网络适配器的插槽即可解决问题；二是网络适配器已损坏，那么只有更换一块新的网络适配器来解决问题。

另一个是数据传输指示灯，如果该指示灯亮（通常为绿色），则表明网络适配器的数据传输工作正常；如果该指示灯不亮，则表明网络适配器的数据传输工作不正常。产生网络适配器的数据传输工作不正常的原因通常有三个：一是网络适配器的驱动程序有问题，更换与操作系统相匹配的最新的该网络适配器的驱动程序可解决问题。二是网络适配器配置有问题，该问题通常是网络适配器自身配置有问题或与其他的硬件设备在操作系统的资源分配上有冲突。通过调整操作系统对网络适配器或与网络适配器产生冲突的硬件设备的资源分配，可以解决此问题（可通过控制面板－>"系统"图标－>"系统属性"对话框的"设备管理器"标签－>选择产生资源冲突的设备－>调整它们在系统中占用的资源来解决问题）。三是网络适配器的收发类型与传输介质不一致，通过调整网络适配器或传输介质使两者的收发类型一致即可。

（2）Ping 同网段计算机的 IP 地址。

Ping 一台同网段计算机的 IP 地址，Ping 不通则表明网络线出现了故障，如果 Ping 不通的同网段计算机与本机是连接在同一集线器上，则有可能该集线器与本机和同网段计算机之间的连线不通或该集线器有故障;如果 Ping 不通的同网段计算机与本机不是连接在同一集线器上,则需再 Ping 一台同网段与本机连接在同一集线器上的计算机,以此来判断故障点在哪个集线器或该集线器的连线上。如果网络中还包括有路由器,则应当先 Ping 路由器在本网段端口的 IP 地址,不通则此段线路有问题,通则再 Ping 路由器在目标计算机所在网段的端口 IP 地址,不通则是路由器有问题。如果通,最后再 Ping 目的计算机的 IP 地址。故障解决方法:若连线不通,可以通过下述三种方法来解决问题。第一更换能正常导通的连线;第二检查该连线,找出连线中的断点,然后重新按标准要求制作该连线将断点排除在新做的连线之外;第三检查该连线是否按标准要求制作,如果不是则重新按标准要求制作该连线。

(3) Ping 网址。

如果要检测的是一个带 DNS 服务的网络(比如 Internet),在上一步 Ping 通了目标计算机的 IP 地址后,仍然没有连接到该计算机,则可以 Ping 该计算机的网络名,比如:Ping www.sjtu.edu.cn,正常情况下会出现该网络所指向的 IP 地址,这表明本计算机的 DNS 设置正确而且 DNS 服务器工作正常,反之就可能是其中之一出现了故障;同样也可以通过 Ping 计算机名来检测 WINS 解析的故障(WINS 将计算机名解析到 IP 地址的服务)。

如有故障,解决方法是检查本计算机的 DNS 设置是否正确,核查本计算机中 DNS 服务器 IP 地址设置的准确性,若有问题及时更正;Ping DNS 服务器 IP 地址,检查本计算机与 DNS 服务器的连接线路是否通畅,若有问题更换问题处的连线或设备;检查 DNS 服务器工作是否正常,若有问题维修 DNS 服务器;检查 DNS 服务器上的 DNS 服务是否正常,若有问题则重新安装 DNS 服务或重新对 DNS 服务进行设置。

2.6.2 ARP

显示和修改"地址解析协议(ARP)"缓存中的项目。ARP 缓存中包含一个或多个表,它们用于存储 IP 地址及其经过解析的以太网或令牌环物理地址。计算机上安装的每一个以太网或令牌环网络适配器都有自己单独的表。如果在没有参数的情况下使用,则 ARP 命令将显示帮助信息。

语法:

arp [-a [InetAddr] [-N IfaceAddr]] [-g [InetAddr] [-N IfaceAddr]] [-d InetAddr [IfaceAddr]] [-s InetAddr EtherAddr [IfaceAddr]]。

参数:

-a [InetAddr] [-N IfaceAddr] 显示所有接口的当前 ARP 缓存表。要显示指定 IP 地址的 ARP 缓存项,请使用带有 InetAddr 参数的 arp-a,此处的 InetAddr 代表指定的 IP 地址。要显示指定接口的 ARP 缓存表,需使用-N IfaceAddr 参数,此处的 IfaceAddr 代表分配给指定接口的 IP 地址。-N 参数区分大小写。

-g [InetAddr] [-N IfaceAddr] 与-a 相同。

—d InetAddr [IfaceAddr] 删除指定的 IP 地址项，此处的 InetAddr 代表 IP 地址。对于指定的接口，要删除表中的某项，需使用 IfaceAddr 参数，此处的 IfaceAddr 代表分配给该接口的 IP 地址。要删除所有项，需使用星号（*）通配符代替 InetAddr。

—s InetAddr EtherAddr [IfaceAddr] 向 ARP 缓存添加可将 IP 地址，InetAddr 解析成物理地址 EtherAddr 的静态项。要向指定接口的表添加静态 ARP 缓存项，请使用 IfaceAddr 参数，此处的 IfaceAddr 代表分配给该接口的 IP 地址。

/? 在命令提示符显示帮助。

2.7 视频会议系统技术要求及产品

2.7.1 视频会议对网络的要求

为保证传输质量，从各分会场视频会议终端到总部主会场的多点控制单元 MCU（Multipoint Control Unit）之间，网络需满足以下要求：

（1）网络延时小于 150ms（Ping 1500 字节数据包）；

（2）网络抖动小于 30ms；

（3）网络丢包率小于 1%；

（4）网络可用带宽应该满足视频带宽的 1.25 倍（如要召开带宽为 768kb/s 的视频会议，应该提供至少 768kb/s * 125% = 960kb/s 的广域网连接带宽）；

（5）网络路由最好不超过 3 跳。

2.7.2 视频会议交换机技术要求

视频会议所用交换机技术指标见表 2.2。

表 2.2 视频会议交换机技术指标

技术指标项目	技术指标要求
背板交换容量	≥128Gb/s
背板交换容量（全双工）	≥192Gb/s
包转发率（整机）	≥95.2Mb/s
接口类型支持	10/100/1000M 电口
扩展插槽	2 个
千兆端口和万兆端口	≥24 个千兆电口；≥8 个万兆光口（复用）(SFP，LC，多模)
端口聚合	支持 LACP；支持手工聚合；支持最多 14/26 个聚合组，每组支持最多 8 个 GE 或 4 个 10GE 端口
端口特性	支持 IEEE802.3x 流量控制（全双工）；支持基于端口速率百分比的风暴抑制；支持基于 PPS 的风暴抑制

续表

技术指标项目	技术指标要求
MAC 地址表	支持 32k 个 MAC 地址；支持黑洞 MAC 地址；支持设置端口 MAC 地址学习最大个数
VLAN	支持基于端口的 VLAN（4K 个）；支持基于 MAC 的 VLAN；基于协议的 VLAN；基于 IP 子网的 VLAN；支持 QinQ，灵活 QinQ；支持 VLAN MapPing 支持 Voice VLAN；支持 GVRP
二层环网协议	支持 STP/RSTP/MSTP；支持 RRPP
DHCP	DHCP Client；DHCP Snooping；DHCP Relay；DHCP Server；DHCP Snooping option82/DHCP Relay option82
智能弹性架构	支持智能弹性架构 支持分布式设备管理，分布式链路聚合，分布式弹性路由；支持通过标准以太网接口进行堆叠；支持本地堆叠和远程堆叠
IP 路由	支持静态路由；支持 RIPv1/v2，RIPng；支持 OSPFv1/v2，OSPFv3 支持 BGP4，BGP4＋for IPv6；支持等价路由，策略路由；支持 VRRP/VRRPv3
MCE	支持
IPv6	支持 ND（Neighbor Discovery）；支持 PMTU；支持 IPv6－Ping，IPv6－Tracert，IPv6－Telnet，IPv6－TFTP；支持手动配置 Tunnel；支持 6to4 tunnel；支持 ISATAP tunnel
镜像	支持流镜像；支持 N∶4 端口镜像；支持本地和远程端口镜像
ACL 支持	支持 L2（Layer 2）～L4（Layer 4）包过滤功能，提供基于源 MAC 地址、目的 MAC 地址、源 IP（IPv4/IPv6）地址、目的 IP（IPv4/IPv6）地址、TCP/UDP 端口号、VLAN 的流分类；支持时间段（Time Range）ACL 支持入方向和出方向的双向 ACL 策略；支持基于 VLAN 下发 ACL
QoS 支持	支持对端口接收报文的速率和发送报文的速率进行限制；支持报文重定向；支持 CAR（Committed Access Rate）功能；每个端口支持 8 个输出队列；支持灵活的队列调度算法，可以同时基于端口和队列进行设置，支持 SP、WRR、SP＋WRR 三种模式；支持报文的 802.1p 和 DSCP 优先级重新标记

续表

技术指标项目	技术指标要求
安全特性	支持用户分级管理和口令保护;支持 802.1X 认证/集中式 MAC 地址认证;支持 Guest VLAN;支持 RADIUS 认证;支持 SSH 2.0;支持端口隔离;支持端口安全;支持 PORTAL 认证;支持 EAD;可支持 DHCP Snooping,防止欺骗的 DHCP 服务器;支持动态 ARP 检测,防止中间人攻击和 ARP 拒绝服务;支持 BPDU guard,Root guard;支持 uRPF(单播反向路径检测),杜绝 IP 源地址欺骗,防范病毒和攻击;支持 IP/Port/MAC 的绑定功能;支持 OSPF、RIPv2 报文的明文及 MD5 密文认证
管理与维护	支持 XModem/FTP/TFTP 加载升级;支持命令行接口(CLI)、Telnet,Console 口进行配置;支持 SNMPv1/v2/v3,WEB 网管;支持 RMON(Remote Monitoring)告警、事件、历史记录;支持 iMC 智能管理中心;支持系统日志,分级告警,调试信息输出;支持 HGMPv2(最大可到 256 台);支持 NTP;支持电源的告警功能,风扇、温度告警;支持 Ping、Tracert 支持 VCT(Virtual Cable Test)电缆检测功能;支持 DLDP(Device Link Detection Protocol)单向链路检测协议;支持 LLDP;支持 Loopback－detection 端口环回检测

2.7.3 视频会议主要网络产品推荐

交换机:一般都使用三层交换机,一端供视频会议终端直联,另外一端连接路由器。国内使用较多的有华为、中兴、思科、H3C、上海贝尔等厂家产品。

3 多点控制单元及视频会议终端

视频会议的多点控制单元（MCU）和视频会议终端是视频会议系统中最核心的设备，是系统的中枢神经，其运行效率、质量性能直接关系到视频会议系统展现的最终效果，是技术人员最关心的内容，是重点中的重点。

3.1 视频会议的模式

从参会会场数量来看，视频会议一般分为点对点和多点视频会议两种。

（1）点对点视频会议系统。支持两个通信节点间视频会议通信功能，可不通过 MCU 进行。它的主要业务是：

①可视电话。现有公共电话网上使用的具有双工视频传送功能的电话设备。

②桌面视频会议系统。利用现有的台式机平台、网络通信设备和远地的另一台装备了同样或兼容设备的台式机通过网络进行通信。

③会议室型视频会议系统。会议室型视频会议系统支持与远地的另一套类似的会议室进行交互通信。

（2）多点视频会议系统。允许三个或三个以上不同地点的参加者同时参与某一场会议。多点视频会议系统一个关键技术是多点控制问题。一般依靠多点控制单元（MCU）来实现，MCU 在通信网络上控制各个点的视频、音频、通用数据和控制信号的流向，使与会者可以接收到相应的视频、音频等信息，保持会议正常进行。

3.2 视频会议系统的结构

视频会议系统由视频会议终端、多点控制单元（MCU）、信道（网络）和相关控制管理软件组成。

信令传输如图 3.1 所示。

多点视频会议拓扑图如图 3.2 所示。

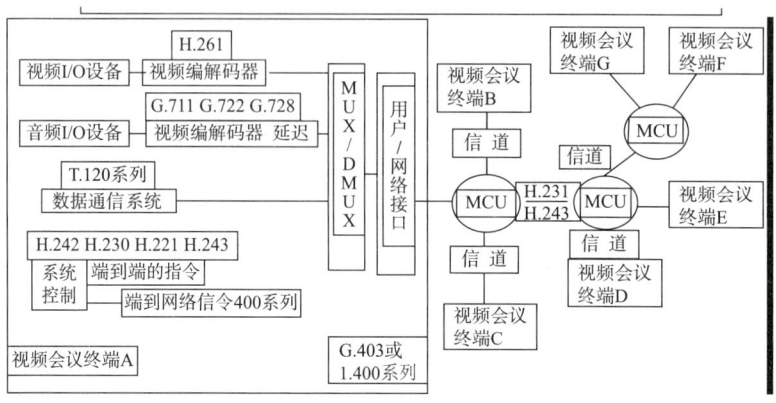

图 3.1 信令传输图

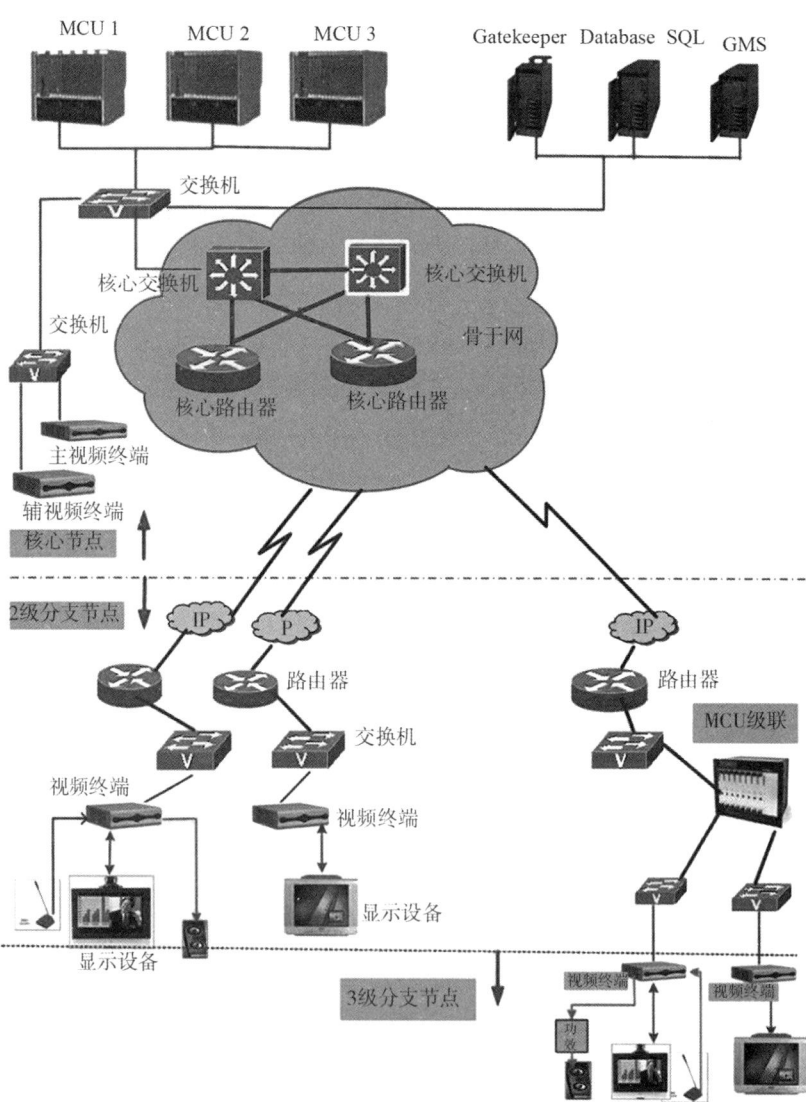

图 3.2 多点视频会议拓扑图

3.3 多点控制单元概述

3.3.1 概念

多点控制单元（MCU）是视频会议的多点控制单元的简称，是视频会议系统的核心设备。所有参与会议的终端可与 MCU 建立一对一的连接，终端负责采集本会场的声音和图像，然后经编码后传输到 MCU，由 MCU 根据当前视频会议的模式确定对音视频信号的处理方式和转发逻辑，最后将处理后的音视频数据再发送到每一个与会者。

主要作用：支持位于不同地点的多个成员协同工作。

主要功能：对视频、语音及数据信号进行切换，而且是对数据流进行切换，并不像电话交换机对模拟信号进行切换。

分配方式：广播方式直接分配。

主要组成：网络接口单元、呼叫控制单元、多路复用和解复用单元、音频处理器、视频处理器、数据处理器、控制处理器、密钥处理分发器及呼叫控制处理器。

3.3.2 MCU 结构工作原理

MCU 结构工作原理如图 3.3 所示。

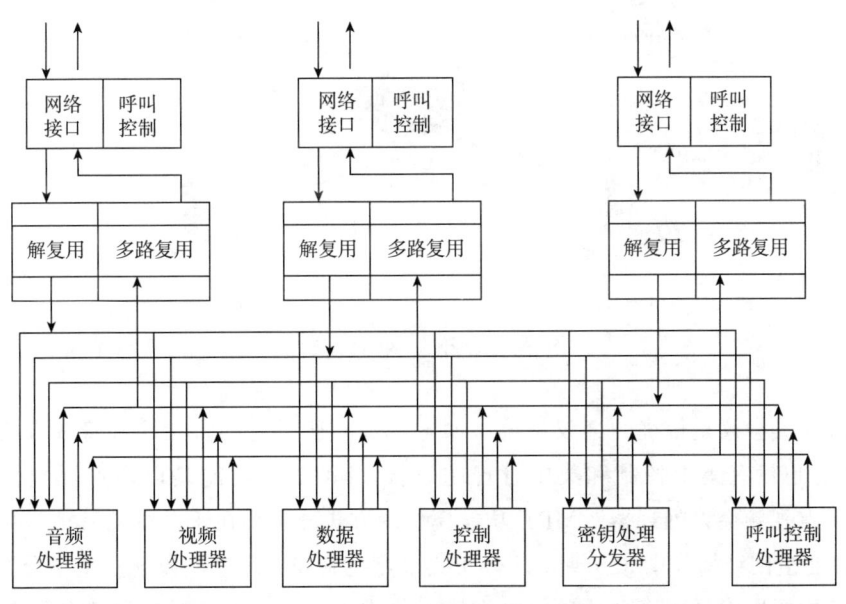

图 3.3 MCU 结构工作原理

3.3.3 MCU 控制模式

MCU 控制模式主要分三种。

（1）语音控制模式：选取语音电平最高的音频信号，将最响亮的语音发言人的图像与语音信号自动广播到其他的会场。

（2）强制显示控制模式：演讲人控制模式，要发言的人通过编解码器向 MCU 请求发言。

（3）主席控制模式：会议主席行使会议控制权。

3.3.4 MCU 控制通信过程

单 MCU 控制：多个会议呼叫逐次进行，各终端按顺序加入会议。

多 MCU 控制：首先指定主 MCU，星形连接时中心 MCU 一般为主 MCU，各终端按顺序加入基于 H.324 协议的标准会议。

基于 H.324 标准，多点会议实现有各种不同的方法和配置，主要可以为集中式多点会议和分散式多点会议两种模式。

集中式多点会议是由一个多点控制单元（MCU）来组织，所有终端以点对点方式向多点控制单元发送视频流、音频流和控制流。其结构如图 3.4 所示，多点控制器使用 H.245 控制功能来对会议进行集中式管理。H.245 也可用来指定各终端的通信能力。多点处理器可进行混音、数据分配以及视频信号的混合和切换，并将处理结果送回参加会议的终端。一个支持集中式多点会议的典型多点控制单元通常由一个多点处理器和多点控制器组成。

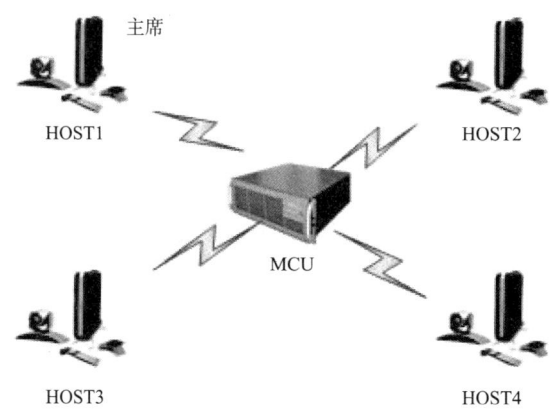

图 3.4 集中式 MCU 的结构

分散式多点会议是传统的会议系统（如 H.320）所没有的。在这种管理方式的系统中没有 MCU，也没有集中控制和集中管理的设备，MCU 的功能是以多点视频会议控制器（MC）和多点视频会议处理器（MP）功能模块的方式分别存在于系统的其他设备中。其分散式 MCU 的组网结构如图 3.5 所示。分布式多点控制和管理之所以能在基于分组的通信网中实现，其主要原因是网络中的通信是在逻辑信道中进行，而不是以物理信道为单位进行的。分布式多点会议利用多点播送技术来组织，参加会议的终端向别的与会者终端以多点播送方式传送视频和音频信息，而无须在多点处理器集中进行。H.245 控制信息仍然以点对点的方式传送给主多点控制器。

3 多点控制单元及视频会议终端

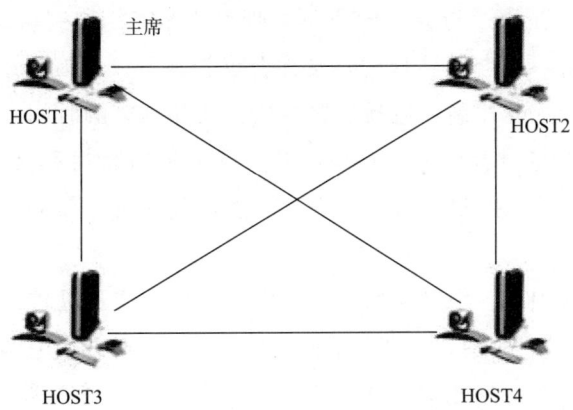

图 3.5　分散式 MCU 的组网结构

集中式部署中的 MCU 集多点视频会议控制器（MC）和多点视频会议处理器（MP）于一身，它既有组织和管理会议的功能，也有对与会者的声音和图像进行处理和切换的功能。

3.3.5　MCU 系统设计

（1）集中式多点视频会议的网络结构。

星形组网方案是集中式多点会议的首选方案，也是最常见的部署。星形组网方案是将所有终端通过集线器或交换机连接到 MCU，每个终端都只与 MCU 建立一个基于 H.324 标准的连接，视频会议的星网组网方案如图 3.6 所示。每个终端负责对本会场的声音、图像进行采集后，再经过相应的编码算法进行编码，然后将编码得到的音视频流通过交换机发送到 MCU，由 MCU 根据当前的会议模式对音频和视频分别进行处理。音视频的处理主要包括对与会者声音的混合和多画面合成，最后将处理后的音视频数据由 MCU 根据会议模式转发给每个参会者的会议终端。

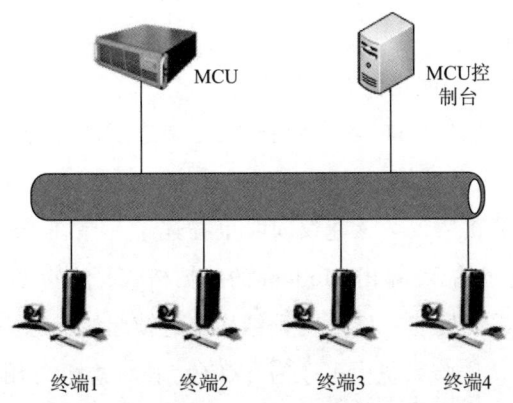

图 3.6　视频会议的星网组网方案

— 69 —

视频会议模式的设置和参与会议的成员管理可由 MCU 控制台来完成。实际应用中，一般会为每个会议配备一个会议管理者，又称会议管理员。会议管理员可通过 MCU 控制台对多点控制单元进行远程控制，包括设置会议开始和结束的时间、会议采用的音视频标准、会议模式的设置、与会者列表的管理以及会议模板的装载和保存等。在会议进行中，会议管理员还可通过 MCU 控制台对会议进行调度，包括指定新的主席、指定新的发言听众、取消发言等。

在分布式会议方案中，各个终端均完成一定的控制与交换功能，因而灵活性强，与会端加入/退出会议功能易于实现，但其通信协议比较复杂。控制信息以广播方式发送，因而通信效率比较低，所以通常采用集中式实现方案。有时候，主席端也可与 MCU 合并形成一个超级服务端。这种方式可以演化为人们所熟悉的客户/服务器体系。在主席端的机动性要求不高时，这种方式具有突出的优点，如易于实现，控制简便等。客户/服务器方式 MCU 的方案结构如图 3.7 所示。

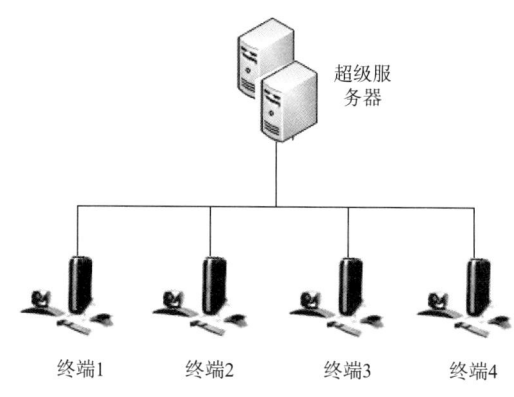

图 3.7 客户/服务器方式 MCU

（2）MCU 的通信接口设计。

通信接口的主要功能是数据串/并变换与缓存，其作用类似于较大输入输出缓冲区的串口扩展。

（3）视频会议系统协议的简化模型。

MCU 的设计可参考 ITU 的 H.324 系列建议，确定了低比特多媒体通信终端的基本框架。主要包括四个主要部分：G.723.1 音频编码标准、H.263 视频编码标准、H.245 通信控制协议和 H.223 复接分接协议，该建议同时也描述了一个在 PSTN 中采用 V.34 标准的 Modem。V.34 标准规定了输入/输出 Modem 的数据格式、比特率等要求。在 MCU 中，主要是对 H.223 帧的帧头进行处理。H.223 帧结构中的帧起始标志为 3 个连续的 FAS 码，每个 FAS 码长为 4 个字节，试验系统中可取为 0XEC。该标志也可用于实现对 H.223 帧的定界。由于帧长度是不定的，因此，帧起始标志的正确传输与检测直接影响到帧定位。控制信号也占 4 个字节，其中前两个字节为 BAS 码，主要携带会议控制信息。

在视频会议系统的命令交互中，MCU 及各个与会站点在会议中都要维护一张状态设置表，表中记录了各与会站点所对应的逻辑端口、电话号码、地理位置、在会议中的身份（主席、发言方及普通会员）等，此后 MCU 将逻辑端口映射成相应的物理地址，以便 MCU 从该地址读写信息。状态设置表的初始设置是在会前通过勤务电话确定的。在预定的开会时间 MCU 呼通各与会站点，建立起数据链路。当某个站点呼通后，该站点即在其 H.223 帧中插入终端就绪命令，而 MCU 则将该帧环回，并将 BAS 码替换为就绪确认命令。

3.3.6 MCU 软件设计

软件的设计可采用快速原型方法来完成。首先可建立简化的快速原型，然后在此基础上逐步完善以达到设计要求。快速原型同样可采用模块化的方法将整个 MCU 软件划分为若干松耦合的功能模块，并对各模块分别进行设计与测试，在保证各模块正确后，再对整个软件进行综合调试，以发现各模块间接口设计可能存在的失误，再反过来通过修正各模块程序来完成整个软件的设计。

MCU 对变化的视频图像的处理能力有所不同，因此，传送运动程度不同的视频图像时，在终端接收到的音视频质量良好的情况下，MCU 的最大接入终端数（MCU 的容量）不同。

3.4 主流多点控制单元介绍示例

以 POLYCOM 的 MCU RMX400 为例，可以了解其功能及操作流程。

Polycom RMX 4000 多点控制单元（MCU）是一个高性能的、可升级的、基于 IP 网络（H.323 和 SIP）以及 PSTN 网络的解决方案，为用户提供功能丰富和简单易用的多点语音和视频会议。

RMX 相关主要功能见下面介绍。

3.4.1 会议模式

（1）动态 Continuous Presence。

RMX 系统的动态 Continuous Presence（CP）功能通过提供多个查看选项和窗口分屏功能，使视频会议查看具有更大的灵活性。

（2）定义 CP 模式会议。

会议模板设置—会议线路速率—视频质量选择—运动流畅或图像清晰；

终端容量—与会者可以使用不同容量的终端以不同的线路速率（选择带宽）连接。

（3）CP 中的视频分屏。

提供 24 种分屏模式，可适应数量不等的与会者以及会议设置。允许终端传输宽屏图像格式而不是 4CIF 分辨率的 H.264 协议。视频分屏如图 3.8 所示：

图 3.8 视频分屏

(4) 多切换模式。

如果与会者数量多于选择分屏中的视频窗口数量,则可以使用其他模式。

(5) 视频与会者之间切换。

①语音激励;

②RMX 管理员强制切换与会者视频窗口;

③演讲模式—所有与会者全屏观看演讲者,同时听众在发言人的视图中为"分时切换";

④演示模式—在发言人的演示超出预定时间后自动成为当前演讲者,而且会议将切换到演讲模式。

(6) 高清晰度视频切换。

在高清视频切换模式中,所有与会者会看到相同的视频影像(全屏)。每个连接只使用一个 CIF 视频资源。

通过以下定义高清视频切换模式会议：

①会议模板设置：

——线路速率：最大至6Mb。所有与会者必须以相同的线路速率连接。

——分辨率：720p或1080p。

②终端容量：

——连接到高清视频切换模式会议的与会者必须具有能够支持高清视频的终端设备。否则，他们只能部分连接（如声音）。

3.4.2 视频分辨率

（1）高清晰度（HD）视频分辨率。

HD是一种超高质量视频分辨率。根据RMX的插卡配置模式，兼容终端可以连接分辨率范围为720p（1280×720像素）到1080p（1920×1080像素）（在MPM+模式中）、比特率范围为1024kb/s到4Mbps（HDVSW适用6Mbps）的会议。

（2）标准清晰度（SD）视频分辨率

SD是使用H.264视频算法的高质量视频协议。它允许支持高清视频分辨率的终端以720×576像素（PAL制式）和720×480像素（NTSC制式）的分辨率连接会议。SD的比特率可从256kb/s到2Mbps。

（3）4CIF视频分辨率

支持H.263协议的终端设备提供4CIF（704×576像素）分辨率且线路速率为384kb/s到1920kb/s的会议。

支持H.264协议的终端设备提供4CIF（1024×576像素）分辨率且线路速率为384kb/s到768kb/s的会议。

3.4.3 H.239/People+Content

H.239协议允许支持的终端共享内容。在默认设置下，所有在RMX上启动的会议均具有H.239功能。

3.4.4 会议功能和选项

（1）按需开会。

①新会议——仅设置和使用一次。结束后即从MCU上删除。

②会议室——设置一次，多次使用。会议室保存在内存中（不使用资源），并根据需要多次激活。

（2）级联会议。

①简单级联（星形拓扑）。

②多层级联（MIH）。

（3）网关。

RMX 使用到一种特殊的网关模板,它能够作为网关为 H.323、SIP、ISDN 和 PSTN 等不同物理网络间提供连接。该网关还为 ISDN/PSTN 终端和 DMA 之间提供连接。

（4）安全性。

①根据 AES128 加密和 DH1024 密钥交换标准,会议和与会者级别都可使用媒体加密算法（仅 IP）;

②安全通信模式（SSL/TLS）;

③通过 DTMF 代码启用的安全会议和安全会议的限制监控;

④分析 RMX 系统中的配置更改和不正常或恶意活动的审核人。

3.4.5 会议管理和监控功能

Polycom RMX4000 网络客户端提供管理和监控与会者,会议管理功能主要有:

Continuous Presence 会议中的演讲模式或演示模式;

视频会议中的远端摄像头控制;

空闲（无与会者）会议的自动终止;

会议时间自动延长;

为各个与会者控制收听和广播音量;

为各个与会者管理自动增益控制（AGC）噪声和音量;

来自与会者端点或电话通过 DTMF 代码的会议控制;

进入、退出和会议结束指示;

媒体加密;

利用限制安全会议中显示的选项,激活显示所有会议和与会者;

实时监控每名与会者的连接状态和属性;

多次添加、编辑及删除与会者;

为管理员准备了"简单访问呼叫明细记录"（CDR）;

激活所有系统资源的显示;

隐藏式字幕提供视频会议的实时文字记录或语言翻译;

Continuous Presence 模式会议中的操作员帮助和与会者转移。

3.4.6 插卡配置模式

（1）支持两种插卡配置模式。

①MPM 模式—受当前及所有以前 RMX 版本上的 MPM 卡支持;

②MPM＋模式—受安装有 MPM＋卡的 RMX4.0 版本支持。

（2）MPM＋模式。

①两种视频/音频资源容量的分配模式,用于对系统资源分配进行增强控制;

②改进的资源报告用于更准确的管理系统；

③多种可选视频分辨率和视频质量；

④回声抑制和键盘噪声抑制；

⑤搜索并检测会议呼叫中的回声和键盘噪声。

3.4.7　工作站要求

RMX Web 客户机和 RMX Manager 程序可以安装在满足以下要求的环境中：

（1）最低硬件要求—Intel® Pentium® Ⅲ，1 GHz，1024 MB RAM，500 MB 可用磁盘空间；

（2）工作站操作系统要求—Microsoft® Windows® XP、Vista®、Windows 7®；

（3）网卡要求—10/100 Mb/s；

（4）Web 浏览器—Microsoft® Internet Explorer® Version 6 或更高。

注意：安装 RMX Web 客户机时，Windows Explorer＞Internet 选项＞安全设置必须设置为中级或更低（IE8 及以上版本需要添加可信站点）。

3.4.8　RMX 400 硬件结构描述

RMX400 硬件结构如图 3.9 所示。

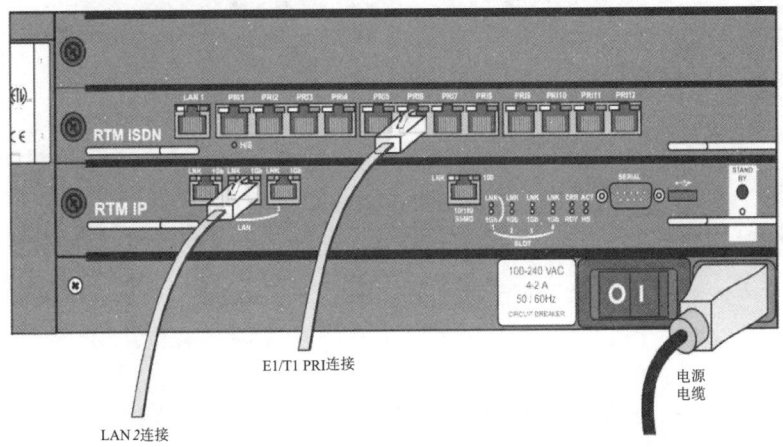

图 3.9　RMX 400 硬件结构

RMX 400 的外形图如图 3.10 所示。

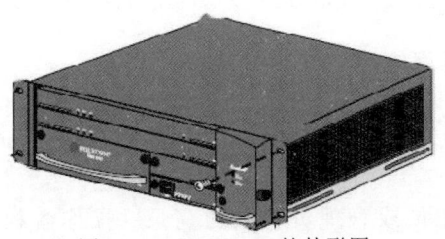

图 3.10　RMX 400 的外形图

3.5 多点控制单元操作

以 POLYCOM 的 RMX400 为例简要说明，其详细操作可从官方网站上下载。

通过 RMX 网络客户端执行的最常见操作有：

（1）启动、监控和管理会议；

（2）单独或成组监控、管理与会者及端点。

与会者：使用端点连接会议的人。在使用 Room System 时，多名与会者共享一个端点。

端点：可呼叫 MCU 和被 MCU 或其他端点呼叫的一个或一组硬件设备。例如，一个端点可以是一部电话、连接到计算机的摄像头和麦克风或者集成 Room System（会议系统）。

组：使用同一个名称的一组与会者或端点。

3.5.1 启动 RMX 网络客户端

启动 RMX 网络客户端，在 IE 浏览器地址栏中输入 MCU 地址，并按 Enter 键，显示登录界面如图 3.11 所示。

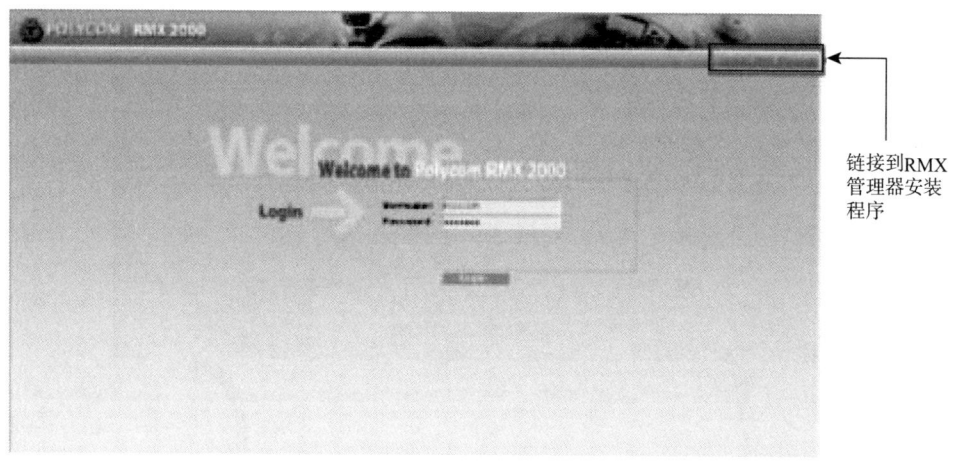

图 3.11 RMX 网络登录界面

输入用户名和密码并单击登录按钮。在首次进入时，默认用户名和密码都是 POLY-COM。显示 RMX 网络客户端主界面。链接到 RMX 管理器安装程序。

3.5.2 RMX 网络客户端界面组件

RMX 网络客户端的主界面由会议列表；列表窗口；RMX 管理；地址簿；会议模板 5 个窗口组成：

用户可作为主席、操作员或管理员权限的登录。操作者权限等级决定了查看和系统功能。

管理员的视图如图 3.12 所示。

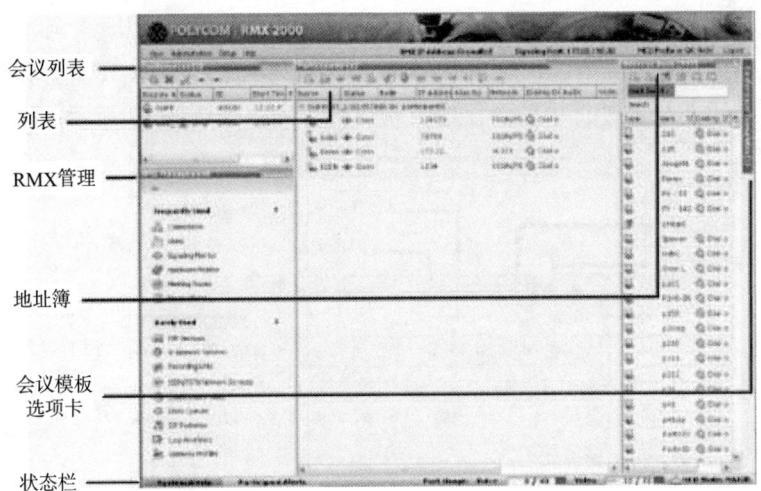

图 3.12 会议模板

查看和系统功能的权限见表 3.1 和表 3.2。

RMX 网络客户端用户的查看和系统功能取决于分配给每个用户的授权等级。

表 3.1 查看功能权限

用户 项目	主席	操作员	管理员
会议列表	√	√	√
列表窗口	√	√	√
地址簿	√	√	√
会议模板		√	√
状态栏		√	√
RMX 管理		√	√
会议警报		√	√
会议状态		√	√
配置		√	√

表 3.2 系统功能权限

用户 项目	主席	操作员	管理员
开始会议	√	√	√
监控会议	√	√	√
监控与会者	√	√	√
解决基本问题		√	√
修改 MCU 配置			√

3.5.3 会议列表

会议窗口列出了所有正在 MCU 上运行的会议及其状态、会议 ID、开始时间和结束时间数据。窗口标题上显示进行中的会议的数量。会议列表如图 3.13 所示。

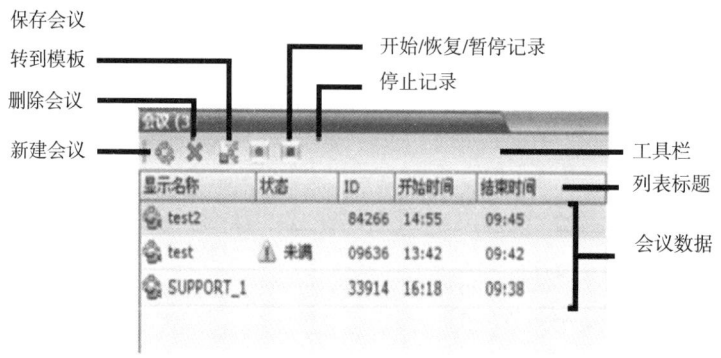

图 3.13 会议窗口

3.5.4 列表窗口

列表窗口显示会议窗口或 RMX 管理窗口中选定项目的明细。窗口标题取决于您选择的项目。列表窗口如图 3.14 所示。

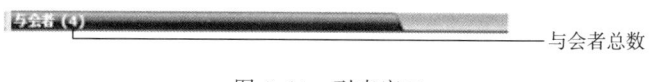

图 3.14 列表窗口

3.5.5 RMX 管理

RMX 管理窗口列出配置后才能让 RMX 运行会议的实体。只有拥有管理员权限的用户才可修改这些参数。

RMX 管理窗口分为两部分。

（1）常用：经常配置、监控或修改的参数；

（2）罕用：在首次系统设置中配置而且之后很少修改的参数。

3.5.6 状态栏

位于 RMX 网络客户端底部的状态栏包含系统和与会者警示选项卡以及端口使用率测量和一个 MCU 状态指示符。状态栏如图 3.15 所示。

图 3.15 状态栏示意图

3.5.7 系统警示

系统问题的列表如图 3.16 所示。有系统问题出现时，警示指示符闪烁红色。指示符的闪烁将一直继续直到拥有操作员或管理员权限的用户查看列表。系统警示窗口可通过单击状态栏左下角的系统警示按钮打开和关闭。

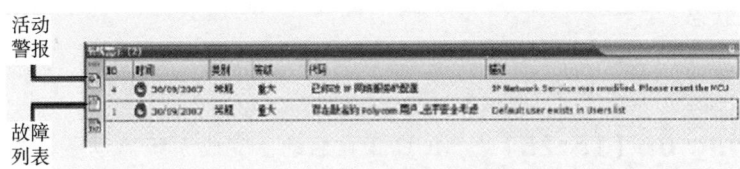

图 3.16 系统警示窗口

3.5.8 与会者警示

出现连接问题的与会者的列表如图 3.17 所示。此列表按会议排列。与会者警示窗口可通过单击状态栏左下角的与会者警示按钮打开和关闭。

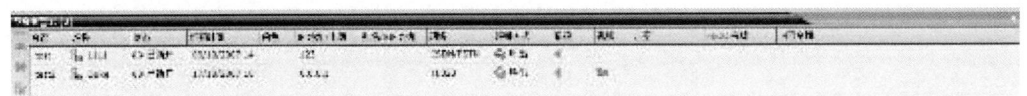

图 3.17 与会者警示窗口

3.5.9 端口使用率测量

端口使用率测量如图 3.18 所示。

（1）系统中按照视频/语音配置具有的视频或语音端口的总数。音频测量软件仅在管理员分配了音频端口后才显示，否则仅显示视频端口测量软件；

（2）正在使用的视频和语音端口的数目；

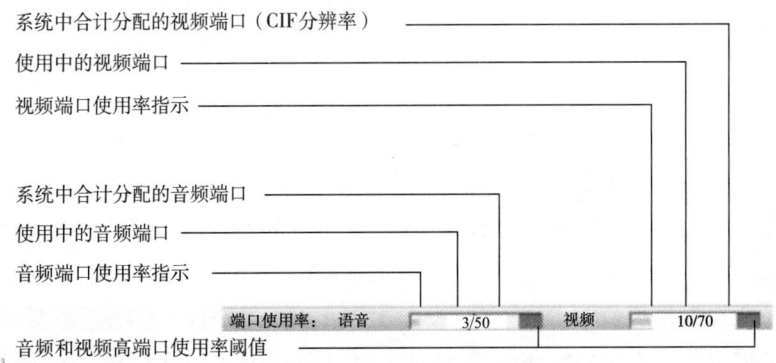

图 3.18 端口使用率测量示意图

（3）高端口使用率阈值。

高端口使用率阈值表示可用视频或音频端口总数的百分比。它指示资源使用率何时接近最大值，并导致没有可用资源以允许额外的会议。当端口使用率接近或超出此阈值时，测量软件的红色区域闪烁并生成一个系统警示。默认端口使用率阈值为80%，并可由系统管理员修改。

3.5.10 MCU 状态

MCU 状态指示符显示以下状态之一：

Starting up (15:25) MCU 正在启动。完成系统启动要用的剩余时间会显示在括号内，同时绿色的进度指示条会显示启动进度。如图 3.19 所示。

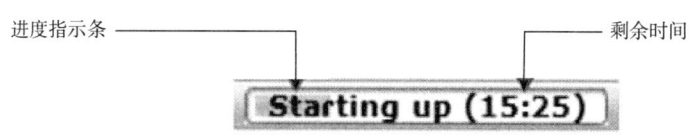

图 3.19 MCU 状态指示符示意图

MCU 状态：正常 MCU 正常工作。

MCU 状态：重大 MCU 存在重大问题。MCU 的工作可能受到影响并需要立即解决。

3.5.11 地址簿

地址簿是在 RMX 上定义的与会者和组的列表。地址簿中的信息只能由管理员修改。但是，所有 RMX 用户都可以查看和使用地址簿。

3.5.12 会议模板

管理员和操作员可以通过会议模板创建、保存、定制时间和激活相同的会议。如图 3.20 所示。

会议模板可以：

（1）保存会议和操作员会议模板；

（2）保存所有与会者参数，包括他们的个人分屏和视频强制设置；

（3）简化 Telepresence 会议的设置，其中准确的与会者分屏和视频强制设置最为重要。

显示和隐藏会议模板：

会议模板列表窗口在 RMX Web 客户机主窗口中最初显示为关闭的选项卡。

选项卡上显示保存的会议模板数量。

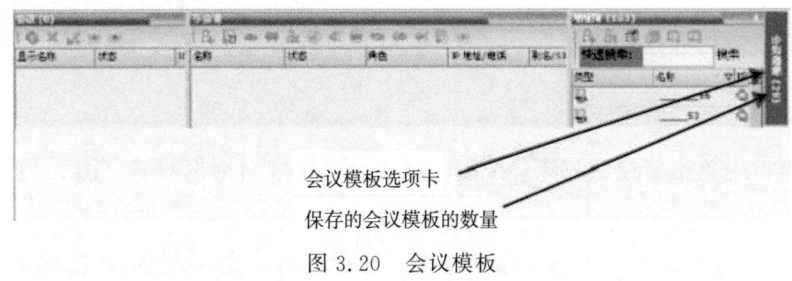

图 3.20 会议模板

单击该选项卡，打开会议模板列表窗口（图 3.21）。

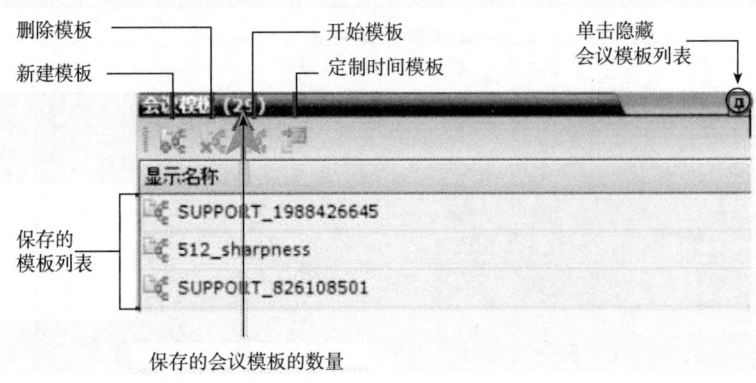

图 3.21 会议模板列表

单击窗口右上角的大头针按钮 隐藏会议模板列表窗口。

会议模板列表窗口关闭后，在屏幕右上角出现一个选项卡。

3.5.13 定制主屏幕

用户可以根据需要定制主屏幕。包括更改窗口大小、调整列宽和对数据列表进行排序。

3.5.14 开始会议

开始会议有几种方式：

（1）单击会议窗口中的新建会议按钮。有关详细信息，请参阅"从会议窗口开始会议"。

（2）呼入到一个会议室。

会议室是保存在 MCU 中的会议。它一直处于被动模式直到被第一个与会者或会议组织者呼入激活。

（3）呼入到用作 MCU 访问点的 Ad Hoc Entry Queue。

（4）开始保留：

①如果保留的开始时间过期，会议将开始进行。

②如果保留的开始时间尚未过期，会议将在指定日期的指定时间开始进行。

3.5.15 从会议窗口开始会议

要从会议窗口开始会议：

在会议窗口中单击新建会议 按钮。新建会议常规对话框打开（图3.22）。

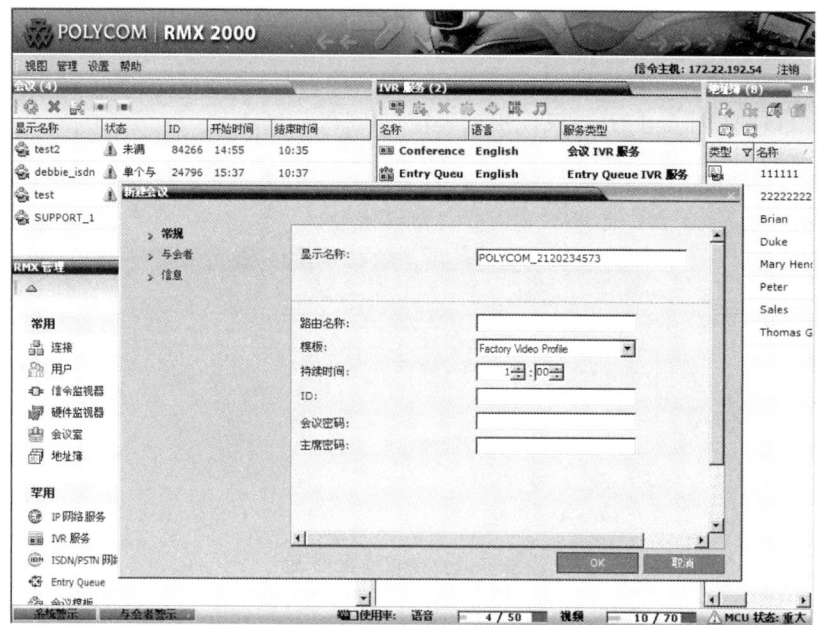

图3.22 会议开始设置界面

系统显示此会议的默认名称、持续时间以及默认配置，其中包含会议参数和媒体设置。RMX在会议开始时自动分配会议ID。

在大多数情况下，用户可使用默认会议ID，而且仅需单击确定即可启动会议。如果需要，用户在单击确定启动会议前输入会议ID。如果使用RMX网络客户端启动自己会议的会议主席或组织者，需要向与会者通报默认（或创建的）会议ID以便其呼入。可使用新建会议－常规对话框修改会议参数。如果无须为会议添加已定义与会者或者不想再添加额外信息，请单击确定。

按表3.3定义各种参数。

表3.3 参数 定义

参数	定义
显示名称	显示名称是用本族语言字符命名的会议实体名称，将在RMX网络客户端中显示。 在会议、会议室、Entry Queue和SIP Factory中，系统自动为可用Unicode编码修改的显示名称字段生成一个ASCII名称。 ●英文文本使用ASCII编码而且包含的字符最多（长度取决于字段）；

续表

参数	定义	
显示名称	●欧洲和拉丁文本的长度约为最大长度的一半； ●亚洲文本的长度约为最大长度的1/3。 文本字段的最大长度也会根据混合字符集（Unicode 和 ASCII）的不同而有所差异。 ASCII 字段的最大长度为 80 个字符。如果该名称已被另一个会议、会议室或 Entry Queue 所使用，RMX 会显示一条错误信息，提示输入其他的名称。 注：所有选项卡都显示此字段	
持续时间	使用格式 HH：MM 用小时数表示会议的持续时间（默认为 01：00）注：所有选项卡都显示此字段	
路由名称	路由名称是注册到网闸和 SIP 服务器等网络设备上的正在进行的会议、会议室、Entry Queue 和 SIP Factory 的名称。该名称必须使用 ASCII 字符进行定义。 路由名称中不能使用逗号、冒号和分号字符。如果未输入路由名称，可由用户进行定义或由系统自动生成。路由名称的输入规则显示如下： ●如果显示名称中输入了 ASCII 字符，则路径名称也使用 ASCII 字符。 ●如果显示名称中输入了 Unicode 和 ASCII 字符的组合，则路由名称使用 ID（如会议 ID）。 如果该名称已被另一个会议、会议室或 Entry Queue 所使用，RMX 会显示一条错误信息，提示输入其他的名称	
模板	系统显示默认会议模板的名称。从列表中选择所需模板。会议模板包含会议的线路速度、媒体设置和常规设置	
ID	为每个 MCU 输入唯一的会议 ID。如果保持空白，则 MCU 会在会议开始后自动分配一个编号。此 ID 必须向会议与会者通报以便其能呼入到会议	
会议密码	输入与会者用于访问会议的密码。如果保持空白，则不向此会议分配任何密码。此密码仅在配置为提示会议密码的会议中有效	这些字段是数值字段，默认长度为 4 个字符。管理员可在设置—系统配置设置中修改
主席密码	输入 RMX 用于识别主席和授予其别的权限的密码。如果保持空白，则不向此会议分配任何主席密码。此密码仅在配置为提示主席密码的会议中有效	

续表

参数	定义
为视频与会者保留资源	输入系统必须为其保留资源的视频与会者的人数。 默认 0 名与会者。 最多： ● MPM 模式：80 名与会者； ● MPM＋模式：80 名与会者
为音频与会者保留资源	输入系统必须为其保留资源的音频与会者的人数。 默认 0 名与会者。 最多： ● MPM 模式：80 名与会者； ● MPM＋模式：120 名与会者
最大与会者人数	显示了能连接到会议的与会者总数。自动设置说明了能连接到 MCU 的最大与会者人数取决于资源的可用性。 注：如果指定了一个数目，该数目必须足够大来适应为视频/音频与会者保留资源字段中指定的与会者人数
启用 ISDN/PSTN 拨入功能	如果让 ISDN 和 PSTN 与会者能够直接连接到会议，可选择此复选框
ISDN/PSTN 网络服务	会自动选择默认的网络服务。可从"网络服务"列表中选择不同的 ISDN/PSTN 网络服务
拨入号码（1）	保持此字段空白，系统会自动为选择的 ISDN/PSTN 网络服务分配一个专门为其定义的拨入范围内的号码。若要人工定义拨入号码，则输入来自选择网络服务中的拨入号码范围的所需号码
拨入号码（2）	默认情况下，未定义第二个拨入号码。若要定义第二个拨入号码，则输入来自选择网络服务中的拨入号码范围的所需号码

3.5.16 开始保留

要从保留日历开始会议：

在 RMX 管理窗口中，单击保留日历按钮（ ）（图 3.23）；

将显示保留日历。

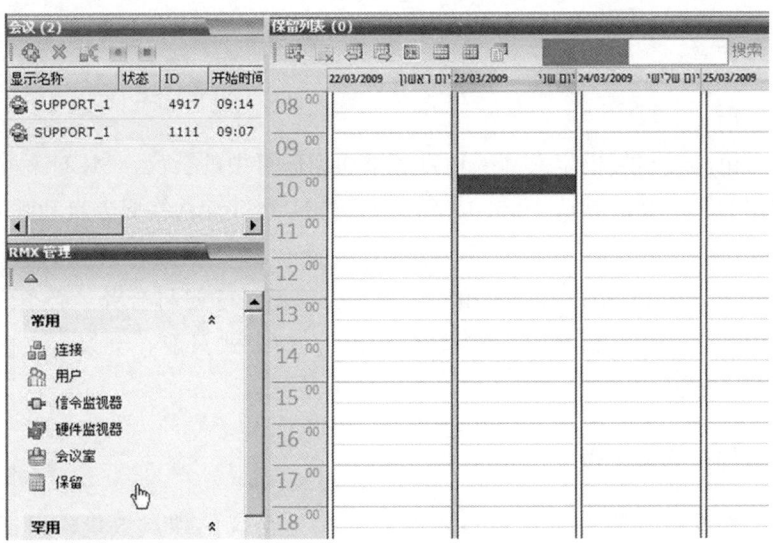

图 3.23　保留日历

3.5.17　连接会议

直接呼入：与会者必须获得一个根据网络类型、会议密码和主席密码而定的呼入字符串。与会者呼叫会议的呼入字符串并连接到会议 IVR 服务。只要信息正确，例如输入了会议密码和主席密码，与会者就可连接到会议（图 3.24）。

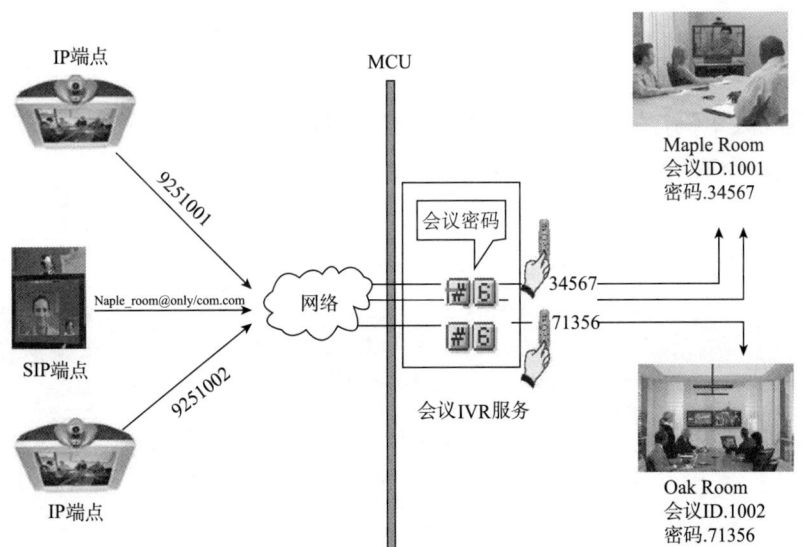

图 3.24　直接呼入连接会议

通过 IVR 系统的呼入连接：
主席可使用主席密码作为会议密码并无须输入会议密码。

3.5.18 呼出与会者

(1) 自动拨出。

呼出与会者由其呼出号码定义。一旦将其添加到进行中的会议，MCU 就会以每秒拨出一次的速度使用为其定义的默认 H.323、SIP 或 ISDN/PSTN 网络服务自动呼叫他们。

(2) 人工拨出。

在人工模式下，RMX 用户或会议组织者指示会议系统呼叫与会者。必须定义拨出与会者（主要是他们的名字和电话号码）并添加至会议。该模式只能在会议定义阶段选择，会议一旦进行后就不能改变。

3.5.19 视频分屏中的文字指示

在会议中，在端点的视频分屏窗口中查看连接到会议的端点数量。根据窗口的分屏（大小），MCU 最多显示 33 个字符的端点名称。

3.5.20 监控进行中的会议

会议监控允许用户追踪会议及其与会者，查看所有与会者是否正确连接以及是否发生错误或故障。

在 MPM 模式中，可以连接会议的与会者（音频和视频）的最大数目为 80。

在 MPM＋模式中，可以连接会议的与会者的最大数目为 200。其中，最多可以有 80 个视频与会者。

(1) 操作选择。

进行中的会议中执行的所有监控和操作步骤均可通过两种方法完成：

①使用工具栏中的按钮（图 3.25）；

图 3.25 使用工具栏操作选择

②在会议或与会者窗口上任一处右键点击并从菜单中选择一个操作（图 3.26）；

(2) 多重选择。

用户可使用多重选择监控多个会议中的多名与会者并同时对其操作（图 3.27）。

选择的会议在与会者列表窗口中显示为子列表。

用户可单击子列表标题中会议名称旁的 ➕ 和 ➖ 子列表控制按钮展开和折叠子列表。

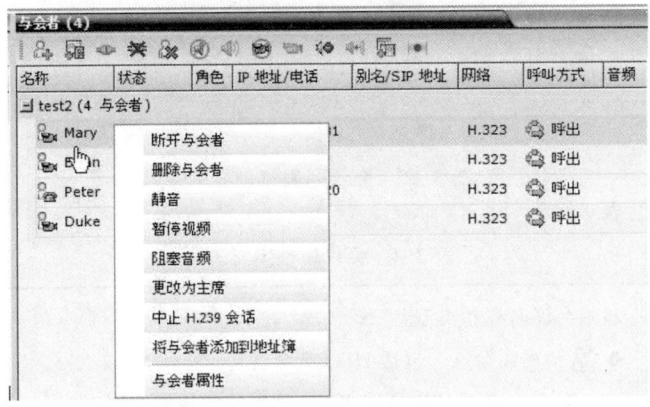

图 3.26　操作选择菜单

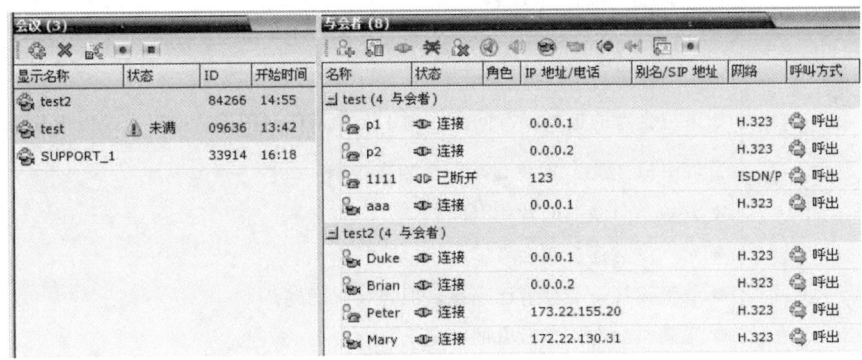

图 3.27　用户多重选择

使用主席密码进行过滤：

如果用户以主席身份登录，将显示主席密码字段。可通过它搜索并显示您拥有密码的正在进行的会议的列表（图 3.28）。

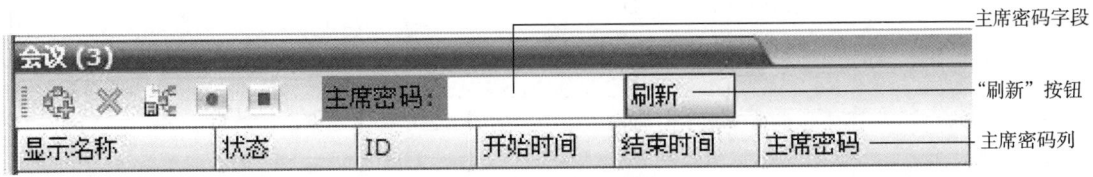

图 3.28　用户登录

3.5.21　会议等级监控

会议等级的监控向管理员、操作员和主席提供。

会议列表窗口显示关于进行中的会议的信息（图 3.29）。

当启用会议模板中的会议记录后，会议记录按钮将被启用。

状态列中无状态指示符表示会议的运行没有任何问题。

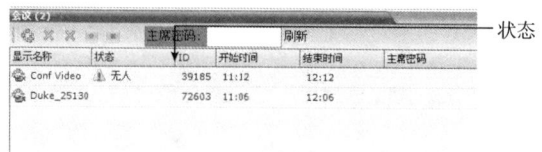

图 3.29　会议列表窗口显示

会议属性定义见表 3.4。

表 3.4　会议属性定义表

名称	显示会议名称和类型： ● ─视频会议（包括 HD CP 会议）。 ● ─在视频切换模式下运行的高清视频会议。 ● ─会议通过 * 71 DTMF 代码确保安全。 ● ─操作员会议
状态	显示正在进行会议的状态。 如果与会者的连接没有问题，则不会显示任何图标。如果出现以下状态之一，则警告图标（　）前将显示一个相应指示。 ● 音频─与会者的音频有问题。 ● 空─没有连接与会者。 ● 故障连接─与会者已连接，但连接有问题。 ● 未满─没有连接所有的已定义与会者。 ● 已部分连接─连接过程尚未完成；视频信道未连接。 ● 单个与会者─只有一个与会者已连接。 ● 视频─与会者的视频有问题。 ● 内容资源缺乏─内容将不会被发送至旧式终端。 ● 等待操作员─一位与会者要求操作员帮助
ID	分配到会议的会议 ID
开始时间	会议开始时间
结束时间	会议的预期结束时间
拨入号码（1）	ISDN/PSTN 与会者的会议拨入号码

在访问会议属性时，可查看关于会议的其他属性。

(1) 监控会议。

在会议列表窗口中，双击要监控的会议的名称或者右键点击会议名称然后单击会议属性。会议属性对话框打开，显示常规选项卡（图 3.30）。

3 多点控制单元及视频会议终端

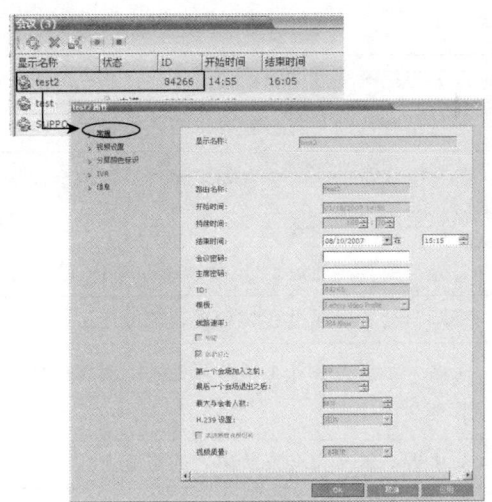

图 3.30 会议属性对话框

用户可查看所有的会议属性，但在灰色背景上的会议属性不可编辑。

（2）安全会议监控。

RMX 启用安全会议模式，会议主席使用 DTMF 代码启用或禁用会议安全。

启用会议安全后，呼入/呼出连接被禁止，管理员无法监控与会者或控制会议。管理员可手动终止安全会议，但不能查看与会者列表或会议的任何属性。

3.5.22 与会者等级监控

在会议列表中选择会议后，其与会者的详细信息会出现在列表窗口中（图 3.31）。

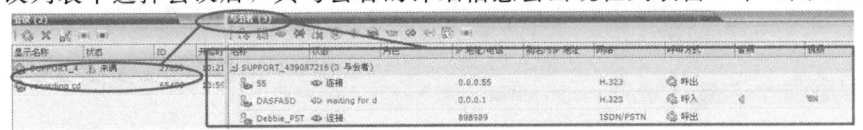

图 3.31 与会者信息列表窗口

与会者信息列表窗口会显示以下与会者指示符和属性（表 3.5）。

表 3.5 指示符和属性

名称 [显示与会者姓名和类型（图标）]		音频与会者——通过 IP 电话或 ISDN/PSTN 连接
		视频与会者——通过音频和视频信道连接
状态 [显示与会者连接状态（文字和图标）。如果与会者的连接没有问题，则不会显示任何指示]		已连接——与会者成功连接到会议
		断开——与会者从会议断开。此状态仅适用于已定义与会者
		等待呼入——系统等待已定义与会者呼入到会议
		已部分连接——连接过程尚未完成；视频信道仍未连接
		故障连接——与会者已连接，但连接中出现问题

续表

状态[显示与会者连接状态（文字和图标）。如果与会者的连接没有问题，则不会显示任何指示]		部分连接—端点的视频信道不能连接到会议，所以与会者只通过音频连接
		等待单独帮助—与会者要求操作员帮助
		等待会议帮助—与会者要求操作员提供会议帮助。一般来说这意味着操作员被要求参加会议
		音频与会者—通过IP电话或ISDN/PSTN连接
		视频与会者—通过音频和视频信道连接
角色（显示与会者在会议中的角色或职能）		主席—定义为会议主席的与会者。主席可使用按键音信号（DTMF代码）管理会议
		演讲者—定义为会议演讲者的与会者
		演讲者和主席—同时被定义为会议演讲者和主席的与会者
		启用级联的呼出与会者—在级联会议中作为链接的特殊与会者
		记录—作为记录链接的特殊与会者
IP地址/电话		IP与会者的IP地址或ISDN/PSTN与会者的电话号码
FECC令牌		与会者是FECC令牌的拥有者并具有远端摄像头控制功能。FECC令牌只能一次分配到一名与会者，并在无与会者请求时保持未分配状态
内容令牌		与会者是内容令牌的拥有者并拥有内容共享权限。内容令牌只能一次分配到一名与会者，并在无与会者请求时保持未分配状态
别名/SIP地址		与会者的别名或SIP URL。与会者作为记录链接时，RSS 2000记录系统的别名
网络		与会者的网络连接类型—H.323、SIP或ISDN/PSTN
呼叫方式		呼入—与会者呼叫会议
		呼出—MCU呼叫与会者
音频（显示与会者音频信道的状态。如果与会者的音频已连接而且信道既未静音也未阻塞，则没有任何指示）		断开连接—与会者音频信道的连接断开。这是一位等待连接到会议的已定义与会者
		已静音与会者音频信道被静音。此与会者仍能听到会议
		已阻塞—从会议传输到与会者的音频被阻塞
		静音和阻塞—音频信道被静音和阻塞
视频（显示与会者视频信道的状态。如果与会者的视频连接没有问题而且信道既未暂停也未部分连接，再不显示任何指示）		断开连接—与会者视频信道的连接断开。这是一位等待连接到会议的已定义与会者
		已暂停—从端点到会议的视频传输被暂停
		部分连接—与会者因视频信道故障仅通过音频信道连接
加密		表示终端与会议的连接进行了加密

3.5.23 进行中的会议执行的操作

（1）更改会议的持续时间。

各个会议的持续时间在创建新的会议时设置。会议的默认持续时间是 1 小时。RMX 上运行的所有会议在有与会者连接到会议时均会自动延长。会议的持续时间可在其举行时通过修改其计划的结束时间而延长或缩短。

（2）手动延长或缩短一个会议。

①在会议列表窗口中双击会议名称；

②在常规选项卡中修改结束时间字段并单击确定（图 3.32）。

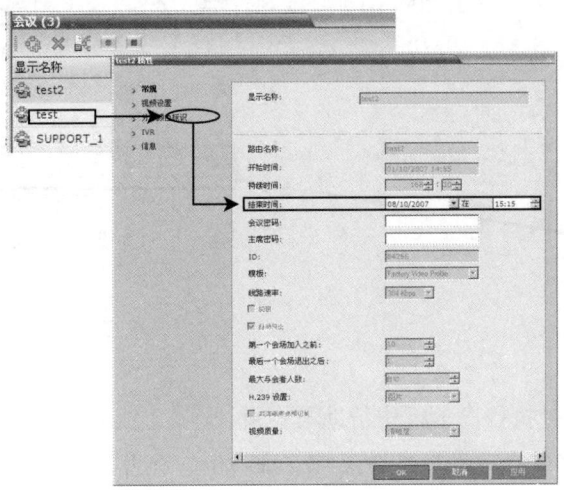

图 3.32 会议时间设置

（3）手动终止会议。

在会议列表中选择您要删除的会议并单击删除会议（✖）按钮。您将被提示确认；单击确定终止会议（图 3.33）。

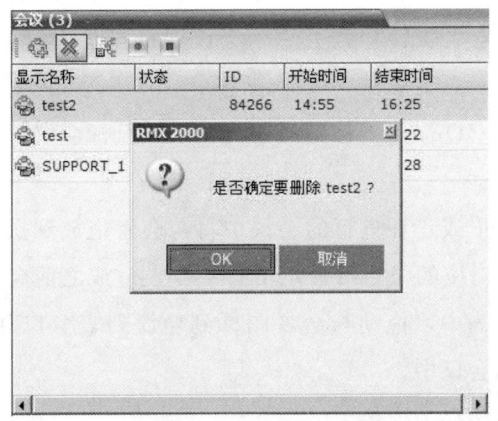

图 3.33 手动终止会议

①从地址簿中添加与会者。

会议开始后，可以直接从与会者地址簿中添加与会者至会议，无须使用新建会议——与会者选项卡。

要拖放与会者到与会者列表：

（a）打开地址簿；

（b）直接从与会者地址簿中选择和拖放要添加到会议的与会者到与会者列表。此可使用标准的 Windows 多选操作（图 3.34）。

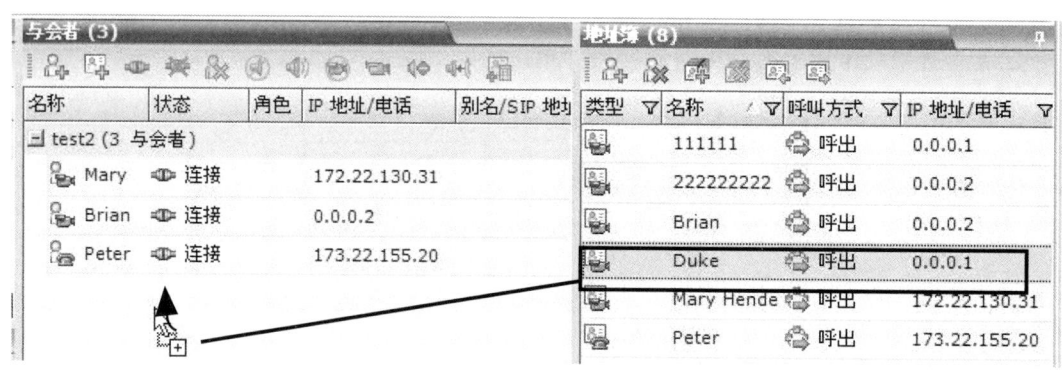

图 3.34　添加与会者

②转移与会者。

RMX 用户可以通过执行以下操作帮助与会者：

（a）将一位与会者转移至操作员会议（安排一位与会者）；

（b）将一位与会者转移至主（目标）会议；

（c）将一位与会者从一个正在进行的会议转移到另一个会议。

转移至操作员会议：将与会者转移至操作员会议。

转移至会议：将与会者转移至任何正在进行的会议。

选择选项后，会打开转移会议对话框，您可以选择目标会议的名称。

返回主会议：如果与会者被转移到另一个会议或操作员会议，该选项可让与会者返回至主会议。

如果与会者是从 Entry Queue 转移到操作员会议或目标会议，该选项将无法可用。

③交互式转移与会者。

您可以从 Entry Queue 或正在进行的会议中将与会者拖放到操作员或目标（主）会议：

（a）单击会议列表中对应的条目可显示 Entry Queue 或之前会议的与会者列表；

（b）在"与会者"列表中，拖动与会者图标到会议列表窗口并将其放置操作员会议图标上或另一个正在进行的会议中。

④将正在进行的会议保存为模板。

任何正在进行的会议都可以保存为模板。

要将正在进行的会议保存为模板：

（a）在会议列表中选择要保存为模板的会议；

（b）单击保存会议（ ）按钮，或右键点击并选择将会议保存至模板。

⑤更改会议的视频分屏。

在会议举行时，您可更改视频分屏并选择 RMX 支持的 24 种视频分屏之一。

视频分屏选择可在两个级别上完成：

（a）会议等级—适用于所有会议与会者。所有与会者都有相同的视频分屏；

（b）与会者等级—更改与会者的视频分屏。所有其他会议与会者的视频分屏不受影响。

会议的初始视频分屏在会议模板中选择。

与会者等级的视频分屏选择会取代会议等级的视频分屏设置。

⑥操作会议的视频分屏。

（a）在会议属性对话框中选择视频设置（图 3.35）；

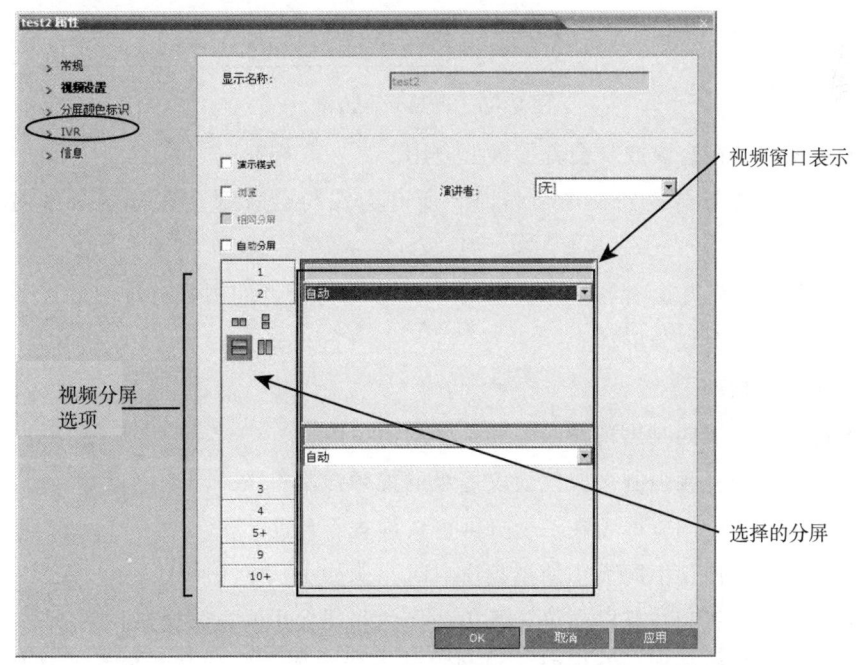

图 3.35　会议属性对话

（b）若自动分屏复选框已选中，则清除选择；

（c）从视频分屏选项中选择要显示的窗口数量以及要求的视频分屏缩略图并单击确定（图 3.36）。

⑦视频强制。

具有主席或操作员权限的用户可使用视频强制功能选择各视频分屏窗口中显示哪些与会者。当与会者被强制到一个分屏窗口时，此窗口的与会者切换暂停并只能查看被分配的与会者。

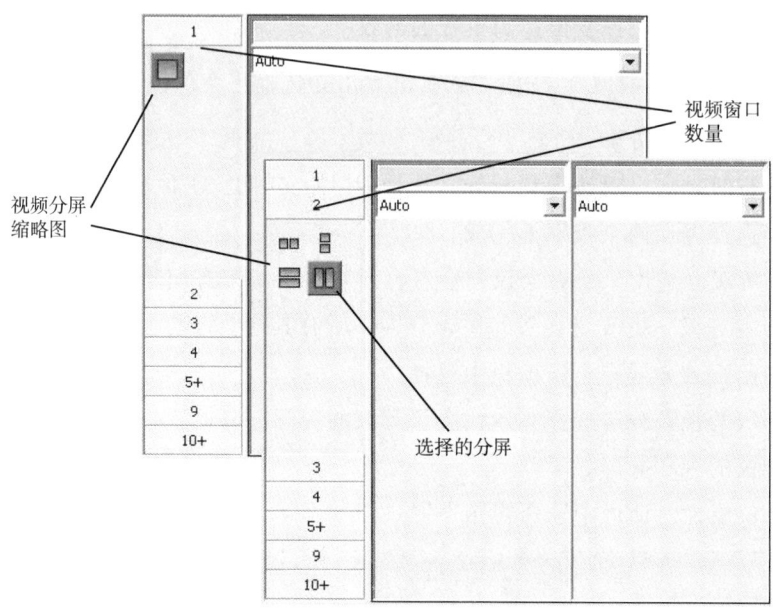

图 3.36　视频分屏选项

（a）视频强制可在会议或与会者等级上应用。

ⓐ会议等级—置与会者到一个窗口时，所有会议与会者都会在选定窗口内看到此与会者。

ⓑ与会者等级—置与会者到一个窗口时，只有此与会者的视频分屏显示受到影响。所有其他与会者会看到会议分屏。

（b）视频强制指南。

ⓐ一名与会者不能同时出现在两个或更多的窗口内。

ⓑ与会者等级的视频强制会取代会议等级的视频强制。

ⓒ与会者可选择相同分屏项在一个分屏窗口内查看自己。

ⓓ在视频分屏中使用不同大小的视频窗口时，例如1+2、1+3、1+4等，一名与会者只能在个人分屏中被置到与其在会议分屏中选择的相同大小的视频窗口。

ⓔ在更改会议等级的视频分屏时，视频强制设置不能应用到新分屏，而且与会者之间的切换是启用音频的。视频强制设置在保存后下一次选择此分屏时应用。

ⓕ未分配到任何与会者的窗口显示当前发言人和最后发言的人。

（c）视频强制与会者到一个窗口。

ⓐ在会议属性对话框中选择视频设置选项卡；

ⓑ若自动分屏复选框已选中，则清除选择；

ⓒ选择所需的视频分屏；

ⓓ在您要强制一名与会者出现的窗口中从会议与会者列表中选择此与会者的姓名；

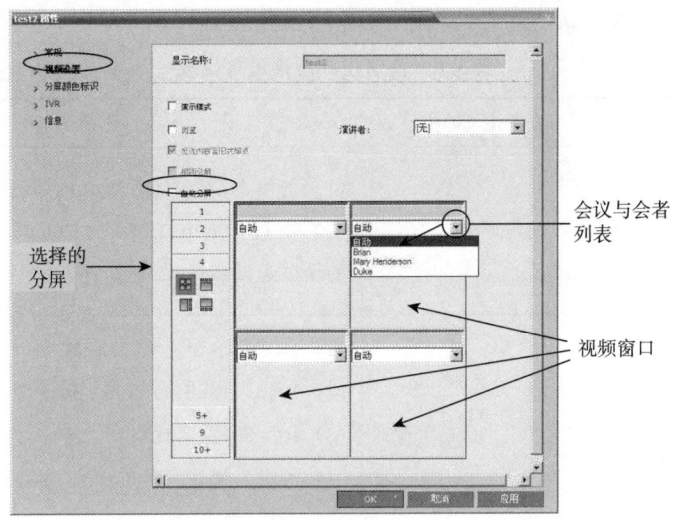

图 3.37 会议属性对话设置

ⓔ重复步骤 3 强制与会者到其他窗口；

ⓕ单击确定（图 3.37）。

（d）取消一个窗口的视频强制。

ⓐ在会议属性对话框中选择视频设置选项卡；

ⓑ在视频分屏窗口内的与会者列表中，选择自动；

ⓒ单击确定；

ⓓ与会者之间的切换被更新，而且音频被启用。

3.6 视频会议终端概述

3.6.1 视频会议系统终端的主要功能

视频会议系统终端负责完成视频信号的采集、编辑处理及显示输出、音频信号的采集、编辑处理及输出、视频音频数字信号的压缩编码和解码，将符合国际标准的压缩码流经线路接口送到信道或从信道上将标准压缩码流经线中接口送到终端，形成通信的各种控制信息。如对同步控制和指示信号、远端摄像机的控制协议、定义帧结构、呼叫规程及多个终端的呼叫规程、加密标准、传送密钥的管理标准等。下面以 POLYCOM 8000 为例进行高清视频终端的简单说明。

以 Polycom HDX 8000 为例说明，它可为大中型会议室提供高清（HD）语音、视频和内容，可在点对点和多点呼叫中发送和接收 720p HD 格式视频。配备 1080p 分辨率选项的 Polycom HDX 8000 系列系统可发送和接收全 HD（1080p）视频。

(1) 终端设备组成（表 3.6）。

表 3.6　高清视频终端设备组成

设备图样	设备名称	设备功能
	编解码器	（1）采用 H.264 High Profile 编码方式； （2）支持 1080p30 帧/s、720p60 帧/s、720p30 帧/s 的全屏运动图像
	EagleEye™ Ⅱ 1080 摄像头	（1）12X 光学变焦 CCD 传感器； （2）1920×1080（1080p）运动图像； （3）16：9（宽高比）； （4）平滑、快速安静的 PTZ 运动； （5）高达 270°的转角范围
	360°全向麦克风阵列	（1）22kHz（Siren22™）高保真音质； （2）StereoSurround™ 环绕立体声； （3）360°高灵敏度数字麦克风； （4）可屏蔽 GSM 手机干扰
	红外遥控器	（1）带液晶显示的遥控器－操作显示； （2）支持遥控器电源开关机； （3）人性化控制功能键，便于使用； （4）命令功能语音提示－本地语言； （4）VCR/DVD/PVD 通用编程； （6）支持 16 种语言； （7）增强 IR 控制范围
	数据线缆	用于连接编解码器、摄像头、麦克风、显示设备、音频设备、控制设备等

(2) 数据线缆介绍（表 3.7）。

表 3.7　数据线缆一览表

接头	接口	线缆名称	连接设备
		HDCI	Eagle Eye Ⅱ 1080 高清摄像头
		DVI	显示设备笔记本

续表

接头	接口	线缆名称	连接设备
		RCA	电视音响音箱
		RJ45	网络设备 PC
		USB	U 盘（升级系统版本）
		RS232	控制设备
		MIC	Polycom 麦克风

终端设备接口如图 3.38 所示。

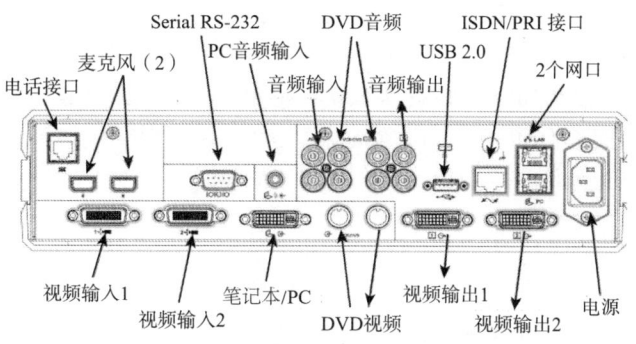

图 3.38　终端设备接口示意图

①要打开 Polycom HDX 8000 系列终端的电源，可执行下列操作之一：

- 按遥控器上的 电源按钮。

- 按系统正面的电源开关。将在约 10 秒内显示 Polycom 开机显示屏幕。

②要关闭 Polycom HDX 8000 系列终端的电源，可执行下列操作之一：

- 按住遥控器上的 电源按钮持续 2 秒钟。

- 按住系统正面的电源开关 2 秒钟。在采用这种方法关闭电源后，等待至少 15 秒，然后再拔下系统的电源线。

3.6.2 基本操作

（1）PolycomHDX 终端初始化设置。

Polycom HDX 终端设备第一次正常开机之后，会显示系统初始化设置界面。具体设置步骤为：语言语言、国家、系统名、LAN 属性、安全、注册、重启。

（2）端口使用介绍（表 3.8）。

表 3.8 Polycom HDX 终端设备端口及其功能一览表

端口	功能
23	（Telnet）用于诊断
24	Polycom API
80	（HTTP）获取 Polycom HDX 系统、Polycom VSX 系统 ViewStation® 和 VS4000™ 信息（HTTP）iPower™ 软件升级和预配置静态－TCP HTTP 界面（可选）
123	UPD 网络时间协议（NTP）
161－162	TCP/UDP SNMP
443	静态－TCP HTTP 界面（可选）
514	UDP syslog
1000－65535	动态 TCPH245。在 Polycom 系统中可设为"固定端口" 动态 UDP－RTP（视频数据）。在 Polycom 系统中可设为"固定端口" 动态 UDP－RTP（音频数据）。在 Polycom 系统中可设为"固定端口" 动态 UDP－RTCP（控制信息）。在 Polycom 系统中可设为"固定端口"
1503	静态 TCP T.120
1718	静态 TCP 网闸发现（必须是双向的）
1719	静态 TCP 网闸 RAS（必须是双向的）
1720	静态 TCP H.323 呼叫设置（必须是双向的）
1731	静态 TCP 音频呼叫控制（必须是双向的）
3601	TCP（Proprietary－数据通信量）－全局目录数据
5001	TCP/UDP People＋Content IP
5060	静态 TCP/UDP SIP 呼叫设置（必须是双向的）
5061	静态 TLS SIP 呼叫设置（必须是双向的）
5222	XMPP 状态服务
8080	静态 TCP HTTP 服务器推（可选）

（3）Polycom HDX 遥控器操作指南（图 3.39）。

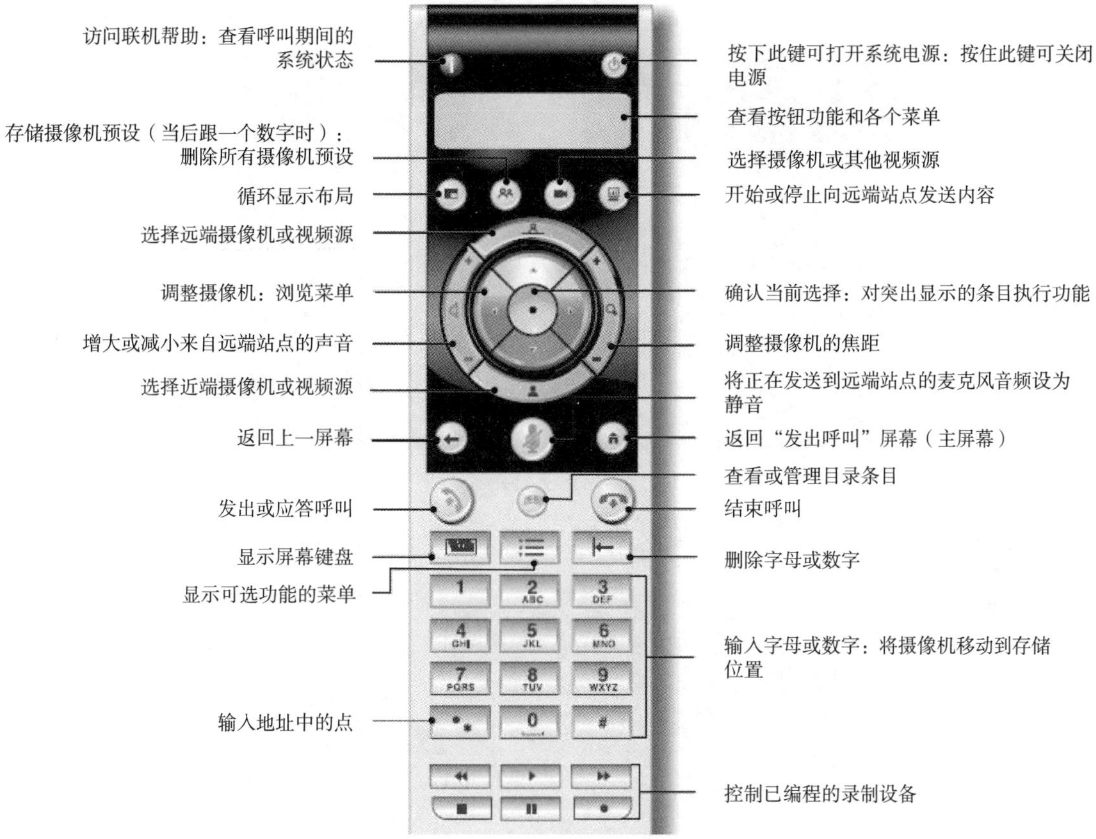

图 3.39 Polycom HDX 遥控器示意图

遥控器可以完成系统设置、开关机、呼叫和应答、视频源和摄像机控制、音量的控制和静音、屏幕显示的控制以及内容显示的控制。

①呼叫和应答。

发出视频呼叫，可以按下列三种方式中任何一种方式发出视频呼叫：

（a）直接输入号码或 IP 地址。

（b）调用方式（最近呼叫列表、联系人列表或快速拨号列表、目录）。如图 3.40 所示。

图 3.40 调用方式对话框

ⓐ打开目录。如图 3.41 所示。

打开目录界面

图 3.41　目录界面

选择收藏夹（图 3.42），找到存储的联系人名称，点击即可呼叫：

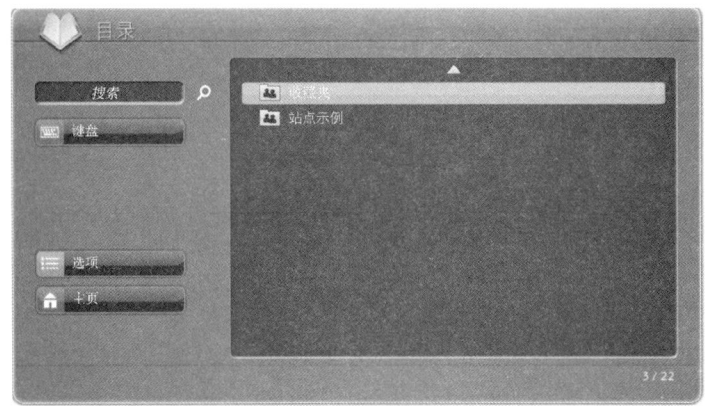

图 3.42　收藏夹

添加联系人如图 3.43 所示。

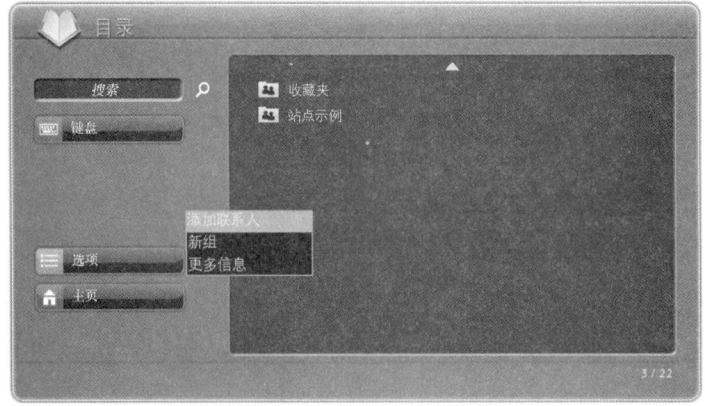

图 3.43　添加联系人

ⓑ最近通话。

打开最近通话界面。如图 3.44 所示。

图 3.44　最近通话界面

查看最近通话条目（图 3.45）。自动记录可显示最近 30 次呼叫记录。

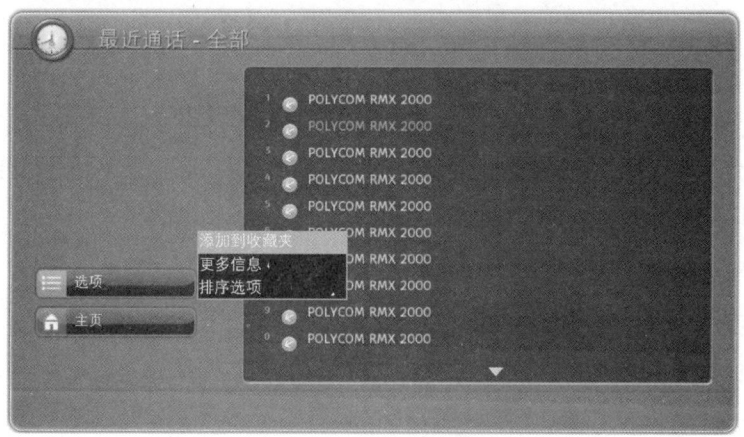

图 3.45　通话条目

结束视频呼叫：

要挂断呼叫，请执行下列操作。

按遥控器上的 ![icon] 挂断。

如果出现提示，请确认与远端站点断开连接。

②视频源和摄像机的控制

视频源选择：请按 ![icon] 近端或 ![icon] 远端，分别控制近端站点或远端站点的摄像机。

(a) 确定你所要选的摄像机连接了哪路输入？

(b) 按下遥控器上的摄像机 ![icon] 按钮，屏幕会出现视频源选择的图标。

(c) 通过遥控器的左右键在不同视频源中进行选择，按下遥控器的 ![icon] 按钮选择该视频源。

摄像机控制：请按 近端或 远端，分别控制近端站点或远端站点的摄像机。

(a) 上下左右：按遥控器上的 箭头按钮 ，控制摄像机向上、下、左或右移动。

(b) 按变焦调整摄像机的焦距。

(c) 位置预设：先将镜头摇至合适位置，然后按下遥控器某一数字键 2~3 秒钟，直到屏幕上出现预设已存储的提示，则该镜头位置即被存储到了该数字键上。调用位置预设则直接按该数字键即可。

③音量的控制和静音。

音量控制调节的是会场听到的音量大小，静音调节的是麦克风的开关。

音量调节：分为以下两步，需互相配合。

(a) 按遥控器上的 音量按钮 ，可以控制 HDX 视频终端设备输出音量的大小。

(b) 调节扬声器（喇叭）的音量。电视机的遥控器调节电视机喇叭的音量大小，使用调音台等设备调节专业扬声器的音量大小。

静音：

(a) Polycom 标配麦克风的静音：按遥控器上的 静音按钮或麦克风中央的按钮可以打开和关闭麦克风，麦克风处于打开状态亮绿灯，麦克风处于关闭状态亮红灯。

(b) 鹅颈话筒或无线话筒可以通过各自的话筒开关或调音台静音，也可以通过遥控器上的 静音按钮静音，要配合进行。

④屏幕显示的控制。

在全屏与主页显示之间切换：设备开机后显示处于主页状态。当呼叫连接后，系统将自动以全屏显示视频。

(a) 全屏状态下：按遥控器上的 近端按钮，可以回到主页状态。

(b) 主页状态下：按遥控器上的 主页按钮，可以回到全屏状态。

远端和近端画面显示的切换：在一台显示设备的情况下，远端和近端画面可以在全屏和画中画之间切换，在两台显示设备情况下，远端和近端画面可以在两台显示设备之间切换。切换方法如下：

先按近端按钮，然后按 摄像机并选择（在图标消失前选择），可以实现远端和近端画面显示的切换，再次操作可以恢复到原来的显示状态。

画中画的显示、移动和关闭：

(a) 按遥控器上的 画中画可以显示或关闭显示屏幕上画中画窗口。

(b) 重复按 画中画可以将画中画窗口移至屏幕的其他位置。

⑤发送双流。

(a) 开始双流。

ⓐ将计算机的分辨率设置成 1024×768。

ⓑ将计算机连接到视频输入 4（在连接到 Polycom HDX 8000 上的视频输入 4 时，您还可以连接到音频输入 4 以分享来自计算机的声音），然后切屏。

ⓒ按遥控器上的 ▣ 内容或按 📷 摄像机并选择计算机输入。当您发送内容时，💻 内容共享图片会显示在主监视器上。

(b) 停止双流。

按遥控器上的 ▣ 内容或按 ▶ 摄像机并选择主摄像机。

3.6.3 终端系统架构图

终端系统架构如图 3.46 所示。

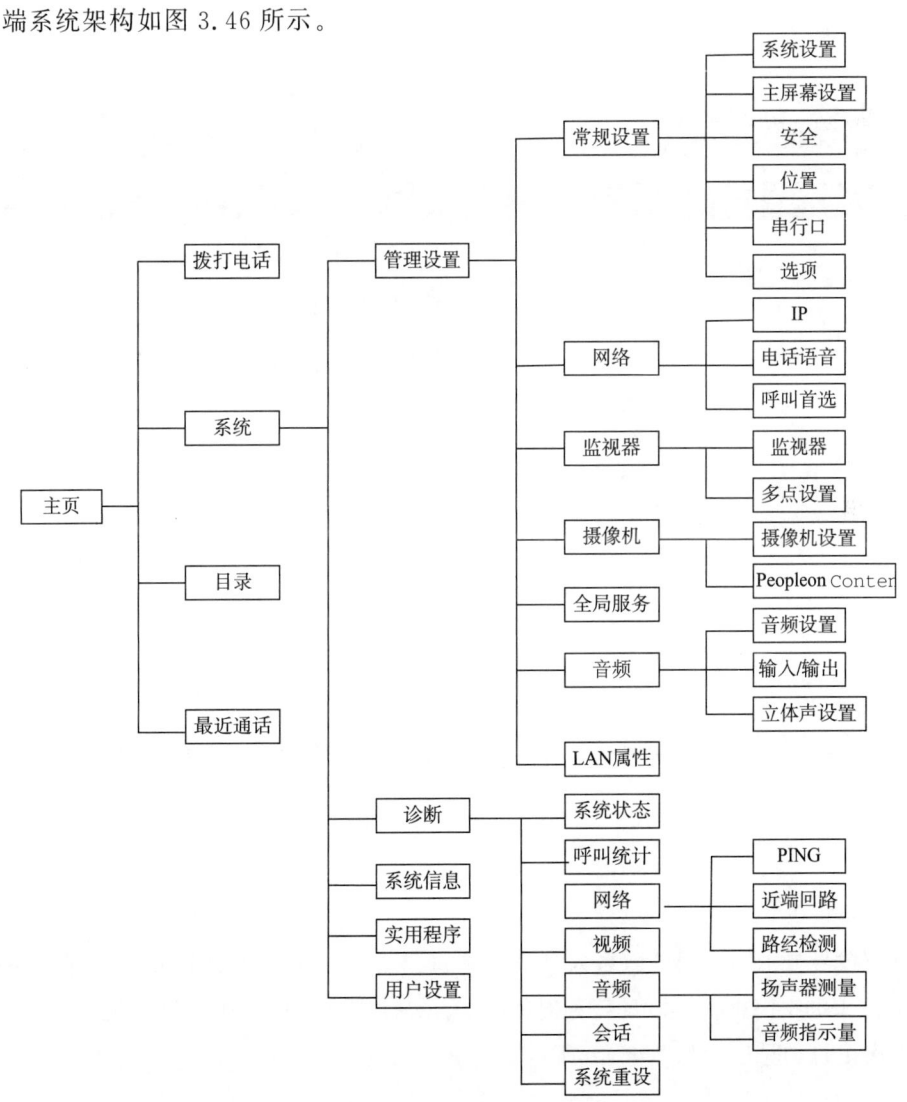

图 3.46 终端系统架构图

3.7 视频会议终端 WEB 界面操作

3.7.1 访问终端 WEB 界面

将 PC 与终端置于同一网络段中，在 PC 上将终端的 IP 地址输入 IE 浏览器地址栏，进入终端 WEB 界面。以 Polycom HDX 为例。

（1）常规设置项目。

系统设置选项包括系统名、终端名称、最长通话时间、点对点视频自动应答、显示时间、通话详细记录、最近通话、远端站点名显示时间、中文本地化系统名。如图 3.47 所示。

系统设置选项中的基本设置步骤：

图 3.47　系统设置选项

①主屏幕设置。

按下"拨号显示"出现"联系人列表"主屏幕，可以显示通话质量、目录、系统、系统名、IP 或 ISDN 信息、本地日期和时间、"请勿打扰"图标、通话详细记录、最近通话、站点、上次拨打的号码。如图 3.48 所示。

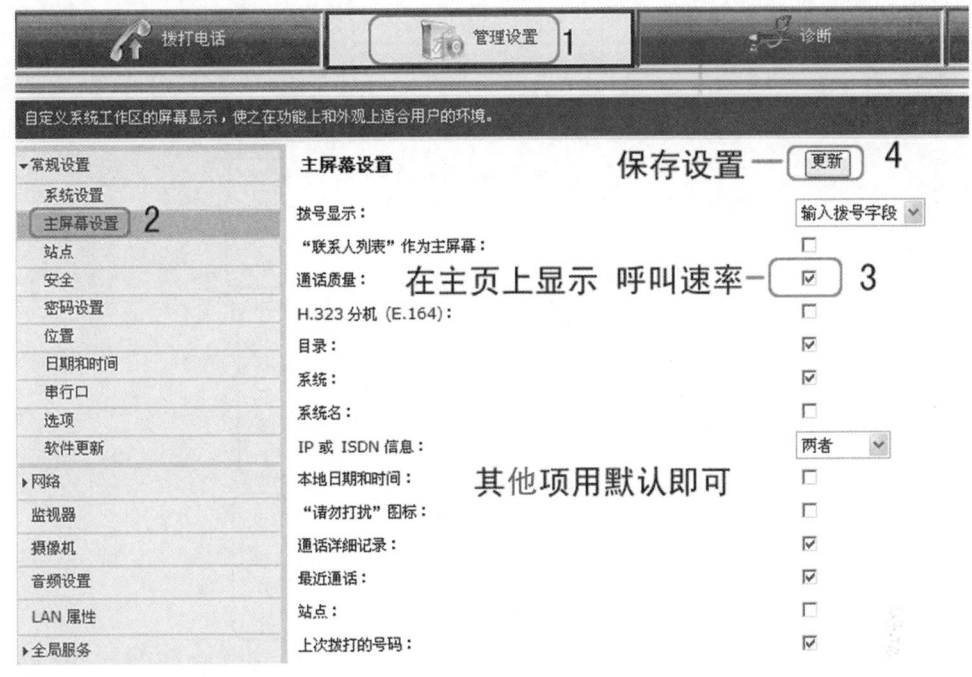

图 3.48 主屏幕设置

②站点设置（图 3.49）。

图 3.49 站点设置

③安全设置。

安全设置选项包括安全模式、对远程访问使用会议室密码、管理员 ID、用户 ID、更改密码、AES 加密、允许访问用户设置、启用远程访问、WEB 访问端口（http）。对本界面所做的任何更改都将导致系统恢复启动。安全设置界面如图 3.50 所示。

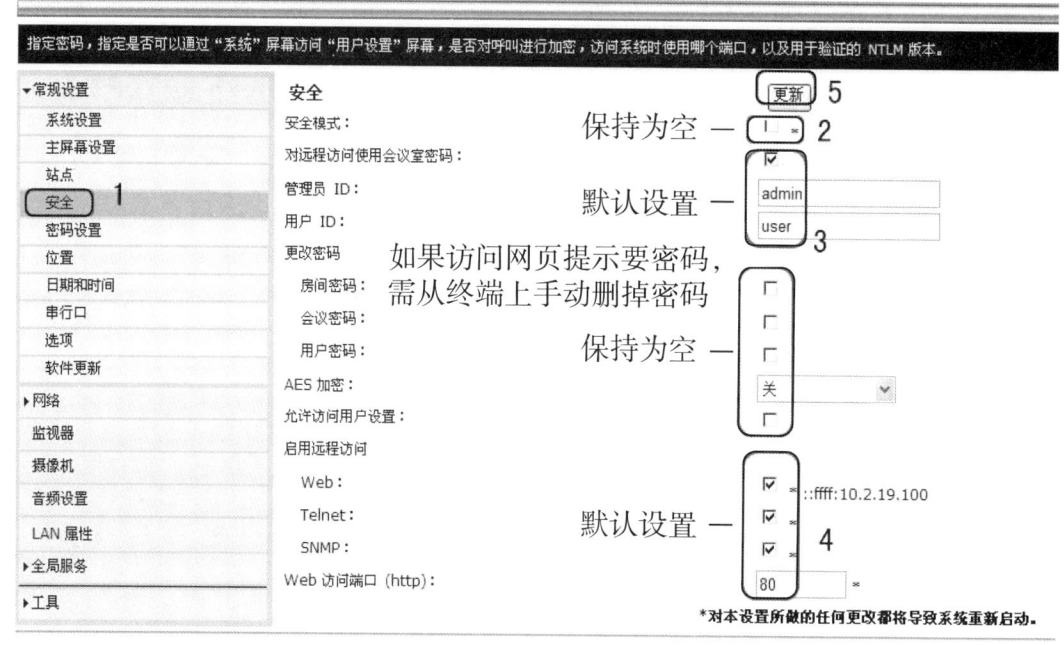

图 3.50　安全设置

④密码设置。

密码设置选项包括密码设置、房间密码设置、用户密码。密码设置界面如图 3.51 所示。

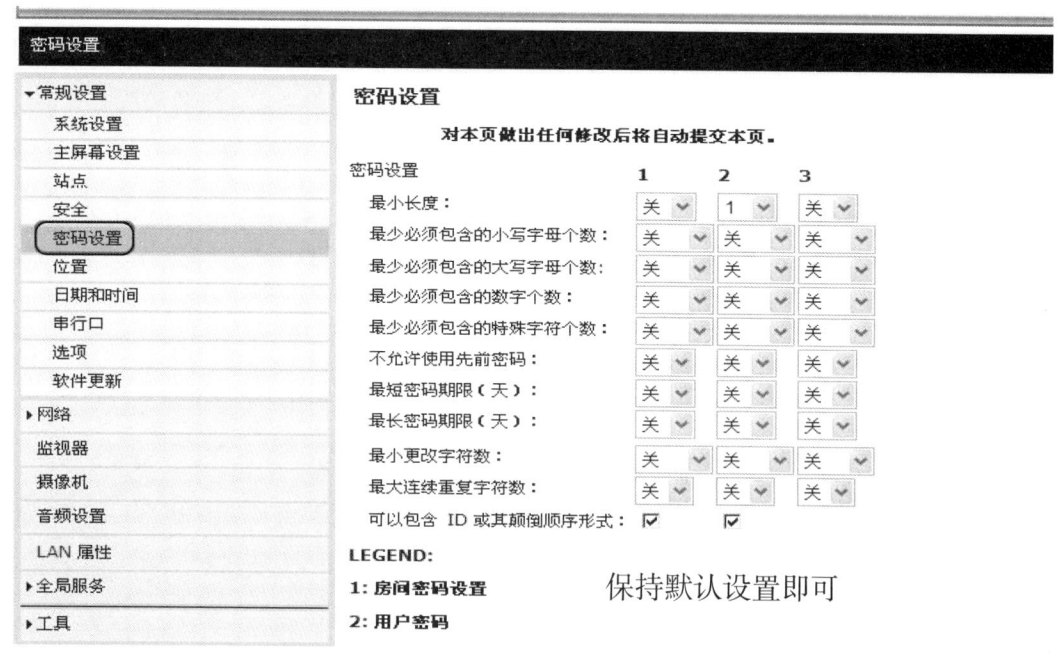

图 3.51　密码设置

⑤位置设置。

位置设置选项包括国家、语言、国家拨号前缀、国家代码、区号、总是自动加拨区号、WEB语言。如图3.52所示。

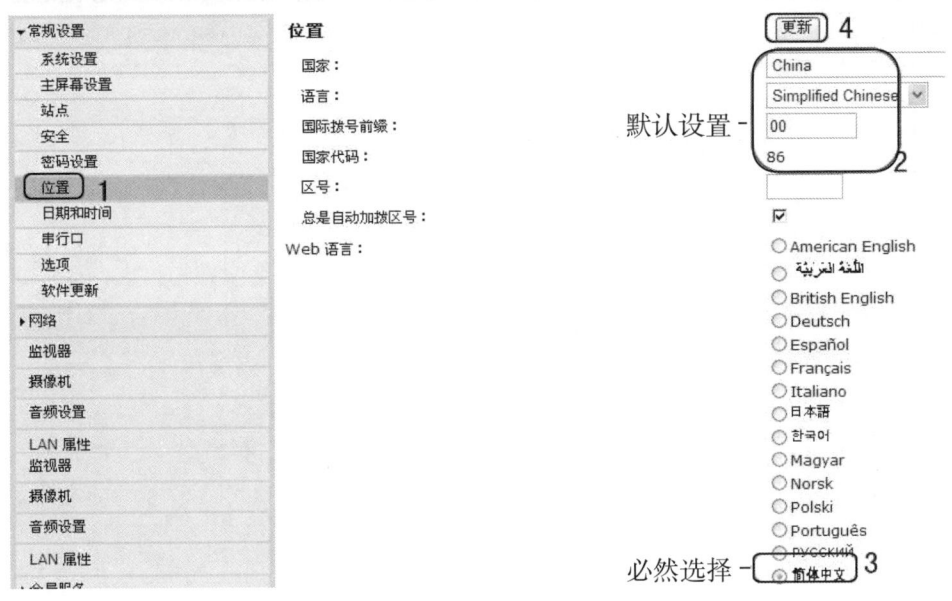

图3.52 位置设置

⑥日期和时间设置。

日期和时间设置选项包括日期格式、时间格式、当前日期、当前时间、在通话过程中显示时间、根据夏时制自动调整、时区、时间服务器。如图3.53所示。

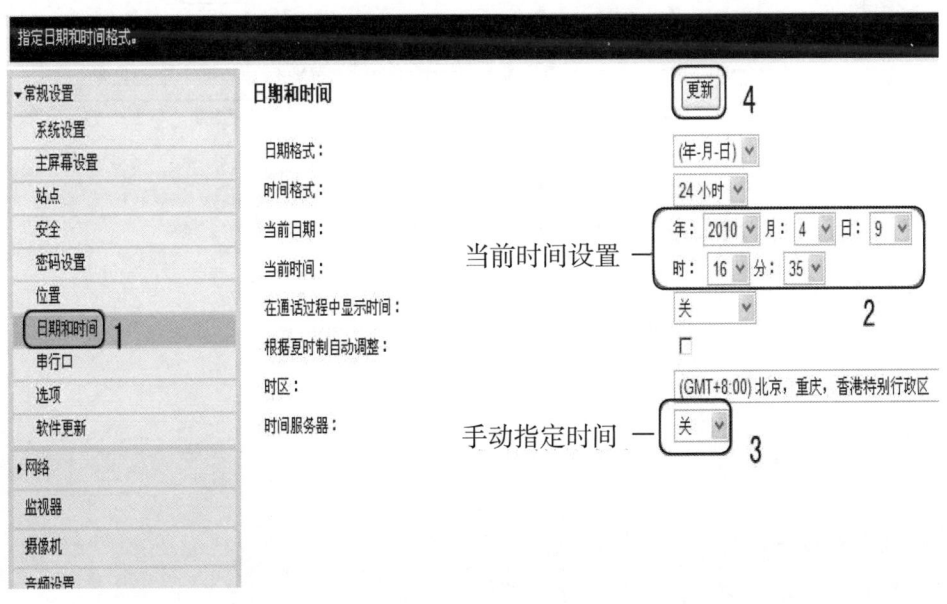

图3.53 日期和时间设置

⑦串行口设置。

串行口设置选项包括 RS-232 模式、波特率。如图 3.54 所示。

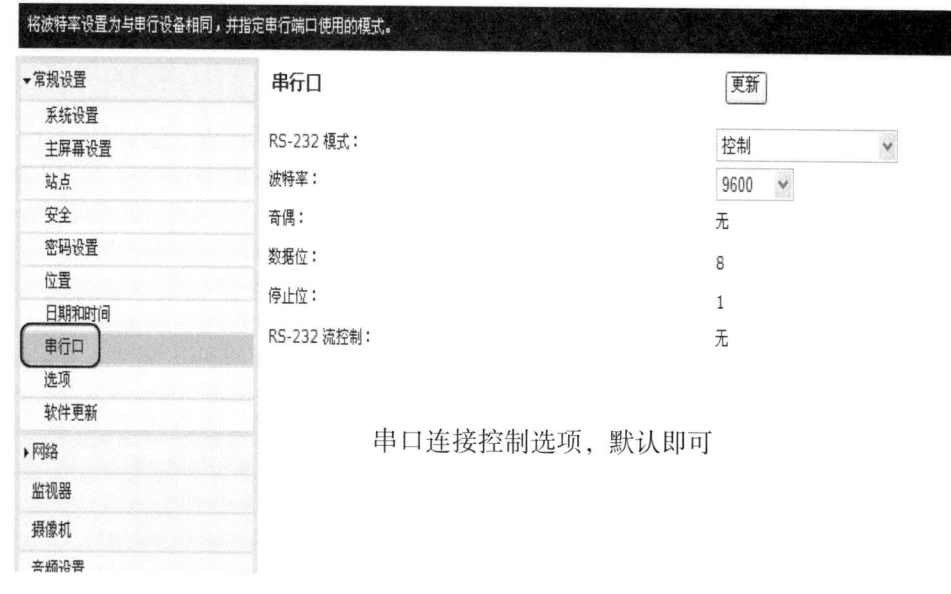

图 3.54　串行口设置

⑧选项设置。

选项设置包括启用多点试用选项、密钥。如图 3.55 所示。

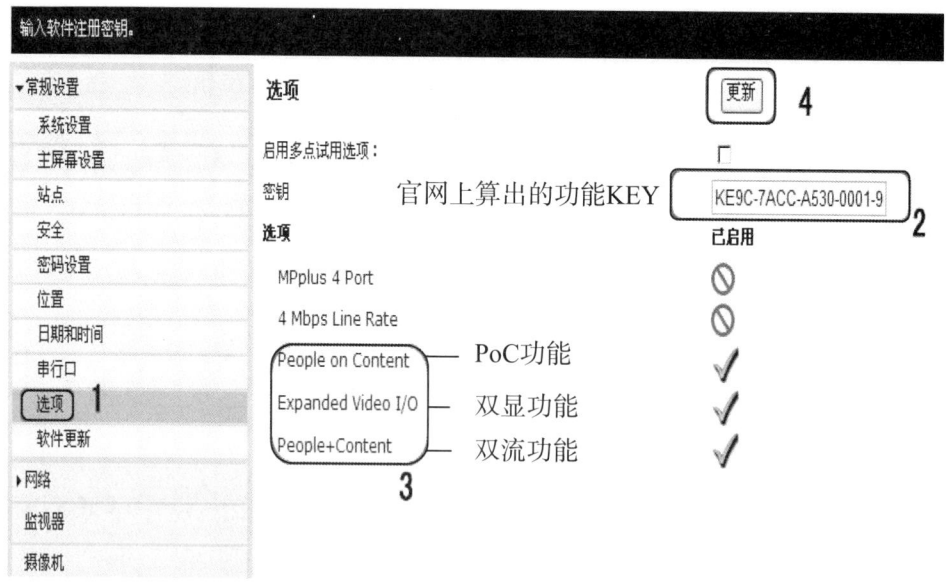

图 3.55　选项设置

⑨软件更新设置。

软件更新建议在厂家或工程师指导下进行。

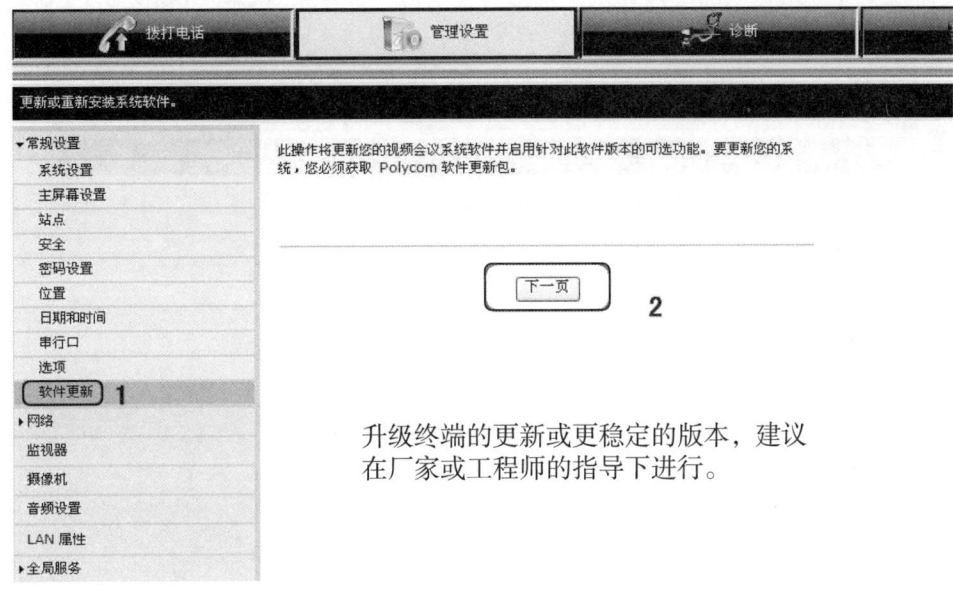

图 3.56　软件更新

（2）网络设置。

①IP 网络。

IP 网络选项包括服务类型、服务类型值、最大传输单位大小、启用 PVEC、启用 RSVP、动态带宽、最大传输带宽值、最大接收带宽值。

IP 网络选项的基本设置步骤如图 3.57 所示。

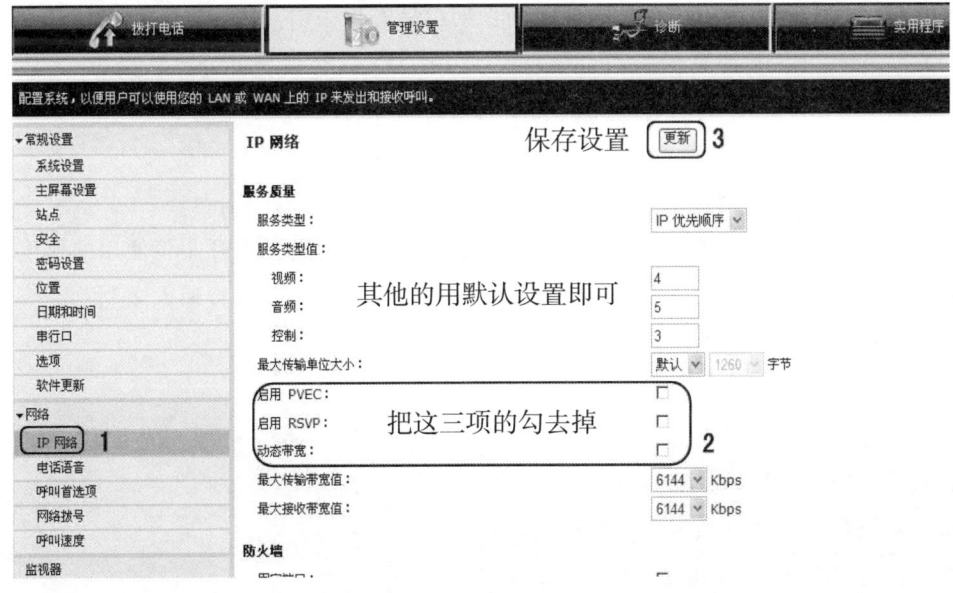

图 3.57　IP 网络选项设置

— 109 —

②电话语音。

电话语音选项包括房间电话号码、系统电话号码、外线拨号前缀。如图3.58所示。

图3.58　电话语音选项

③呼叫首选项。呼叫首选项包括基本模式、H.239、IPH.323、SIP、模拟电话、格式转码、ISDN网关、IP网关、选择拨打电话时的首选速度以及选择来电时的最大速度。

基本模式：仅支持H.261视频压缩算法和G.711音频压缩算法的视频会议模式。

H.239：支持双流技术的通道协议。

IP H.323：H.323是Internet上端与端之间进行实时声音和视频会议的规程和协议。

SIP：一个会话层的信令控制协议，用于创建、修改和释放一个或多个参与者的会话。

模拟电话：允许系统使用模拟电话线向任何电话发出纯语音呼叫。

格式转码：当启用转换代码后，呼叫中使用的最高分辨率是SIF（352×240）/CIF（352×288），即使呼叫中的所有终端都可提供较高的分辨率也是如此。

ISDN网关：允许用户通过网关进行IP到ISDN的呼叫。

IP网关：允许用户通过网关进行IP到ISDN或IP到IP的呼叫。

选择拨打电话时的首选速度：确定在下列情况下此系统所发出呼叫将使用的速度。

选择接收来电时的最大速度：允许对接收呼叫时使用的带宽进行最大限制。

呼叫首选项的基本设置步骤如图3.59所示。

④网络拨号。

网络拨号选项包括：

首选拨号方式（默认选项为自动）；

呼叫首选项（默认选项为先视频后电话）；

视频拨号顺序H.323为1，SIP为2。

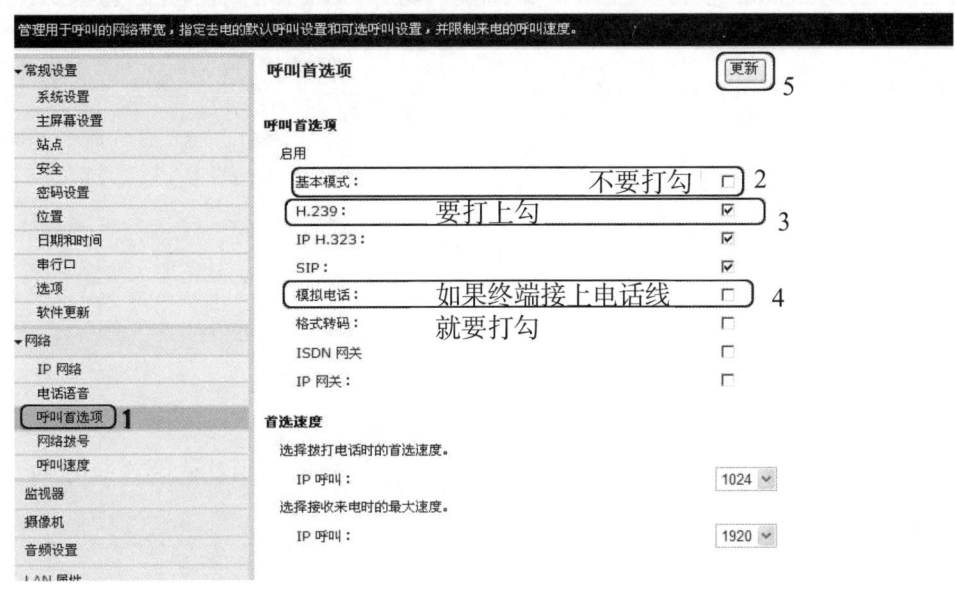

图 3.59　呼叫首选项设置

网络拨号界面如图 3.60 所示。

图 3.60　网络拨号界面

⑤呼叫速度。在呼叫界面出现的拨号速度数值,用默认设置。呼叫速度界面如图 3.61 所示。

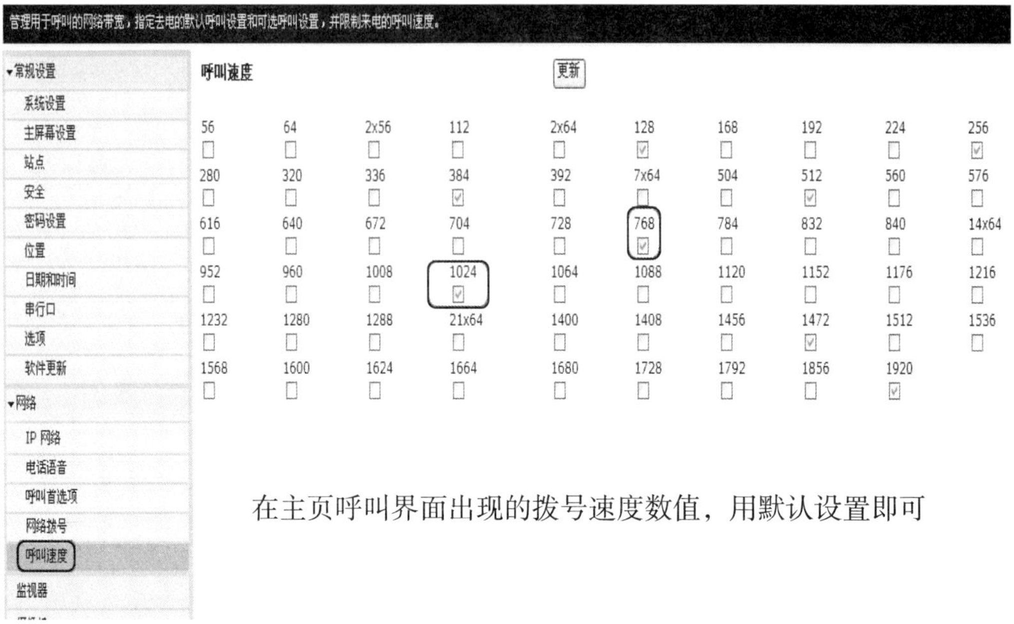

在主页呼叫界面出现的拨号速度数值，用默认设置即可

图 3.61 呼叫速度界面

（3）监视器。

监视器 1：选项包括视频格式、分辨率、在屏幕保护程序激活时输出、画中画、显示近端视频、远端视频、内容、双监视器仿真。

监视器 2：

监视器 2 选项比监视器 1 选项少画中画和双监视器仿真两项。

注意：显示近端视频、远端视频、内容设置时和监视器 1 的选项区别开。

监视器 3（录放机/DVD）：

如监视器 1 和监视器 2 同时开启功能，则监视器 3 自动禁用（表 3.9）。

表 3.9 监视器接口及输出格式

监视器	接口	输出格式
1	DVI－I	VGA、DVI*、分量
2	DVI－I	VGA、DVI*、分量
3（录放机/DVD 播放器）	S－视频	S－视频、复合

注：如果使用 HDMI 连接监视器，请选择 DVI。

图 3.62 为监视器选项的基本设置步骤。

3 多点控制单元及视频会议终端

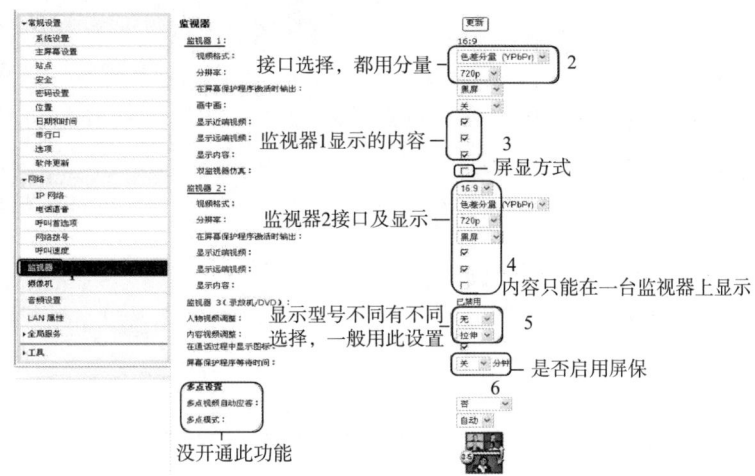

图 3.62　监视器选项设置

（4）摄像机。

摄像机选项包括摄像机 1 和摄像机 4。

摄像机 1：摄像机 1 的名称、视频质量、检测、摄像机白平衡。

摄像机 4：名称、源、视频质量。

摄像机设置选项包括：

检测所有摄像机、远程控制近端摄像机、逆光补偿、主摄像机、摄像机摇镜方向、首选质量、动态图像/内容带宽、电源频率、PC 连接时发送内容。

摄像机选项的基本设置步骤如图 3.63 所示。

图 3.63　摄像机选项设置

(5) 音频设置。

音频设置选项包括：

声效音量、视频来电、用户警报音、将自动应答设为静音、启用实况音乐模式、启用键盘噪声降低、启用 Polycom 麦克风。

音频设置选项的基本设置步骤如图 3.64 所示。

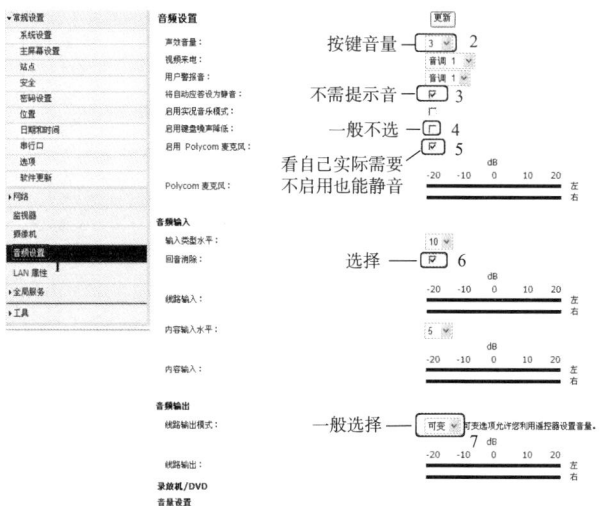

图 3.64 音频设置选项

(6) LAN 属性。

LAN 属性设置选项

IPv4、IP 地址、使用下列 IP 地址、默认网关、子网掩码、IPv6、LAN 速度、双工模式、启用 PC LAN 端口、启用 EAP/802.1x、启用 802.1p/Q。

LAN 属性设置选项的基本设置步骤如图 3.65 所示。

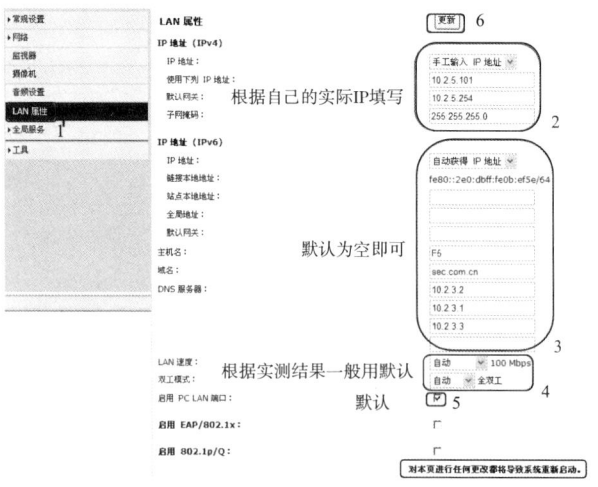

图 3.65 LAN 属性设置选项

(7) 全局服务。

全局服务保持默认设置即可。如图 3.66 所示。

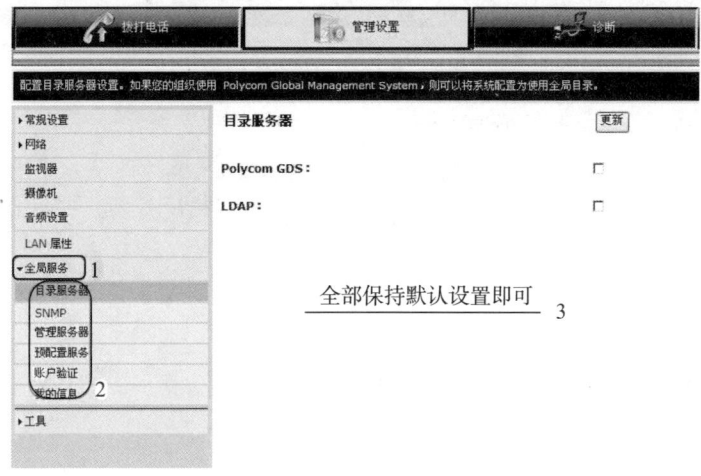

图 3.66　全局服务

3.7.2　诊断

(1) 系统状态。

①系统状态。

通过系统状态页面可以诊断终端设备所连接的其他配件是否工作正常。如图 3.67 所示。

(a) 绿色向上箭头：工作正常；

(b) 红色向下箭头：工作异常；

(c) 白色方块：没有连接该设备或没有选择该选项。

图 3.67　系统状态

②呼叫摘要（图 3.68）。

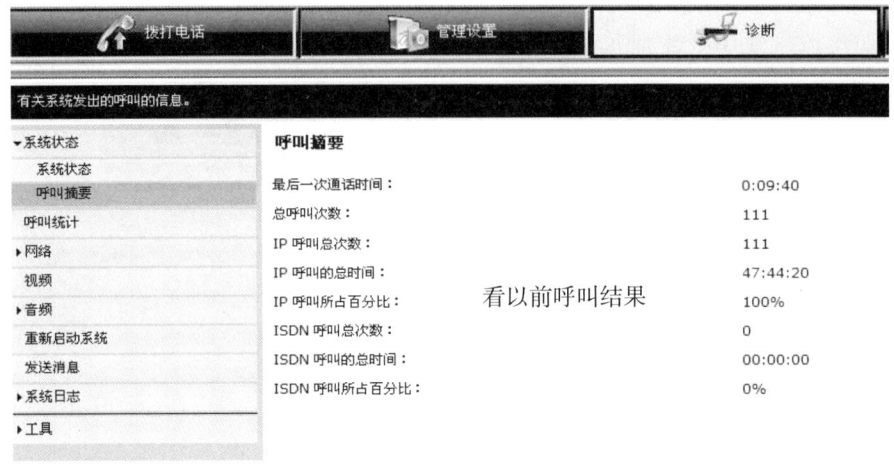

图 3.68 呼叫摘要

（2）呼叫统计（图 3.69）。

①针对本地网络和对方网络就连接速度、视频格式、网络状况进行数据统计。

②可以显示远端终端名称、系统版本和 IP 地址。

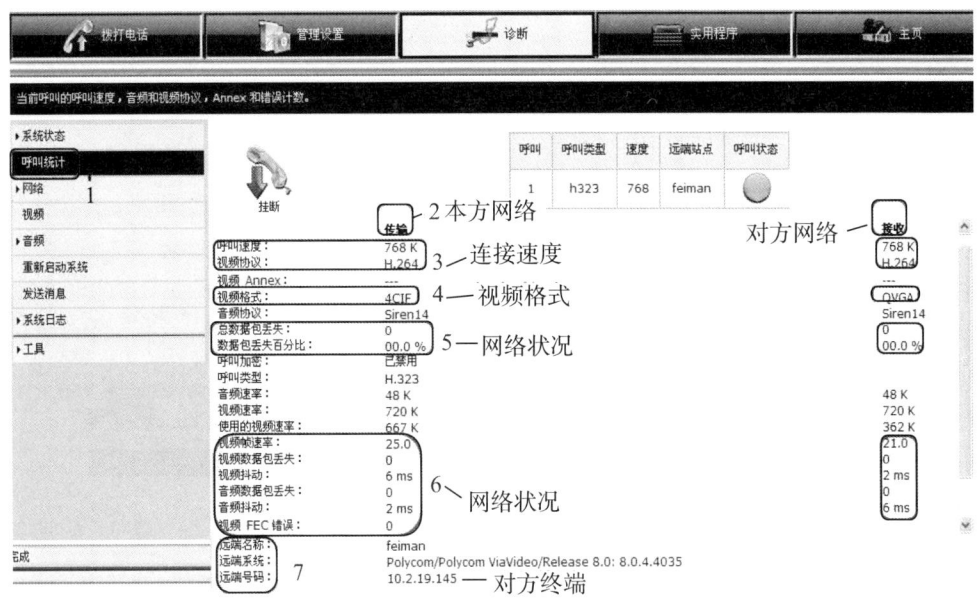

图 3.69 呼叫统计

（3）网络检测（图 3.70）。

近端回路：测试内部音频编码器和解码器、外部麦克风和扬声器、内部视频编码器和解码器以及外部摄像机和监视器。

Ping：测试系统是否能够与指定的远端 IP 地址建立联系。

路径检测：测试本地系统和输入的 IP 地址之间的传递路径。

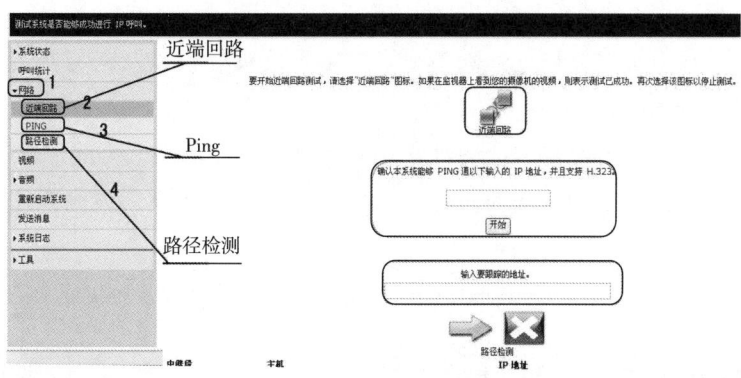

图 3.70 网络检测

(4) 视频 (图 3.71)。

图 3.71 视频查看

(5) 音频。

①扬声器测试 (图 3.72)。

测试本地音频连接是否正常,如果在通话过程中从系统运行测试,则远端站点也会听到音调。

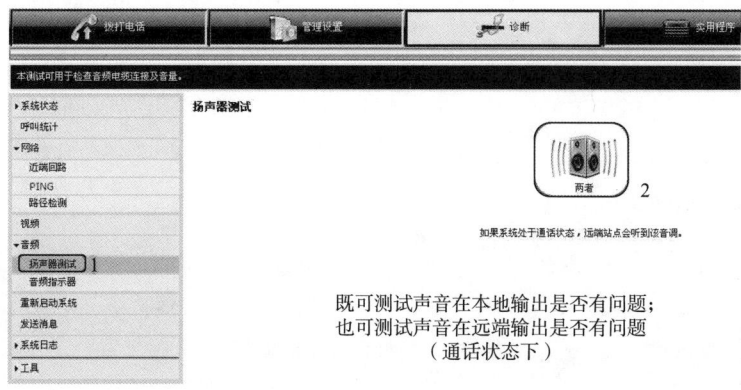

图 3.72 扬声器测试

②音频指示器(图3.73)。

测量来自一个或多个麦克风、远端站点音频、录放机音频以及任何与音频线路输入连接的设备的音频信号强度。

(a)要检查一个或多个麦克风,请对着麦克风讲话。

(b)要检查远端站点音频,请要求位于远端站点的与会者在远端站点房间中讲话或打电话,以便聆听铃声。

(c)要检查录放机或DVD,将其连接到录放机输入,然后播放录放机或DVD以测试音频。

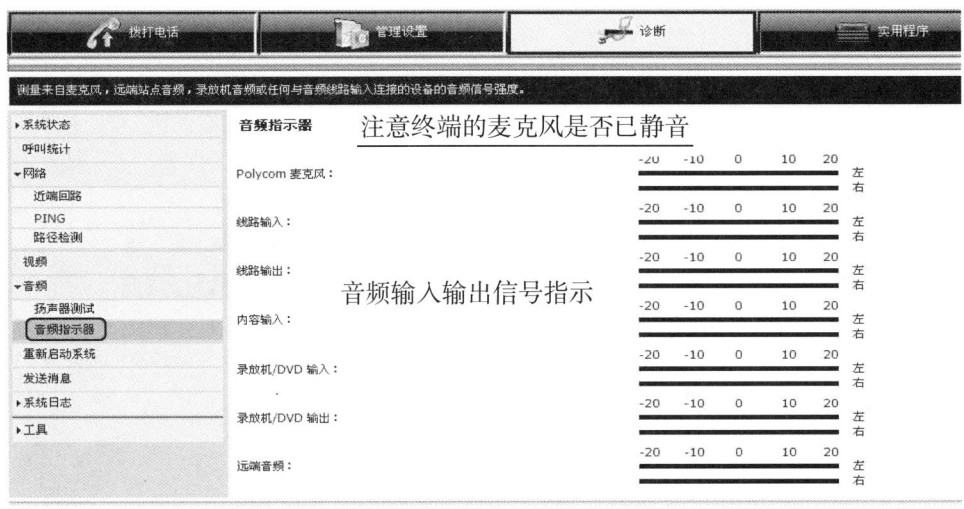

图3.73 音频指示器

(6)重新启动系统(图3.74)。

图3.74 重新启动系统

(7) 发送消息（图 3.75）。

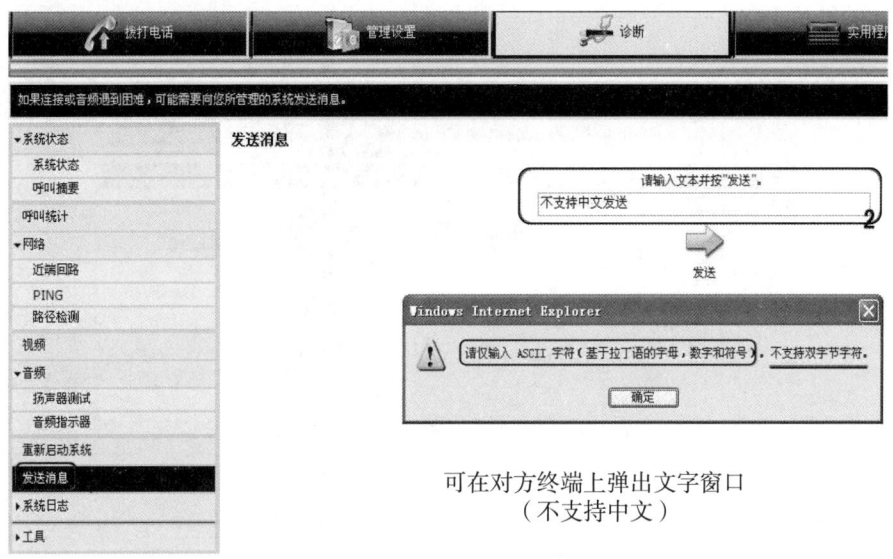

图 3.75 发送消息

(8) 系统日志（图 3.76）。

系统日志选项包括：

①日志水平（设置在 Polycom HDX 系统闪存中存储消息的最小日志级别。DEBUG 记录所有消息。WARNING 记录最少量的消息）。

②已启用远程记录（启用此设置将导致 Polycom HDX 系统除了在本地记录日志之外还将每个日志消息发送到指定的服务器）。

③远程日志服务器（如有远程服务器，在此框中填写服务器 IP 地址）。

④启用 H.323 跟踪（记录其他 H.323 连接信息）。

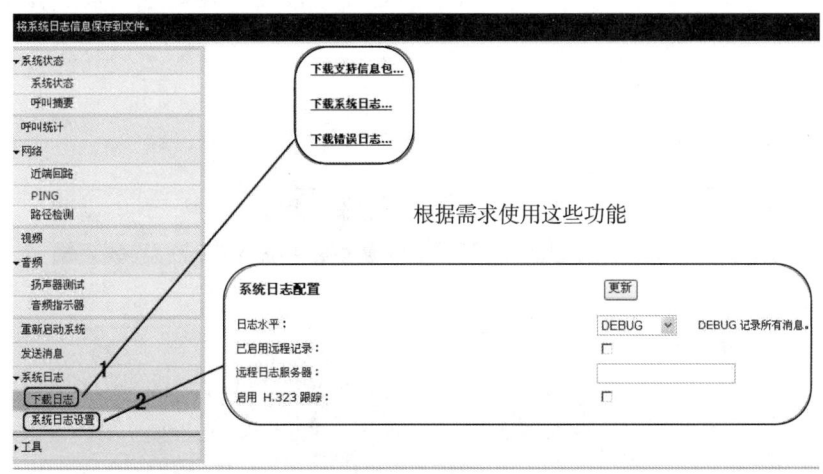

图 3.76 系统日志

3.7.3 实用程序

(1) 隐藏式字幕(图 3.77)。

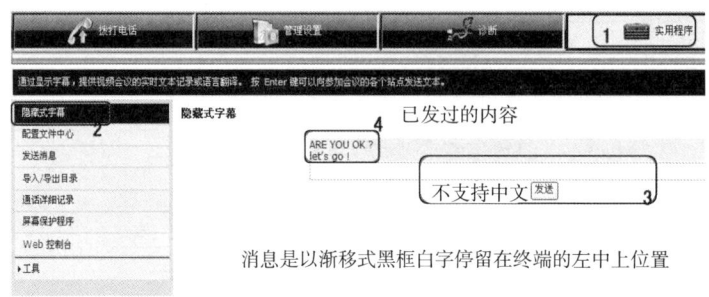

图 3.77 隐藏式字幕

(2) 配置文件中心(图 3.78)。

可以将系统的现有配置存储为一个文件进行导入和导出操作。

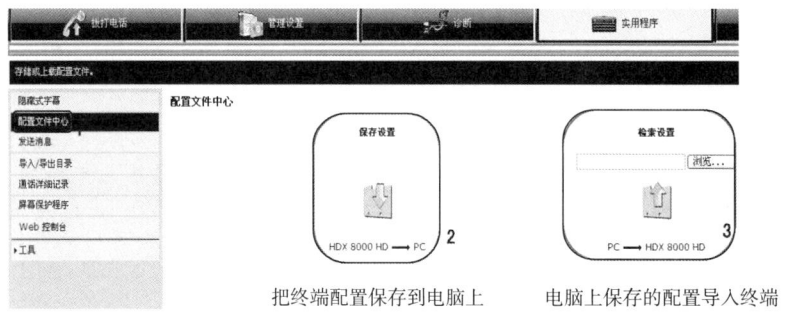

图 3.78 配置文件中心

(3) 发送消息。

实用程序的发送消息与诊断中的发送消息功能相同。可在对方终端上弹出文字窗口(不支持中文)。

(4) 导入导出目录(图 3.79)。

将终端系统中保存的联系人名单存储为文件,进行导入和导出操作:

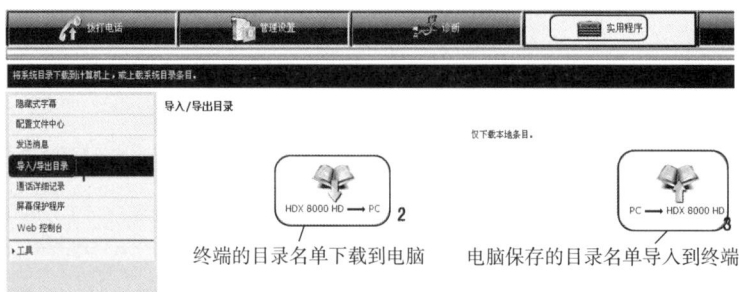

图 3.79 导入导出目录

(5) 通话详细记录（图3.80）。

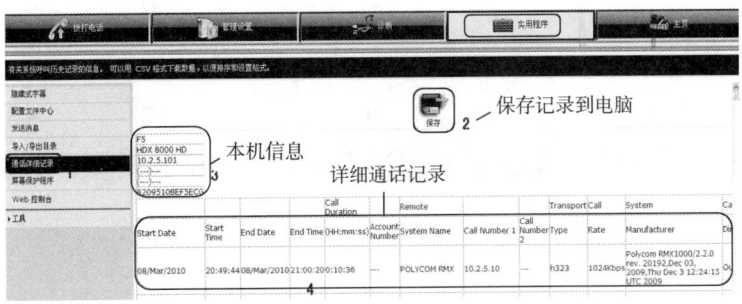

图3.80 通话详细记录

(6) 屏幕保护程序（图3.81）。

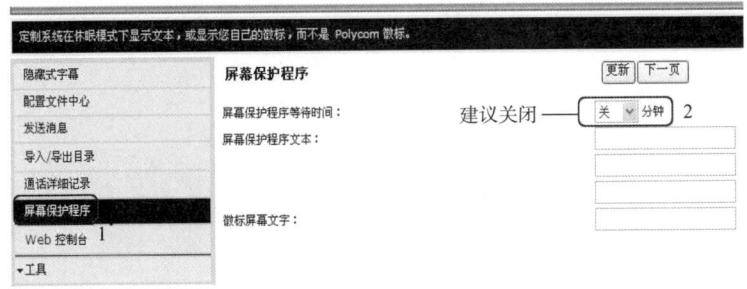

图3.81 屏幕保护程序

(7) WEB控制台。

通过控制台可以对会议中近端和远端的终端设备进行调整，控制台操作界面如图3.82所示。

①音量；

②显示控制；

③拨打/挂断电话；

④摄像机角度、焦距的控制。

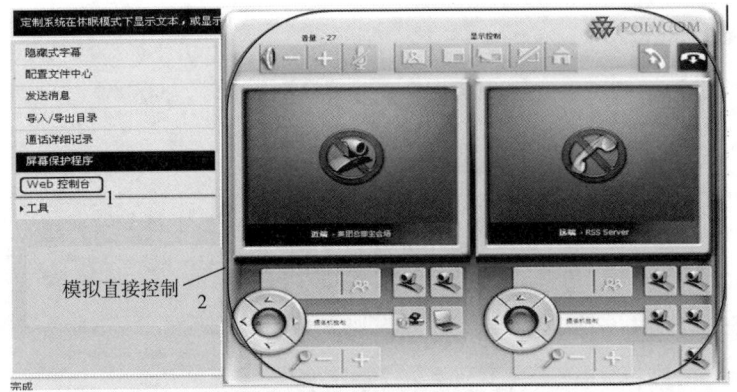

图3.82 控制台操作界面

3.7.4 工具

(1) 系统信息。

系统信息如图 3.63 所示。

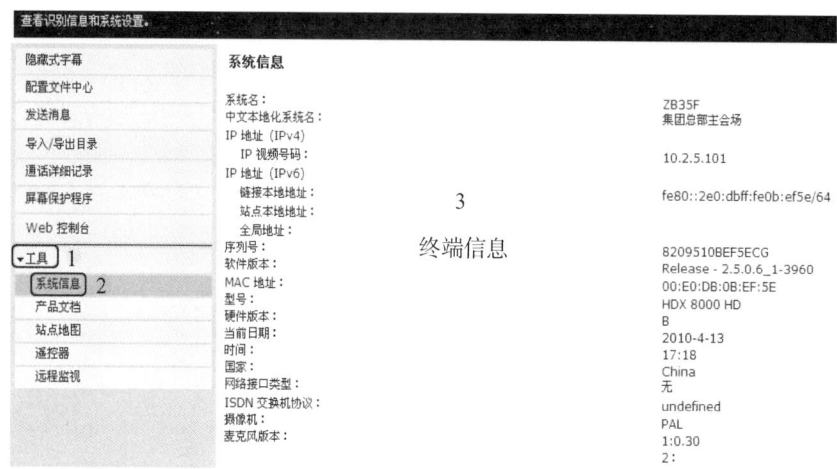

图 3.83 系统信息

(2) 产品文档。

通过此功能可以直接连接 Polycom 官网查找相关系列终端的使用文档。

(3) 站点地图。

在此页面将终端 WEB 页面按照大类进行显示，可以直接选择任意选项进入相关页面。

(4) 遥控器。

模拟真实遥控器的功能对终端进行操作。

(5) 远程监视。

可以在网页上显示近端和远端监视器画面，远程监视示意图如图 3.84 所示。

图 3.84 远程监视示意图

4 远程呈现技术

4.1 基本概念

远程呈现系统（英文名 Telepresence）是 21 世纪新兴起的一种全新视频会议，它来源于传统的视频会议系统，具备传统视频会议的所有功能，但又有独特的优势，注入了生动性和交互性，大大提高了会议质量，提升了会议效果，让使用者真正体会到身临其境。它克服了传统视频会议的平面、不真实的效果，让与会者忽略本地环境的存在，真实感受远方场景，似乎对方就在眼前，让会议更加自然，增加了高端体验。在一个会议室内，与会者可以与屏幕上的远方与会者谈笑风生，每一个动作与表情都清晰可见，丝毫感觉不到任何别扭与异样，似乎对方就在身边，对方的图像和真人一样大小，听声音知方位，感觉不到与会者远在网络的另一端，甚至跨洋过海，这就是远程呈现。当前，由于价格下降迅速，正广泛运用于大型企事业单位中。

4.1.1 远程呈现系统发展及其特点

远程呈现（Telepresence）系统，是一种具有高临场感的视频会议系统。它以高清仿真理念为基点，利用音视频技术，将异地会议仿真为本地会议环境，将远程虚拟人物呈现在参会者眼前，实现真人大小显示、面对面、眼对眼的视觉效果和闻声辨位的听觉效果，给与会者带来身临其境、同场开会的感觉。

最早对远程呈现视频会议系统的研究是 1993 年，当时的产品属于萌芽状态，图像为 CIF 格式；2000 年视频会议得到普及推广，图像进入 4CIF 时代；2004 年 H.264 标准广泛应用；2006 年开始进入 720P/1080P 高清时代；2010 年起，1080P 技术日趋成熟，远程呈现系统率先在国外得到应用展示。

当前，远程呈现系统以其高清晰逼真的视频、高保真音响、视觉交流、听声辨位、简易的一键式操控、完美的情景、真实的体验、高端的享受日益成为视频会议扩展应用的焦点。其应用范围和场景不断扩大，技术日趋发展成熟，市场价格大幅度下降，远程呈现正逐步走进寻常百姓家，市场应用得到较大的普及。思科公司、宝利通公司、华为公司、中兴公司等国内外企业走在行业前列，占领了较大市场份额。

远程呈现系统主要具备以下特点：

(1) 提供 1∶1 的真人大小视频图像（720P/1080P 每秒 30～60 帧），图像拼接融合；

(2) 具备听声辨位功能、具备 CD 音质；

(3) 提供眼对眼视觉交流，满足面对面沟通；

(4) 具备人性化的设计、可通过触摸屏一键操控；

(5) 性能安全稳定可靠、可以提供双流显示。

4.1.2 视频会议与远程呈现的差别

4.1.2.1 相同之处

一般而言，我们把前者成为传统视频会议，简称为视频会议，因此，两者都属于视频会议范畴，只不过后者是前者的高端表现形式。从设备上讲都包含显示系统、发言系统、音频系统、集中控制系统、灯光系统等子系统。从技术上而言，都是基于 TCP/IP 协议，都完全符合 H.323、SIP 标准、兼顾 H.320 标准，具备 QoS 策略和安全策略、系统扩展性，具备相同的技术平台；从功能上讲都具有系统管理和控制、双流数据协作和电话会议、会议室的多媒体设备结合，具备视频会议、讨论交流、培训等应用场景。会议的录制、存储、实况转播和 VOD 点播，呈现高清效果，都是信息化在现实中的应用。从组会模式上讲都可以实现点对点、多点视频会议、多组多点视频会议（MCU）、多分屏视频会议、混合视频会议功能。

4.1.2.2 不同之处

远程呈现作为视频会议的高端模式，因此有自己独立的特点，主要是统一管理不同（后者智能控制更便捷）；总装结构不同（远程基本采用整装模式，风格一致）；设计不同（后者总体设计）；画面显示不同（后者要求融合）；带宽要求不同（后者对带宽要求更大，延迟抖动要求更高）；体验不同（后者开会感觉更好）。

4.2 工作原理

4.2.1 工作原理

远程呈现系统采用一体化设计解决方案，确保本地与会者与远端如处一室，实现虚拟现实的仿真效果。包含了灯光、音响、摄像、显示、中控、家具、背景、后台管理等八大专业子系统设计，各子系统都是远程呈现不可分离的部分。各远程呈现系统会议室之间可通过网络 MCU（多点控制器）进行系统组建，实现远程呈现系统之间召开点对点、多点视频会议，以及与已建的视频会议系统融合召开全网大会。

远程呈现一般分为个人远程、多功能远程和沉浸式远程三类，在对外显示上有单屏、双屏、三屏、四屏之分。下面将以应用最广泛和功能最齐全、表现效果最好的沉浸式远程系统为例进行说明。会场包含：65in（及以上）大屏高清显示器拼接（目的是确保 1∶1 显示）、高保真扩声音箱、全向麦克风、桌面信息接口、隐藏式高清摄像机、辅助双流显示屏、高清编解码器，同时还可以提供一体化远程呈现环境的会议桌、会议椅、Logo 背景墙、演播室灯光模块等。

远程呈现会场兼顾远程会商和本地会商两种用途。作为远程会商使用时，不同系统配置容纳人数不同，一般在 1～18 人之间。会场作为本地会商使用时，可以同时容纳更多人员，会议的布局方式大都为圆桌式会议，以一排或两排直排方式为主。

4.2.2 远程呈现系统会场设计示意图

远程呈现系统会场设计示意图如图 4.1 所示。通过该图，可以直观了解远程呈现的布局和实现效果，当本地会场与远方会场环境家具布局一致，可以实现本地第一排的 6 人和外部会场 6 人实现面对面的沟通交流的虚拟场景，PPT 等数据流可以在桌面显示屏和会议室两侧的辅助显示屏同步显示，供全体参会人员观看，相关设备均隐藏部署，桌面视野中无杂物。

图 4.1 远程呈现系统会场设计示意图

4.2.3 组网方式

远程呈现系统既可以实现独立部署，保证各会场之间互联互通，此时无所谓主会场与分会场之分；也可以和现有的传统视频会议系统互联互通，将传统视频会议会场加入到远程呈现系统之中。其网络拓扑图示例如图 4.2 所示。

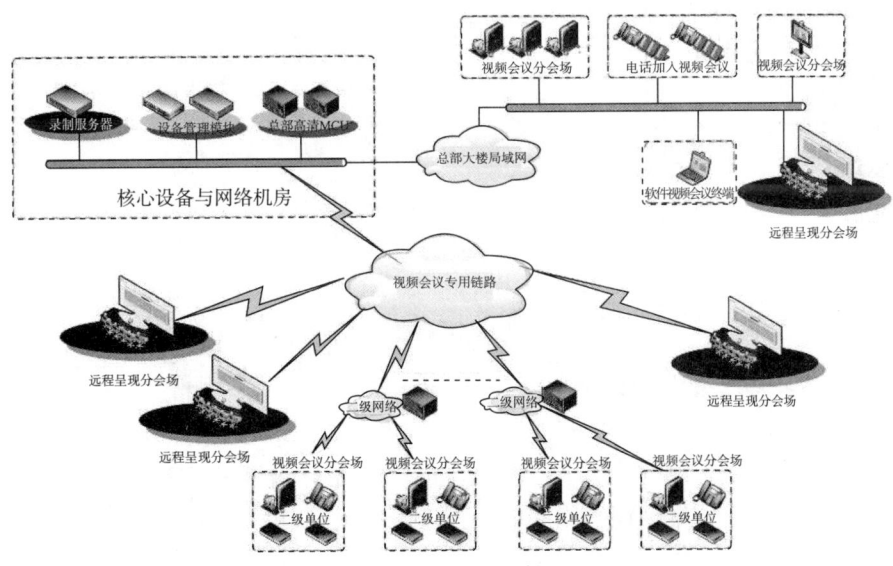

图 4.2 远程呈现系统与传统视频会议系统互联互通网络拓扑图

4.2.4 远程呈现技术的优势

远程呈现技术综合集成了 IP 网络通信、超高清视频编码、多通道语音编码以及建筑声学、空间照明、人体工程等领域的一系列技术创新,从而实现一种身临其境、面对面沟通的高质量会议体验。

远程呈现视频会议系统具备:

(1) 真人大小的高清视频和高清晰双流显示——采用1080P/720P的高清视频标准,以多个摄像机并辅助以多台大尺寸的高清等离子(液晶)显示屏或背投拼接屏,实现"近如眼前"的高清晰,真人1∶1大小显示,提供高清格式的远程电脑画面显示。

(2) 多声道语音跟随功能——采用数只高灵敏度的麦克风放置于不同方位,借助于不同方位的高保真音箱及高端的音频处理设备,实现声音的真实还原,使与会者不仅能清晰地听到对方的发言,还能真切地感受到发言人的方位。

(3) 融入式的会场环境设计——通过采用一致性的装修(会议室大小、色彩、灯光、风格、桌椅等)消除距离感、营造一种"同处一室"的会议感受。

可见,与传统视频会议相比,远程呈现在会议体验质量上明显高出一筹,详见表4.1。

表4.1 远程呈现与传统视频会议系统体验对比

系统名称	视频	声音
远程呈现视频会议	身临其境的会场环境; 真人1∶1仿真; 面对面、眼对眼的视觉交流	高清晰立体声麦克和多方位的高保真音箱,可实现听声辨位
传统高清视频会议	无身临其境、面对面的感觉	无听声辨位的感觉

4.3 远程呈现的关键技术指标

4.3.1 整体要求

(1) 远程呈现系统采用整体设计,实现一体化效果,会议场景自然、真实;系统包括显示、摄像、音响发言、中央集中控制、数据内容共享、灯光、会议室环境及家具等,本地和远方会场在家具和显示主体配置选型基本一致;

(2) 提供显示屏可以显示远端1∶1等大的真人效果的全景画面,真人大小比例不超过3%;

(3) 真实再现发音人在会议室中的位置,具备听声辨位功能;

(4) 每个会场可以根据面积大小和实际需求提供一排或两排座位,可供多位与会者同时参加远程呈现会议;

(5) 远程呈现会议室内多个镜头的组合画面,可以实现覆盖会场内所有座席;

(6) 配有专用双流显示器显示双流内容;

(7) 提供中控触摸屏,可实现一键式呼叫操作,方便用户使用;

(8) 采用专业级照明,保证与会者面部光线均匀、适中;

(9) 会议室环境标准化,可根据房间大小扩展位置;

(10) 日常多媒体应用功能;

(11) 系统可以实现录播回放功能;

(12) 须支持两方及两方以上同时参会;

(13) 系统具备自动检测、自动恢复功能。

4.3.2 其他技术要求

4.3.2.1 音视频编解码要求

(1) 终端均应具备高清 1080P 图像的发送和接收功能,视频图像稳定、可靠,画面清晰、逼真,层次感强,唇音同步,无停顿、黑屏现象,终端编解码应同时支持 HD720p、HD1080p 等格式;系统应支持 H.264 视频编码;系统应支持 G.711、G.722 音频编码;

(2) 系统的画面流畅,人物非剧烈动作没有拖影、马赛克、停顿现象;

(3) 能够防止音频失真,消除背景噪声,避免回声和啸叫产生,干扰过滤,抗手机信号干扰;

(4) 性能稳定可靠,达到 7×24 小时稳定可靠运行,并且能够保证 99.99% 的可用性,达到电信级产品要求。

4.3.2.2 通信标准

通信协议符合 H.323 及 SIP 标准,或通过网关可支持 H.323 及 SIP 的通信连接。

4.3.2.3 双流要求

(1) 系统具备发送和接收 H.239 或 BFCP 等国际标准双流功能;

(2) 可通过主辅显示器显示双流内容。

4.3.2.4 网络带宽要求

(1) 召开 1080p(30fps)的会议时,网络带宽不高于 4M/屏;

(2) 召开 720p 的会议时,网络带宽不高于 3M/屏,视频流畅;1080P 会议单屏小于 4M,在网络丢包率低于 5% 时,系统依然能够正常工作;

(3) 丢包率小于 3%,抖动小于 80ms,时延小于 200ms。

4.3.2.5 安全性要求

支持 AES 媒体加密。

4.3.2.6 显示系统要求

(1) 显示屏可以实现 1:1 还原效果,屏幕颜色亮度与本地会场环境相当;最高分辨率满足 1920×1080p 的要求;拼接缝隙大小肉眼能够接受,与会者从各角度观察屏幕时画面亮度须一致;

(2) 单元屏幕主流尺寸一般在 65in 及以上,最低不得小于 40in,65in 以下一般属于小型会议室；

（3）可显示会场内部的各类计算机信号：包括来自主席台地插，控制室电脑等、用户终端、文档摄像机等。也能根据需要显示远端的视频会议终端图像显示、双流信号等。

4.3.2.7 摄像系统

（1）最好使用1080p高清摄像机，支持720p和1080p高清视频格式；

（2）人眼到摄像机与人眼到显示屏形成的夹角在5°左右，实现自然的眼神交流；

（3）摄像机满足会场所有人的屏幕显示需要，保证会场间参会者眼神交流效果。

4.3.2.8 音响发言扩声系统要求

（1）实现22kHz及以上的音质以及立体声还原效果，真实再现发音人在会议室中的位置，具备听声辨位功能；

（2）会议室采用专用静噪麦克风，避免桌面噪音带来的干扰，尤其是桌面键盘敲击声、笔记本风扇声、水杯挪动声等对整个会议室声音系统带来的干扰，可智能识别并去除固定背景噪声，有效避免回音、啸叫、颤动回声和声聚焦的发生，确保会议室背景噪声低于40dB；

（3）音响发言扩声系统须支持全方位360°语音获取，声压级不得低于43dB；保证会场内有适合的响度、均匀度、清晰度和丰满度；

（4）支持会场所有人员发声需要。

4.3.2.9 中央集中控制系统要求

（1）支持触摸式中央控制系统，触摸控制系统操作方便，界面简单友好，功能全面，可取代遥控器；

（2）支持对所有设备集中统一控制管理；

（3）支持中央控制系统功能定制；

（4）具有灵活性和可扩展性；

（5）可以自助实现会议的召集、开启、操控和结束，非大型多方会议无须专业人员现场保障。

4.3.2.10 数据内容共享系统要求

（1）数据内容显示器；

（2）辅助显示屏不得遮挡与会者视线，可让所有与会者看清交流的PPT、文档等；配备实物投影仪可以将模型、文件、报纸、期刊等实物以双流方式发送给远端会场；

（3）能够实现动态流畅的高清晰度数据协作。

4.3.2.11 灯光系统要求

远程视频会议传送的图像包括人物、景物、图表、文字等，应清晰可辨。远程视频会议室对于灯光要求比较严格，尤其是使用高端远程视频会议。

远程视频会议室灯光照度是一个基本的要求，由于授课/会议时间的不确定性和摄像系统对光线的特殊要求，应尽可能避免自然光而使用人工光源。远程视频会议室的门窗需用深色窗帘遮挡。如果人正坐在远程视频会议室明亮灯光下，那么打在他们脸上的灯光将很少甚至没有，明亮的灯光还将导致脸上产生明显的阴影。故远程视频会议室灯光的布置要求必须合理，光源对人视觉应无不良影响（无刺眼感觉），同时光线应该均匀分布在人脸上。实践经验表明，三基色灯效果最好，色温应在 3200K 左右。

远程视频会议室灯光要求具体如下：

（1）光源要求分布均匀，避免阴影，与会议室环境融为一体；

（2）采用专业级三基色照明系统，还原出最自然的会议效果。在进行远程会议时，保证与会者面部光线均匀、适中；

（3）照明系统不得直射显示系统；

（4）建议三基色灯灯间距为 0.8～1.2m，功率为 30～40W；

（5）建议摄像区、文件图表区、监视器显示区，灯光分组控制，各区灯光最好分为 2～3 组，可单独控制；

（6）为了保证图像色调及摄像机的白平衡，规定照射在人脸部的光线应均匀，照度不低于 5Lux；

（7）为了确保文件、图表的字迹清晰，对文件图表区域的照度不低于 7Lux。

4.3.3 会议室环境及家具系统要求

（1）整个会议室环境及家具系统须选用让与会者舒适的设计；

（2）按照专业会议室的要求来设计座椅、灯光、建筑声学等，会议室设计要求做到简洁、大方、庄重、典雅、明亮、实用、美观；

（3）房间应采用暗敷的方式布放缆线，抗电磁干扰；提供多种风格以及颜色组合供用户选择；

（4）会议室提供背景墙设计采用相同的风格设计，在召开远程呈现会议时，确保和远端会场实现身处一室、融为一体的会议效果；

（5）座位可以根据会议室面积大小设置一排或两排等；

（6）会议室须配备电源、RJ45、VGA、HDMI 等会议中需使用的接口模块，方便用户使用，满足常见所有音视频信号源的播放，还可以实现多媒体演示、教学、培训、普通会议等多方面的功能。符合会场所在地制定的规定标准，如电源插口等；

（7）会议室的墙壁、地面、天花、窗帘、设备等能和会议室配合恰当，成为一个有机整体；

（8）会议室环境须符合当地消防要求。

4.3.4 其他功能

根据用户需要，配置录播系统，实现一路及多路录播功能。

4.4 应用现状和技术发展趋势

远程呈现系统以突出的技术优势给与会者提供面对面的会场环境，带来身临其境般的会议体验，但是由于其产品形态较为单一、价格普遍较高、系统实施要求（会议室尺寸及网络条件等）较高，因此目前在国内外均未形成大规模流行潮流，在应用层面尚处于初级阶段。

4.4.1 发展特点

近年来，国产品牌的崛起撬动了市场价格，网络环境逐步成熟、音视频技术日益发展以及人们对视频会议质量的要求日益提升等，都促进了远程呈现产品的普及。在技术和市场的双重推动下，其产品价格和结构形态将更趋于合理，远程呈现必将逐步成为视频会议未来应用的主流模式。其发展将可能呈现以下特点：

（1）随着技术发展和多厂家介入竞争，产品价格将越来越低，性价比将越来越高；
（2）为适应各类用户的不同需求，产品的形态将更加多样化；
（3）运营级的远程呈现产品租赁将成为一种新的应用模式；
（4）作为视频会议的高端扩展应用，远程呈现将可能继续向高端技术发展，以实现更高质量的体验，比如远程 3D 和更准确的多方位立体声等。

远程呈现是视频会议技术和应用的发展趋势，其更高质量的音视频效果和逼真的临场感，将进一步扩展视频会议的应用范围，在远程会商、教育培训、医疗会诊、指挥调度等方面起到重要的作用。

4.4.2 技术趋势

远程呈现技术在不断发展变化，但最主要的趋势体现在以下四个方面：

趋势一：提供更加高临场感的体验，实现无缝的全景会议（虚拟场景技术、虚拟现实技术、远程技术、数字化、集成无、无线化）；

趋势二：提供融合业务（UC 统一平台、统一通信、IM、PC 桌面、会议桌）；

趋势三：提供通信融合（固网、移动、光电、卫星链路），更强网络适应性，实现各类增值业务；

趋势四：视音频关键技术不断深化（宽频语音、立体声、多声道、H265、高清摄像头、宽频语音、AEC、AGC、ANS、全息、声像同位技术、网络适应性、更小的丢包率和延迟、安全机制、更高端视频编解码器/SIP），用更小的带宽实现更佳效果。

4.5 远程呈现系统应用前景

目前，视频会议系统使用频率越来越高，应用模式越来越多样化，各级用户对会议质量的要求越来越高,由最初的"看得见"发展为"看得清",而具有高质量会议体验的远程呈现系统在某种程度上符合了视频会议的应用需求。下面就远程呈现在视频会议系统应用的前景进行初步分析。

4.5.1 远程视频会议业务特点

近年来,视频会议的应用由最初的单一广播式向多元化灵活应用模式发展,对系统的交互性能要求较高,与会者需要清晰地听见对方的语音、看见对方的画面,在进行细节沟通时,还需要看清对方的面部表情以及肢体语言。另外,部分用户采用视频会议方式进行远程面试、招聘等工作,也对视频会议应用提出了新的需求。

4.5.2 远程呈现多领域应用

目前,远程呈现系统针对医疗、教育、会议应用等多个方面均有相应的解决方案。主要应用形式有:高层领导决策会议、远程会商和谈判、学术交流及培训、远程视频医疗、远程指挥调度等。

远程呈现作为视频会议的一种高端应用,具有当前业界顶级的音视频会议效果,但是由于会议室和摄像头角度的限制,适用于参会人数不多的讨论型会议,如在视频会议系统中应用,则适用于除大型宣贯会以外的任何会议模式,恰恰符合近年来视频会议应用模式的发展趋势。可见,远程呈现系统在视频会议中具有良好的应用需求基础,其高质量的沟通、互动效果,可以更好地满足用户的使用需求。

另外,远程呈现技术如在视频会议系统中应用,将可能改变传统的视频会议模式和会议运维模式,在实际应用过程中需结合用户使用习惯建立针对性的运维机制,力求使该技术真正在视频会议系统应用中发挥作用。

4.5.3 远程呈现主流厂家产品

2007年初,美国的思科公司(CISCO)首先推出"网真"系统,给人们带来了前所未有的高质量会议体验;其后宝利通公司(POLYCOM)推出"极致远真"系列产品,以更精致的会议室整体设计和无缝拼接显示画面,实现了更真实的会议临场感;2009年华为公司的"智真"、无锡景真公司的"OnMeeting网真"、中兴公司的"幻真"以及中国电信"三屏网真"等国产远程呈现产品相继出现,并撬动市场,自此远程呈现开始由技术向应用转型。

远程呈现在音视频质量和交流体验的真实感方面明显优于传统视频会议系统,各个厂家的产品总体功能、性能相近,但是在整体感、显示方式和功能细节上又略有不同。

与传统的标清或高清视频会议相比,远程呈现产品对于网络环境的要求较高,特别是对于网络带宽和网络延迟指标的要求较高,若要达到"面对面、眼对眼"的会议效果,需要2块或3块屏幕的远程呈现产品,同时会议地点之间的网络带宽需要8～12Mbps,且最佳网络延迟需控制在150ms。当前市场中的主流产品分别介绍。

（1）思科——网真产品（表4.2）。

表4.2 网真产品

产品系列	CST500 单屏	CTS3100/3000 3屏单排	T3（原泰德）	CTS3210/3200 3屏双排
示意图				
屏幕	1个65in等离子	3个65in等离子	3个65in等离子	3个65in等离子
座位	1排，1个座位	1排，6个座位	1排，6个座位	2排，18个座位
房间尺寸（宽×深×高）		5.8m×4.6m×2.4m	5.3m×4.6m×2.4m	10.4m×7.8m×2.7m
设计安装	开放式设计	整体设计 包括标准会议桌、背景墙、灯光		
推荐带宽	5M	15M	15M	15M

（2）宝利通——远真产品（表4.3）。

RPX：宝利通极致远真系统

OTX：宝利通时尚远真系统

ATX：宝利通定制化的三屏远真系统网真产品。

表4.3 远真产品

产品系列	RPX 极致远真		OTX	
	200系列（双屏）	400系列（4屏）	100系列（单屏）	300系列（3屏）
示意图				
屏幕	2个65in背投	4个65in背投	1个60in等离子	3个60in等离子
座位	1排，4个座位 2排，8个座位 2排，10个座位 3排，18个座位	1排，8个座位 2排，18个座位 3排，28个座位	1排，4人 （1:1远真座位2人）	1排6人

续表

产品系列	RPX 极致远真		OTX	
	200 系列（双屏）	400 系列（4屏）	100 系列（单屏）	300 系列（3屏）
房间尺寸（宽×深×高）	5.4m×5.1m×2.6m~6.9m×8.2m×3.1m	8.2m×6.0m×2.6m~8.9m×8.9m×3.1m		
设计安装	整体设计 包括标准会议桌、背景墙、灯光		开放式设计 包括标准会议桌、背景墙、灯光	
推荐带宽	6M	12M	3M	9M

（3）华为——智真产品（表4.4）。

表 4.4 智真产品

产品系列	TP1002（单屏）	RP200（双屏）	TP3006/3106（3屏单排）	TP3118（3屏双排）
示意图				
屏幕	1个65in等离子	2个40/46in等离子	3个65in等离子	3个65in等离子
座位	1排，2个座位	1排，2个座位	1排，6个座位	2排，18个座位
房间尺寸（宽×深×高）			8.0m×5.3m×2.7m	10.3m×7.8m×2.7m
设计安装	开放式设计		整体设计 包括标准会议桌、背景墙、灯光	
推荐带宽	4M	4M	12M	12M

以上分解介绍了三家公司的主要产品，其主要特点对比见表4.5。

表 4.5　主流厂家产品对比

产品系列		思科 Cisco—网真	宝利通 POLYCOM—远真	华为—智真
显示屏		65in 高清等离子、37in 液晶	60in 高清等离子 65in 背投无缝拼接	65in 高清等离子
显示屏数量		1、2、3	等离子（1、2、3） 背投（1、2、4）	1、3
会议桌		1~2 排	1~3 排	1~2 排
参会人数 （屏幕可视）		最多 18 人	最多 28 人	最多 18 人
功能、性能		点对点、多点仿真会议； 双流数据共享； 真人大小视频显示； 眼对眼视觉交流； 声像定位； 7kHz 立体声音频； 语音激励功能； 文件摄像机控制功能； 集成照明系统控制	点对点、多点仿真会议； 双流数据共享；真人大小视频显示； 眼对眼视觉交流； 声像定位； 22kHz 高保真立体声音频； 语音激励功能； 一键式开会	点对点、多点仿真会议；多路双流数据共享功能； 眼对眼视觉交流； 声像定位； 7kHz 立体声音频； 语音激励功能； 一键开启、关闭
呼叫控制		电话拨号	触摸屏呼叫、会议控制	触摸屏呼叫、会议控制
兼容性		非 H.323 视频会议标准，兼容性较差，与传统高、标清系统融合需配置相应接口设备	主流视频会议标准，扩展性兼容性好，与传统高、标清系统无缝融合	主流视频会议标准，扩展性兼容性好，与传统高、标清系统无缝融合
带宽需求 （不包括开销）		1080P，5M/屏	1080P，3M/屏	1080P，4M/屏
价格		高	高（背投最高）	低
大型应用	国外	汇丰银行 Autodesk 飞利浦	麦肯锡；施耐德； IBM；德勤；施耐德	加纳政府
	国内	山西电力 南京银行 华能国际 中国石化	东莞市政府 国家开发银行 中国石油天然气集团公司 中海石油气电集团有限责任公司 国家电网	国家电网 云南省高级人民法院 中国银行

4.5.4　主流厂家推荐

当前走在行业前列的主要有宝利通、华为、中兴、思科、LIFESIZE 等厂家，其中宝利通提供家具、装修、灯光、布线等一体化服务，属于交钥匙工程，无须再找第三方合作伙伴。

5 摄像系统

在一套完整的视频会议系统中，作为前端的会议摄像机直接决定着会议的图像显示效果，如果原始采集图像质量不好，即使传输没有损失，视频会议效果也会大打折扣，这是因为按照视频的图像传输流程，后期的图像传输只是尽量减少失真，并没有对图像进行二次优化和完善。因此，作为前端的摄像机提供的视频质量是保证视频效果的关键因素，其重要性是第一位的。随着高清超高清视频进入千家万户，当前用户对视频质量的期望值越来越高，普通的标清图像正逐步退出市场，高清成为市场主流。

视频会议摄像机是连接视频会议系统终端的前端输入，通过视频终端，实现图形、声音和数据等多种方式的交互交流，使得在地理上分散的用户可以通过视频会议系统聚集在一起开会，支持远距离的实时信息交流和共享。视频会议摄像机具有图像传感器，一定的有效像素，可与编解码器，以及其他系统配合运用，输出高质量、高分辨率的图像到视频会议终端。有的高性能的摄像机还可以实现高速、静音的摇移、俯仰操作和大范围区域内的物体拍摄，而扰动却很小；有的还有自动聚焦/自动曝光，128位置预设位（预置位），外部/远程控制等便捷的功能。

在会议室级别的应用中，为了获得更好的视频效果，一般都采用专业摄像机来作为视频源。针对视频会议的应用，摄像机一般可以分为两类，一类是固定型，一类为移动型。固定型即固定在桌面、支架或墙壁等支撑物上，以镜头的调动来获取视频图像。移动型又称便携式，用户可以按自己的意愿，选择合适地点放置，将视频信号输出或者保存。

除了日常的摄影摄像的专业摄像机可以做视频会议摄像机外，不少厂家都专门推出了业界通用的视频会议专用摄像机。常见的视频会议摄像机外观示意图及组成件名称如图5.1至图5.2所示。

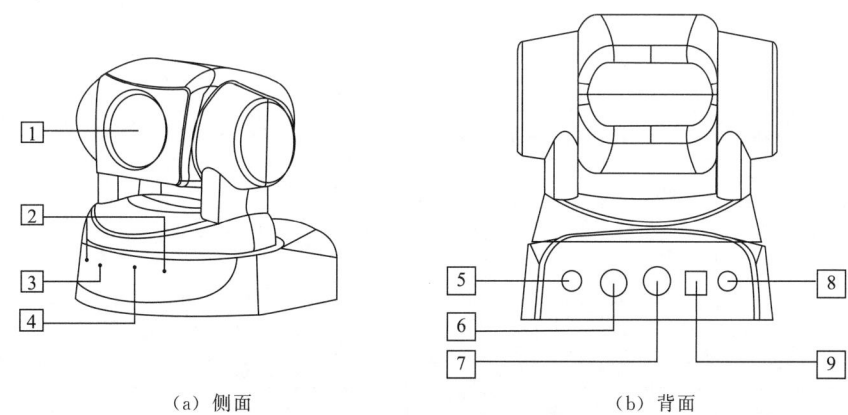

(a) 侧面　　　　　　　　(b) 背面

图 5.1　视频会议摄像机

1—镜头；2—遥控器专用传感器；3—POWER（电源）指示灯；4—遥控接收指示灯；
5—VIDEO（视频）插孔；6—S-VIDEO（S-视频）插孔；7—VISCA IN（VISCA 输入）插孔；
8—DC12V（12V 直流输入）插孔；9—波特率拨码开关

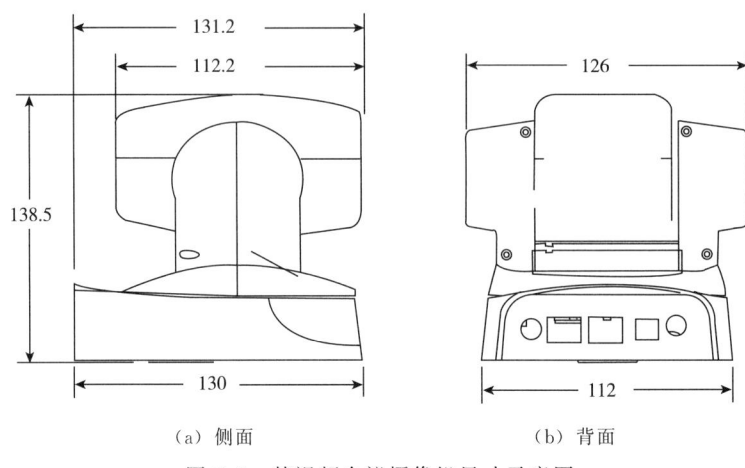

（a）侧面　　　　　　　　（b）背面

图 5.2　某视频会议摄像机尺寸示意图

示例：某视频会议专用摄像机性能基本参数见表 5.1。

表 5.1　某视频会议摄像机基本参数

视频信号	PAL 彩色，CCIR
像素	1/4 in 彩色 CCD 752×582
镜头	18 倍（f=4.1～73.8mm，F=1.4～3.0）
视场角	2.8°～48°
最短物距	29～800mm
最低照度	≤0.05Lux
电子快门	1/2～1/10000（自动）
水平清晰度	460TVL
增益	自动
转动范围	水平 360°连续转动、垂直±30°
控制速度	水平 0.1°～45°/s、垂直 0.1°～20°/s
预置目标速度	水平 45°/s、垂直 20°/s
复合视频输出	RCA pin JACK（1），75Ω，1Vpp，非平衡
S-VIDEO 输出	4pin mini DIN（1）
控制接口	8pin mini DIN（1），RS232C，RS485
电源接口	EIAJ type4
输入电压	直流 12～14V
功耗	12W
工作温度	0～40℃
存储温度	－20～60℃
体积（宽×高×深）	142mm×121mm×164mm
质量	1.50kg

视频会议用的专业视频摄像机一般需满足以下基本特性：

（1）一体化集成设计，小巧精致美观；

（2）预置位：128 个；

（3）预置位准确度：0.03°；

（4）采用精密步进电机驱动，操纵灵活，定位准确；

（5）独有水平 360°无限位连续旋转，俯仰范围 60°；

（6）可选用多种控制方式控制，支持遥控器、RS-232、RS-485 控制；

（7）具有复合视频 VIDEO 和 S-VIDEO 两视频输出方式；

（8）云台控制速度自动调整：云台的速度随变焦镜头深度的增加，其速度按比例逐渐降低；

（9）水平手动控制速度：0.1°/s～45°/s；

（10）垂直手动控制速度：0.1°/s～20°/s；

（11）预置目标速度：水平 45°/s，垂直 20°/s；

（12）自动扫描的限位：可编程限位开关；

（13）控制协议："P"协议和"D"协议自适应；

（14）波特率为：1200、2400b、4800b、9600b；

（15）支持吊顶安装和桌面台式安装，可采用倒装、正装、侧装等安装方式；

（16）工作电压为 DC12V，1A；

（17）自动跟踪功能（按需）；

（18）额定功率 12W。

5.1 摄像机常见指标

摄像机（Video Camera）种类繁多，其工作基本原理大都是一样的，首先把光学图像信号转变为电信号，以便存储或者传输。例如当拍摄一个物体时，此物体上反射的光被摄像机镜头收集，使其聚焦在摄像器件的受光面（例如摄像管的靶面）上，再通过摄像器件把光转变为电能，即得到了"视频信号"。光电信号很微弱，需通过预放电路进行放大，再经过各种电路进行处理和调整，最后得到标准信号，之后输送到录像机、监视器、传播系统。

5.1.1 摄像机分类

（1）按质量等级分类。

①广播级摄像机：一般用于电视台与节目制作中心，其质量要求高，如清晰度必须达到 700～800 线以上，信噪比在 60dB 以上，从镜头到摄像器件、电路等都是专业质量的，其价格相对最高。

②业务级摄像机：一般常用于教育部门的电化教育及工业电视监控（CCTV）等系统

中。其性能指标比较优良，开始采用单管、双管，现在多为三管或三片CCD，价格相对为中等。

③家用级摄像机：此档级的摄像机种类繁多，主要特点是体积小、重量轻、功能多、使用操作简便、价格低廉。其质量等级比不上广播级或业务级，多为单片CCD摄录一体机。在教学中也常使用此档级的摄像机制作节目或开展教学等。

（2）按使用范围分类。

①演播室/现场座机型摄像机

座机型摄像机体积较大，较笨重，一般安装于底座或三脚架上才能操作。镜头的体积、焦距范围、相对孔径也大。常用于演播室，或其他位置相对固定的场所。这类摄像机一般为广播级，质量高，性能稳定。数字电影摄像机、超高码率摄录一体机、数字高清电影摄像机、高标清演播室摄像机、全数字处理摄像机都是市场上的新宠。

②便携式摄像机

体积小，重量轻，携带方便，用三脚架或人体支撑拍摄均可。一般采用直流电池供电，也可通过交流结合器交流供电。可用于多种场合，如电子新闻采访和电子现场制作。比如高清专业光盘摄录一体机、专业4K手持摄录一体机、肩扛式3D摄录一体机、手持式存储卡摄录一体机等。

这类摄像机有：肩扛式、半肩扛式，质量在3～10kg，一般为广播级或业务级；手持式，质量在0.7～3kg，以家用为主。

（3）按光电转换器件分类。

①光电导摄像管：氧化铅管、硒砷碲管。

②固体光电传感器CCD：广播级或业务级，均为CCD。

（4）按拍摄的光谱范围分类。

①黑白摄像机：用于监控字幕，或小区、工业监控用。

②彩色摄像机：用途最为广泛。

③红外线摄像机：光线弱的夜间监控。

④X光摄像机：医疗、安检。

5.1.2　摄像机关键指标

为了更好地使用摄像机，必须了解它的各项性能指标和技术标准，以便能拍出满意的画面。

（1）信噪比。

它是视频信号电平与噪声电平之比。这个指标是衡量摄像机质量的重要指标。信噪比越高，图像越清晰，质量就越高，通常在50dB以上。

（2）最低照度。

摄像机都需要在一定的亮度（照度）光线条件下工作，如果光线低于某一照度就无法看清图像。

最小照度（最低照度）是摄像机开到最大光圈使用最大增益时，让图像电平达到规定值所需的照度，一般为几十勒克斯（Lux），照度越小，对光照要求越低，摄像机质量指标性能越高。

（3）灵敏度。

灵敏度定义为在 32000K 色温，2000Lux 照度的光线照在具有 89%～90% 的反射系数的灰度卡上，用摄像机拍摄，图像电平达到规定值时，所需的光圈指数（F）；F 值越大，灵敏度越高。

灵敏度越高，最低照度越低，摄像机质量也越高。如果照度太低或太高时，摄像机拍摄出的图像就会变差，照度低可能会出现惰性拖尾，照度太高会出现图像"开花"现象。

摄像管式摄像机，不能直接对强光及太阳拍摄，否则就会使摄像管烧伤。CCD 片式摄像机则无惰性或灼伤现象，可对准太阳拍摄。

（4）解析力。

一般用清晰度来表示，即画面上可分辨的电视线数来表示，分为水平清晰度和垂直清晰度。并且在指标上给出的都是中心部分的清晰度。

DXC-537：水平清晰度为 700 电视线。

DXC-637：水平清晰度为 800 电视线。

450 电视线：垂直清晰度为 450 电视线（不带 EVS）。

530 电视线：垂直清晰度为 530 电视线（带 EVS）。

EVS：垂直清晰度增强系统。

（5）几何失真。

同电视机的几何失真一样，摄像机也存在几何失真，这是由于摄像机镜头存在光学系统及摄像管扫描、偏转电路，对于 CCD 而言，若不考虑镜头失真，本身无几何失真。几何失真用失真的偏移量与屏幕高度的百分比来表示。

（6）重合误差。

对于三管摄像机，三个摄像管所拍摄图像必须准确地重合在一起，才能得到清晰度高、颜色还原准确的图像。但由于摄像管不可能完全相同，且位置很难放置得非常精确，因此就会产生重合的误差。一般用红路或蓝路相对于绿路的偏移量与屏幕的高度的百分比来表示。管式按区域分：Ⅰ区为 0.05%、Ⅱ区为 0.1%、Ⅲ区为 0.15%。片式全区都小于 0.05%。

5.2 CCD 摄像机

CCD 是 Charge Coupled Device（电荷耦合器件）的缩写，它是一种半导体成像器件，因而具有灵敏度高、抗强光、畸变小、体积小、寿命长、抗震动等优点。

5.2.1 工作方式

被摄物体的图像经过镜头聚焦至 CCD 芯片上，CCD 根据光的强弱积累相应比例的电荷，各个像素积累的电荷在视频时序的控制下，逐点外移，经滤波、放大处理后，形成视频信号输出。视频信号连接到监视器或电视机的视频输入端便可以看到与原始图像相同的视频图像。

5.2.2 分辨率选择

评估摄像机分辨率的指标是水平分辨率，其单位为线对，即成像后可以分辨的黑白线对的数目。常用的黑白摄像机的分辨率一般为380～600，彩色为380～480，其数值越大成像越清晰。一般的监视场合，用400线左右的黑白摄像机就可以满足要求。而对于医疗、图像处理等特殊场合，用600线的摄像机方能得到清晰图像。

5.2.3 成像灵敏度

通常用最低环境照度来标识摄像机灵敏度，黑白摄像机的灵敏度一般是0.02～0.5Lux，彩色摄像机多在1Lux以上。0.1Lux的摄像机适用于普通监视场合；0.02Lux的摄像机在夜间或环境光线较弱时使用。与近红外灯配合使用时，也必须使用低照度的摄像机。

另外摄像的灵敏度还与镜头相关，0.97Lux/F0.75相当于2.5Lux/F1.2或者相当于3.4Lux/F1。环境照度参考：夏日阳光下100000Lux；阴天室外10000Lux；电视台演播室1000Lux；距60W台灯60cm的桌面300Lux；室内日光灯100Lux；黄昏室内10Lux；20cm处烛光10～15Lux；夜间路灯0.1Lux。

5.2.4 电子快门

电子快门的时间在1/50～1/100000s之间，摄像机的电子快门一般设置为自动电子快门方式，可根据环境的亮暗自动调节快门时间，从而得到清晰图像。有的摄像机允许用户手动设置快门时间，以适应某些特殊场合应用。

5.2.5 外同步与外触发

外同步是指不同的视频设备之间用同一同步信号来保证视频信号的同步，保证不同的设备输出的视频信号具有相同的帧、行起止时间。为了实现外同步，需要给摄像机输入一个复合同步信号（C-sync）或复合视频信号。外同步并不能保证用户从指定时刻得到完整的连续的一帧图像，要实现这种功能，还必须使用具有外触发功能的摄像机。

5.2.6 光谱响应特性

CCD器件由硅材料制成，对近红外比较敏感，光谱响应可延伸至1.0μm左右。其响应峰值为绿光（550nm）。夜间隐蔽监视时，可以用近红外灯照明，人眼看不清环境情况，在监视器上却可以清晰成像。由于CCD传感器表面有一层吸收紫外的透明电极，彩色摄像机的成像单元上有红、绿、蓝三色滤光条，所以彩色摄像机对红外、紫外均不敏感。

5.2.7 芯片尺寸

CCD 的成像尺寸常用的有 1/2、1/3 等，1/2 表示成像面大小（宽×高）6.4mm×4.8mm，对角线 8mm；1/3 表示成像面大小 4.8mm×3.6mm，对角线 6mm，在相同的光学镜头下，成像尺寸越大，视场角越大。正确选用摄像机镜头是非常重要的，它直接影响到系统末端监视器上所看到的被监视面画的效果。

5.2.8 摄像机分类

(1) 依成像色彩划分。

①彩色摄像机：适用于景物细部辨别，如辨别衣着或景物的颜色。因有颜色而使信息量增大，信息量一般认为是黑白摄像机的 10 倍。

②黑白摄像机：是用于光线不足地区及夜间无法安装照明设备的地区，在仅监视景物的位置或移动时，可选用分辨率通常高于彩色摄像机的黑白摄像机。

(2) 依摄像机分辨率划分。

①影像像素在 25 万像素（pixel）左右、彩色分辨率为 330 线、黑白分辨率 400 线左右的低档型；

②影像像素在 25 万～38 万之间、彩色分辨率为 420 线、黑白分辨率在 500 线上下的中档型；

③影像在 38 万点以上、彩色分辨率大于或等于 480 线、黑白分辨率,600 线以上的高分辨率。

(3) 依摄像机灵敏度划分。

①普通型：正常工作所需照度为 1～3Lux；

②月光型：正常工作所需照度为 0.1Lux 左右；

③星光型：正常工作所需照度为 0.01Lux 以下；

④红外照明型：原则上可以为零照度，采用红外光源成像。

(4) 按摄像元件的 CCD 靶面的大小划分。

①1in 靶面尺寸为宽 12.7mm×高 9.6mm，对角线 16mm；

②2/3in 靶面尺寸为宽 8.8mm×高 6.6mm，对角线 11mm；

③1/2in 靶面尺寸为宽 6.4mm×高 4.8mm，对角线 8mm；

④1/3in 靶面尺寸为宽 4.8mm×高 3.6mm，对角线 6mm；

⑤1/4in 靶面尺寸为宽 3.2mm×高 2.4mm，对角线 4mm；

⑥1/5in 正在开发之中，尚未推出正式产品。

此外，CCD 摄像机有 PAL 制和 NTSC 制的不同制式区分，在中国 PAL 制居多。

5.3 选择合适的视频会议摄像头

"高清"已经成为视频通信领域的主流。技术的成熟、价格下降和经济的增长使得人们不再满足于"看得见"的通信沟通,高清晰的视觉享受已然成为人们对于视频会议产品的基本诉求和可以实现的愿望。要实现高清的视觉享受,高清会议摄像机必不可少。因此如何选择合适的视频会议摄像头(机)成了视频会议使用效果的关键因素。其主要关心的指标有感光芯片、扫描系统、交叉扫描方式、水平垂直扫描频率、所有像素和有效像素、信噪比、水平分辨率,最低照度,数码变焦倍数以及镜头视角。

5.3.1 镜头

镜头是摄像头的重要组成部分,就摄像头而言,以感光元件划分,目前市场上主要有 CCD 和 CMOS 两类。CCD(Charge Coupled Device,电荷耦合元件)是应用于摄影摄像方面的高端技术元件,CMOS(Complementary Metal-Oxide Semiconductor,金属氧化物半导体元件)则应用于较低影像品质的产品中,它的优点是制造成本较 CCD 低,功耗也低得多,这也是市场很多采用 USB 接口的产品无须外接电源的原因。人眼能看到 1Lux 照度(满月的夜晚)以下的目标,CCD 传感器通常能看到 0.1~3Lux,CMOS 传感器的感光度一般在 6~15Lux 的范围内,CMOS 传感器比 CCD 传感器低 10 倍。目前 CCD 元件的尺寸多为 1/3in 或者 1/4in,在相同的分辨率下,宜选择元件尺寸较大的为好。CCD 与真空管摄像机相比具有体积小、重量轻、惰性小、灵敏度高、图像均匀性好、抗冲击性好、寿命长等优点。

5.3.2 像素

像素值是影响摄像头质量的重要指标,也是判断其优劣的比较重要的标志。早期推出的产品像素值一般在 10 万左右,由于技术含量不高,现在已经被淘汰。单纯考虑像素值也不完全正确,这是因为像素值越高的产品的解析图像的能力也就越强。那么,在摄像头进行工作的时候,计算机进行数据处理的能力也相应地要求较高,否则会造成画面的延迟,从而影响视频会议的传输。

5.3.3 分辨率

分辨率就是摄像头解析辨别图像的能力。当然,其和 CCD/CMOS 的好坏是有直接关系的。一般可分为照相解析度和视频解析度两种,就是静态画面捕捉时的分辨率和动态画面捕捉时的分辨率。在视频会议的实际应用中,一般是照相解析度高于视频解析度。市面上摄像头所能给出的分辨率的种类也是不相同的,所以在选购的时候要注意,有些分辨率的标识是指这些产品利用软件所能达到的插值分辨率,但和硬件分辨率相比还是有着一定的差距的。用户应该关心的是硬件分辨率而不是插值分辨率。

5.3.4 传输速度

摄像头的视频捕获能力是摄像头核心功能之一。摄像头的视频捕获有的依靠软件,有的依靠硬件与软件的结合,因而用户应该根据标准速率的捕获确定需求指标,从而选择合适的产品以达到视频会议预期的效果。

5.3.5 接口

大量的数据传输量，没有高速接口是不能胜任的。高速接口打破了影像文件大量数据传输的瓶颈，使得接收数据更迅速，动态影像的播映效果更平滑、流畅。有时摄像机需要配合视频采集卡一起使用，高速和高清的采集卡也显得非常重要。

记录方式又分数字分量（D1、D5）和数字复合（D2、D3），它们代表了视频设备最高标准，图像质量最高，信号损失最小，但同时由于图像信号数据量很大，对机器硬件的要求极其苛刻，虽然产品问世多年，但只有少数对画质要求极高的视频专业制作公司使用。而压缩格式是指采用数字压缩技术的视频，常见的有 DV、MPEG-2、M-JPEG 等，根据制定数据压缩标准，出现了相应的数字 Betacam（DVW）、DV、DVCPRO、DIGITAL-S、DVCAM、Betacam-SX 等规格的数字摄像机，它们将图像信号先压缩再存储在磁带上，其目的是在保证图像质量的前提下，减小图像信号的数据量，减小设备体积，减少磁带用量，以最小的信号损失达到尽可能好的效果，从而降低设备成本。

5.4 数字视频技术

5.4.1 数字视频技术的国际标准

（1）CCIR601 号建议。

为了方便国际节目交换，消除数字设备之间的制式差别，使 625 行电视系统与 525 行电视系统之间兼容，1982 年 2 月国际无线电咨询委员会（CCIR，现改为国际电联无线电通信部，即 ITU-R）第 15 次全会上通过了 601 号建议，确定以分量编码为基础：以亮度分量 Y 和两个色差分量 R—Y、B—Y 为基础进行编码，作为电视演播室数字编码的国际标准。

（2）H.261 标准。

H.261 简称 p×64。该标准主要用于电视电话和电视会议，图像编码算法是实时处理，并且延迟时间小，图像和语音配合好，全彩色实时运动视频传输，有较高压缩比。该标准于 1990 年由国际电报电话咨询委员会（CCITT）完成通过。

（3）JPEG 标准。

静像数据压缩标准 JPEG（Joint Photographic Experts Group），即联合图像术专家组，由国际标准组织（ISO）、国际电报电话咨询委员会（CCITT）和国际电工委员会（IEC）3 个国际组织合作，在 1991 年完成通过。JPEG 既是 ISO 的标准，也是 CCITT 的推荐标准，其目标是压缩静止彩色图片数据，多用于卫星、新闻图片的传输与存储，以及图形、图像文献资料处理等方面。

（4）MPEG 标准。

随着数字音频和数字视频技术的广泛应用，ISO 的活动图像专家组（Moving Picture

Expert Group）在 1991 年 11 月提出了 ISO11172 标准的建议草案，通称 MPEG-1 标准，该标准于 1992 年 11 月通过。MPEG-1 标准适用于数码率在 1.5Mbps 左右的应用环境，也就是为 CD－ROM 光盘的视频存储和放像所制定的。

MPEG-2 是由 MPEG 开发的第 2 个标准，于 1994 年 11 月正式确定为国际标准。MPEG-2 是"活动图像及有关声音信息的通用编码"（Generic Coding of Moving Pictures Associated Audio Information）标准。作为一种公认的压缩方案，该标准具有开放性、技术成本低、互操作性和灵活性、比特率的可选择扩展性及众多厂商的支持等优势，在网络、通信、卫星等领域被采用。

MPEG-4 是 1993 年开始制定，1998 年 10 月初步确定，2000 年年初正式成为国际标准的。该标准具有许多引人注目的功能，包括以对象内容为基础的视频对象存取、以场景内容为基础的可升级性、视频存取、纠错能力等。MPEG-4 视频标准不仅可以提供一个更具压缩效率的新型多媒体信息传输标准，而且它扩展现有内容识别专用解决方案的有限的能力，还包括更多的数据类型。

5.4.2 数字视频压缩方式

基于上述标准，目前在电视领域广泛应用的 3 种压缩方式是 MPEG-2、M-JPEG 和 DV。它们均基于离散余弦变换（DCT），并对变换系数微量化处理后进行编码。

（1）JPEG 简介。

JPEG 用于连续变化的静止图像，包括灰度等级和颜色两方面的连续变化。JPEG 包含两种基本压缩方法：第一种是有损压缩，它是以 DCT（Discrete Cosine Transform）为基础的压缩方法；第二种为无损压缩，也称预测压缩方法。最常使用的是前者，即 DCT 压缩方法，也称为基线顺序编解码（Baseline Sequential Codec）方法，这种方法先进、有效、简单、易于交流，因此得到广泛应用。

（2）M-JPEG 简介。

M-JPEG 是按活动图像的正常要求速度，每秒完成对 25 帧图像的帧内压缩方式压缩每一帧，每一帧都被当作独立的信号处理，其一系列的帧实际上就是一个 JPEG 的信号流。这种设计的好处是易于编辑，可随机对任意帧进行编辑，对于非线性编辑应用是一个好的选择。M-JPEG 的压缩和解压缩是对称的，可由相同的硬件与软件实现。其缺点是不对首行压缩，而只是帧内压缩，压缩效率不够高，需要过多的带宽和存储空间。

（3）DV 简介。

DV 压缩方式是为家用录像机设计的一种可扩展的格式，可适用于标清电视和高清电视。DV 压缩最早是由标准和高清晰度家用 VCR 制造商的一个联盟研发的。使用 13.5MHz 采样率和 4∶1∶1 编码，并用 8 比特代码来提高信噪比，其空间压缩比为 5∶1。DV 压缩从标准的 25Mb/s 扩展到 DVCPRO50 中的 50Mb/s。Sony 则提供基于 DV 压缩的 DVCAM 系列 VTR。用于广播电视的 DVCPRO 摄像机主要有两种机型：一种是 DVCPRO25，一种是 DVCPRO50。

(4) MPEG 简介。

MPEG 标准的数字压缩基本步骤是：先将模拟视频转换为数字视频，然后按时序分组，每个图像组（GOP）选定一个基准图像，利用运动估计减少时间冗余，最后将基准图像和运动估计误差进行离散余弦变换（DCT）、系数量化和熵编码（VLC&RLC）以消除空间冗余。MPEG 专家组有 3 个任务：实现 1.5Mb/s、10Mb/s、40Mb/s 的压缩编码标准，即 MPEG-1、MPEG-2、MPEG-3，其中 MPEG-3 于 1992 年被撤销。

MPEG-1 标准用于运动图像及其音频编码标准，着重于高压缩率，具有低带宽和低分解力，视频速率大致为 1.5Mb/s。其基本算法是对于压缩水平方向（360 个像素）和竖直方向（288 个像素）的空间分辨率，对于每秒 24～30 幅画面的运动图像有比较好的效果。MPEG-1 标准还提供了一些录像机的功能：正放、图像冻结、快进、快倒和慢放等，以及随机存储的功能。MPEG-1 标准还采用了一系列技术以获得高压缩比：①对色差信号进行亚采样，减少数据量；②采用运动补偿技术舍去不重要的信息，将量化后 DCT 分量按照频率重新排序；③将 DCT 分量进行变字长编码；④对每个数据块的直流分量（DC）进行预测差分编码。

MPEG-2 标准与 MPEG-1 标准相似，其比特率比后者高许多，因而要求较高的带宽和分解力。MPEG-2 标准可定义高达 400Gb/s 的比特率和 16000×16000 像素的图像。其采用帧内编码与 GOP（图像组）内分为 I 帧（帧内编码帧）、P 帧（向前预测编码帧）、B 帧（双向预测帧），对它们采取不同的压缩编码方式。1996 年 1 月，国际慕尼黑团体会议上又确认具有高广播级质量和高编辑精度的 MPEG-2MP@ML 标准，它允许较短的 GOP，使之适应于节目制作的精确编辑。MPEG-2 在处理图像的"简单"与"复杂"区域能自动变换压缩率，它能在同一帧内使用不同的压缩比，因而更加有效。在压缩成相同图像质量的条件下，MPEG-2 图像所占的空间只是 M-JPEG 图像的 10%～15%。在图像采集、制作、传输、播出等各领域中，MPEG-2 已逐渐被广泛采用。

MPEG-4 除完全支持 MPEG-1/2 已提供的全部视频功能，包括在不同输入格式、帧率、比特率下对标准矩形区域图像序列进行有效编码外，还增加了新的功能：为提高传输效率，MPEG-4 采用"子图形"预测和编码技术，它把静止的背景作为"子图形"，首先发往收端，作为第一帧同时存储于编码器与解码器内，再利用摄像机的移动、旋转和缩放，摄取背景前出现的视频对象，再将其分开进行编码，形成视频序列进行传送，进而重建原来的图像。这种技术对实现多媒体数据库十分有利，同时还可以改善图像质量。MPEG-4 作为一种高效率的编码标准，其最低码率可达到 5～64kb/s，具备良好的交互性和可操作性，与多媒体应用领域中各种编码兼容。MPEG-7 建立在 MPEG-4 的基础上，用很少的特征对信息内容进行检索。例如对图形，只要画出很少几条线就可以找到包括该特征的相应图形、商标等。

5.4.3 三种常用数字压缩格式的比较

M-JPEG、DV 和 MPEG 作为视频行业中的 3 种主要的压缩技术，它们都基于 DCT，

视频会议系统实用指南

所记录的图像被转化成统一、量化和可变长度编码。其中，DV 和 M-JPEG 是典型的帧内编码，采用帧内压缩方式。DV 和 MPEG-2 压缩使用运动自适应处理来实现有效的帧内编码，但是 DV 只能进行固定比特率（CBR）编码，而 MPEG-2 和 M-JPEG 则可进行 CBR 和可变比特率（VBR）编码。

数字视频压缩技术使我们能够以较小的成本获得高质量的视频，为高质量传播视频信号成为可能，并且随着技术的不断发展，这一技术还在不断更新、提高。当电视技术和互联网络技术结合时，数字视频技术更加体现出它的优势。

5.4.4 主流摄像机推荐

当前走在行业前列的厂家主要有 SONY 视频会议摄像机、宝利通视频会议摄像机、华为视频会议摄像机等。专业广播电视摄像设备有 Sony 摄像机、松下摄像机、佳能专业数码摄像机、JVC 摄像机等，以上设备都可以作为视频会议摄像机使用。

6 显示系统

随着计算机多媒体技术和数字通信技术的飞速发展,人类社会已进入了信息化的时代。信息量越来越大,处理信息的手段也越来越先进,特别是近几年来,可视化信息技术在指挥控制中心、大型会议室等场所得到了广泛应用。以大屏幕投影系统为核心的各类电子设备广泛应用于指挥控制调度室、会议室、演播室、大型广场。特别是在北京 2014 年的 APEC 会议期间,鸟巢 12000m^2 的大屏显示开创了国内最大屏幕显示的先河。本章重点介绍最常见的投影系统和大屏幕系统。单屏显示系统不再单独叙述,其内容已经包含在大屏系统的技术范围中。

6.1 投影技术分类与 DLP 投影机特点

大屏显示需要光源,一般为投影机。投影机分为 CRT、LCD、DLP 三大类,其中占主流地位的是 LCD 和 DLP 投影机,也就是大家常说的液晶投影机和数字投影机。

6.1.1 CRT 投影机

CRT 是英文 Cathode Ray Tube 的缩写,译作阴极射线管。作为成像器件,它是实现最早、应用最早的一种显示技术。它把输入信号源分解到 R(红)、G(绿)、B(蓝)三个 CRT 管的荧光屏上,荧光粉在高压作用下发光,经过光学系统放大和会聚,在大屏幕上显示出彩色图像。光学系统与 CRT 管组成投影管,通常所说的三枪投影机就是由 3 个投影管组成的投影机,由于使用内光源,也称为主动式投影方式。CRT 技术成熟,显示的图像色彩丰富,还原性好,具有丰富的几何失真调整能力;但其体积较大,重要技术指标图像分辨率与亮度相互制约,直接影响 CRT 投影机的亮度值,其亮度值一直不高。

对于 CRT 投影机而言,有两个重要的性能指标:会聚性能和聚焦性能。会聚是指红绿蓝三种颜色在屏幕上的重合效果,因为 CRT 投影机有 RGB 三种 CRT 管发出的光,要想做到相同的像素完全会聚到一点,就必须校正图像的各种失真。机器位置变化后,会聚也要重新调整。会聚有静态会聚和动态会聚,其中动态会聚有倾斜、弓形、幅度、线性、梯形、枕形等功能,每一种功能均可在水平和垂直两个方向上进行调整。而聚焦性能决定了最小像素的大小,像素越小,其分辨率越高。

6.1.2 LCD 液晶投影机

LCD(Liquid Crystal Display)液晶投影机,可以分成液晶板投影机和液晶光阀投影机两类,液晶是介于液体和固体之间的物质,本身不发光,工作性质受温度影响很大,其工作温度为-55~77℃。投影机利用液晶的光电效应，即液晶分子的排列在电场作用下发生变化，影响其液晶单元的透光率或反射率，从而影响它的光学性质，产生具有不同灰度层次及颜色的图像。由于 LCD 投影机色彩还原较好，分辨率可达 SXGA 标准，体积小，重量轻，携带起来也非常方便，是市场上的主流产品之一。按照液晶板的片数，LCD 投影机分为三片机和单片机，主流产品是三片机，单片机当前已经很少见。液晶投影机主要由三大部分组成：液晶体、光路系统、电路系统。电路系统根据图像源（例如计算机 VGA）的图像信号，经过映射计算，产生控制液晶体的信号，精确地控制液晶体的动作。在投影仪中有 3 块液晶板，其中分布着液晶体，投影机利用液晶的光电效应，即液晶分子的排列以及液晶分子本身的状态在电场作用下发生变化，影响其液晶单元的透光率或反射率。投影机利用这个原理实现电信号准确控制通过液晶单元的光线。液晶投影机中的光源是金属卤素灯或 UHP（冷光源），发出明亮的白光，经过光路系统中的分光镜，将白光分解为 RGB（红色、绿色、蓝色）三种元素颜色的光线，RGB 三种元素颜色的光线在精确的位置上穿过液晶体，这时候每一个液晶体的作用类似于光阀门，控制每一个液晶体中光线通过以及通过光线的多少。三种元素颜色的光线就这样，经过投影仪的镜头准确投射到屏幕上，哪一点该是什么颜色、光的强度有多少，都分布得恰到好处。就这样，在屏幕上投影组成了与源图像一致的色彩斑斓的图像。

此外还有液晶光阀投影机代表了液晶投影机的高端产品，它采用 CRT 管和液晶光阀作为成像器件，是 CRT 投影机与液晶与光阀相结合的产物。具有高亮度和分辨率，多用于环境光较强、投影屏幕很大的场合，如超大规模的指挥中心、会议中心等。

6.1.3 DLP 数字投影机

DLP 是英文 Digital Light Porsessor 的缩写，译作数字光处理器。DLP 以 DMD（Digital Micormirror Device）数字微反射器作为光阀成像器件。一个 DLP 电脑板由模数解码器、内存芯片、一个影像处理器及几个数字信号处理器（DSP）组成，所有文字图像就是经过该板产生一个数字信号，经过处理，数字信号转到 DLP 系统的心脏——DMD。而光束通过一高速旋转的三色透镜后，被投射在 DMD 上，然后通过光学透镜投射在大屏幕上完成图像投影。一片 DMD 是由许多个微小的正方形反射镜片（简称微镜）按行列紧密排列在一起，贴在一块硅晶片，每一个微镜都对应着生成图像的一个像素。因此，DMD 装置的微镜数目决定了一台 DLP 投影机的物理分辨率，例如一台投影机的分辨率为 600×800，指的就是 DMD 装置上的微镜数目就有 $600 \times 800 = 480000$ 个。在 DMD 装置中每个微镜，都对应着一个存储器，该存储器可以控制微镜在 $\pm 10°$ 角两个位置上切换转动。而且 DMD 块上每一个像素的面积为 $16\mu m \times 16\mu m$，间隔为 $1\mu m$。根据所用 DMD 的片数，DLP 投影机可分为：单片机、两片机、三片机。DMD 数字信号的红、绿、蓝顺序旋转，小镜子根据像素的位置及色彩的多少被打开或关闭，此时 DLP 可以看作是只有一个光源和一组投影镜头组成的简单光路系统，镜头放大了 DMD 的反射影像并直接投射在屏幕上，这样一幅生动、明亮的演示效果就展现出来了。

DLP 投影机特点是：

（1）结构紧凑。DLP 光学结构简单，原件体积小，重量轻。

（2）光效率高。采用反射技术，而且反射镜之间的间隙比较小，光利用率可以达到 20%～30%。需要的光源功率更低，省电、噪声低。

（3）高对比度。DLP 技术对比度可以达到 800∶1～1600∶1（全黑全白方式测得），画面反差好，立体感强。

（4）寿命长，画质稳定性好。反射技术使得 DMD 芯片吸收能量相对较少，而且由于采用半导体器件，耐高温性能好，可以采用相对密闭的光机结构，避免灰尘沉积引起图像质量下降。长期使用也不会出现明显的劣化。

（5）无汇聚问题。DLP 投影机采用单板结构，利用旋转色轮产生色彩，不存在叠加不准的问题，不会出现汇聚失真。

（6）响应速度快。DLP 画面切换的响应时间只有几毫秒，画面中高速运动的物体也能保持清晰锐利。

在技术和应用市场方面，DLP 投影的最大优势在于有高解析度与高亮度等优点，图像更加清晰，黑色和白色更纯正，灰度层次更加丰富，更具体积小和重量轻的优势。其应用正逐渐转向大型投影机及电影放映机（Digital Cinema）等高端机种以及 2kg 以下超小型化轻型机两方向发展，特别是在大型会场投影放映中，DLP 投影机一枝独秀，因此 DLP 已成为未来投影机发展的一个重要方向，应用领域与市场前景都非常广阔。

6.1.4 激光荧光体投影机

2015 年 8 月 19 日，科视 Christie®发布科视 Christie Captiva 超短投射系列，具备静音，超过 3000（超宽）和 3500（高清）流明选择，实现 80～100in 对角的高清图像，超宽流明可以得到 120～140in 对角的图像；可选配 0.25∶1 超短投射镜头，可以在离屏幕或墙壁数英寸范围内安装，支持纵向或横向（桌面或倒立）模式，不会在画面上造成阴影，可以放置在极其靠近屏幕的地方，具备最小空间要求。选配 Captiva Touch 交互式配件和红外笔，可将投影图像变为交互式显示；超宽分辨率为并行应用提供实用的工作空间，从单信号源应用到创新型画布，横向或纵向模式均支持；Captiva DHD400S 和 Captiva DUW350S 两者均适合对静音要求较高的固定安装，包括教室、公司办公室、零售店、政府和博物馆。它利用固态长效发光技术，能提供 2 万小时高性能无灯泡工作，可在数秒内达到全亮度或者瞬间待机状态，而无须等待冷却。

6.2 大屏幕显示系统

大屏幕显示系统的对眼球冲击力强，高端、大气、上档次，深受用户欢迎，目前在网管、交通监控、公安调度、应急指挥、军事作战指挥、工业生产调度、体育场馆以及新闻展示等众多领域得到了广泛应用，能够以高亮度、高清晰度为所有在场的与会者提供完美的感官效果，满足影片欣赏、资料展示等多种需求，集中显示 Hdmi、RGB、Video、DVI 和网络等多种不同信号源输入，展示各种形式的会议资料或播放有关影像信息，让与会人员体会到多媒体会议诸多优越性和趣味性。其亮度不低于 35000ANSILux。

大屏显示系统要求：

大屏显示系统包括大屏、后台图像处理器、控制软件及调度值班区工作站。

（1）拼缝不大于 0.5mm；现在有的厂家可以做到少于 0.2mm。

（2）支持 7×24h 工作。

（3）单屏及拼接屏整体支持显示 1920×1080（1080P）分辨率图像并向下兼容其他分辨率图像。

（4）单屏不能有偏红、偏蓝、偏粉等明显的偏色效果；拼接屏显示白色时整体接近纯白色，不能有明显的色差。

（5）大屏配套的图像处理器应实现全新超高清图像管理，支持开窗口、跨屏、漫游。切换时实现无缝切换。视频输入输出采用 DVI-I 接口，并兼容 VGA 视频源输入。支持多路 DVI-I 输入，输出则保持与大屏显示单元数量一致。

（6）大屏在标准模式运行下光源寿命不少于 60000h。

（7）大屏系统应包括：显示单元、后台处理设备、配套的控制软件以及辅材。其中后台处理设备、控制软件应与大屏幕设备具有较好的兼容性，并具备兼容性。

（8）控制软件应具有开窗、划分布局、窗口漫游、跨屏等功能。

以 80 寸 DLP 显示单元技术指标为例说明：在当前技术下，80in 屏幕多采用 LED 光源；进口机芯，6 倍冗余；静态对比度不低于 1500∶1，分辨率不低于 1400×1050 像素；DNP 树脂屏幕；半增益角度水平不小于正负 33°，垂直不小于正负 27°。输入接口不小于 2 路 DVI-D 通道；支持 R232 或网络控制。拼缝不大于 0.2mm。

6.2.1 系统组成

大屏幕显示系统一般由大屏幕拼接单元、图像处理系统及控制软件系统组成。大屏幕拼接墙包含投影箱体、投影机、专业背投玻璃屏等设备；图像处理系统包括多屏拼接处理器、媒体矩阵、分配器及线缆等设备；控制系统包括大屏幕控制系统软件。其中大屏幕投影系统具有抗灰尘侵扰，具备每天 7×24h 连续运行的能力；拼接控制器需要达到画面显示的实时显示，各种操作响应快速、灵活简便；各种画面显示质量清晰、锐利、色彩准确。

从技术类型来分类的话，大屏幕拼接墙有 DLP 背投拼接单元、LCD 液晶拼接单元、CRT 背投大屏幕电视墙和等离子 PDP 大屏幕电视墙、等离子 PDP 大屏幕电视墙、软边融合大屏幕拼接系统。

6.2.2 系统逻辑示意图

某大屏幕系统逻辑示意图如图 6.1 所示。

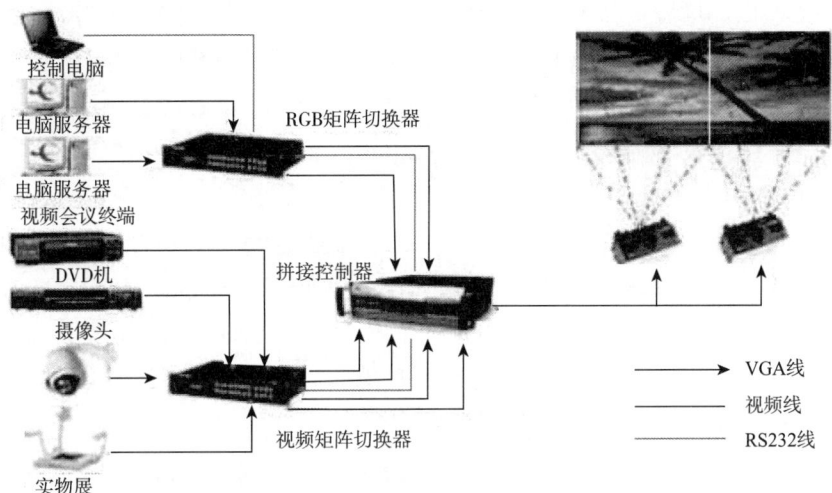

图 6.1　大屏幕系统逻辑示意图

6.2.3　DLP 背投大屏幕电视墙

DLP 背投大屏幕电视墙由多个背投显示单元拼接而成，其最主要的特点是拼缝小，拼缝最小可以达到零点几毫米，可以做到真正意义上的"无缝"拼接，这也是 LCD 和 PDP 所不能匹及的。DLP 图像控制系统架构图如图 6.2 所示：

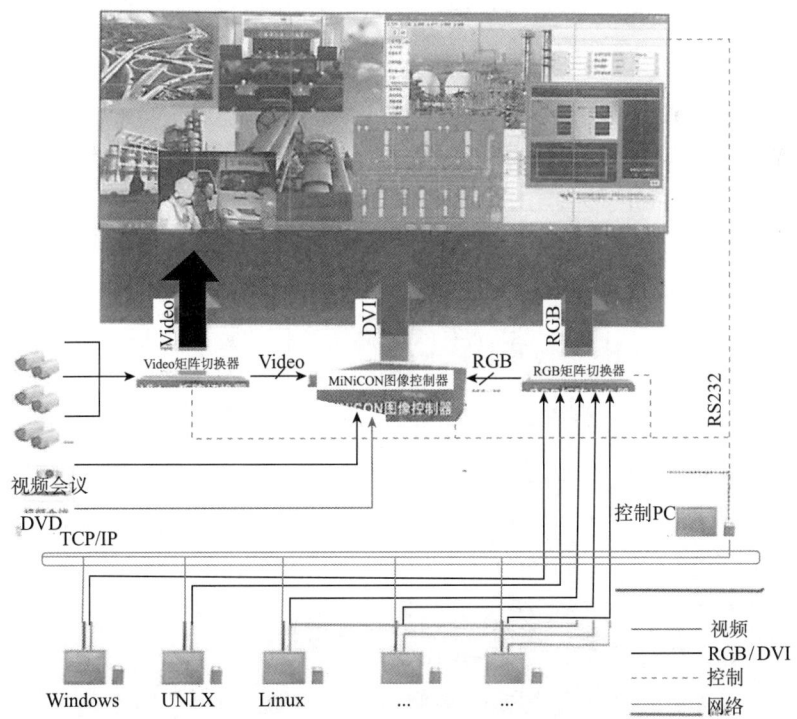

图 6.2　DLP 图像控制系统架构图

DLP 拼接的优点是场面宏大，气势磅礴，显示效果好，图像完整清晰，满足不同年龄人群的观看需求。缺点是由于 DLP 拼接的光源来自于灯泡，导致它的功耗偏大，散热量偏高，而且使用一段时间以后就会出现亮度逐渐降低，用户必须通过更换灯泡来保持最初的显示效果。另外它的单元箱体较大，安装时会占据一定空间等，给用户的安装、使用、更换带来不便。

随着拼接技术的不断发展，目前 DLP 拼接已经解决了频繁更换灯泡、功耗大、散热量高等一系列问题，这都要得益于 LED 光源的加入。采用了 LED 光源灯泡之后的 DLP 拼接单元，不仅在使用寿命上得到了较大的突破，同时在色彩色域以及功耗等方面都有了革命性的改变，还节略了电力，光源更加环保，更理想的亮度控制，整屏均匀性更好，节省成本免维护，让 DLP 拼接继续保持市场领先的优势。

DLP 投影拼接子系统主要由 DLP 拼接单元、图像控制设备、信号切换矩阵、大屏幕控制 PC、大屏幕控制软件等部分构成。

（1）主要技术指标要求。

①单屏分辨率：不少于 1024×768，全墙分辨率计算：（1024×行）×（768×列），对比度不少于 1700∶1。

②物理拼接缝隙小于 0.5mm，并且屏与屏之间的拼缝横平竖直。屏幕安装平整，拼缝整齐均匀。

③投影机芯输出亮度：单灯不少于 850ANSI。100～120W UHP 灯泡功率 1W 可调，灯泡寿命大于 6000h，具备 24h 连续工作能力。

④具备工业级 DLP 芯片，投影机芯具有亮度调整电路，可以通过调整投影机的亮度输出，有效抑制投影单元亮度差，拼接后整屏亮度均匀性大于 95%。

⑤投影机芯具有 12 比特 Gamma 调整电路，可进行亮暗图像区域的高分辨率梯度渲染，实现极富真实感与空间感的图像效果，图像稳定清晰。

⑥投影机芯具有三维空间梳型过滤技术，消除在播放动态视频图像时的边缘锯齿现象，令播放的画面更加清晰，图像边缘更顺滑，色彩支持 24 位真彩色，具有 1024 灰度等级。

⑦投影机芯采用 0.8∶1 广角镜头，有效抑制"太阳效应"，既能缩短投射距离，又保证显示墙的亮度一致性。

⑧RGB 窗口及视频窗口的亮度、对比度及色饱和度等参数均可单独调整。

⑨投影单元具备内置图像处理模块，支持 RGB 信号和视频信号的直通及系统画中画显示，可以在一个显示单元内同屏显示一路 RGB 信号或视频信号，而且可以实现任意 M×N 放大显示。

⑩投影单元具有串行口或网络接口与控制系统通信，能够使用环接的 RS232/485 接口对单台投影机进行拼接控制，也可同时控制多台投影机。

⑪投影单元单屏应有不少于 2 路 RGB 输入口和 1 路 VIDEO 输入口、1 路 DVI 标准数字输入接口。RGB 支持 640×480～1600×1200，视频支持 PAL、NTSC 及 SECAM 在内的全制式信号和 HDTV 高清信号。

⑫投影单元具备完善的自身散热措施,机箱正前方 1m 距离产生的噪声小于 25dB。

⑬扫描频率:水平 15~120kHz,垂直 24~120Hz。

⑭投影箱体以及投影机应具有专业防尘保护设计和降温通风通道,防尘符合 IP5S 规定要求。

⑮投影单元应具备先进的独立六轴光学调整机构,方便安装调试,调整方向包括:侧面到侧面、上到下、缩放、倾斜、前倾和偏转。

⑯投影单元对不同的投影机投射的图像要求避免相邻屏幕间图像的错位。

⑰投影单元采用后部维护方式,光机色轮应便于拆卸和更换,更换光机色轮时应无须移动整个投影光机,也无须重新对投影单元进行任何几何调整。

⑱投影单元具有工作状态 LED 指示灯显示,便于故障诊断;具备多种应用模式,符合节能环保要求。

⑲投影屏幕采用高亮度多层复合玻璃屏幕,具备高对比度,不产生任何反光。

⑳模块化设计,平均修复时间 MTTR 小于 20min,平均无故障时间 MTBF 不少于 30000h(灯泡除外)。

㉑有专用软件调整不同投影机投射图像的统一性。

㉒屏幕墙具备长效亮度均匀性,色彩差异小于 2,所有单元的亮度和颜色在任何时刻都一致,肉眼无法辨识。

(2) 拼接控制器通用技术要求。

①图像拼接控制器要求保证每天 24h 的连续运行,其整机平均无故障时间要求大于 30000h,以确保证该套系统硬件具有高度的可靠性、稳定性、兼容性和匹配性。

②采用标准化、网络化、系统化、开放式的硬件结构,支持 TCP/IP 等协议,可直接与 Windows9x/NT 网络连接,并可同时支持多个网络连接和多路视频图像的拼接显示。

③采用开放式系统设计,支持 TCP/IP 等协议,可直接与 Windows NT/2000/XP 和 UNIX 等操作平台网络连接,并可同时支持多个网络连接和多路视频和计算机图像的拼接显示,可显示所连接系统局域网上的应用程序图像信号。

④控制器具有至少 2 路 10/100MB 以太网接口,网络信号能任意放大、缩小、全屏漫游和全屏显示,并预留扩展接口,每路网络所连接的计算机无限制。

⑤输出到大屏幕投影墙上的视频图像窗口、RGB 信号窗口和来自网络上的工作站信号窗口可以多画面多层次叠加、覆盖、任意放大、缩小和移动,相互不受影响。

⑥控制器具有至少 4 路视频输入端口,可以漫游,支持 NTSC/PAL/SECAM 制式。

⑦控制器至少具有 2 路 RGB 输入端口,可同时以漫游、叠加方式显示至少 2 路实时 RGB 窗口,分辨率支持 640×480~1600×1200。

⑧图像控制器支持分辨率叠加显示,支持 GIS 电子地图等计算机信号显示,图像无论大小,均能保证图像清晰度。

⑨控制器支持网络分控和多用户操作,用户既可用单一的鼠标或键盘对投影机进行操作,也可以通过软件设置操作员利用各自工作站的鼠标、键盘控制大屏幕系统,进行各项

的远程操作，实现交互式的远程控制。

⑩可设定各种显示模式，快速地切换整墙模式，包括信号的分配定义、应用程序的类型和显示内容。

⑪控制系统能把输入信号进行重新组合，多画面切换，图像拼接，窗口任意缩放，再现于大屏幕上，信号切换无黑屏现象。

⑫大屏幕显示系统的显示画面不会产生拼接屏之间图形和文字错位现象，整个大屏幕为一个逻辑显示平台。

⑬ECC校验：系统内存和高速二级缓存均具有ECC校验功能，能够检测二位内存错误，并可自动纠正其中一位内存错误，杜绝了因内存错误引起的死机。

⑭具有友好用户操作界面，无须改动用户应用系统，确保用户系统的安全性。

⑮采用模块化结构、设计具有良好的可扩充性和维护性。

⑯图像控制系统应配合专业应用软件，使用户能通过专业的、界面友好的中文投影墙应用管理系统，简单方便、直观地操作、控制整墙的信息显示。

⑰系统具有二次开发功能，可根据用户的具体要求，在控制器及软件原代码基础上进行二次开发。

⑱图像控制器配置：Windows操作系统，Intel Pentium 4 2.8以上，1G内存，80G以上硬盘，可选配冗余双电源。

（3）系统控制软件的功能需求。

①系统控制管理软件通过串口和IP并行结构将各个子系统有机地结合在一起，采用C/S的工作模式，实现网络的分控和权限的集中管理。

②控制软件支持多种操作平台，支持Microsoft Windows、NT、2000和Unix/Linux操作系统，采用Server/Client结构模式，软件遵循TCP/IP协议。

③可实现视频信号、RGB信号、网络信号、音频信号等多种信号源的定义、管理、选择调用和切换显示；可对信号的色彩、亮度等参数进行设置、调整。具有信号源信息提示功能，方便用户随时随地了解每一路信号源的详细信息。

④可控制各种显示信号以窗口形式在大屏幕上显示，能灵活实现单屏显示、跨屏显示、共屏显示、任意大小显示、整屏显示等多种显示模式的设置。

⑤可设置按4∶3、16∶9、任意比例方式准确开窗及调整窗口大小。

⑥各类信号的显示窗口可设置任意方式的文字叠加功能。

⑦支持画中画开窗功能。

⑧支持音频信号源的独立选择播放。

⑨支持各类信号源预览及快速调用，操作员可在各类信号上屏显示之前，同时对若干信号进行开窗预览，并用鼠标快速将信号窗口拖移上屏显示，需提供详细说明。

⑩可以设定、存储和管理预案：可方便地实现预案编制、保存、修改、删除，可以实现所有显示画面预先编排（对显示信号的窗口大小、位置进行设置，以文件的形式存储用户设定模板，并可随时调用已存的显示预案），支持使用"热键"（快捷键）快速调用预案。

支持预案自动执行功能，可根据时间或事件触发，实现画面自动显示。

⑪在控制终端的模拟屏上开的信号窗口具有"图像回显"功能，使操作人员不用看大屏幕即可在控制终端上监视投影墙的显示内容，需提供详细说明。

⑫无论是通过网络图像控制器或通过内置图像处理器实现图像处理控制，其操作均在同一个软件和控制界面上完成。

⑬提供监视器墙控制界面，与DLP大屏幕在同一个操作界面中，使两套显示系统在同一软件和操作界面下实现统一控制，极大地方便用户使用。

⑭支持对各种视音频设备、RGB设备、网络设备、矩阵、摄像机等多种多样的硬件设备进行定义、管理和控制。

⑮可实现与图像控制器相接的RGB和Video矩阵的联动控制，自动完成相应的矩阵与图像控制器输入端口的切换。

⑯支持对投影光机引擎开/关控制、光机设置控制、灯泡寿命检测。支持对图像拼接处理器远程开/关机、重启等管理。

⑰支持对摄像头、云台、报警主机等外部设备的控制，包括摄像头、云台的转动速率和方向，图像放大和缩小、焦距推近与拉远等进行控制，报警主机的联动触发显示等。

⑱支持基于TCP/IP网络的多用户远程控制，不仅可以在本地控制操作大屏幕，而且可以使局域网上的任意一台安装了控制软件的工作站或PC机，通过各自的鼠标、键盘来进行控制大屏。

⑲实现多个用户同时对大屏幕进行操作，可以对大屏幕的相同位置放置各自不同的显示内容窗口，并且可以实现相互操作，即A用户可以关闭、移动、缩放B用户打开的窗口，反之亦然。

⑳支持数据备份与恢复：可以将系统的各项设置数据进行备份，在系统重新安装时可方便进行数据恢复。

㉑大屏幕管理软件应为全中文界面，无须数据库支持，不需安装数据库引擎，方便维护、备份等系统管理，可向用户提供源代码进行二次开发，也可按照用户要求进行修改。

6.2.4 LCD背投大屏幕电视墙

LCD是近几年才发展起来的一种拼接技术，它最大的优势在于功耗低、重量轻、寿命长、低辐射、画面亮度均匀，最大的缺点就是拼缝较大，对于显示画面要求精细的用户而言不是首选，这也是当前液晶拼接占据中低端市场的关键因素。

为了降低拼缝，减少拼缝给用户带来的间隔感，液晶拼接厂商们不断推出拼缝更窄的液晶拼接单元，从最初的7.3mm到6.7mm，再到5.5mm甚至更小的液晶拼接单元，拼缝技术不断取得突破，掀起了一次又一次的液晶拼接潮。

6.2.5 CRT背投大屏幕电视墙

CRT背投大屏幕电视墙主要是传输视频图像，由多个屏幕单元拼接而成，常见的有2

×2、2×3、N×N 等多种表现形式，在娱乐、展览、监控领域应用最广，具备运行费用低、工作寿命长的特点。若有其他信号（如 VGA）输入的话一般需要先通过转换器将其他信号转换成视频信号，CRT 寿命为 3 万小时以上。此外还有更好的均匀一致性、价格低廉、方便使用等特点。投影单元关键技术有几何失真、静态汇聚、动态汇聚、白平衡调节四方面。

CRT、LED、DLP 三类显示产品比较见表 6.1。

表 6.1 三类显示产品比较

参数	CRT	LED	DLP
技术核心	7in 投影管	LCD 板	DMD 芯片
连续工作时间	≥18h	≤4h	≤10h
易耗品	无	氙灯泡	氙灯泡
平均无故障时间	≥50000h	≥10000h	≥20000h
视频拼接效果	色彩一致性好	色彩一致性差	色彩偏冷
计算机信号显示	需转换为视频信号后显示	直接显示	直接显示
主要应用领域	视频墙转换后的数据墙	数据墙	数据墙

6.2.6 等离子 PDP 大屏幕电视墙

PDP 是 Plasma Display Panel 的缩写，中文名称为等离子显示板。PDP 是一种利用气体放电的显示技术，其工作原理与日光灯很相似。它采用了等离子管作为发光元件，屏幕上每一个等离子管对应一个像素，屏幕以玻璃作为基板，基板间隔一定距离，四周经气密性封接形成一个个放电空间。放电空间内充入氖、氙等混合惰性气体作为工作媒质。

在两块玻璃基板的内侧面上涂有金属氧化物导电薄膜作激励电极。当向电极上加入电压，放电空间内的混合气体便发生等离子体放电现象。气体等离子体放电产生紫外线，紫外线激发荧光屏，荧光屏发射出可见光，显示出图像。

当使用涂有三原色荧光粉的荧光屏时，紫外线激发荧光屏，荧光屏发出的光则呈红、绿、蓝三原色。当每一原色单元实现 256 级灰度后再进行混色，便实现彩色显示。

从技术原理看，由于 PDP 屏幕中发光的等离子管在平面中均匀分布，这样显示图像的中心和边缘完全一致，不会出现扭曲现象，实现了真正意义上的纯平面。另外由于显示过程中没有电子束运动，不需要借助于电磁场，因此外界的电磁场也不会对其产生干扰，具有较好的环境适应性。它的散热方式通过外部屏幕进行。

相对于 LCD 技术而言，PDP 拼接做到了屏幕越大图像景深和保真度越高，避免了LCD 技术中所遇到的响应时间的问题，而且 PDP 的拼缝要比 LCD 拼接小得多，虽然无法达到 DLP 拼接零点几毫米的拼缝，但是对视觉效果的影响几乎是可以省略不计的，而且PDP 的屏体是非常超薄的，一般通过前面板散热。

6.3　软边融合大屏幕拼接系统

软边融合（Soft Edge Blinding）大屏幕拼接系统可以精确细致地显示每个精细而且微小的画面，整套系统展现出来的是整幅无缝的画面，不论是光学拼缝还是物理拼缝，都不会存在，带给观众震撼的视觉冲击和享受，让一切数据完美再现。软边融合技术起初应用于模拟仿真系统，随着科技的不断发展，成本的不断下降，软边融合大屏幕系统已经逐步进入高级会务大屏幕显示系统、指控中心大屏幕显示系统以及对显示效果要求较高的大屏幕应用环境中。

软边融合大屏幕拼接系统：是一种新型的大屏幕拼接方式，主要是指整幅投影画面由不同的投影机投射画面拼接组成，每个单独的投影画面拼接中有着投影光线和画面内容的重叠部分，通过软硬件的结合处理，消除光线重合部分的多余亮度，从而确保整幅画面上面没有任何接缝，亮度均匀一致，给观众完美的视觉冲击。通常情况下，采用融边处理的大屏幕拼接系统中首先确保屏幕是整张无缝的，整幅投影画面没有光学拼缝和物理拼缝。在画面拼接显示设备方面，采用软边融合技术，才可以使画面做到真正的无缝显示，改变传统的显示方式。传统拼接是接缝处点和点的衔接，而软边融合拼接则是像素点和像素点的重合，所以，调试难度大，工艺要求非常准确。

完整画面的优点不需要过多的陈述，因为完美画面的显示对于欣赏者而言总是一目了然，传统的拼接画面如图6.3所示，软边融合的拼接画面如图6.4所示，后者显示效果显然比前者更好。

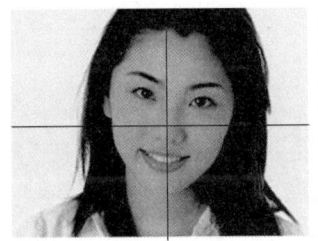 

图6.3　传统的拼接画面　　图6.4　软边融合的拼接画面

传统拼接画面原理如图6.5所示，软边融合画面如图6.5所示。融边技术的出现，更大程度上保证了画面的完美性和色彩的一致性。多台拼接消除画面拼接的光学缝隙，实现了无缝的鲜艳靓丽的画面。

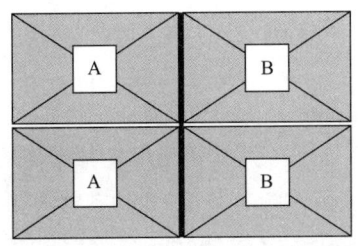 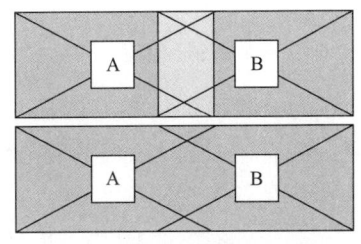

图6.5　传统拼接画面示意　　　　图6.6　软边融合画面示意

软边融合系统中主要是图像部分必须有一定的重合,俗称为融合带,重合尺寸按照实践经验和理论值,一般为10%～20%。根据屏幕大小、屏幕质量、投影机的分辨率、融边器等参数,会有所差别。融合带的宽窄,直接影响了整幅画面的亮度均匀性和色彩一致性,因此,选择合适的融边带尺寸,非常重要。融合区域示意如图6.7所示。

(a) 融合过度

(b) 融合欠缺

(c) 融合完全

图6.7 融合区域示意

系统组成中的每台投影机都必须投射出融合带的区域图像部分,再经过专业软边融合处理设备,对进行融合区域的光亮度、色彩等参数进行调试,确保整幅图像的一致性。

软边融合大屏幕显示系统和传统的大屏幕拼接系统有许多相似之处,相比之下,又具备画面完美无缝、调试难度大等特点。下面分别从系统优越性、系统组成和设备选型、系统应用和维护方面作简单介绍。

6.3.1 融合大屏幕的优越性

画面整体分辨率提高、显示画面变大、画面亮度高、投射距离短、信号源广、多窗口显示、画面视角好、均匀性好、画面完美显示且整幅无缝、无割裂感、操作灵活、维护方便,都是融合大屏幕的特点和优点。融边大屏幕拼接和软边融合效果示意图分别见图 6.8 至图 6.9 所示。

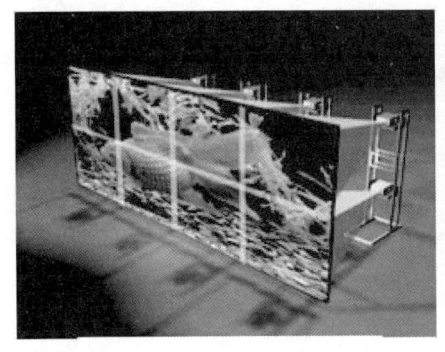 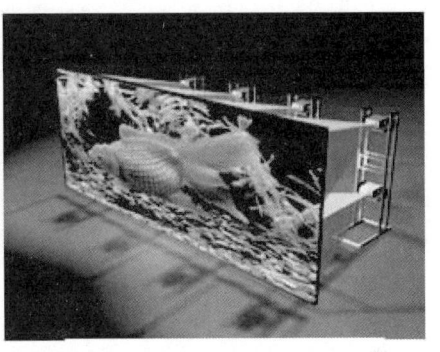

图 6.8 融边大屏幕拼接　　　　图 6.9 软边融合效果示意图

软边融合大屏幕拼接系统优越性较多,从 2004 年推出后,到目前为止,大量软边融合大屏幕显示项目成功应用到政府、军队、会议中心等重要的应用场合。软边融合实际应用图分别见图 6.10 所示。

图 6.10 软边融合实际应用图

6.3.2 融合大屏幕显示系统组成和设备选型

软边融合大屏幕显示系统与传统的大屏幕拼接系统相比,设备组成基本相同,只不过在多屏画面拼接(融边)处理器和投影机、屏幕的选型方面,更为苛刻和严格,软边融合大屏幕显示系统更是一项高科技、高难度的系统集成工程。软边融合大屏幕如图 6.11 所示。

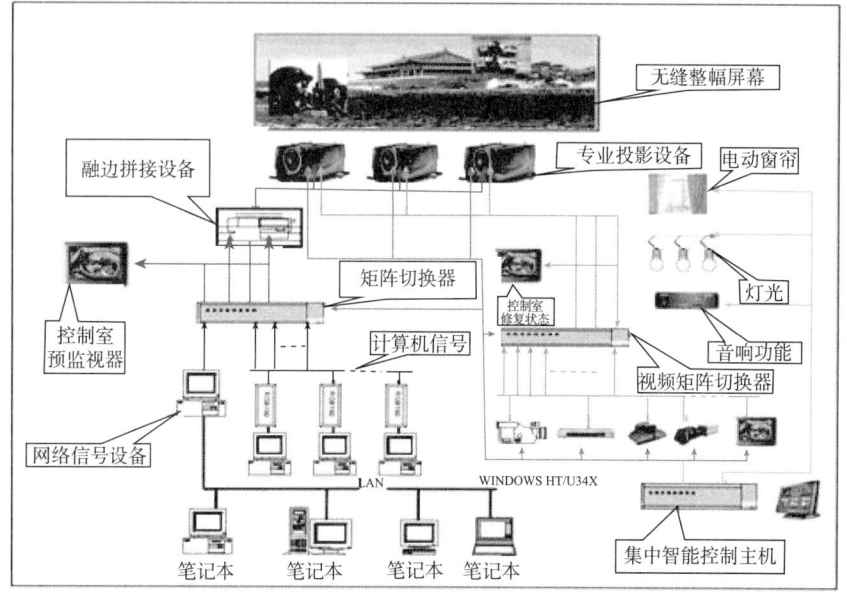

图 6.11 软边融合大屏幕示意图

软边融合大屏幕系统设备组成比较复杂，主要分为 6 大部分：屏幕、投影机、软边融合拼接设备、信号处理设备、集中控制设备、周边设备等。

(1) 主要设备组成

①屏幕：屏幕给观众最直观的视觉冲击，屏幕选择至关重要。首先确保屏幕整张无缝，才可以确保画面的完美显示。另外要求均匀度高、视角大，无明显边界现象产生。

②投影机：投影机的画面质量直接影响到大屏幕的显示效果，同样非常重要。尽可能采用 3-DMD 技术的投影机，确保良好的色彩还原性。高端 3-LCD 的投影机也可以使用，但是在色彩一致性的调整上面，需要花费更多时间。

③软边融合拼接处理器：软边融合拼接处理器主要决定大屏幕画面显示的内容和速度，处理器的好坏，对于信号源的处理速度、画面的清晰度、软边融合的质量，都有着不可低估的作用。

④信号处理设备：信号处理设备包括信号源类型的转换，信号的切换，信号的放大与传输等，对于大屏幕画面的显示非常重要。

⑤集中控制设备：大屏幕拼接系统中设备种类繁多，投影机的数量、矩阵的数量、信号源的数量都比较多，中央集中控制设备可以更好地快速处理信号选择与切换，方便快捷地控制设备操作过程，快速提高工作效率和准确度。

⑥周边设备：周边设备包括信号源桌面接入系统，线缆、接插件、机柜、电源部分等。

下面从设备选型方面进行简单论述。

(2) 核心设备选型。

①屏幕

应用到软边融合大屏幕显示系统中的屏幕必须兼顾视角、增益、对比度等多项指标，必须具备如下特点,才可以应用到软边融合大屏幕系统中。

屏幕整张无缝：无缝是首要选择。首先消除屏幕物理缝隙,不论选择硬幕还是软幕,只有确保屏幕整张无缝,才可以确保画面没有任何接缝。需要说明的是,菲涅尔光学屏幕因为屏幕透镜的原理问题,所以,软边融合项目绝不可以采用菲涅尔光学屏幕作为显示屏幕使用。

屏幕宽视角：软边融合屏幕必须确保具有较宽的视角,一般要求视角高达180°,最低要求160°,否则,在光学重合区的光学消影很难处理均匀。

屏幕增益：软边融合项目的屏幕增益,背投屏幕增益建议采用1.0或者更小增益。目前,应用最多的背投屏幕的增益已经下调到0.7,融合区域的效果,非常好。正投屏幕可以采用最高1.3的增益,不建议采用更高增益屏幕,否则,中间重合带明显,观看视角会受到限制。

屏幕的均匀性：屏幕的均匀性一定要好,否则,很难保证整幅画面的亮度、均匀性。

屏幕的平整性：不论采用框架屏幕还是电动屏幕,作为软边融合项目,屏幕的平整性是画面一致性的基础,必须确保屏幕自身具有较好的平整性。

屏幕的对比度：屏幕应具有一定的对比度,但是对比度不要求太高,如果对比度过高,重合部分的影像将很难调试。

综上所述,在选择一块软边融合项目的屏幕时候,应非常慎重和小心,要不然,很难达到理想效果。

②投影机。

根据系统组成的屏幕大小,选择投影机的镜头型号和显示技术。为了保证多台投影机透射出的画面具有同一亮度、统一色彩,大屏幕拼接中投影机的选型主要依据如下几点。

投影机的亮度、对比度：投影机的亮度直接决定了屏幕的画面亮度,所以,根据通俗的算法,画面亮度每平方米在700ANSI流明,如果房间亮度比较高,而又选择正投,建议增加15%左右。该算法比较容易,用投影机的平均亮度除以投射面积,即可得出,一般可以满足安装现场的环境要求。

投影机的分辨率：投影机的分辨率可以根据信号源的分辨率进行选择。

投影机的菜单调试项：作为软边融合大屏幕使用的投影机,一般采用专业的工程投影机,投影机中的调试菜单具有色彩、色温、亮度、投影机光输出、高低电平的灰度等级等参数可以单独调试。

镜头投射率：镜头投射率一般和屏幕以及使用空间有关系。如果采用背投,一般采用1.2∶1或者以上的镜头作为融边镜头使用。正投镜头可以根据安装位置确认,但是,不建议正投投影机的镜头小于1.2∶1。

镜头位移：工程投影机一般都会具有镜头位移可调项,可调范围每个型号的投影机都不相同。在拼接中,镜头位移可调大大方便了投影机物理位置的设置。

软边融合大屏幕拼接系统中,投影机的调试比较复杂,首先确保调试好物理位置再调试光学项目。调试物理位置时,不建议使用投影机的电子梯形校正调试画面的大小和方正状况。

③软边融合拼接处理器：软边融合拼接控制器是一个支持多输入、多显示的控制设备，提供灵活的数字/模拟输入和输出选项、强大的软件功能，可在一个宽屏的、通道之间边缘融合的投影设置中以窗口方式显示一系列输入信号源窗口，并且还能够提供多种显示效果，如Alpha边缘融合、色度键控和次序控制。每个控制器最多支持多个可完全定义的输入或输出，并且还支持标准的DVI A/D输出，可直接寻址任何兼容DVI格式的数字投影机，每一输出可建立直至UXGA（1600×1200像素）的高速连接。机身可置于标准的19in机架内，可满足支持多窗口显示的，且以无缝融合宽屏信号为背景的多画面显示应用要求。

软边融合拼接处理器直接影响了画面的质量，对拼接效果至关重要，主要从以下几个方面进行选择。

具有图像边缘衍生功能：软边融合设备必须衍生出重叠部分的多余图像，否则，画面不具有重叠功能，则无法进行融合调试。图像重叠部分，一般建议融合不小于画面的15%，或者在200个像素以上。

具有伽马校正功能：重合区域的色彩伽马校正功能，确保图像色彩一致。

具有边缘融合功能：允许对所选择的信号输入转变为透明的叠加。融合率可由用户自己定义。一般为15%以上。具有色度羽化功能，淡变融合部分的色彩和亮度。

具有色度键控功能：可以调试重合部分的色温、色度，确保全屏幕的色彩高度一致性。

具有次序控制功能：可以对重合部分的边缘进行分次调整，具有次序控制功能。

具有视窗功能：可以像素精度定义视窗的位置和大小，由此来显示窗口的输入。水平和垂直尺寸均可单独调整。

直观的软件操作界面：软边融合拼接处理器具有很方便的软件操作界面，便于用户操作和维护。

输入输出和直观的效果控制功能：对于画面的窗口控制和信号源控制，必须做到直观的控制功能，提高操作效率。

软边融合设备目前在国内市场种类比较繁多，有的设备操作复杂；有的设备不可以独立使用，需要配合传统拼接设备共同使用；有的设备功能简单，效果较差，需要用户慎重选择。

④软边融合大屏幕拼接系统的信号处理设备。

大屏幕拼接系统中的信号处理设备，功能比较多，设备范围比较广，格式转换也比较多。下面就介绍矩阵切换器和信号格式转换设备、传输设备等。

矩阵：主要完成大屏幕计算机和视音频信号的选择切换功能，和数学中的矩阵概念不一样，是几进几出的设备。大屏幕投影机的数量比较多，信号源也比较多，每路信号可以任意调用、切换和输送。矩阵的选择一般根据带宽、格式、输入输出数量、切换通道记忆、是否易控等指标进行选择。

倍频器和降频器：主要完成复合视频信号和VGA信号之间的相互转化，利于传输和切换。

信号传输设备：计算机信号可以通过双绞线、光纤等远距离传输给投影机。

线路分配器：一路信号可以分为多路信号进行传输和应用。

信号放大驱动设备：确保信号远距离传输图像显示不失真、无虚影、不拖尾。

⑤集中控制系统：主要控制投影机的开关、简单调试，控制现场灯光调节，控制信号的切换和输送，控制部分设备的操作如DVD等。集中控制设备目前技术比较成熟和完善，用户可以根据自身需求进行选择。

选择依据是根据需要被控的产品数量和型号需求，选配合适的控制主机，控制界面既可以选择无线或者有线的触摸屏，同时也可以选择使用计算机进行控制，方式方法比较灵活。

⑥周边设备。

周边设备主要是指完成整套系统需要的其他外围设备，如：线缆、接口件（BNC、VGA、RJ45等），机柜、UPS电源，电源插座等设备。此处，必须强调的是电源插座一定要满足并且超越投影机最大功耗的20%。大型工程机的功耗较大，对电源要求更加严格，具体可查看设备铭牌标识。

6.4 LED显示屏

LED英文为light emitting diode，是发光二极管的英文缩写。作为一种显示屏幕，在工业上其主要用于分辨率要求不是太高的场合。随着技术发展，视频显示分辨率目前有了明显提升，应用范围日益扩大。

在显示领域中各种显示方式层出不穷，LED无缝拼接显示已经发展成为当今主流显示设备。LED屏幕显示优势突出，性价比高，具有高亮度、高色彩饱和度、广视角、高对比度、长寿命、低维护等众多亮点。与显示系统关系最密切的就是操作人员和观看者，所以设计一种高质量的画面显示效果和环保健康要求的平板显示屏是业界一向追求的目标。

LED显示屏通过一定的控制方式，用于显示文字、文本、图形、图像、动画、行情等各种信息以及电视、录像信号并由LED器件阵列组成的显示屏幕。

显示单元（display unit）是电路及安装结构确定的并具有显示功能的组成LED显示屏的最小单元。LED屏幕亮度高，不受环境光亮度影响，室外阳光明媚的环境下仍可正常观看。同时LED显示系统还具有亮度自动调节功能，能根据环境光的亮暗变化，自动调节屏幕发光亮度。当夜晚降临的时候，LED屏幕将自动降低亮度，以最符合人眼夜间观看屏幕习惯，提高舒适度。LED采用红、绿、蓝三基色混色技术，光线能量集中度很高，集中在较小的波长窗口内，其色纯度高，混色色域范围大，对色彩的还原能力强于其他传统显示技术。其三基色构成的三角形区域面积相对NTSC色域范围面积的百分比描述；LED屏幕达到100%N制或P制色域覆盖率；常规液晶显示器或投影机仅有75%左右的色域覆盖率；LED主发光技术色彩还原度高，由于LED采用自发光成像方式而不是被动发光，所以其色彩饱和度更高、色种更丰富，色彩还原度更好，图像层次更分明，画面表现效果自然更逼真，使眼睛在观看时就如同观看自然实物般舒适。

6.4.1 LED显示屏分类

LED显示屏可依据下列条件分类。

（1）使用环境。

按使用环境分为室内LED显示屏和室外LED显示屏。户外LED屏幕通常使用直插型LED灯，虽然造价低，防护性高，但最大的缺点是其垂直发光视角比较小，俯视或仰视图像质量会有变化。不同的工作温度会让LED的寿命有所不同，温度越高寿命越短。

（2）显示颜色。

按显示颜色分为单基色LED显示屏（含伪彩色LED显示屏）、双基色LED显示屏和全彩色（三基色）LED显示屏。伪彩色LED显示屏（seudo-color LED panel），是指在LED显示屏的不同区域安装不同颜色的单基色LED器件构成的LED显示屏。全彩色LED显示屏（all-color LED panel），由红、绿、蓝三基色LED器件组成并可调出多种色彩的LED显示屏。

按灰度级又可分为16、32、64、128、256级灰度LED显示屏等。

（3）显示性能。

LED显示屏按显示性能分为文本LED显示屏、图文LED显示屏，计算机视频LED显示屏，电视视频LED显示屏和行情LED显示屏等。

行情LED显示屏一般包括证券、利率、期货等用途的LED显示屏。

（4）基本发光点。

非行情类LED显示屏中，室内LED显示屏按采用的LED单点直径可分为 $\phi 3mm$、$\phi 3.75mm$、$\phi 5mm$、$\phi 8mm$ 和 $\phi 10mm$ 等LED显示屏；室外LED显示屏按采用的像素直径可分为 $\phi 19mm$、$\phi 22mm$ 和 $\phi 26mm$ 等LED显示屏。按采用的数码管尺寸可分为2.0cm（0.8in）、2.5cm（1.0in）、3.0cm（1.2in）、4.6cm（1.8in）、5.8cm（2.3in）、7.6cm（3in）等各类标准。

6.4.2 显示屏使用安装注意事项

（1）应有保护接地端子，且应有标记。

（2）在熔断器和开关电源处应有警告标志。

（3）对地漏电流应不超过3.5mA（交流有效值）。

（4）可承受50Hz、1500V（交流有效值）的试验电压，1min不应发生绝缘击穿。

（5）正常使用时在达到热平衡后金属部分的温升不超过45K，绝缘材料的温升不超过70K。

（6）室内LED失控点应不大于万分之三；室外LED不大于千分之三；且为离散分布。

（7）供电电源为220V±10%，50Hz±5%或380V±10%，50Hz±5%。

（8）显示单元的平均无故障工作时间MTBF（m1）不低于10000h。

6.4.3 LED显示屏性能特性

文本LED显示屏和图文LED显示屏应具有移入移出方式及显示方式。

行情LED显示屏具有与其相应的行情显示能力。计算机视频LED显示屏应具有以下功能。

（1）动画功能：要求LED显示屏动画显示与计算机显示器相对应区域显示一致；

（2）文字显示功能：要求文字显示稳定、清晰无串扰。

（3）灰度功能：要求具有在详细规范中规定的等级灰度。

（4）电视视频LED显示屏除具有动画、文字显示、灰度功能外，还可放映电视、录像画面。

6.4.4 LED显示屏关键技术指标

P1.9小间距全彩屏幕：指的是屏幕点间距不大于1.923mm；像素结构采用表贴黑灯三合一，像素密度不低于270400点/m^2，光源多采用亿光、日亚、欧司朗或同档次光源，封装方式多采用金线封装，屏幕分辨率不低于2704×1404。屏幕表面做不反光处理，整屏平整度：≤0.3mm；光学参数：单点亮度校正，单点颜色校正；屏幕亮度：≥500cd/m^2；水平视角：≥160；垂直视角：≥140；发光点中心距偏差：＜5%；亮度均匀性：≥90%；对比度：≥3000∶1；使用寿命：≥5万小时；刷新率≥3000Hz。

P5全彩屏幕：像素结构采用表贴黑灯三合一，点间距：≤5mm，屏幕表面做不反光处理；整屏平整度：≤0.3mm；光学参数：单点亮度校正，单点颜色校正；像素密度不低于40000点/m^2，光源多采用亿光、国星光源，采用八分之一扫描方式，屏幕分辨率不低于1280×608。屏幕亮度：≥1200cd/m^2。水平视角：≥120；垂直视角：≥120。亮度均匀性：≥90%；对比度：≥1000∶1。使用寿命：≥5万小时；刷新率：≥1000Hz。

与LED屏幕配套使用的LED控制器要求显示各种计算机信息、图形、视频图像及二、三维计算机动画并叠加文字。输入及播出多种信息，可以选择多种中文字体和字形，并可无级缩放。支持多种播出方式：单/多行平移、单/多行上/下移、左/右拉、上/下拉、旋转、无级缩放等。可进行文字编辑与播放，并提供多种字体选择。支持计算机外接存储设备的信息播放。控制器具备逐点校正系统。一般而言，单点亮度及单点色度校正精度比整屏校正效果要好。LED屏幕控制及处理系统具有图像处理、降噪、运动补偿、图像锐化与色彩增强等功能。锐化可使图像边界细节得到增强，增强灰度反差，不但提高图像的视觉效果，而且还便于对图像的形状特征更好地识别。

6.4.5 执行标准及规范

《LED显示屏通用规范》SJ/T 11141—2012；

《信息技术设备（包括电气事务设备）的安全》GB 4943—2001；

《建筑工程质量检验评定标准》GBJ 301—2001；

《LED 显示屏测试方法》SJ/T 11281—2007；

《发光二极管固体显示器总规范》GBJ 2146—1994；

《电光源的安全要求》GB 7248—1987；

《工业与民用电力装置的接地设计规范》GBJ 65—1988；

《民用建筑电气设计规范》JGJ 16—2016；

《建筑物防雷设计规范》GB 50057—1994；

《蓝皮书 K11 建议"过电压和过电流防护的原则"》CCITT；

《通信电路和通信设备的防雷手册》CCITT；

《建筑工程质量检验评定标准》GBJ 301—1988；

《智能建筑设计标准》GB/T 50314—2000；

《智能与建筑群综合布线工程设计规范》GB/T 50314—2000；

《电气安装工程接地装置施工质量验收规范》GB 50169—1992；

《电气装置安装工程 电力变压器、油浸电抗器、互感器施工及验收规范》GB 50148—2010；

《厅堂扩声系统设备互联的优选电气配接值》SJ 2112；

《彩色电视图像质量主观评价方法》GB 7401—1987；

《彩色电视广播接收机通用规范》GB/T 10239—2003；

《声音和电视广播接收机及有关设备抗扰度 限值和测量方法》GB/T 9383—2008；

《视听系统设备互连用连接器的应用》GB/T 15644—1995；

《视听、视频和电视系统中设备互连的优选配接值》GB/T 15859—1995；

《基于 IP 网络的视讯会议系统设备互通技术要求》GB/T 21640—2008；

《基于 IP 网络的视讯会议系统设备互通技术要求》GB/T 21640—2008；

《电子计算机房设计规范》GB/T 50174—1993；

《包装储运图示标志》GB 191—2008；

《电工电子产品基本环境试验规程试验 A：低温试验方法》GB 2423.1；

《电工电子产品基本环境试验规程试验 B：高温试验方法》GB 2423.2；

《电工电子产品基本环境试验规程试验 Cab：恒定湿热试验方法》GB 2423.3；

《电子测量仪器通用规范》GB/T 6587—2012；

《电子测量仪器质量检验规则》GB 6593—1996；

《微型计算机通用规范》GB/T 9813—2000；

《电子测量仪器包装、标志、贮存要求》SJ/T 10463—1993；

《火灾自动报警系统设计规范》GB 50116—2013；

《通信局（站）防雷与接地工程设计规范》GB 50689—2011；

符合最新版中国电磁兼容性（EMC）标准要求。

6.5 其他附属设备

6.5.1 专业监视器

专业监视器广泛用于各级电视台的新闻制作播出、机房显示、会议显示和电视转播车领域,它显然不同于普通电脑显示器,其特点是画面质量优异,实现了优异色彩还原和画面质量还原,有的含有背光灯系统,画面稳定,色域宽,有的搭载高分辨率的有机发光二极管显示面板,提供高对比度画面。有的在强光下仍然可以正常使用,非普通显示器可比。常见尺寸有 7.4in、9in、15in、17in、20in、21in、23in、24in、25in、25in、32in、42in、46in。

6.5.2 技术先进的投影机与多媒体服务器系统介绍

科视生产的新款专业级产品投影机,拥有 300Mpx/s 传输性能,提供出色的 2K 和高清视频处理能力。浮点计算能力可媲美 25 位定点处理分辨率,增强了动态范围和缩放能力,适用网格化变形和融合处理器,也可选装镜头辅助变形和融合或堆叠,设置更快、更简单。还可 360°旋转,支持垂直模式。投影机噪声水平可以低到 35dB(A)以下,全新简约的设计可与任何环境无缝融合。新产品轻巧便捷、画面出众,使用激光荧光体发光源,提供 20000h 低维护、低拥有成本运行。新款专业级产品投影机如图 6.12 所示。

图 6.12 新款专业级产品投影机示意图

科视 Christie BoldColor 技术可以增加色平衡来提高色彩精度,得到极其鲜明的色彩,为观众所喜爱。可以提供灯泡和激光荧光体两种光源选择,亮度范围达 3000~13000Lux。

美国科视 Christie Boxer 新款产品的亮点是:

(1) 轻巧、坚固,方便转移、运输和安装。

(2) 360°全向安装。

(3) 全套连接：3G-SDI、DisplayPort、HDBaseT™、DVI、HDMI、HDMI2.0、DisplayPort1.2、12G-SDI 和光纤输入。

(4) 内置科视 Christie Twist® 图像变形和融合软件。

(5) 3DLP®画质和可靠性。

(6) 易吊装和堆叠。

(7) 在手机上或网页浏览器上即时显示信源和状态更新，了解灯泡寿命、电压、温度和警告信息。

(8) 集成近场通信（NFC），用户通过使用移动设备灯跟踪信息。

(9) 板载工具包。

值得一提的还有科视 Christie Pandoras Box 服务器系统，该系统被用于全球众多精美绝伦的多媒体表演，在多媒体内容驱动上扮演着重要角色。被认为是经济高效的交钥匙解决方案，它可以将先进的渲染技术和直观的多媒体表演控制完美结合。它拥有最强大的渲染引擎，提供实时 3D 合成，可在任何形状和表面上投影，是现场活动、投影映射或多媒体表演的不二之选。除了灵活和用户友好之外，它还可以作为独立播放设备、网络播放客户端或作为控制台直接控 DMX。Pandoras Box 新加入了信息亭模式，可作为简单的独立播放设备，任何人无须特殊培训，没有烦琐的菜单就可独自搭建和操作，它灵活而又易于使用，可扮演独立播放设备、网络播放客户端或直接 DMX Control 的控制台模式。文件编码速度快通过文件检验器带来更多编解码信息，加入全新设计的贴片选项卡和新模板，从灯光台远程遥控工作流更快。用户可以创建自己的档案，以及导出和导入贴片模板，推出的指令选项卡可以看到所有的指令，用户可通过时间线导航，在每个指令上备注。Christie Pandoras Box 服务器系统外观如图 6.13 所示。

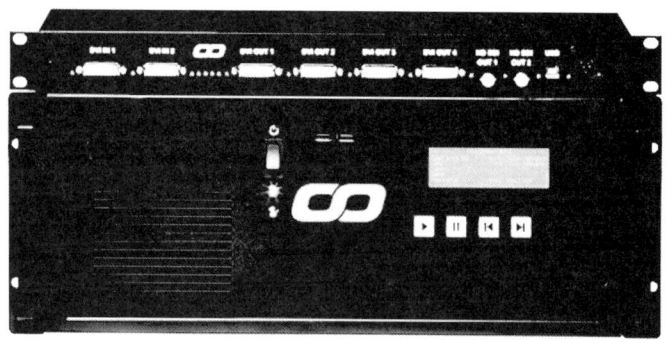

图 6.13　Christie Pandoras Box 服务器系统外观图

科视 Christie Pandoras Box Quad 服务器与科视 Christie Boxer 4K30 3DLP®投影机，组合使用，可以带来 4K 分辨率的视觉画面。功能丰富的 Pandoras Box Quad 服务器系统十分适合需要多路输出的投影。Pandoras Box 系统在投影和数字图像合成之间提供最高性能的连接。用户可以使用 Pandoras Box 自由编排视频和图像，改变色彩、形状和位置，同步所有视听信号。Pandoras Box 以其现场 3D 渲染、合成和编辑功能，成为现场活动或多媒体演出的表现工具。

6.5.3 主流显示设备推荐

投影机系列：科视、巴可、SONY；

监视器：松下、SONY、优派、三星、博世；

平板显示器：松下、三星、惠普、优派、创维、TCL、长虹、LG、飞利浦、夏普、三洋；

LED 显示器：飞利浦、日亚、利亚德、雷曼、欧普、三安、丰田合成、Lumileds、Cree 和 Osram；

DLP 显示器：巴可、科视、索尼、威创、中达电通、GQY、同创新力。

7 扩声系统

在会议系统中人们耳朵听到的声音，一般都是经过扩声系统，把声音放大后到一定增益后才能听见的。扩声系统中最重要的设备是调音台，它起着中枢神经作用。通过话筒（DVD等音源）摄入的音频信号经过调音台美化处理，然后分配给后级处理设备（如均衡器、效果器、反馈器等），最后经过功放推送到喇叭播送。一般扩声系统音频传输流程如图7.1所示。

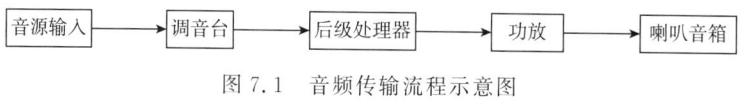

图 7.1　音频传输流程示意图

实际的会议扩声系统往往根据需要在音源输入后先接入智能混音器（对多路音频先合成一组传送到调音台，以合理减少调音台音频输入），调音台可以按需接入效果器（有的调音台自带内置效果器），对声音进行美化，后级处理器则包含了反馈抑制器等周边设备。

7.1　调音台概述

调音台又称调音控制台，它将多路输入信号进行放大、混合、分配、音质修饰和音响效果加工，是现代电台广播、舞台扩音、音响节目制作等系统中进行播送和录制节目的最重要设备。调音台外观如图7.2所示。关于调音台的书籍比较多，本书只做初步介绍，供入门使用。按照模拟与数字的不同，输入输出的不同、是否可扩展的不同，即使是专业调音台价格差异也较大，有的达到数百万，有的只有几千元，但原理基本一样。

图 7.2　调音台外观示意图

7.1.1 调音台分类

调音台在输入通道数方面、面板功能键的数量方面以及输出指示等方面都存在差异，从其型号一般可以看出来。如某调音台型号是1604，表示共有16路输入，4路输出。要熟练掌握使用调音台，需从总体上去考察。调音台分为三大部分：输入部分、母线部分、输出部分。母线部分把输入部分和输出部分联系起来，构成了整个调音台通道。

调音台的分类有两种方式。

（1）调音台按信号处理方式可分为：模拟式调音台和数字式调音台。

（2）根据使用目的和使用场合的不同，调音台又可分为以下几种：

①立体声现场制作调音台（Stereo Field Production Console）；

②录音调音台（Recording Console）；

③音乐调音台（Music Console）；

④数字选通调音台（Digital Routing Mixing Console）；

⑤带功放的调音台（Powered Mixer）；

⑥无线广播调音台（On Air Console）；

⑦剧场调音台（Theatre Console）；

⑧扩声调音台（P.A. Console）；

⑨有线广播调音台（Wired Broadcast Mixer）；

⑩便携式调音台（Compact Mixer）。

7.1.2 调音台功能键说明

（1）调音台面板输入部分的插座、功能键一般都包含以下部分。

①卡侬插座 MIC：此即话筒插座，其上有三个插孔，分别标有1、2、3。标号1为接地（GND），与机器机壳相连。标号2为热端（Hot）或称高端（Hi），它是传送信号的其中一端。标号3为冷端（Cold）或称低端（Low），它作为传输信号的另一端。由于2和3相对1的阻抗相同，并且从输入端看去，阻抗低，所以称为低阻抗平衡输入插孔。卡侬插座抗干扰性强，噪声低，一般用于有线话筒的连接。卡侬插座外观和插头接线分别如图7.3和图7.4所示。

图7.3 卡侬插头外观

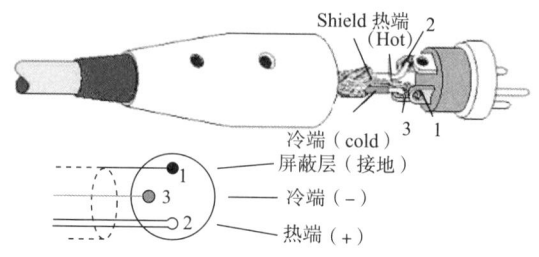

图 7.4 卡侬插头接线图

②线路输入端（Line）：它是一种 1/4in 大三芯插座，采用 1/4in 大三芯插头（TRS），尖端（Tip）、环（Ring）、套筒（Sleeve），作为平衡信号的输入。也可以采用 1/4in 大二芯插头（TS）作为非平衡信号的输入。其输入阻抗高，一般用于除话筒外的其他声源的输入插孔。大三芯外观如图 7.5 所示。

图 7.5 1/4in 大三芯插头

③插入插座（INS）：它是一种特殊类型的插座，相对其他输入比较难理解一些。平时其内部处于接通状态，当需要使用时，插入 1/4in 大三芯插头，将线路输入或话筒输入的声信号从尖端（Tip）引出去，经外部设备处理后，再由环（Ring）把声信号返回调音台，所以这种插座又称为又出又进插座，有的调音台标成"Send/Return"或"in/out"插座。效果器声音处理后引入必须用到插入插座。

④定值衰减（PAD）：按下此键，输入的声信号（通常是对 Line 端输入的声信号）将衰减 20dB（即 10 倍），有的调音台，其衰减值为 30dB。适用于把大的声信号输入减弱。

⑤增益调节（Gain）：用来调节输入声信号的放大量，它与 PAD 结合使用可使输入的声信号进入调音台时处于信噪比高、失真小的最佳状态，实际表现为也就是经过 Gain 旋转按钮调节后，使该路峰值指示灯处于欲亮不亮的最佳状态。

⑥低切按键（100Hz）：按下此键，可将输入声信号的频率成分中 100Hz 以下的成分切除。此按键用于扩声环境欠佳，常有低频嗡嗡声的场合和低频声不易吸收的扩声环境。

⑦均衡调节（EQ）：它分为三个频段：高频段（H.F.）、中频段（M.F.）、低频段（L.F.），主要用于音质补偿。

（a）高频段（H.F.）：倾斜点频率为 10kHz，提衰量为 15dB，此频段主要是补偿声音的清晰度。

(b) 中频段（M.F.）：中心频率可调，范围为 250～8000Hz；峰谷点的提衰量为 15dB；这个频段的范围很宽，补偿是围绕某个中心频率进行的。若中心频率落在中高频段，提衰旋钮补偿声音的明亮度；若中心频率落在中低频段，提衰旋钮补偿声音的力度。

(c) 低频段（L.F.）：倾斜点频率为 150Hz，提衰量为 15dB，主要用于补偿声音的丰满度。

⑧辅助旋钮（AUX1/AUX2/AUX3/AUX4）：调节这些辅助旋钮，等于调节该路声音送往相应辅助母线信号的大小。其中 AUX1 和 AUX2 的声信号是从推子（Fader）之前引出的，不受推子变化的影响。AUX3 和 AUX4 的声信号是从该路推子（Fader）之后引出的，受推子调节的影响。前者标有 Pre，后者标有 Post。

⑨声像调节（PAN）：它用于调节该路声源在空间的分布图像。当往左调节时，相当于把该路声源放在听音的左边。当往右调节时，相当于把该路声源放在听音的右边。若把它置于中间位置时，相当于把该路声源放在听音的正中。实际上，这个旋钮是用来调节声源左右分布的旋钮，它对调音台创作立体声输出极为重要。

⑩衰减器（推子 Fader）：该功能键的调节起两方面作用：一方面用来调节该路声音在混合中的比例，往上推比例大，往下拉比例小；另一方面，用来调节该路声源的远近分布，往上推，声音大，相当于将该路声源放在较近的位置发声，往下拉，声音小，相当于将该路声源放在较远的位置发声。它与 PAN 结合可创作出各个声源的空间面分布。调音台创作立体声输出，用得较多的按键是推子和 PAN 功能键。

功能键如下：

(a) 监听按键 PFL（Pre-FadeListen 的缩写）：衰减前的监听，按下它，用耳机插在调音台的耳机插孔便能听见未经过推子的声音信号。

(b) 接通按键 On：按下它，该路声音信号接入调音台进行混合。

(c) L-R 按键：按下它，该路声音信号经推子、PAN 之后送往左右声道母线。

(d) 1-2 按键：按下它，该路声音信号经推子和 PAN 之后送往编组母线 1 和 2。

(e) 3-4 按键：按下它，该路声音信号经推子和 PAN 之后送往编组母线 3 和 4。

调音台种类有很多，但主要的功能键都是相同的。值得一提的是调音台每一路输入只能进一个声源，否则，会相互干扰，导致阻抗不匹配，以致声音失真。

(2) 调音台的信号输出。

调音台输出部分的安排有以下规律：

①调音台有几根母线，就有相对应的输出插座。

②每个输出插座输出的声信号一定在调音台上装有其相对应的调节键，可能是推拉键，也可能是旋钮。

③每种输出调节功能键旁边都装有监听按键，一般推拉键旁边的监听按键为前监听 PEL，旋钮旁的监听按键为经过旋钮后的监听（AFL）。

④从辅助返回（AUX RET）或效果返回（Effect RTN）的插孔进入调音台的信号，一定安装有调节其大小的按钮和相应的声像调节钮 PAN。

⑤凡左右输出或编辑输出的插座前，一般都有相应的 INS 称为（又出又进插孔），其目的是可以单独对输出信号在输出前进行特殊加工处理，但辅助输出不装 INS 插孔。

⑥如果输出部分装有耳机和对讲话筒 T. B. Mic 插孔，一般其旁路都有其音量大小调节钮。如果掌握了以上 6 条规律，调音台输出部分的功能键就能熟练使用。

7.1.3 调音台操作要点

（1）单声扩声：在迪厅、歌舞厅或背景音乐放音厅里，往往使用单声扩声，在这些场合不需要立体声放声。这时，调音台应作如下的连接：

①利用辅助送出输入（AUXSEND），经功放（接成桥式），串接音箱，进行扩声。这时，扩出的声音通常不带效果声。

②利用左右声道的其中一路输出或编组输出中的一路或混合单声输出，经功放（接成桥式），接音箱进行扩声。这时，扩出的声音通常有效果声。

（2）立体声扩声：在卡拉 OK 厅、音乐厅、歌厅里需要作立体声放声处理。在此情况下，利用左右声道同时输出或利用编组输出 1 和输出 2 或编组输出 3 和输出 4 同时送出，经功放（接成立体声模式）和相应的音箱进行扩声。同时，应注意两个音箱的摆放位置，尽量扩大立体声场。此外，应当注意每路声源的空间声响，巧妙调节该路上的推子和 PAN，适当安排其空间位置。对于演唱声和主乐器乐音，将相应的 PAN 调在中间位置，把推子向上推，突出演唱声和主乐音。如果输入的声源是立体声，必须在调音台输出端保留其原来的声响，不可任意摆放该路上的 PAN 和 Fader，否则，声响混乱，甚至演唱声与音乐声不能揉在一起。保留其原来声响的方法是左声道输入占用调音台一路，将该路上的 PAN 调至左边，右声道输入占用调音台另一路，将该路上的 PAN 调至右边。同时，将两路推子调在同一高度上。这样立体声源的声响在左、右声道母线和编组母线上得到保留。

（3）监听：通常监听是指舞台监听，即供舞台演出人员听音，采用调音台的辅助送出（AUXSEND），送往监听功放、舞台监听音箱放声。对需要监听的声音，将该路上的相应辅助旋钮打开。对不需要监听的声音，将相应该路的辅助旋钮关闭，于是可以做到监督各种乐音或演唱的单独发声。耳机监听与舞台监听有所不同，耳机监听是调音师用来监听各路声源输入调音台后的状况以及各种混合输出情况的，借助这种耳机监听，可检查声源并修正调音台的各种调节。

（4）效果机与调音台的连接。

效果机的应用复杂，一般在特殊情况下使用。

①利用每路上的 INS 插孔，单独对该路上的声信号进行效果处理，从 INS 插孔将该路的声信号引入效果器机，经效果机处理后，声音信号由效果机出来，再从这个插孔送回调音台。这种接法适合于大型乐团对各类乐音和演唱声的效果处理。

②利用辅助送出（AUXSEND），将声音信号送入效果机的输入端，从效果机输出接到调音台的辅助返回端（AUXRTN），对需要处理的声音信号，将该路上相应的辅助旋钮打开，对不需要处理的声音信号，则把该路上相应的辅助旋钮关闭。这种连接可由一个效果机处理多个同类声源（比如：多个人演唱）。

③利用辅助送出（AUXSEND），将声音信号送入效果机的输入端，从效果机输出接到调音台的某一路的线路输入端（Line）。这时，把这路当作效果的再加工处理（放大、均衡、声像、混合比例等），并且用该路的推子作效果混合比例调节，比较方便。但这路上所有的辅助旋钮必须关闭。否则，会出现扩声系统啸叫，或在辅助母线上出现效果声。

(5) 辅助母线（AUX Bus）。

辅助母线可以用做效果线（Effect Bus）、监听母线（Monitor Bus）、有线声控母线（控制灯光等）或可以用来单独对某些声源进行记录或扩声。总之，辅助母线愈多，调音师使用起来就愈灵活方便，甚至能做到多种场合用一台调音台控制同步放声或播放各种不同的音乐声，但是在操作前必须十分熟悉掌握其内部系统结构，即总线的分布与输入输出的关系，对技术人员的技术有较高要求。

7.2 矩阵及数码调音台

7.2.1 矩阵调音台的通道控制流程

矩阵调音台属于音乐调音台，音乐工作者通过这种矩阵输出，可创作出不同风格的音乐。它与一般调音台的区别只是增设了矩阵母线，各种声信号可以单独编入矩阵母线，从矩阵母线送出的声信号，经过混合放大，分成多组，每组信号大小可调，然后混合，混合后的信号通过矩阵输出进行大小调节，隔离放大，最后送出矩阵声信号。

各个输入通道，在其推子后都设置了进入矩阵母线的按键，在矩阵母线上载有不同类型的音乐信号，例如：某一输入通道输入鼓声信号，在矩阵母线上1载入鼓声，将该路上的M1按键按下。某一输入通道输入笛子声信号，在矩阵母线2载入笛子声，将该路上的M2按键按下。某一输入通道输入小提琴声信号，在矩阵母线3载入小提琴声，将该路上M3按键按下。某一输入通道输入小号声信号，在矩阵母线4载入小号声，将该路上M4按键按下。这样，调节矩阵输出前的16方阵的调节钮，便可以在矩阵输出端产生不同乐音为主体的演奏音乐。

7.2.2 数码调音台的功能键及其信号流程

数码调音台的噪声低，失真小，支持MIDI传送，易于实现自动控制和遥控。下面以日本YAMAHAO2R为例说明其功能及其信号流程。

(1) 输入通道部分。

①输入模拟控制。

(a) +48V 按键：给电容话筒提供幻象电压（不按下此键的话电容话筒不工作）。

(b) A/B 选择键：弹出 A，接卡侬插头，按下 B，接大三芯插头。

(c) PAD 键：定值衰减，按下此键，将输入信号衰减 20dB。

(d) Gain 旋钮：调节输入信号放大量。

(e) Peak 指示灯：发亮时指示输入信号太大，进入调音台后失真。

(f) Signal 指示灯：批示输入信号。

模拟信号经过这些元件后，通过 A/D 转换进入数码状态，内设数字倒相、数字衰减、数字延迟和数字动态处理等单元电路。

②衰减电平控制。

(a) 旋钮：控制磁带返回的大小。

(b) SEL 键（选择键）：选择输入通道。

(c) On 键（接通键）：选择该通道打开。

(d) Fader（推子）：输入通道衰减器。

(e) flip 键（交替键）：按下它，上面的旋钮、SEL、On 键与下面的推子、SEL 和 On 互相对调。

(2) 母线、控制以及显示部分。

①显示接收。

(a) 结构键：

Scene Memory——场景记忆键，用于场景的编辑、存储、调出。

Digital I/O——数据输入、输出键，用于设置字同步时钟的连接结构和时钟频率。

Setup——设定键，用于激励独奏监听及定义系统操作优先权。

Utility——多功能键，检查振荡器的设置、电池和通道状态。

Auto Mix——自动混音键，用于激励调音自动化。

Group——编组键，用于输入通道推子编组和哑音编组。

MiDi——电子乐数字接口，用于 MiDi 通道的设置和功能设置。

Pair——配对键，用于输入通道立体声配对。

(b) 混合键：

φ/ATT——倒相/衰减键，用于输入通道的倒相和电平调节。

Delay——延迟键，各通路的信号延迟，用于补偿信号传输产生的延迟。

PAN——声像键，调节各通道的声像。

Routing——混合母线选择键，用于输入进入混合母线的连接。

Meter——表头指示，用于各通道的电平指示。

View——通道总览键，用于所选通道所有调节参数指示。

EQ——均衡键，用于选择通道均衡特性曲线显示及调节。

DynamICs——动态处理键，用于通道的压、扩动态处理。

(c) 辅助键：AUX1～AUX8，用于调节各通道辅助母线电平，其中 AUX1～AUX6 可用于外接效果或监听，AUX7～AUX8 则是两套内置效果母线。

② 被选通道控制。

(a) 输入母线选择：将所选通道编入 1～8 编组母线和立体声母线（ST）或第 1～16 路直接输出。

(b) 输入辅助母线选择：将所选通道编入辅助母线（不能同时选两路辅助），同时配有辅助母线送出电平调节。接通其开关，便可进行。

(c) 声像控制：右边旋钮为声像定位旋钮，旁边由发光二极管显示分布位置。左边为分配到编组母线 1～8 以及左右声道母线上的幅度值按键。当用于第 17～24 路时，必须用这些键单独调节，因其左右通道有独立的 PAN。

(d) 均衡调节：EQ On 为接通均衡键，EQ 调节有四个频段和三滤波器。Low/HPF 键用于低频均衡或高通滤波；L-Mid 键用于中低频段均衡；H-Mid 键用于中高频段均衡；High/LPF 键用于同频段均衡或低通滤波。右上角旋钮用于对品质因素 Q 值进行调节，范围为 10～0.1，调节值由旁边三位数发光二极管显示出。右下角为增益调节旋钮，范围为 21Hz～20100Hz，调节值由旁边三位数发光二极管显示出。右下角为增益调节旋钮，范围为 -18～+18dB，由旁边的三位发光二极管显示出。四个频段参数的调值范围虽一样，但在低、高频段上 Q 值调节可选峰值和架式两种均衡特性，增益旋钮则转成滤波器的开关。

③ 参数选择和控制。

Scene Memory（场景记忆）——▲和▼键改变场景记忆页数。

Store（存储）——将当前调音参数群存入场景存储器内。

Recall（呼叫）——调出场景存储器里的参数，并将其恢复到调音台上。

Cursor（游标）——用于液晶显示屏上的光标移动（其作用如鼠标器）。

Data Wheel（数据轮）——用于调变参数值。

Enter（回车）——用于确认输入的选项和参数。

④ 显示部分。

(a) Scene Memory（场景记忆）——用两位发光二极管显示数字。

(b) Fader Status（推子状态）——用于显示输入推子状态。

(c) Selected Channel（所选通道）——三个灯表示所选通道状态。MIC/Line 为话筒线路输入状态，TapeRTN 为磁带返回状态，Output 为输出状态。

(d) 液晶显示屏——用于调节控制参数以及各种图形显示。

(e) 左、右声道主输出的电平显示。

(f) Contrast（对比度）——用于液晶显示屏的对比度调节。

(3) 监听与输出部分（包括对讲、监听输出）。

Solo（独奏监听）——监听总开关。它与各通道上的 On 键配合使用。

Control Room（控制室按键）——用于音控室声音控制。

T/B Level（对讲电平）——调节对讲音量。

Phones Level（耳机电平）——调节耳机音量。

Studio Level（演播室电平）——调节演播室键组的电平。

C－R Level（控制室电平）——调节控制室键组的电平。

2TR－D1
2TR－D2 ——2 轨磁带数字信息。
2TR－D3

2TR－A1
2TR－A2 ——2 轨磁带模拟信息。

Slate（记入）——将对讲话筒声记入磁带记录的起始端，以示识别。

Mono（单声）——监听单声。

Dim（Digital input mode）——数字输入模式。

（4）说明。

①日本 YAMAHAO2R 的模拟输出有：立体声输出、演播室监听输出、控制室监听输出和辅助输出。数字输出有：数字立体声输出、MiDi 输入输出和转接。

②可对输入输出通道作动态处理，对声音信号的幅度进行技术处理，包括：压缩、扩展、噪声门等，用于改善声信号质量。

③设置的辅助母线 7 和 8 作为内置效果处理，其内置效果跟常用效果机一样。

④可以实现自动化调音操作，通过回车键和游标键组合进行。只要在显示接收部分按下 Automix 键，在液晶显示屏上选取自动混音主屏 Automix Main 页面即可。

⑤自动调音录放系统需要时间码，使场景录放与磁带录音机走带同步。本机支持 3 种时间码同步系统，即 SMPTE 码、MiDi 时间码（MTC）和内部时间码（INT）。

⑥数字输入信道设有加重状态处理，对磁带录音机的录制有去预加重处理功能。

⑦设有 MiDi 控制系统，对调音台进行远程控制参数和数据信号的传输。MiDi 参数的设置有 3 种：MiDi 设置、MiDi 程序变化分配和 MiDi 数据处理。

⑧若程序混乱，部分或全部操作功能失控，可进行初始化处理。按 Cursor 上的左键，然后开机，液晶显示屏给出一确认的信息对话框，用 Cursor 键选取 Execute（执行）项，按 Enter 键，即可完成。

7.3 周边设备介绍及使用

7.3.1 话筒

话筒又称传声器，是一种电声器材，属传声器，是声电转换的换能器，是 1877 年 3 月埃米尔·柏林内尔发明的，英文简称：MIC、Microphone（音译）麦克风，通过声波作用到电声元件上产生电压，再转为电能。主要用于各种扩音设备中。话筒种类繁多，但电路简单。音乐厅、卡拉OK厅、会议室、录音棚、剧院、电影、广播、体育赛事等处处可以看到话筒的存在，它把声音变成电信号，经过周边设备的转换放大，再通过音响放大，最后实现想要达到的效果。各类常见的话筒如图7.6所示。

图7.6 各类话筒示意图

话筒通常按它转换能量的方式分类。按录音室对话筒最通用的分类法，把话筒分为动圈话筒和电容话筒。

（1）动圈话筒。

由磁场中运动的导体产生电信号的话筒。是由振膜带动线圈振动，从而使在磁场中的线圈生成感应电流。特点是结构牢固，性能稳定，经久耐用，价格较低；频率特性良好，50～15000Hz频率范围内幅频特性曲线平坦；指向性好；无须直流工作电压，使用简便，噪声小。最常见的就是卡拉OK使用的话筒。

（2）电容话筒。

这类话筒的振膜就是电容器的一个电极，当振膜振动，振膜和固定的后极板间的距离跟着变化，就产生了可变电容量，这个可变电容量和话筒本身所带的前置放大器一起产生了信号电压。特点是频率特性好，在音频范围内幅频特性曲线平坦，无方向性；灵敏度高，噪声小，音色柔和；输出信号电平比较大，失真小，瞬态响应性能好，寿命比较短，工作时需要直流电源，供电方便。常见的多功能厅、专业会议室用的都是电容话筒。

按照指向性与可拾音的大致范围区分，话筒一般分为心形、超心形、8字形、枪式、全向指向性等。根据具体的使用用途选择不同指向性的话筒，比如要听清楚每个人物发音，最好的当然就是全向话筒了，一只全向话筒就可以代替很大范围内的多只话筒。

低阻抗话筒可减少信号衰减现象，一般用于专业录音室。

大会演讲中常见的有发言人佩戴的腰挂式无线话筒、头戴式无线话筒、手持无线话筒、微型话筒，春节联欢晚会主持人、演员、歌唱家常见的无线手持话筒、头戴式无线话筒等。因其流行，使用广，下面专门介绍无线话筒。

随着当今无线电通信技术的进步，大大提升了无线话筒产品的品质及功能，出现了更多成熟先进实用产品，厂商日益增多，价格日趋下降，更受消费者爱好青睐及普遍应用。

(1) 无线话筒的类型。

选购产品之前，首先应对产品的类别有一个基本的概念。无线话筒的类别，依不同的定义，可区分为许多不同的类型。

①依发射使用频率而区分。

(a) FM 无线话筒：俗称 FM 是指 FM88～108MHz 国际调频广播频段。早期消费性无线话筒是利用 FM 收音机来接收，系统简单，成本低廉，无法满足专业品质的要求。

(b) VHF、UHF 无线话筒：又分为低频及高频段两种类型，前者使用 VHF50MHz 的频段，因频率较低，使用天线长度较长，容易受到各种电器杂波的干扰，因此这一类产品已经被高频段所取代而逐渐消失。后者使用 VHF200MHz 的频段，因频率较高，使用天线较短，甚至可以设计成隐藏式天线，方便、安全又美观，受电器的杂波干扰又大为减少，电路设计极为成熟，零件普及价格低廉，所以成为当今市场上的热门产品。

②依接收方式而区分。

(a) 自动选讯接收无线话筒系统（True diversity receiving wireless system）：由于电波传输中会产生"死角"（Dead-point），接收机的声音输出会产生断断续续或不稳定的缺点，为了解决这种缺陷，专业用的机种必须采用双天线及双调谐器的"自动选讯接收"（Automatic switching diversity receiving）方式来改善。

(b) 非自动选讯无线话筒系统（Non-diversity receiving wireless system）：由于上述机型的电路设计复杂精密，装配较难，成本较高，一般低价的机型就没有采用自动选讯的设计，所以无法消除无线话筒在使用中产生声音中断的缺点。

③依振荡方式而区分。

(a) 石英锁定（Qualtz locked）机种：以石英振荡器产生发射与接收精确稳定的固定频率，电路简单，成本低廉，是当今无线话筒的标准电路设计。这种类型的话筒及接收机只固定单一频率配对使用，无法改变或调整使用频率。

(b) 相位锁定频率合成（PLL Synthesized）机种：为了避免无线话筒在使用中遇到其他讯号的干扰而无法使用，或为了同时使用多支话筒的场合，需要随时方便又快速的改变频道，于是采用 PLL 的电路设计，来达到这种功能的要求。

④依接收机频道数而区分。

（a）单频道机种：在一个接收机的机箱内只装配一个频道的非自动选讯或自动选讯接收机，前者几乎没有市场，但是价格最便宜；后者因使用简单，性能稳定，是适合专业场合多频道同时使用、避免讯号干扰的最佳机种。

（b）双频道机种：在一个接收机的机箱内，装配两个频道的非自动选讯或自动选讯接收机，充分利用机箱的空间，降低成本。前者因为设计简单，成为低价位厂商的主要机种。后者因为机构及电路复杂，内部互相干扰的处理及天线混合匹配不易，只有少数生产专业机种的厂商才有此机型。

（c）多频道机种：在一个接收机的机箱内，装配四个频道以上的接收机，大都采用模组化接收模组的机构设计。主要适用于装架式专业机种的使用场合。

（2）无线话筒的品质。

近年生产的无线话筒，品质上因消费者要求水准的提高而有显著的提升；价位上却因厂商激烈竞争而大大的滑落。于是一些规模较小的厂商，为了争取订单，不是致力于研发功能更先进的机种，而是致力于生产价格更加低廉的简陋机种来吸引消费者的光顾。俗语说："一分钱，一分货"，消费者常因贪图价位上一点点便宜，却选购了品质粗劣的产品。如何选择一个物超所值的机种，首先应对自己要求的品质定位，并进一步了解如何评估无线话筒品质优劣的原则，才能选到真正满意的产品。

无线话筒产品是结合音响与无线通信技术设计出来的产品，与制造有线话筒的技术及设备是完全不同的领域，因此同样制造"话筒"的有线话筒厂商不一定能制造无线话筒，制造无线通信产品的厂商，不一定能制造好的无线话筒，唯有兼具长期的专业音响技术及无线高频技术背景的制造厂商才能制造出优良的无线话筒。因为无线话筒产品与其他有线产品最大的不同，是使用效果受到环境条件的影响非常密切，所以一支品质优良的无线话筒，不是短期内能在实验室内设计出来的，它还需要长期与使用者在各种不同环境的实际使用之后，将使用效果回馈给设计工程师，再经过不断研发改良，才能制造出一个真正优秀的产品。所以选择优良的无线话筒产品，就要选择有专业技术背景及长期制造经验者。

优良的无线话筒应具有下列优良的特性：

①外观造型具有符合人体工学及美学依据的设计：手握式无线话筒的管身必须具有适合手掌握持的尺寸及优美的造型。最适合手握的造型是中间直径比两端细小的双内曲线造型，不但造型优美，而且易于握紧。

②手握式话筒要采用先进的隐藏式天线设计：人与猴子最大的不同就是没有那条尾巴。早期的无线话筒尾端都外接一支天线，而先进的无线话筒克服了技术上的困难，不再使用落伍的外接式设计，而采用最完美的隐藏式天线设计，让无线话筒拥有使用方便、安全、美观。

③要装配优良的音头：音头的品质决定无线话筒音质优劣的第一关。音头有动圈式及电容式两种类型，动圈式是固定振动膜上的线圈，在高密度的磁场间将声能转换为电能讯

号。这种音头的音圈特性上有一定的极限。但基本上的结构简单，价格便宜，是市面上最普遍流行的机种。电容式话筒是结合电子及结构上技术层次较高的话筒，其发音是利用极间电容的变化，以超薄的镀金振动膜，直接将声音转换成电能讯号。高级电容式话筒最主要的特点是能展现极为清晰的原音音质，高低频率响应非常宽广平坦，灵敏度非常高，指向性及动态范围大，失真率小，体积轻巧耐摔，触摸杂音低，目前广泛使用在录音室、专业舞台、测试仪器等专业器材上。唯一的缺点就是需要提供偏压（Phantom Power），但因为无线话筒本身有电源供应，电容音头是无线话筒最佳搭配。

④话筒要具有低触摸杂音的特点：手握式无线话筒因使用时与手掌之间产生摩擦的触摸杂音，对正常音质产生影响，尤其无线话筒本身具有灵敏的前置放大器，使这种触摸杂音表现更为严重。选择品质优良的无线话筒，必须特别注意选择具有极清晰的音质及超低触摸杂音的特性。

⑤具有消除声音中断或不稳定的功能：无线话筒发射的讯号因受到周围环境的吸收与反射，导致接收天线收到的讯号发生死角，输出的声音会产生中断或不稳定。为了解决这种缺点，只有采用具有先进的自动选讯接收系统，才能获得完美的效果。在专业的场所的使用者，必须选用自动选讯接收系统的机种，才能满足音质上的要求，获得完美的效果。

⑥具有防止待机时受到干扰而产生杂音的功能：一般接收机大都具有静音控制功能（Squelch Control），当电源打开而没有话筒讯号输入或讯号强度低于某一信噪比时，静音控制电路就会关闭输出电路，主接收机完全静音，防止噪音输出。当话筒讯号打开的时候，接收机立即启动静音电路，让音频电路输出话筒的声音。但当话筒电源打开及关闭的瞬间，或在话筒讯号关闭时，偶尔遇到超越静音控制强度以上的讯号干扰，接收机静音电路也会被这些冲击杂音及干扰杂音启动输出杂音巨响。为了解决这种缺点，在高级机种便加装所谓"音响锁定静音电路"加以抑制。其原理是在话筒的发射讯号中加入一个固定超音频的调变讯号；同时在接收机内部也加装一个鉴别器，如此，接收机必须接收到含有这种固定超音频调变讯号的话筒讯号时，才能启动输出电路，达到防止其他讯号或杂音干扰的功能。为了保护您贵重的音响系统不被杂音巨响损坏，必须选择具有音码锁定静音功能的机种。

⑦具有多频道使用互不干扰功能：无线话筒的使用最大的技术瓶颈就是讯号干扰的问题，尤其是使用频率越多，干扰的问题越严重，所以在同一地点同时使用多支无线话筒的情况时，要避免干扰，除了要慎选物理上互不干扰的频率及避开邻接的外界讯号干扰外，接收机要有极佳的选择性，发射与接收的辐射谐波要滤除到非常干净，才能避免讯号的互相干扰。一般VHF频段的接收机，大概能做到12个频率同时使用已经很不错了，而专业产品，可以做到24个频率同时使用互不干扰，甚至在特定条件的环境下，经过特别设计及安排，可以达到更多的频率同时使用。

⑧解决多频道同时使用及避免干扰，应选用数位锁定可以改变频率的多频道系列机种。传统的无线话筒系统是采用石英锁定固定频率的设计，这种机型在需要多频道使用的场合或遇到强讯号干扰的情况下，是无法任意更换希望使用的频率，而必须整台换掉。为了解

决这种缺点，先进的机种便采用相位锁定频率合成（PLL Synthesized）的方式，在发射与接收机内预存数十个频率可以让使用者任意变换，虽然这种先进的设计成本较高，但对经销及使用者提供非常方便的功能，可彻底解决上述缺点。

⑨避免频率"塞车"或讯号干扰，应选用数位锁定UHF频道系统的产品：由于目前VHF200MHz频段的无线话筒使用量太多，造成讯号互相干扰及各种电器杂音干扰的问题越来越严重，因此近来专业级无线话筒使用的频率逐渐提升到800MHz的UHF频段，并采用PLL相位锁定电路，预设多频道可任意切换的设计，避免其他讯号及一般电器杂音的干扰，获得最佳的使用效果。由于UHF频段的电路设计较复杂，使用的高频零件也较精密，符合专业品质最佳的选择，逐渐成为今后流行的趋势。

⑩具有国际品质认证及通过电信法规检验合格的产品：优良的无线话筒产品必须是通过国际品质认证的工厂所制造，并且通过认证，品质才有保障。

选购产品最基本的资料来源是制造厂商提供的目录、杂志的广告，但一般规模小设备不齐全的厂商，根本无法提供正确的数值，让消费者根本无法从目录中去了解分析。在资讯发达的今天，只要将厂商的实际产品拿来详加分析，实际测试及相对比较，即可获得正确的品质评价。话筒拾音是低阻抗输出而电声乐器的拾音则为高阻抗输出。

为使无线话筒发挥最佳的效果，必须处理好发射机输出电平增益、接收机输出增益和调音台输入增益三者间的关系，如处理不当的话可能会出现声音压抑、没有穿透力或声音失真，甚至过激。

如电声乐器一般为－20dB输出，所以在使用电声乐器时应将无线发射机上的LINE/MIC（线路/话筒）开关为LINE。这样才能使电声乐器与各设备之间真正做到阻抗匹配，电平配合得当；反之，动圈话筒开关设定在MIC位置，接入调音台的MIC/话筒插口。若接入不当的话，不能正常发声，严重的还会损坏调音台设备。

选择一套能适合自己的需求，使用后又能感到满意的无线话筒产品，除了了解上述的参考原则以外，还要自己多收集相关的资料并实际试听比较，才能买到物超所值的产品。特别是要关注话筒的规格指标，如指向性、频率范围、频率响应曲线、灵敏度、等效噪声点评，A加权，S/N比、动态范围、削波线最大声压级、电源、连接头、线缆长度。

7.3.2 音箱

一套好的音响器材，不仅要把各种乐器的音韵再现外，还要把各种乐器演奏的位置、距离、场面再现出来。无论个人偏爱的是哪种色调或机型，如果播放出来的音色与原来乐器演奏的音色有听觉上的差异，就不能算是一台好设备。高保真音响（Hi－Fi）的真正含义是高还原度。如果你的音响设备不能还原出原有乐器的音色韵味，那么就称不上高保真设备。

（1）音箱概述。

音箱是将电信号还原成声音信号的一种装置，还原真实性将作为评价音箱性能的重要标准。有源音箱就是需外接电源带有功率放大器（即功放）的音箱系统。把功率放大器和扬声器发声系统做成一体，可直接与一般的音源（如随身听、CD机、影碟机、录像机等）搭配，构成一套完整的音响组合。有了有源音箱，就无须另购功率放大器。

按照发声原理及内部结构不同，音箱可分为倒相式、密闭式、平板式、号角式、迷宫式等几种类型，其中最主要的形式是密闭式和倒相式。密闭式音箱就是在封闭的箱体上装上扬声器，效率比较低；而倒相式音箱与它的不同之处就是在前面或后面板上装有圆形的倒相孔。它是按照赫姆霍兹共振器的原理工作的，优点是灵敏度高、能承受的功率较大和动态范围广。因为扬声器后背的声波还要从导相孔放出，所以其效率也高于密闭箱。而且同一只扬声器装在合适的倒相箱中会比装在同体积的密闭箱中所得到的低频声压要高出3dB，也就是有益于低频部分的表现，所以这也是倒相式音箱得以广泛流行的重要原因。

有源音箱的一些特性：

①防磁。音箱扬声器的磁场会严重干扰 CRT 电视机和电脑显示器的屏幕，并使屏幕扭曲和大块色彩失真的现象，这种现象称为"磁化"。为避免不防磁的音箱对显示器的损坏，就要求音箱应具有防磁效果，即使紧贴电视机和显示器也不会干扰屏幕，办法很简单，那就是使用"防磁"扬声器。通常防磁的扬声器价格比普通喇叭高许多。

②全频带扬声器。这是多媒体有源音箱专用的环绕喇叭，因为 X.1 声道为降低成本，把分立喇叭（需要两只扬声器分频）简化成全频带扬声器，基本能表现出整个音域范围。做得好的全频带扬声器比廉价的同轴扬声器更出色。但实际上扬声器很难完全覆盖人耳的可闻频率范围，需要由多只扬声器共同负担整个音域的声音重放，并通过分频电路来解决这个问题，所以还是以双分频高低音或三分频（高中低频）设计的有源音箱进行回放效果比较好。

③平板式音箱。由于占空间小，最近很流行，平板式音箱的优点是声音的均匀性和指向性好，但受结构限制，音域较窄，无法表现出低频的声音，对声音要求高的场合建议不要选购平板式音箱。

④USB 音箱。就是将数字音频信号从主板上的 USB 口直接输进音箱，再通过音箱内置的 D/A 转换电路将信号处理后再输出的音箱。表面上看采用 USB 音箱的优点是可以提高音质，因为数字信号在传输过程中不会受到干扰，信号的纯净度好，但 USB 音箱的核心是 D/A 转换电路，其转换精度对音箱的性能影响很大，目前市场上流行的 D/A 转换电路有 16bit 和 20bit 两种，当然是后者为佳，这个数据比发烧级功放差了很多（因为不可能用成本过高的模块）。USB 音箱的缺点是 CPU 占用率高。购买 USB 音箱可以不买声卡，但这样就无法实现 EAX、硬波表等需要硬件来完成的功能。所以对音质要求很高的场合不必考虑 USB 音箱。

（2）功率。

音箱音质的好坏和功率没有直接的关系。功率决定的是音箱所能发出的最大声强，感觉上就是音箱发出的声音能有多大的震撼力。根据国际标准，功率有两种标注方法：额定功率（RMS：正弦波均方根）与瞬间峰值功率（PMPO 功率）。前者是指在额定范围内驱动一个 8Ω 扬声器规定了波形持续模拟信号，在有一定间隔并重复一定次数后，扬声器不发生任何损坏的最大电功率；后者是指扬声器短时间所能承受的最大功率。美国联邦贸易委员会于 1974 年规定了功率的定标标准（RMS）：用两个声道驱动一个 8Ω 扬声器负载，在 20～20000Hz 范围内谐波失真小于 1%时测得的有效瓦数，即为放大器的输出功率，其标示功率就是额定输出功率。通常商家为了迎合消费者心理，标出的是瞬间（峰值）功率，一般是额定功率的 8 倍左右。在选购音箱时要以额定功率为准。

音箱的功率主要由功率放大器芯片的功率和电源变压器的功率两者决定，考虑到其他一些因素，可以算出如果变压器的额定功率是 100W 的话，它实际能顺利带动的功放芯片的功率要在 45W 以下，所以通过计算音箱变压器与功放的功率关系也可以验证音箱的实际额定功率是否能达到标称值。音箱的功率不是越大越好，适用就是最好的，对于普通家庭用户的 20m^2 左右的房间来说，真正意义上的 60W 功率（指音箱的有效输出功率 30W×2）是足够的了，但功放的储备功率越大越好，最好为实际输出功率的 2 倍以上。比如音箱输出为 30W，则功放的能力最好大于 60W，对于 HiFi 系统，驱动音箱的功放功率都很大，功放留有余地大。

（3）频率范围与频率响应。

频率范围是指音响系统能够重放的最低有效回放频率与最高有效回放频率之间的范围；频率响应是指将一个以恒电压输出的音频信号与系统相连接时，音箱产生的声压随频率的变化而发生增大或衰减、相位随频率而发生变化的现象，这种声压和相位与频率的相关联的变化关系（变化量）称为频率响应，单位分贝（dB）。

音响系统的频率特性常用分贝刻度的纵坐标表示功率和用对数刻度的横坐标表示频率的频率响应曲线来描述。当声音功率比正常功率低 3dB 时，这个功率点称为频率响应的高频截止点和低频截止点。高频截止点与低频截止点之间的频率，即为该设备的频率响应；声压与相位滞后随频率变化的曲线分别叫做"幅频特性"和"相频特性"，合称"频率特性"。这是考察音箱性能优劣的一个重要指标，它与音箱的性能和价位有着直接的关系，其分贝值越小说明音箱的频率响应曲线越平坦、失真越小、性能越高。如：一音箱频率响应为 60～18000kHz±3dB。这两个概念有时并不区分，就叫做频响。

从理论上讲，声音在 20～20000Hz 的频率带宽响应足够享受了。低于 20Hz 的声音，人耳听不到，但人的其他感觉器官却能觉察，也就是所谓的低音力度，因此为了完美地播放各种乐器和语言信号，放大器要实现高保真目标，才能将音调的各类谐波均重放出来。所以应将放大器的频带扩展，下限延伸到 20Hz 以下，上限应提高到 20000Hz 以上。对于信号源（收音头、录音座和激光唱机等）频率响应的表示方法有所不同。例如欧洲广播联盟规定的调频立体声广播的频率响应为 40～15000Hz±2dB，国际电工委员会对录音座规定的频率响应最低指标：40～12500Hz±2.5～±4.5dB（普通带），实际能达到的指标都明显高于此数值。CD 机的频率响应上限为 20000Hz，低频端可做到很低，只有几个赫兹，这也是 CD 机放音质量好的原因之一。

但是，构成声音的谐波成分是非常复杂的，并非频率范围越宽声音就好听，不过这对于中低档的多媒体音箱来讲还是基本正确的。在设备的标注频率响应中我们通常都会看到有"系统频响"和"放大器频响"这两个名词，要知道"系统频响"总是要比"放大器频响"的范围小，所以只标注"放大器频响"则没有任何意义。现在的音箱厂家对系统频响普遍标注的范围过宽，在低音端标注的极为不真实，国外的名牌 HiFi（高保真）音箱也不过标注 40～50Hz 左右，而国内木质普通音箱居然也敢标注这个数据，实际上肯定在 50Hz 之上，低频部分肯定难以做出来。所以低频段声音一定要耳听为真，不要轻易相信广告单上的数值。多媒体音箱中的音乐是以播放 MP3 或 CD 的音乐、歌曲、游戏的音效、背景音乐以及影片中的人声与环境音效为主的，这些声音是以中高音为多，所以在挑选多媒体音箱时应该更看中它在中高频段声音的表现能力，而不是低频段。若真的追求影院效果，那么一只够劲的低音炮就能够满足需求。

（4）响度。

声音的强弱称为强度，它由气压迅速变化的振幅（声压）大小决定的。但人耳对强度的主观感觉与客观的实际强度并不一致，人们把对于强弱的主观感觉称为响度，其计量单位也为分贝（dB），它是根据 1000Hz 的声音在不同强度下的声压比值，取其常用对数值的 1/10 而定义。取对数值的原因是由于强度与响度的增加不是成正比关系，而是真数与对数的关系。例如声音强度大到 10 倍时，听起来才响了一级（10dB），强度大到 100 倍时听起来才响了两级（20dB）。对于 1000Hz 的声音信号，人耳能感觉到的最低声压为 $2\times 10E^{-5}$Pa，把这一声压级定为 0dB，当声压超过 130dB 时人耳将无法忍受，故人耳听觉的动态范围为 0～130dB。

人对强度相等、频率不同声音感觉是不同的；声压级越高，人的听觉频率特性越平直；声压级越低，人的听觉频率范围越小；频率 $f<16$～20Hz 以及 $f>18$～20kHz 的声音，不论声级多高，正常的人耳都是听不到的。故人耳的听觉频率为 20Hz～20000Hz，这个频带叫音频或声频；不论声压高低，人耳对 3000～5000Hz 频率的声音最为敏感。

大多数人对信号声级突变 3dB 以下时是感觉不出来的，因此对音响系统常以 3dB 作为允许的频率响应曲线变化范围。

（5）失真度。

失真度有谐波失真、互调失真和瞬态失真之分。谐波失真是指声音回放中增加了原信号没有的高次谐波成分而导致的失真；互调失真影响到的主要是声音的音调方面；瞬态失真是因为扬声器具有一定的惯性质量存在，扬声器盆体的震动无法跟上瞬间变化的电信号的震动而导致的原信号与回放音色之间存在的差异。它在音箱与扬声器系统中则是更为重要的，直接影响到音质音色的还原程度，所以这项指标与音箱的品质密切相关。这项常以百分数表示，数值越小表示失真度越小。普通多媒体音箱的失真度以小于 0.5% 为宜，而通常低音炮的失真度普遍较大，小于 5% 就可以接受了。

(6) 音箱的灵敏度。

音箱的灵敏度每差 3dB，输出的声压就相差一倍，一般以 87dB 为中灵敏度，84dB 以下为低灵敏度，90dB 以上为高灵敏度。灵敏度的提高是以增加失真度为代价的，所以作为高保真音箱来讲，要保证音色的还原程度与再现能力就必须降低一些对灵敏度的要求。但不能反过来说，灵敏度高的音箱音质一定不好，而低灵敏度的音箱一定就好。灵敏度低的音箱功放难以推动（要求功放的储备功率较大）。所以灵敏度虽然是音箱的一个指标，但是它与音箱的音质音色无关。

(7) 阻抗。

阻抗是指扬声器输入信号的电压与电流的比值。音箱的输入阻抗一般分为高阻抗和低阻抗两类，高于 16Ω 的是高阻抗，低于 8Ω 的是低阻抗，音箱的标准阻抗是 8Ω。在功放与输出功率相同的情况下，低阻抗的音箱可以获得较大的输出功率，但是阻抗太低了又会造成欠阻尼和低音劣化等现象。所以这项指标虽然与音箱的性能无关，但最好还是不要购买低阻抗的音箱，推荐值是标准的 8Ω。耳机的阻抗一般是高阻抗的——32Ω 很常见。功放的阻抗一般可标为等值阻抗，比如 4Ω 下 130W 的输出，大概相当于等值的 80W 的输出。有一个容易与之混淆的名词叫做"阻尼系数"，这是指扬声器阻抗除以放大器源的内阻，范围大约是 25～1000Ω。扬声器纸盆在电信号已经消失后还要振荡多次才能完全停止摆动，而线圈发出的电压产生电流和磁场可以阻止这种寄生运动，这就是阻尼。电流的幅度也就是阻尼的效果取决于此电流流经放大器输出级的内阻，这一电阻要远低于扬声器的额定阻抗，典型值为 0.1Ω，但由于扬声器音圈的串联电阻和分频网络的串联电阻的存在，阻尼系数难以达到 50。

(8) 信噪比。

信噪比是指音箱回放的正常声音信号与无信号时噪声信号（功率）的比值。也用 dB 表示。例如，某磁带录音座的信噪比为 50dB，即输出信号功率比噪音功率大 50dB。信噪比数值越高，噪音越小。国际电工委员会对信噪比的最低要求是前置放大器不小于 63dB，后级放大器不小于 86dB，合并式放大器不小于 63dB。合并式放大器信噪比的最佳值应大于 90dB；收音头：调频立体声为 50dB，实际上以达到 70dB 以上为佳；磁带录音座为 56dB（普通带），但经杜比降噪处理后信噪比有很大提高。如经杜比 B 降噪后的信噪比可达 65dB，经杜比 C 降噪后其信噪比可达 72dB（以上均指普通带）；CD 机的信噪比可达 90dB 以上，高档的更可达 110dB 以上。信噪比低时，小信号输入时噪音严重，整个音域的声音明显感觉是混浊不清，所以信噪比低于 80dB 的音箱不合适选用，而小于 70dB 的低音炮也因同样原因不合适选用。

(9) 箱体材质。

低档塑料音箱因其箱体单薄、无法克服谐振，无音质可言（大部分情况如此，与设计有密切关系）；木制音箱降低了箱体谐振所造成的音染，音质普遍好于塑料音箱。通常多媒体音箱都是双单元二分频设计，一个较小的扬声器负责中高音的输出，而另一个较大的扬声器负责中低音的输出。

（10）音箱的结构与特点。

音箱从结构形式上分，可以分为书架式和落地式。前者体积小巧、层次清晰、定位准确，但功率有限，低频段的延伸与量感不足，适于欣赏以高保真音乐为主的音乐爱好者；后者体积较大、承受功率也较大，低频的量感与弹性较强，善于表现磅礴的气势与强大的震撼力，实用于会议、礼堂等。总的来说：只要功放模块设计合理，箱体越大，喇叭越大，声音越中听，所以大会议室都采用大的音箱箱体就是这个道理。

（11）可扩展性。

可扩展性指音箱是否支持多声道同时输入，是否有接无源环绕音箱的输出接口，是否有 USB 输入功能等。低音炮能外接环绕音箱的个数也是衡量扩展性能的标准之一。

（12）音效技术。

硬件 3D 音效技术现在较为常见的有 SRS、APX、Spatializer 3D、Q-SOUND、Virtaul Dolby 和 Ymersion 等几种，它们虽各自实现的方法不同，但都能使人感觉到明显的三维声场效果，其中又以前三种更为常见。它们所应用的都是扩展立体声（Extended Stereo）理论，这是通过电路对声音信号进行附加处理，使听者感到声像方位扩展到了两音箱的外侧，以此进行声像扩展，使人有空间感和立体感，产生更为宽阔的立体声效果。此外还有两种音效增强技术：有源机电伺服技术（本质上利用了赫姆霍兹共振原理）、BBE 高清晰高原音重放系统技术和"相位传真"技术，对改善音质也有一定效果。

（13）音调。

音调指具有一特定且通常是稳定音高的信号，通俗地讲是声音听来调子高低的程度。音调主要取决于频率，还与声音强度有关。对频率高的声音，人耳的反应是音调高，而对频率低的声音，人耳的反应是音调低，音调随频率（Hz）的变化基本上呈对数关系。不同的乐器演奏同样频率的音符，音色虽然不同，但它们的音调是相同的，也就是演奏声音的基频是相同的。

（14）音色。

音色是对声音音质的感觉，也是一种声音区别于另一种声音的特征品质。不同的乐器和每个人在发同一音调时，它们的音色迥然不同，这是由于它们的基频频率虽相同，但谐波成分相差甚大。故音色不但取决于基频，而且与基频成整倍数的谐波密切有关，这就使每种乐器和每个人有不同的音色。

（15）动态范围。

动态范围是声音中最强与最弱的比值，用 dB 表示。例如一个乐队的动态范围为 90dB，这意味着最弱部分的功率比最响部分低 90dB。动态范围是功率之比，与声音的绝对水平无关。如前所述，人耳的动态范围从 0 到 130dB。自然界各种声音的动态范围的变化也是很大的。一般语言信号大约只有 20～45dB，有些交响乐的动态范围可达 30～130dB 或更高。但由于一些因素的限制，音响系统的动态范围很少能达到乐队的动态范围。录音装置的内在噪声决定了可能录制的最弱音,而系统的最大信号容量(失真水平)限制了最强的音。一般把声音信号的动态范围定为100dB,故音响设备的动态范围能做到100dB就很好了。

(16) 总谐波失真(THD)。

总谐波失真指音频信号源通过功率放大器时,由于非线性元件所引起的输出信号比输入信号多出的额外谐波成分。谐波失真是由于系统不是完全线性造成的,用新增加总谐波成分的均方根与原来信号有效值的百分比来表示。例如,一个放大器在输出10V的1000Hz时又加上1V的2000Hz,这时就有10%的二次谐波失真。所有附加谐波电平之和称为总谐波失真。一般来说,1000Hz频率处的总谐波失真最小,因此不少产品均以该频率的失真作为它的指标。但总谐波失真与频率有关,因此美国联邦贸易委员会于1974年规定,总谐波失真必须在20~20000Hz的全音频范围内测出,而且放大器的最大功率必须在负载为8Ω扬声器、总谐波失真小于1%条件下测定。国际电工委员会规定的总谐波失真的最低要求为:前级放大器为0.5%,合并放大器小于等于0.7%,但实际上都可做到0.1%以下;FM立体声调谐器小于等于1.5%,实际上可做到0.5%以下;激光唱机更可做到0.01%以下。

由于测量失真度的现行方法是单一的正弦波,不能反映出放大器的全貌。实际的音乐信号是各种速率不同的复合波,其中包括速率转换、瞬态响应等动态指标。故高质量的放大器有时还注明互调失真、瞬态失真、瞬态互调失真等参数。

①互调失真(IMD):将互调失真仪输出的125Hz与1kHz的简谐信号合成波,按4∶1的幅值输入到被测量的放大器中,从额定负载上测出互调失真系数。

②瞬态失真(TIM):将方波信号输入到放大器后,其输出波形包络的保持能力来表达。如放大器的转换速率不够,则方波信号即会产生变形,而产生瞬态失真。主要反映在快速的音乐突变信号中,如打击乐器、钢琴、木琴等,如瞬态失真大,则清脆的乐音将变得含混不清。

③瞬态互调失真:将3.15kHz的方波信号与15kHz的正弦波信号按峰值振幅比4∶1混合,经放大器后,新增加全部互调失真的产物有效值与原来正弦振幅的百分比。如放大器采用深度大回环负反馈,瞬态互调失真一般较大,具体反映出声音呆滞、生硬、无临场感;反之,则声音圆滑、细腻、自然。

(17) 立体声分离度。

立体声分离度是指双声道之间互相不干扰信号的能力、程度,也即隔离程度,通常用一条通道内的信号电平与泄漏到另一通道中去的电平之差表示。如果立体声分离度差,则立体感将被削弱。国际电工委员会规定的立体声分离度的最低指标,1kHz时不小于40dB,实际以达到大于60dB为好。欧洲广播联盟规定的调频立体声广播的立体声分离度为大于25dB,实际上能做到40dB以上。立体声通道平衡指的是左、右通道增益的差别,一般以左、右通道输出电平之间最大差值来表示。如果不平衡过大,立体声声像位置将产生偏离,该指标应小于1dB。

(18) 阻尼系数。

阻尼系数是指放大器的额定负载（扬声器）阻抗与功率放大器实际阻抗的比值。阻尼系数大表示功率放大器的输出电阻小，阻尼系数是放大器在信号消失后控制扬声器锥体运动的能力。具有高阻尼系数的放大器，对于扬声器更像一个短路，在信号终止时能减小其振动。功率放大器的输出阻抗会直接影响扬声器系统的低频 Q 值，从而影响系统的低频特性。扬声器系统的 Q 值不宜过高，一般在 0.5～1 范围内较好，功率放大器的输出阻抗是使低频 Q 值上升的因素，所以一般希望功率放大器的输出阻抗小、阻尼系数大为好。阻尼系数一般在几十到几百之间，优质专业功率放大器的阻尼系数可高达 200 以上。

（19）等响度控制。

等响度控制的作用是低音量时提升高频和低频声。由于人耳对高频声、特别是低频声的听觉灵敏度差，要求在低音量时对高频和低频进行听觉补偿，即要求对低频有较大提升，对高频也有一定量的提升。换句话说，当音量减小时，信号中低频部分的减小较高频部分为少。等响度控制即满足此要求，等响度控制一般为 8dB 或 10dB。

（20）三维音场处理和环绕声。

普通两只音箱为什么会使人听到并不存在的好像是背后发出的声音呢？大家知道，立体电影就是眼睛产生的错觉而三维音场的产生离不开耳朵的错觉。种种硬件 3D 音效技术如 SRS、虚拟杜比和软件 3D 技术如 EAX、A3D 等就是充分研究了人耳接受声响的原理后为降低成本而推出的新技术。本质上讲，通过多音箱完成三维音场的效果比两只音箱虚拟出的声场好很多。所以环绕声应该以多音箱配置为主，它们的定位感和空间感强。下面来看看有哪几种真正的环绕声：

①杜比定向逻辑（Dolby Pro-Logic）环绕声系统。

4－2－4 编码技术将左、中、右和后侧四方面的音频信息经过编码记录在左右两个声道中；放音时再通过解码器从左右声道中分解还原出原来这 4 个声道。这 4 个声道通常称为：前置左声道、前置中间声道、前置右声道和后置环绕声道。科学实验表明，要获得身临其境的真实音响效果，必须在聆听者周围产生一个四面包围的声场环境，整个放声系统使用的声道数越多，聆听者的声场定位感就越强烈，身临其境的感受就越真实。根据目前一般家庭的视听环境，放声系统使用 5 个声道已能满足声场定位需要，因此，杜比定向逻辑环绕声系统大多使用 5 声道。从表面上看，5 声道杜比定向逻辑环绕声功率放大器确实有 5 个功率输出端：前置左声道、中置声道、前置右声道、环绕左声道（又称后置左声道）和环绕右声道（又称后置右声道），但杜比定向逻辑环绕声系统中解码器输出的环绕声信号其实是单声道的，5 声道功率放大器中的左右两个环绕声道在功放内部是相互串联的。因此，严格地说，将它们称为 4 声道功放更为合适。

②THX 家庭影院系统。

THX 并不是一种独立的放声系统，它只是对经杜比定向逻辑处理的立体声信号再进行适当的后期处理，以便获得声音定位准确、动态范围大的真实音响效果。因此说 THX 是建立在杜比定向逻辑基础上用来衡量家庭影院音响系统的一种标准。

THX 系统比杜比定向逻辑环绕系统中的解码器多了个 THX 控制器，THX 控制器是杜比定向逻辑解码器的后处理电路，它由超低频电子分频（Subwoofer EleGtric Crossover）、再均衡处理（Re-Equalizer）、去相关处理（De-Correlation）和音色匹配处理（Timbre Matching）4 部分组成。超低频电子分频的作用是从左、中、右 3 个前置声道中分离出超低频声道，增加这 3 个声道的动态。电影院的空间较大，为了与电影院的播放环境相适应，影片在制作过程中特意将声音的高频成分适当作了提升，这样可以使声音具有鲜明感。但家庭影院的环境空间很小，同样的影片在家里播放时就会显得高音过于明亮，控制器中再均衡电路的作用就是对声音进行再均衡，使声音不过于明亮。去相关电路的作用是将输送到环绕声道的单声道信号用模拟的方法转换成左右两个声道，使音响效果更具临场感。音质匹配电路的作用是修饰前置声道和环绕声道之间音色的差异，当声音从前方向两侧和后方移动时使聆听者感觉不到音色的变化。

③AC-3 杜比数码环绕声系统。

杜比实验室在 1991 年开发出一种杜比数码环绕声系统（Dolby Surround DigitaI），即 AC-3 系统。AC-3 杜比数码环绕声系统由 5 个完全独立的全音域声道和 1 个超低频声道组成，有时又称为 7.1 声道。其中 5 个独立声道为：前置左声道、前置右声道、中置声道、环绕左声道和环绕右声道；另外还有 1 个专门用来重放 120Hz 以下的超低频声道，即 0.1 声道。杜比数码环绕声系统与杜比定向逻辑环绕声系统、THX 系统相比有以下特点：

（a）AC-3 系统在录制、解码和放声过程中全部采用 5.1 个完全独立的声道，提高了信号的信噪比和各声道之间的分离度。

（b）环绕声道为数码立体声，两个声道完全独立，高频放音上限从原来的 7kHz 拓宽至 20kHz，即全音域环绕声，使环绕声更具有表现力。

（c）AC-3 系统中的超低音在录制过程中使用单独的录音轨道，并将信号作加重处理，THX 系统中的解码器虽然也有超低频信号输出，但它的超低音是从原来的四声道信号中分离出来的，两者的音响效果有很大差别。

（d）AC-3 系统提高了环绕声道的输出功率，使 5.1 个声道都有足够的输出功率。简单地说：现在的 DVD 影片的音频就是采用 AC-3 规格录制的。用相应的解码系统与音箱系统能领略到家庭影院的风采。

④DTS（Digital Theater Systems）数字电影院系统。

数字电影院系统是家庭影院环绕声技术中出现的一项全新技术。它也是一个 5.1 音频系统，即左声道、右声道、中央声道、左环绕声道、右环绕声道和重低音声道。DTS 系统也是一种全数字多声道环绕声技术，DTS 与数字 AC-3 不同之处在于杜比数字的压缩率高，编码时采用大幅度删除在理论上认为多余的微弱细节信号，从而达到减少数据量的目的。因此杜比数字编码时的压缩比很高（达 12∶1），由此也造成了一些细微信号的损失。而 DTS 则从提高数字空间的利用率着手，使信息数据得以充分利用，因此它的压缩比只有 3∶1，它的声音还原真实度显然高于杜比数字。由于 DTS 系统在编码时丢失的信号很少，保留了原有声场中较丰富的细微信号,所以它的声场无论在连续性、细腻性、宽广性、层次性方面均优于杜比数字。现在 DTS 系统是目前市场上最好的 5.1 声道环绕声技术。

7.3.3 扬声器

扬声器(简称音箱)是音响系统的喉舌,直接影响声音音质,是音响系统最关键的部分。它如歌星的嗓子,有了好的歌喉,才能唱出优美动听的歌曲。因此,如何选择好声音洪亮、音质优美、失真极微、工作可靠的扬声器是广大用户共同关心和追求的目标。

(1) 扬声器的选择。

扬声器实际上是一种把可听范围内的音频电功率信号通过换能器(扬声器单元),把它转变为具有足够声压级的可听声音。为能正确选择好扬声器,必须首先了解声音信号的属性,然后要求扬声器能"原汁原味"地把音频电信号还原成逼真自然的声音。

人声和各种乐声是一种随机信号,其波形十分复杂。可听声音的频率范围一般可达 20~20000Hz;其中语言的频谱范围约在 150~4000Hz 左右;而各种音乐的频谱范围可达 40~18000Hz 左右。其平均频谱的能量分布为:低音和中低音部分最大,中高音部分次之,高音部分最小(约为中、低音部分能量的 1/10);人声的能量主要集中在 200~3500Hz 频率范围。这些可听随机信号幅度的峰值比它的平均值大 10~15dB(甚至更高一点)。因此扬声器要能正确地重放出这些随机信号,保证重放的音质优美动听,扬声器必须具有宽广的频率响应特性、足够的声压级和大的信号动态范围。

实际选购中,需要考虑以下要素:用相对较小的信号功率输入获得足够大的声压级,即要求扬声器具有高效率的电功率转换成声的灵敏度;要求扬声器系统在输入信号适量过载的情况下,不会受到损坏,即要有较高的可靠性;要求能买到"物美价廉"的好产品,即性能价格比高的产品;最后还要考虑产品的配套方式,外形结构和吊装方法等条件。

(2) 扬声器系统主要技术特性的应用。

扬声器系统有许多与音色效果和使用场合直接有关的技术特性,为了用好用活这些技术特性,用户必须对它们有所了解。

①二路(二分频)和三路(三分频)扬声器系统。

音频信号的频谱范围很宽,把 20~20000Hz 的信号用一种扬声器单元是无法满足整段频响的。因为一般的 12in 以上大口径扬声器单元,低音特性很好,失真不大,但超过 1.5Hz 的信号,它的表现就很差了;1~2in 的高音扬声器单元(高音压缩驱动器)重放 3000Hz 以上的信号性能很好,但无法重放中音和低音信号。于是就有了由各种频响特性单元组成的扬声器系统,由低音(含中低音)和高音(含中高音)两种单元组成的称为二路扬声器系统,由低音、中音和高音三种单元组成的称为三路系统。

二路扬声器系统结构简单,造价相对较低,为了解决缺少这段中音频率的问题有些厂家用了一种折中的方法,即在分频网上把低音单元的频响特性向上移动,把高音单元的频率特性向下移动。另外一个问题是,分频交叉点频率只能设定在 500~2000Hz 之间,而此区域正是人声和乐声频谱的重要部分。因此在听觉上会留下"空洞"感和失真。因此,二路扬声器对喇叭单元的要求相对较高，假若单元的性能不佳，整个扬声器系统的声音就不够平滑，或有严重的相位失真。

三路扬声器系统中各单元的特性可不作折中，充分发挥它们各自的长处，两个分频交叉点可选在中音人声和乐声频谱重要部分的上、下边缘处，对音质没有任何影响，故三路扬声器系统减小了声音的失真，提高了声音的清晰度，改善了低音和高音间交叉频段的性能，增加了扬声器系统的功率处理能力。因此是文艺演出厅、多功能厅、音乐厅和歌剧院扩声系统的最佳选择，高档大型会议室一般也会选用三路扬声器系统。

②灵敏度和最大声压级（SPL MAX）。

扬声器单元是一种电信号与声音之间的换能器，要求它能以相对较小的输入功率换成很洪亮的声音，这就要求扬声器有较高的声压灵敏度。灵敏度实质是一种转换效率的体现。各类扬声器系统由于设计技术、选用的材料和生产工艺等多方面的差异，灵敏度的差异也很大。灵敏度是指输入扬声器单元 1W 的电功率，在扬声器轴线方向离开 1 米远的地方测得的声压级大小。如果两种扬声器的灵敏度相差 3dB，要达到同样大的声压级输出，需要增加电输入功率一倍，因此灵敏度较高的扬声器能发出较大的声音。

扬声器系统的输入功率能力一般都远远大于 1W（一般都在 100～2000W 之间），因此实际使用时都可输入这个最大允许的电功率。以额定最大功率输入扬声器，在扬声器轴向 1 米处生产的声压级称为最大声压级 SPL_{MAX}。另外两个相同声压级的扬声器箱放在一起的合成声压级到底增加多少？回答是："在室内混响声场两倍半径以外的地方约增加 3dB，即提高一倍。"

③失真和音质。

失真率是一个非常重要的技术参数。音质是一个比较抽象的评价，只能采取主观的听音比试。通常，灵敏度和音质是有矛盾的，生产商需要在两者中作适当的平衡。一般来说，中低价的产品，均以灵敏度作主导，追求性能价格比。而高价位产品偏重音质。而最高层次者是两者兼备，造价与技术要求很高。

④个性与共性。

扩声用的音响，有别于家中的 Hi-Fi 音响器材，兼容性要求非常高，因为每个场地都可能演出不同类型的节目，亦可能只是以语言信号为主的报告会，故其音响系统必须要兼容不同的节目源，做到平均性的优异，即不能偏重于某一个用途。而家里的 Hi-Fi 音响器材，只需要照顾主人的口味，其产品的个性是客观存在。但作为专业扩声系统器材，则这种个性将会变成局限性或缺陷。专业扩声器材需要为一大群公众服务，节目内容经常变换，共性或共用性是基本要求，兼容性要强，不同性质的节目都要有平均的表现。除此之外，专业扩声器材必须是无渲染、不夸张，忠实地将音源还原。

⑤扬声器系统的指向特性。

扬声器发出的声音在低频段（低于 200Hz）通常是无方向性的，在各方向均匀传播。但在高频段时，声音的传播呈现较强的方向性，这个指向特性（各类音箱均不相同）正是在系统设计中要加以应用的。优良的恒定指向特性可在现场布置时把声波的能量集中到观众区，避开声波的强烈反射面和声场互相干扰。试举一个比较容易明白的例子，市面上的手电筒。一支普通的手电筒与一支有聚光功能的手电筒，价格可以相差数十倍。一般的手电筒就算其功率与聚光手电筒相同，但光线无法投射很远，而且无法控制投射区域。音箱的高音部分与手电筒的光线相当类似。若只需要有声音，什么档次的音箱都能办得到，就等于任何一支普通手电筒都能照明一样。但作为大型工程，必须有效地控制声场分布及考虑可投射的距离。指向性的优劣，足以影响工程的成败，必须选择有优良指向性的音箱。扬声器的指向特性使偏离轴向的声压级随偏角的增大而逐渐减小；同时声压级与声波传播距离的平方成反比而衰减，在距扬声器远近和方位不同的听众区，若将这两种衰减选择得当，就可使两种衰减互相补偿，从而使声场更为均匀。大型工程或大型广场、大型体育场等需要覆盖相对比较宽阔的区域，单只音箱不足以应付，需要将多只音箱拼合成音箱群（阵列）。而在阵列扬声器系统中，恒指向特性可使音箱之间的中、高频段的声波在音箱间不产生干扰。用具有上述恒指向特性的一对扬声器组成八字形摆放，可以覆盖更大范围而干扰较小，保证声场的均匀度和声音的清晰度。

⑥扬声器系统的功率处理能力。

扬声器系统的功率处理能力（或称扬声器的额定功率）是一项重要技术参数，它代表扬声器承受长期连续安全工作的功率输入能力。了解扬声器的功率处理能力，首先必须懂得扬声器驱动器是如何损坏的。驱动器的损坏模式有两种：一种是音圈过热损坏（音圈烧毁、过热变形、圈间击穿等），另一种是驱动器的振膜位移量超过极限值，使扬声器的锥形振膜和/或其周围的弹性部件损坏，通常发生在含有很多大振幅的低频信号。声音信号不是一种纯正弦波信号，而是一种随机的信号。这些随机信号可用3个参数来表示：有效值（RMS）又称均方根值，是表示信号峰值等幅的正弦信号的一种测量结果，接近于平均值，基本上代表信号的发热能量。峰值（PEAK）是信号达到的最大电平，对于正弦波来说，峰值电平大于有效值电平3dB，对于音乐信号来说，峰值电平超过有效值可达10～15dB，在评定一种扬声器的位移能力时，峰值是重要的。峰值因子，用来说明峰值电平与有效值电平的比率，对于按AES2—1984的粉红色噪声源来说，峰值因子为6dB，即峰值电压是有效值电压的4倍。扬声器的功率处理能力是按（AES2—1984）处理后的粉红色噪声信号连续加2小时工作后，其电性能和机械性能的永久性变化不大于10%的情况下测得的技术参数。

⑦加载（受热）后的声压级下降（又称功率压缩）。

功率压缩是音箱在厂方选定的测试信号和条件下的最佳值。当音箱进入满功率状态20秒之后，音圈和磁体受热升温后，由于它们性能下降改变了受热前单元的原有特性，这时，实际的声压输出就会减少。常规音箱，如音圈温升60～80℃，常见额定声压级下降3dB为容限，如音圈散热优异，而温达100℃以上，实际的声压下降可达6～8dB，这是相当惊人的下降。如前文提及，增加一倍的音箱只提升声压级3dB，若音箱声压级下降达6dB，要弥补这么大的声压级下降，必须由原来的一只音箱增加至四只，还需要配套功放，由于价格限制，实际中这是很难做到的。若要改善这种声压级的下降，必须更好地改善扬声器单元的散热设计。

⑧扬声器单元的阻抗。

扬声器单元的阻抗包含电感量、电容量和电阻值。电感量和电容量是随频率而变化的。虽然在扬声器系统中标称一个阻抗，例如8Ω，4Ω，但这个数值会跟随频率变化而改变。假若阻抗变化太大，将会影响整个音响系统的稳定性。有的厂家设计双线圈差驱动，将阻抗变为纯电阻性，不受频率变化影响，使整个音响系统稳定工作。

（3）提高扬声器系统的可靠性。

实际工作生活中，即使是在功放和扬声器系统的功率匹配相当的情况下也会发生扬声器单元受损的事件。其原因主要有：

①操作不当，功放输出功率过大。

②演出达到高潮时，场内气氛热烈，需要提升声压，在加大信号时，话筒输入信号过大，引起功放过载削波，失真波形产生大量谐波，造成高音单元损坏。

③话筒产生强烈声反馈啸叫，功放强烈过载，损坏扬声器系统。

现代新型扬声器系统均采取了多种保护性措施，这些措施可分为两类：

A类——提高扬声器单元的散热力，使其在过载时不发生过热损坏。

B类——在扬声器箱中安装限幅保护装置，当驱动功率和峰值电平超过扬声器的额定值时，限幅器把超过的功率电平用非线性电阻（灯泡）对音圈进行阻止。这些措施，提高了扬声器抗过载的能力，但也影响了声音的动态范围，使音域不够宽广，音色模糊和暗淡。因而，最佳办法还是在功放上采取措施，使它的输出不产生削波和功率过载等问题。

7.3.4 效果器

效果器，顾名思义，给音色施加效果、影响（effect）。许多乐器如电吉他、合唱礼堂、广场等都使用它，经过人为加工后制作出一种效果（如礼堂效果）。而不经过加工的音乐就给人一种美中不足的感觉。可以说效果器在音色的构成中，已经是必不可少的设备了。

会议中使用的效果器有的包含在功放中，更多的是独立的设备，特别是专业级别的设备。

效果器从工作形态上可分为：

（1）频率领域的控制，例如均衡器、滤波器和激励器；

（2）振幅领域的控制，例如压限器、噪声门和扩张器。

7.3.5 均衡器

均衡器是对声频信号进行频率补偿或衰减的设备。均衡器是频率均衡的简称，在音频信号处理或设备系统中，利用滤波处理方式对放大器频率响应进行调整，使信号幅度、相位、频率得到补偿或衰减、减小信号畸变，使某些频率的响度大于或小于其他频率，而另一些信号电平被提升或削减，使音频频段内频谱得以平衡。一般有以下几类：（1）相位均衡器；（2）搁架型均衡器；（3）峰谷型均衡器；（4）图示均衡器；（5）房间均衡器；（6）

参数均衡器。

在信号处理中，均衡是指改变放大器的频响，使相对于某些频率信号的幅度电平明显不同。均衡是指特定频率增高或降低一定的分贝值。

图解均衡器在根据音乐间隔平等分布的一系列中心频率上提供了升/降电平控制。控制电平线性椎子控制器的物理位置为全部频响曲线提供了一种"图形"表示。

峰谷形均衡器是由电感器与电容器串联组成的滤波电路，其对某一频率提供最小阻抗，而对其他频段的信号呈现阻抗很大，阻抗小的频率称为中心频率或谐振频率。

房间均衡器用以控制房间内的声场，属于多点频率控制形成，其频率覆盖范围为20～20000Hz，具有垂直安放多个直滑式电位器，主要用于补偿听音环境建筑的音频特性，可对不同频率点进行提升或衰减，其物理位置如回均衡曲线，在各种应用场合可以补充信号中所欠缺的频率成分，同时又能抑制过重的部分，在一定程度上弥补了建筑声学的缺憾，保证了声音的质量。

7.3.6 激励器

激励器是一种恢复和加强声音高次谐波的设备。

心理声学研究表明，人类对于声音细节和明亮程度的感受依赖于信号的高次谐波。在录音或重放过程中幅度较低的高次谐波往往被丢失或掩蔽，大大减少了对声音细节和明亮的感受。听觉激励器就是为恢复和加强声音高次谐波的专门设备。

听觉激励器电路图如图7.7所示。

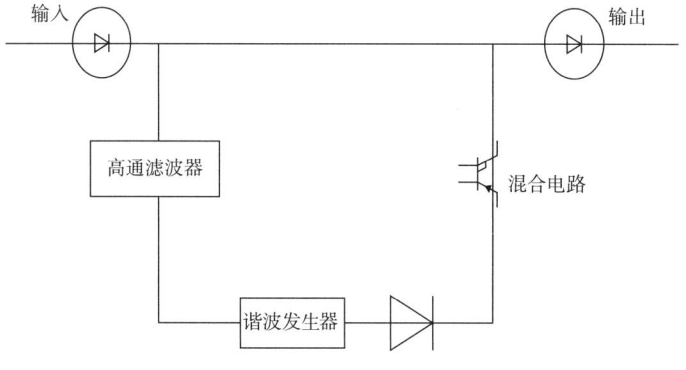

图7.7 听觉激励器电路图

输入的声频信号经过输入放大器后被分为两路：一路直接通到混合电路，另一路则先经过一个高通滤波器，然后通过谐波发生器，新产生的谐波信号与由滤波器输出的信号反相相加，将原来的信号抵消掉，只留下新产生的谐波信号，以一定比例与直通信号混合，经输出放大器放大后输出。所以，各谐波信号与直通信号混合后，输出的信号幅度只有很小的改变，使人主观感到的音量接近保持不变。

压限器是压缩器和限幅器的合称。压缩器是一种可变增益放大器，信号小时按正常增益进行放大；信号大时增益变小，即斜率改变。增益压缩比有2:1、4:1、8:1、……，

∞：1等。限幅器是限制信号电压或波形振幅的设备，是压缩比大于10：1的压缩器。

压限器是以增益为信号电平函数变化的放大器，在压限器额定电平以下设置阈值电平，输入电平阈值以下时，输出电平随输入电平线增长，输入电平高于阈值时，虽然输出电平仍随输入电平增长，但增长量小于输入电平的增长量，所以阈值电平就是压缩器开始起作用时的输入电平。输入电平增长量与输出电平增长量之比称为压缩比。压缩比与阈值电平可以预先进行调整。

限幅器则设有阈值电平调节器，当输入信号超过阈值时，输出信号不再增长，此阈值一般应调节到接近最大输出电平。

压限器作用是：（1）控制过响的声音；（2）使音量平稳；（3）使音量平衡；（4）有效传输宽动态音响；（5）控制动态极限；（6）产生效果声。

压缩器与限幅器两者之间的差异除特性曲线形状不同以外，主要表现在阈值电平的分配上。压缩器阈值电平被调整至接近于正常工作电平，当节目信号超过阈值时，节目电平按比例削减，限幅器阈值电平应调至接近最大电平，当节目信号起限幅作用，使任何时刻节目电平都不会超过最大电平；其次，压缩器与限幅器两者的启动时间及恢复时间都取较小数值，而压缩器都取较大数值，一般情况下，可根据实际需要预先调节好这两个时间。而在某些设备中还设有自动时间调节装置，可以免除烦琐人工调节手续。只要将面板上开关置向自动位置，电路就会根据节目音量电平自动调节到所需要的启动及恢复时间。

动态范围处理器有以下几方面的功能。

（1）压缩器：当输入信号达到一个预定的阈值时，信号被衰减；

（2）限制器：压缩器的压缩比设计足够大就变成限制器；

（3）扩展器：用来扩大信号的动态范围，在信号电平下降时减低增益，或在电平上升时增加增益；

（4）噪声门：输入信号低于允许阈值电平，设备有效地关闭信号，背景噪声被抑制。

噪声门是限制低电平噪声信号进入电路的音频信号的处理设备。它的应用范围很广，主要包括几个方面：（1）抑制环境噪声；（2）抑制人为干扰噪声；（3）抑制厅堂混响；（4）抑制传声器串音；（5）抑制多声轨合成头尾噪声；（6）制作门混响效果。

降噪器主要是作为模拟磁带录音机中降低噪声、扩展动态范围的重要声处理设备，正在各种录音室中发挥着作用。

多重效果处理器是集多种声音处理功能于一身，用来产生多种特殊效果的设备。它包含混响、延时、噪声门、均衡、失真、合唱、变调、重金属效果。有的带有存储器，可将存入的参数随时调出使用。

7.4 功放系统

功率放大器，简称功放。很多情况下主机的额定输出功率不能胜任带动整个音响系统的任务，这时就要在主机和播放设备之间加装功率放大器来补充所需的功率缺口，而功率放大器在整个音响系统中起到了枢纽作用，在某种程度上主宰着整个系统能否提供良好的音质输出。

7.4.1 功率放大器简介

利用三极管的电流控制作用或场效应管的电压控制作用将电源的功率转换为按照输入信号变化的电流。因为声音是不同振幅和不同频率的波，即交流信号电流，三极管的集电极电流永远是基极电流的 β 倍，β 是三极管的交流放大倍数。应用这一点，若将小信号注入基极，则集电极流过的电流会等于基极电流的 β 倍，然后将这个信号用隔直电容隔离出来，就得到了电流（或电压）是原先的 β 倍的大信号，这种现象称为三极管的放大作用。经过不断的电流放大，就完成了功率放大。

7.4.2 功率放大器的特点及分类

为了实现尽量大的输出功率，要求功放管的电压和电流都要有足够大的输出幅度，因此，三极管往往工作在极限的状态下。工作在大信号极限状态下的三极管，不可避免地会产生非线性失真，且同一个三极管，输出功率越大，非线性失真越严重。功放管的非线性失真和输出功率是一对矛盾。在不同的应用场合，处理这对矛盾的方法各不相同。例如，在音响系统中，要求在输出功率一定时，非线性失真要尽量得小；而在工业控制系统中，通常对非线性失真不要求，只要求功放的输出功率足够大。在功率放大器中，因功放管的集电极电流较大，所以，功放管的集电极将消耗大量的功率，使功放管的集电极温度升高。为了保护功放管不会因温度太高而损坏，必须采用适当的措施对功放管进行散热。另外，在功率放大电路中，为了输出较大的信号功率，功放管往往工作在大电流和高电压的情况下，功放管损坏的概率比较大，采取措施保护功放管也是功放电路要考虑的问题。此外，在分析方法上，功放电路也不能采用微变等效电路分析法，而必须采用图解分析法。

尽量提高功率转换的效率，放大器在信号作用下向负载提供的输出功率是由直流电源转换来的，在转换时，管子和电路中的耗能元件均要消耗功率。

按照输入信号频率的不同，功率放大器可分为低频功率放大器和高频功率放大器。低频功率放大器常常又可以按照以下几种方式分类。

（1）按照功率放大器与负载之间耦合方式不同，可分为：

①变压器耦合功率放大器；

②电容耦合功率放大器，也称为无输出变压器功率放大器，即 OTL 功率放大器；

③直接耦合功率放大器，也称为无输出电容功率放大器，即 OCL 功率放大器；

④桥接式功率放大器，即 BTL 功率放大器。

（2）按照三极管静态工作点选择的不同可分为：

①甲类功率放大器。三极管工作在正常放大区，且输出晶体管/电子管工作点（Q 点）在交流负载线的中点附近；输入信号的整个周期都被同一个晶体管放大，所以静态时管耗较大，效率低（最高效率也只能达到 50%）。

②乙类功率放大器。三极管工作在截止区与放大区的交界处，且 Q 点为交流负载线和 $ib=0$ 的输出特性曲线的交点。输入信号的一个周期内，只有半个周期的信号被晶体管放大，因此，需要放大一个周期的信号时，必须采用两个晶体管分别对信号的正负半周放大。在理想状态下，静态管耗为零，效率很高（可达 80%）。

③甲乙类功率放大器。工作状态介于甲类和乙类之间，Q 点在交流负载线的下方，靠近截止区的位置。输入信号的一个周期内，有半个多周期的信号被晶体管放大，晶体管的导通时间大于半个周期小于一个周期。甲乙类功率放大器也需要两个互补类型的晶体管交替工作，才能完成整个信号周期的放大。

此外，按照 Q 点不同，还有一种丙类功放，它的工作点在截止区。晶体管的导通时间小于半个周期，它属于高频功放，多用于通信电路中对高频信号的放大。

另外，根据功放电路是否集成，还可分为分立元件式和集成功放。

7.4.3 功率放大器原理图

利用三极管的电流控制作用或场效应管的电压控制作用将电源的功率转换为按功率放大器输入信号变化的电流。因为声音是不同振幅和不同频率的波，即交流信号电流，三极管的集电极电流永远是基极电流的 β 倍，β 是三极管的交流放大倍数。应用这一点，若将小信号注入基极，则集电极流过的电流会等于基极电流的 β 倍，然后将这个信号用隔直电容隔离出来，就得到了电流（或电压）是原先的 β 倍的大信号，这种现象称为三极管的放大作用。经过不断的电流放大，就完成了功率放大。

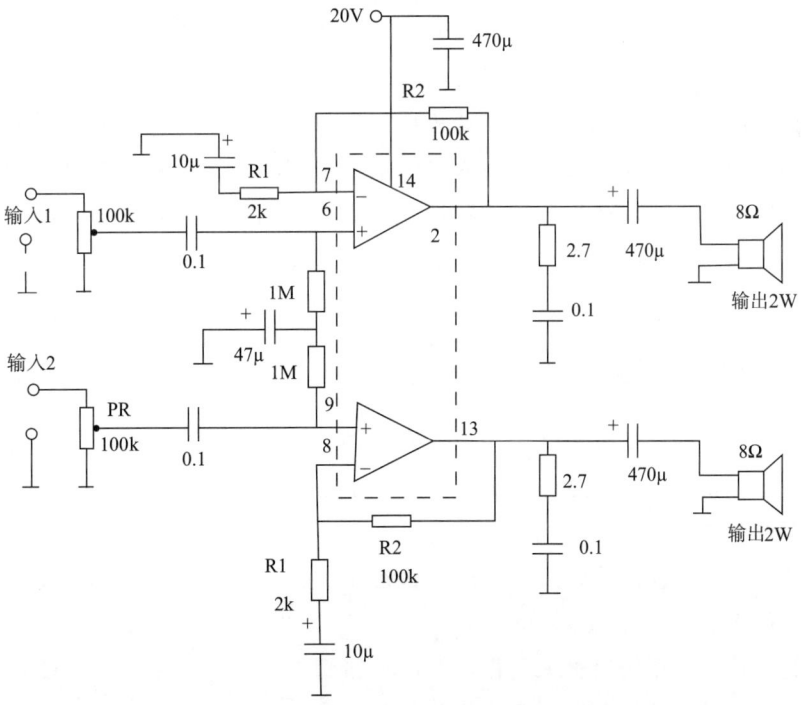

图 7.8　功率放大器原理图

7.4.4 功率放大器的电路设计问题

（1）关于功率放大器的功率选择问题。

功率放大器的输出功率以多少为宜，这是一个颇有争议的问题。一些发烧友认为，功率放大器的输出功率越大越好，必须有足够的冗余存储功率，功放在播放大动态的音乐节目时，才有上佳的表现。基于这一点对功放功率的理解，很多音响厂商把功率放大器每声道的连续输出功率设计到100W（RMS），有的甚至更高。建议按照房间使用面积来搭配，一般功放放大到额定的1.5~2倍就可以。

（2）关于功率放大器制作元件的选材问题。

功放的用料是音响发烧友评价扩音机时考虑的一个重要方面。从电阻、电容、三极管、变压器到各种线材，都有是否为发烧级产品之分。发烧友们往往为了突出某种品牌元件的作用，对改换某元器件后产生的声音变化有很多特别的甚至神乎其神的描述，有些消费者便信以为真，在进行功率放大器选购时，也把这些理论用上了。

（3）关于功率放大器的后级电路设计问题。

从功放电路发展的历史来看，先有了电子管放大器，再有晶体管放大器，最后出现了集成电路放大器。本来采用集成电路制作功放是最省事的，然而，集成电路放大器却被裁定为"音质欠佳"而难入发烧友大雅之堂。分立元器件、电子管扩音机卷土重来。事实上，分立元件扩音机在制作上存在制作工艺复杂、调试难度大等缺点。

（4）关于功率放大器的前级电路设计问题。

功放的前级部分是对输入信号进行协调处理、起前置放大作用并执行音色调控工作的电路。纵观现在功放的前级电路，其中的输入级基本上都用功放作前置放大单元，音调控制部分则有负反馈式和衰减式之分。从音色调控的效果上看，均衡器的控制范围和补偿效果都是最佳的，因此，功率放大器的前级电路最好采用均衡器电路形式进行设计。由于各种信号源的强度不一，所以必须在功能转换开关之前协调处理好各种信号的输入强度，对过强的信号进行适当的衰减，或对太弱的信号采取必要的放大措施，以求得到强度大体一致的输入信号，然后才能进行放大输出。

7.4.5 功率放大器的发展史

音频功率放大器是一个技术已经相当成熟的领域，几十年来，人们为之付出了不懈的努力，无论从线路技术还是元器件方面，乃至于思想认识上都取得了长足的进步。

（1）早期的晶体管功放。

半导体技术的进步使晶体管放大器向前迈进了一大步。自从有了晶体管，人们就开始用它制造功率放大器。

早期的放大器几乎全用锗管来制作，但由于锗管工艺上的一些原因，使得放大器中所用的晶体管，尤其是功放管性能指标不易做得很高。

（2）晶体管功放的发展和互调失真。

随着半导体工艺的逐渐成熟，大电流、高耐压的晶体管品种日益增加，越来越多的功率放大器采用了无输出变压器的 OCL 电路或 OTL 电路。最初的大功率 PNP 管是锗管，而 NPN 管是硅管。到了 20 世纪 60 年代末，大功率的 PNP 硅管商品化的时候，互补对称电路得到广泛的应用。元器件的进步使晶体管功率放大器的技术指标产生了质的飞跃。在主观音质评价方面，改变了过去人们对晶体管功放的看法，无论是在厅堂扩音、电台节目制作还是家庭重放，晶体管功放都被大量地采用，首次在数量上以压倒性的优势超过了电子管功放。

（3）功放输入级——差动与共射—共基。

对称和平衡是电路发展的方向。

音乐讲究各声部之间的平衡与统一，美术以色彩搭配均衡、和谐为美，在功率放大器中，对称和平衡也有类似的效果。

最初采用对称设计的例子要算互补对称电路。一上一下的两只异极性晶体管作输出，电路的偶次谐波失真被抵消，保真度有了很大提高。稍后，人们从运算放大器的设计中得到启迪，将左右对称的差动式电路用于功率放大器的输入级，电路的稳定性和线性都得到改善。如果以现代的眼光来看，这一电路是显得过时了。围绕着改进电压推动级的性能，人们相继提出了多种结构，共射—共基电路就是一个典型的例子。

共射—共基电路又叫"猩尔曼"电路，它原先是高频电路中广为采用的结构，但用于音频电路中同样可以发挥出色的性能。

当今许多最先进的功率放大器采用的也是这种电路结构。对称和平衡不仅体现在电路的结构上，还表现在元器件的参数上。差动电路是集成功放中广泛采用的结构，其性能是建立在两只差分管 H_{rs} 和 V_{ss} 精确匹配的基础之上。同理，如果两只异极性的晶体管特性不一致时，对波形的两个半周就不能做到一视同仁地放大，这将增加电路的失真度。

随着节目源的变化，音乐中包含大量瞬变、高能量的成分，要完美地重现这些细节，就要求放大器具有良好的动态响应，对晶体管配对的要求就不仅是静态的 H_{rR} 和 V_{BE} 匹配，而且在动态时也要高度匹配，这无疑对元器件参数的平衡提出了更苛刻的要求。可喜的是，半导体技术的进步提供了这种可能性，各种各样的差分对管、晶体管阵列层出不穷，单个的晶体管一致性也得到较大提高。

（4）放大器的电源。

"放大器不过是电源的调制器"，这句话道出了放大的实质。

电源部分作为推动扬声器发声的源泉，再也不是随便接个整流电源。对电源的要求有两个方面，即纹波噪声小，输出能力强。噪声小比较容易办到，只要加大滤波电容器的容量就可以，但是要做到输出能力强却并不简单。

7.5 麦克风、音箱功放的选型与匹配

会议麦克风是会议室部署中非常重要的设备，对整个系统的声音效果有着明显的作用。

麦克风的选择主要从四方面着手。第一，频率响应在 150～10000Hz 左右为宜，此范围基本包括了人声和一般乐器声；第二，灵敏度不可过高，过高的灵敏度易产生啸叫或声音忽大忽小的现象，容易损坏音箱，故灵敏度稳定即可；第三，阻抗有高低，高阻抗麦克风灵敏度高，易受外界信号干扰。第四，要选择具有指向性的麦克风，因无方向型麦克风抗外界干扰能力差，易混入其他声源，这种麦克风一定要配合回音消除器使用。

在设计、安装一套音响系统时，不免遇到功放与音箱的配接问题。在音色方面，要注意其搭配上是否冷暖相宜、软硬适中，最终使整套器材还原音色呈中性，这仅是从艺术方面考虑。从技术方面考虑功放与音箱配接的要素有：

（1）功率匹配。

为了达到高保真的要求，额定功率应根据最佳声压来确定。音量小时，声音无力、单薄、动态出不来、低频显著缺少、丰满度差。音量合适时，声音自然、清晰、圆润、柔和丰满、有力、动态出得来。但音量过大时，声音生硬不柔和、毛糙、有扎耳根的感觉。因此功放声压级与声音质量有较大关系，规定听音区的声压级最好为 80～85dB，可以从听音区到音箱的距离与音箱的特性灵敏度来计算音箱的额定功率与功放的额定功率。

（2）功率储备量匹配。

音箱：为了承受节目信号中的突发强脉冲的冲击而不至于损坏或失真，所选取的音箱标称额定功率应是经理论计算所得功率的 3 倍。

功放：电子管功放和晶体管功放相比，所需的功率储备是不同的。这是因为电子管功放的过荷曲线较平缓。对过载的音乐信号巅峰，电子管功放并不产生明显削波现象，只是使巅峰的尖端变圆。这就是常说的柔性巅峰。而晶体管功放在过载点后，非线性畸变迅速增加，对信号产生严重削波，它不是使巅峰变圆而是把它整齐削平。用电阻、电感、电容组成的复合性阻抗模拟扬声器，对几种高品质的晶体管功放进行实际输出能力的测试。结果表明，在负载有相移的情况下，其中有一台标称 100W 的功放，在失真度 1% 时实际输出功率仅有 5W，由此对于晶体管功放的储备量的选取倍数：①高保真功放为 10 倍；②民用高档功放为 6～7 倍；③民用中档功放为 3～4 倍。而电子管功放则可以大大小于上述比值。

对于系统的平均声压级与最大声压级应留有多少余量，应视播送节目的内容、工作环境而定。一般最低冗余量 10dB，最好留有 20～25dB 冗余量，这样可确保音响系统安全、稳定地工作。

（3）阻抗匹配。

阻抗匹配指功放的额定输出阻抗，应与音箱的额定阻抗相一致。此时，功放处于最佳设计负载线状态，可以输出最大不失真功率，如果音箱的额定阻抗大于功放的额定输出阻抗，功放的实际输出功率将小于额定输出功率。如果音箱的额定阻抗小于功放的额定输出阻抗，音响系统虽能工作，但功放有过载的危险，功放需要有完善的过流保护措施对电子管功放来讲阻抗匹配要求更严格。

（4）阻尼系数的匹配。

阻尼系数 KD 定义为：$KD=$ 功放额定输出阻抗（等于音箱额定阻抗）功放输出内阻。

由于功放输出内阻实际上已成为音箱的电阻尼器件，KD 值便决定了音箱所受的电阻尼量。KD 值越大，电阻尼越重，当然功放的 KD 值并不是越大越好，KD 值过大会使音箱电阻尼过重，脉冲时间增长，瞬态响应指标降低。因此在选取功放时不应片面追求大的 KD 值。经验值可供参考，晶体管功放 KD 值大于或等于 40，电子管功放 KD 值大于或等于 6。

若要保证放音的稳态特性与瞬态特性良好的基本条件，应注意音箱的等效力学品质因素（Qm）与放大器阻尼系数（KD）的配合，这种配合需将音箱的馈线当作音响系统整体的一部分来考虑。音箱馈线的功率损失小于 0.5dB（约 12%）即可达到这种良好匹配。

7.6 同声传译会议系统的产品与技术

随着社会进步和经济的迅猛发展，国际交往日益频繁，不仅在各种大型会展中心对同声传译系统的需求不断增多，就是在一些中小型的培训中心、涉外交往等场合，也需要安装同声传译系统。在各个大中城市的星级酒店也以是否拥有多语种同声传译设备的"国际会议厅"作为衡量酒店档次的一个重要标准。此外，我国是一个多民族的国家，在少数民族自治区域的一些场所也需要多语种的同声传译系统。同声传译会议系统的产品与技术尽管只是音频技术领域的一个小分支，但其重要性却是不言而喻的。

同声传译系统的核心技术是多语种旁听信号的分配发送与接收，主要分为有线与无线两大类解决方案，而无线发送接收又分为电磁波方式和红外线方式两种。

有线发送与接收的方式是通过从译员室、机房敷设到各旁听位置的多芯电缆传输多路模拟音频信号来实现的，虽然有设备造价较低、不易受干扰音质较好、保密性高的特点，但由于其庞大繁杂的系统布线带来了巨大的施工难度及较低的可靠性，而且日常维护也很麻烦，一旦某个旁听单元发生故障，很难确定在整个线路网络中的故障点。加之都是固定安装，不能做到移动使用。所以除非有特别的应用需求（如安全保密高级别场合），目前已经很少采用这种方式。

无线电磁波的发送与接收类似于广播电台与收音机，只不过一般采用较低的频率和较长的波长，以避开广播电台、对讲机等设备使用的常用波段。一般部署天线电缆在天花板上或地板下、墙壁内形成一个闭合的环路，接收机采用感应式方法接收。这种方式安装施工也较简单，且维护方便。其致命的弱点是无保密性可言，且系统易受干扰，甚至室内的日光灯的开闭都会带来噪声。

红外线无线发送与接收方式是目前最广泛使用的语种分配及旁听解决方案，其通过连接到多通道红外线调制发射机的红外线辐射板，将调制为红外线脉冲的模拟音频信号覆盖到全场，接收机再将红外线脉冲信号解调为多通道音频信号。红外线不能穿透墙壁的特点带来的最大的优点是整个系统的保密性不逊于有线旁听系统，且音质优越，不会受电磁杂波的干扰，施工更为简便，甚至可以便携移动使用，维护也非常方便。唯一的缺点是如果场内有较强的光源如电视摄像记者的"小太阳"采访灯亮起的时候或是强烈的阳光照射时，可能会对其产生干扰影响。此外有报告阐述有一些型号的等离子显示屏也会对红外线的辐射产生影响。

下面以某厂家的 M700 同声传译会议系统和红外线旁听系统为例,具体介绍其应用。M700 同声传译会议系统是将其讨论型"手拉手"会议系统与一套有线的语种分配传输接收系统紧密结合的产品,主要设备包含 SX-M700 中央控制主机、SX-C700A（便携可移动式）/SX-C750（嵌入固定安装式）主席发言旁听单元、SX-D700A（便携可移动式）/SX-D750（嵌入固定安装式）代表发言旁听单元以及 SX-P700 译员单元。其中的主席/代表发言旁听单元与索尼 SX-100 讨论型会议系统的发言单元在外形上和话筒、扬声器等完全一样,而且专用连接电缆也是完全通用的,只不过是在其底座面板上多了一个语种通道的选择拨钮。与会人员只要通过这个拨钮,就可以在 13 个通道中任意选择某一个通道的信号,即可以直接通过底座上的扬声器播出,也可以插上耳机收听,且底座上提供了两路耳机的输出插口,可以供两位与会人员同时使用一只单元。底座上还有线路输出插孔,每位与会者都可以通过外接小录音机或 MD 来得到一份所选择的语种的会议录音。

所有的发言/旁听单元通过 20 芯的专用电缆一只接一只地串联起来（即所谓"手拉手"）,再接入 SX-M700 中央控制主机,多台 SX-P700 译员单元也是同样地手拉手地接入 SX-M700。SX-P700 译员单元面板是从中间左右对称,每台译员机可供两名译员同时使用来实现翻译接力。译员可以直接收听发言者的声音直接翻译,也可以选择任一通道的语种来进行二次翻译。译员台配有线路输入及输出接口,可以用来播放翻译录音或外接监听设备。面板上还有"咳音消除"即短时静音键以及"SLOW"键用于提示发言人放慢语速。

如果不是每位与会者的面前都有发言/旁听单元来参与会议讨论发言,这时就可以配备该厂家的红外线旁听系统。SX-1070A 红外线语种分配发射机可以同时处理 7 个音频通道。多通道模拟音频信号送入后进行编码调制,再通过同轴电缆传输到 SX-9131A 红外线辐射板将红外线编码信号覆盖到全场。SX-9131 的红外线传送距离最大可达 25m,500～1000m^2 的大型会议厅只需 4 副红外线辐射板就可满足要求。

该厂家的 SX-2130 红外线接收机小巧轻盈,仅重 90g,内置可充电锂电池,一次充电后可连续使用 22h。专用的充电收藏两用箱一次可同时为 50 只接收机充电。接收机原配的 MDR-E4L 耳挂式耳机,巧妙地运用人体工程学原理,长时间佩戴也不会疲劳;而且其音色自然悦耳。

与该厂家的 M100 讨论型会议系统一样,M700 系统同样可以方便地扩展投票表决模块和计算机会议管理模块。

7.7 音频编辑软件介绍

cool edit pro 是一个非常出色的数字音乐编辑器和 MP3 制作软件,不少人把 Cool Edit 形容为音频"绘画"程序。以 cool edit pro v2.1 简体中文版软件作一简单简介。

cool edit pro 是美国 Adobe Systems 公司开发的一款功能强大、效果出色的多轨录音和音频处理软件。可以用声音来"绘"制：音调、歌曲的一部分、声音、弦乐、颤音、噪声或是调整静音。而且它还提供有多种特效为作品增色：放大、降低噪声、压缩、扩展、回声、失真、延迟等。可以同时处理多个文件，轻松地在几个文件中进行剪切、粘贴、合并、重叠声音操作。使用它可以生成的声音有：噪声、低音、静音、电话信号等。

  cool edit 软件还包含有 CD 播放器。其他功能包括：支持可选的插件；崩溃恢复；支持多文件；自动静音检测和删除；自动节拍查找；录制等。另外，它还可以在 AIF、AU、MP3、Raw PCM、SAM、VOC、VOX、WAV 等文件格式之间进行转换，并且能够保存为 RealAudio 格式。如果计算机有一块声卡或健全的模块，cool edit pro 能把它变成一个职业音频工程师。

  cool edit pro v2.1 软件界面如图 7.9 至图 7.10 所示。

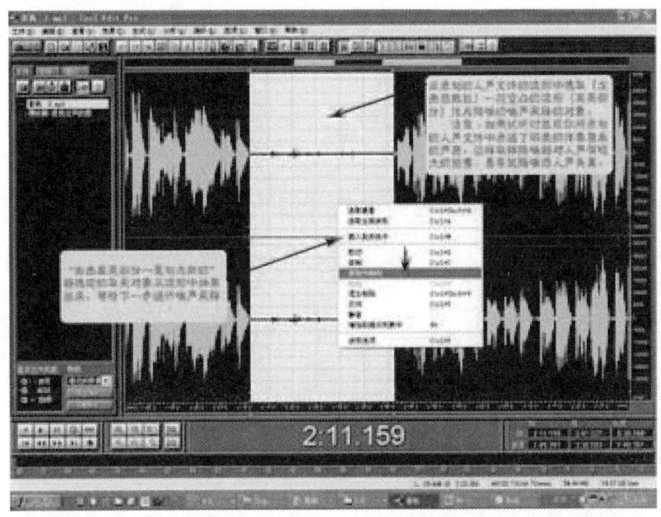

图 7.9　cool edit pro v2.1 软件界面

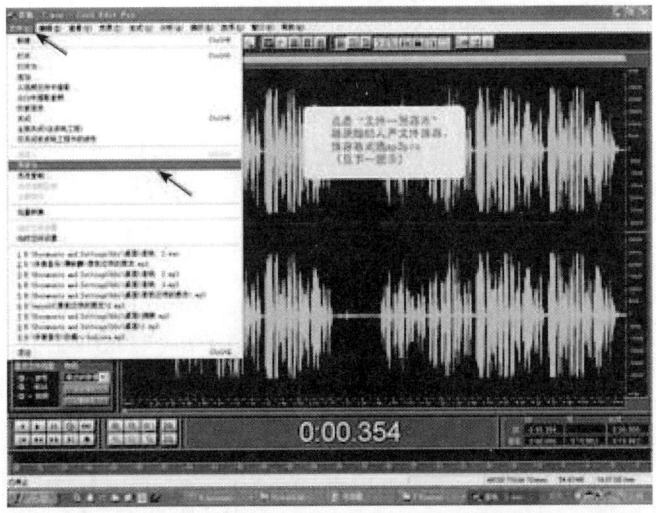

图 7.10　cool edit pro v2.1 软件处理界面

7.8 某会议室音频测量报告示例

7.8.1 测量标准、测量方法

(1) 测量方法概述。

按照《厅堂扩声特性测量方法》(GB 4959) 的要求,对×××会议室进行测量。

测量方法中对测量的各个细节都做了详细的规定,测量前应至少满足以下条件:

测量前扩声设备需按设计要求在厅堂内安装完毕,并调整扩声系统,使之处于正常工作状态。(测量前,均衡器需要进行系统最佳补偿调整)。

测量时,扩声系统中调音台的音调调节器置于"平直"位置。功率放大器的音调补偿(若有的话)置于正常位置。

测量时,厅堂内测点的声压级至少应高于厅堂总噪声 15dB。混响时间及再生混响时间测量时信噪比至少应满足 35dB 的要求。

所有测点离墙 1.5m 远;测点距地高度在 1.2~2.3m。对于有楼座的厅堂,测点应包括楼座区域。对于有舞台或主席台扩声的场所,测点还应包括舞台区或主席台区。

(2) 测量标准。

按照《厅堂扩声系统设计的声学特性指标》(GYJ125) 对报告厅的扩声特性予以评价,具体内容见表 7.1。

表 7.1 报告厅的扩声特性评价指标

扩声系统 类别分类 声学特性	音乐扩声系统一级	音乐扩声系统二级	语言和音乐兼用扩声系统一级	语言和音乐兼用扩声系统二级	语言扩声系统一级	语言和音乐兼用扩声系统三级	语言扩声系统二级
最大声压级,dB	0.1~6.3kHz 范围内平均声压级 ≥100dB	0.125~4.0kHz 范围内平均声压级 ≥95dB		0.25~4.0kHz 范围内平均声压级 ≥90dB		0.25~4.0kHz 范围内平均声压级 ≥85dB	
传输频率特性	0.05~10kHz 以 0.1~6.3kHz 的平均声压级为 0dB,允许+4~-12dB 且在 0.1~6.3kHz 内允许 ≤±4dB	0.063~8.0kHz 以 0.125~4.0kHz 的平均声压级为 0dB,允许+4~-12dB,且在 0.125~4.0kHz 内允许 ≤±4dB		0.1~6.3kHz 以 0.25~4.0kHz 的平均声压级为 0dB,允许+4~-10dB,且在 0.25~4.0kHz 内允许+4~-6dB		0.25~4.0kHz 以其平均声压级为 0dB,允许+4~-10dB	

续表

扩声系统类别分类\声学特性	音乐扩声系统一级	音乐扩声系统二级	语言和音乐兼用扩声系统一级	语言和音乐兼用扩声系统二级	语言扩声系统一级	语言和音乐兼用扩声系统三级	语言扩声系统二级
传声增益,dB	0.1～6.3kHz的平均值≥－4dB（戏剧演出）≥－8dB（音乐演出）	0.125～4.0kHz的平均值≥－8dB		0.25～4.0kHz的平均值≥－12dB		0.25～4.0kHz的平均值≥－14dB	
声场不均允度,dB	0.1kHz≤10dB,1.1/6.3kHz≤8dB	1.0/4.0kHz≤8dB		1.0/4.0kHz≤10dB		1.0/4.0kHz≤10dB	

7.8.2 礼堂声学扩声特性主要指标

7.8.2.1 扩声特性指标

由《厅堂扩声系统设计的声学特性指标》（GYJ125）可以看到，在对厅堂扩声特性进行评价时，以下的5个指标最为重要：

①最大声压级；

②传输频率特性；

③传声增益；

④声场不均匀度；

⑤总噪声级。

下面分别予以介绍：

(1) 最大声压级。

扩声系统在厅堂听众席处产生的最高稳态准峰值声压级。

要求馈入扬声器系统的电压，相当设计使用功率（或额定功率）的声压级的电压值的 $1/n$，（$n=2～10$）。

在系统最大声压级要求频率范围内在每一测点测出每一个 1/3Oct 频带声压级，加上 $20\lg n$ 后获得相应频带的最大声压级然后加以平均。每一测点的最大声压级用下式计算：

$$L_{max} = 10\lg[(\sum_{i=1}^{n}10^{0.1L_i})/N] + 10\lg n$$

测点数宜选全场座席的 0.5%，且最好不得少于 8 个点（无楼座场所，不得少于 5 个点）。测点的分布应当合理并有代表性。对于非对称厅堂，应增加测点。

(2) 传输频率特性。

厅堂内各听众席处于稳态声压级的平均值相对于扩声系统传声器处声压级或扩声设备输入端电压的幅频响应。

测量时，1/3Oct 粉红噪声信号经过功率放大器加到测试声源上，调节测试声源系统输出，使厅堂内测点的声压级至少应高于厅堂总噪声 15dB。改变 1/3Oct 带通滤波器的中心频率，在传声器处和观众厅内的测点上分别测量声压级，取其差值。

（3）传声增益。

扩声系统可达最高可用增益时，厅堂内各听众席处稳态声压级平均值与扩声系统传声器处稳态声压级的差值。

（最高可用增益：扩声系统在所属厅堂内产生反馈自激临界增益减去 6dB 的增益。）

把在观众厅内各点上测得的声压级平均值减去传声器处的声压级，按频率加以平均即得该频带的传声增益。若把传声增益值与频率的关系绘在同一张频率坐标纸上，可得传声增益频率特性（也是在最高可用增益条件下，声输入法的传输频率特性）。

（4）声场不均匀度。

厅堂内（有扩声时）不同听众席处稳态声压级的差值。

测量信号用 1/3Oct 粉红噪声。测量信号的中心频率一般按倍频程中心频率取值。测点数不得少于全场座席的 1/60。它们可以是中心线附近，左半场（或右半场）再均匀取 1~2。每隔几排进行选点测量。对于大型场所，为减少测量工作量，测点数可适当减少。

（5）总噪声。

扩声系统达最高可用增益，但无有用声信号输入时，厅堂内各听众席处噪声声压级的平均值。

测量在空场条件下进行。

测量时厅堂内的设备，例如通风、调温、调光等产生噪声的设备及扩声系统全部开启。

测点不少于 5 个点。

7.8.2.2 声学特性指标

混响时间是厅堂声学特性的重要指标，用来描述室内声音衰减快慢的程度。

其定义为：扩散声场中，当声源停止后从初始的声压级降低 60dB（相当于平均声能密度降为 $\frac{1}{10^6}$）所需的时间，用符号 T_{60} 来表示。

测量频率的选取至少应有 125、250、500、1000、2000、4000Hz。

测点空场不少于 5 个点，满场是不少于 3 个点。满场测点一般需与空场测点一致。

所选择的测点应有代表性。对于对称性厅堂，测点必须在偏离纵向中心线 1.5m 的总轴上及侧座内选取。

满场时的测点位置应尽量与空场时的测点相重合。

如有必要应加测舞台测点；对有明显耦合的厅堂，应在耦合变异处加测点，其结果不计入全场平均。

测点距离地面高度应为 2.3m，与墙面的距离应大于所测频带下线中心频率的半波长。

7.8.3 某会议室的声学测量

对某会议室的声学指标，在满足空场背景噪声不大于 NR35 条件下，按照国家标准

《厅堂声学特性测量方法》（GB/T 4959—2011）进行测量，并对此按《厅堂扩声系统的声学特性指标》（JG GYJ 125）做出了评价。

7.8.3.1 仪器介绍及测点分布图

（1）测试仪器如图7.11所示。

美国TerraSonde公司的The Audio Toolbox（Contractor's Soft Version）声学测量仪，其特点为：

①输出分红噪声、白噪声、正弦波、方波；

②电平在—35～17dBu之间；

③信号发生器和测量仪于一身；

④信号发生器失真小于0.1%。

图7.11 测量设备图

（2）礼堂测量6个点位置分布如图7.12所示。

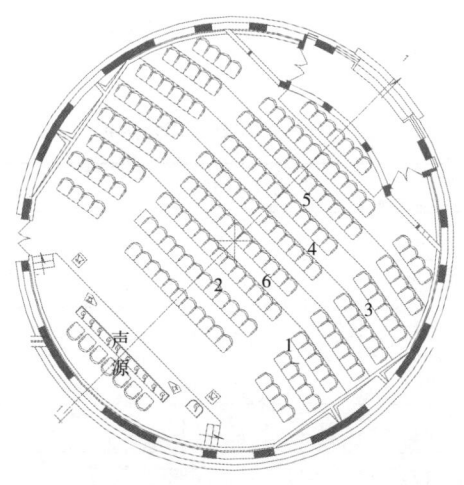

图7.12 测量点示意图

点1：左二排右一；点2：中二排右五；点3：左五排右二；

点4：中五排右三；点5：中六排中；点6：中三排右三

厅堂体积：2591m³；　　　每座容积：1m³；
厅堂地面尺寸：254m²；　　厅堂高度：10.2m；
座椅数量：187；　　　　　座椅材料：布面沙发。
厅堂内各界面布置于内装修情况：
顶棚：穿孔板穿孔率≥25%，填装10cm离心矿棉；
后墙：穿孔板穿孔率≥35%，填装10cm离心矿棉、离缝为20mm；
天幕墙：穿孔板穿孔率≥35%，填装10cm离心矿棉、板上贴透声装饰布；
侧墙：反射面内填装矿棉、墙面不穿孔；
地面：实木地板。

7.8.3.2 测试数据

（1）混响时间。

其测量方框图（图7.13）如下：

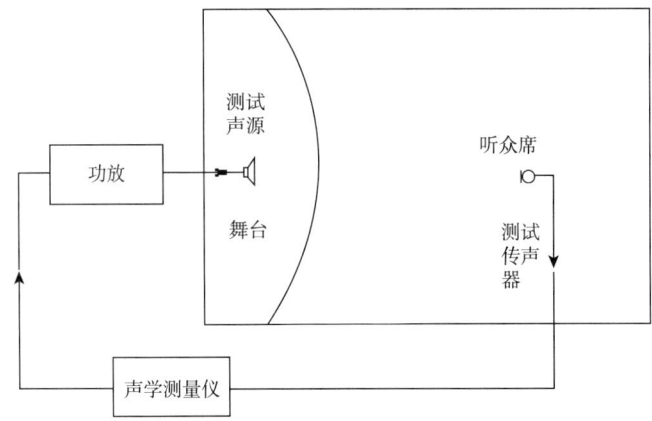

图7.13 测量方框图

为确保数据的可靠性，每个测点测六个数据，将每个测点的六个数据加以平均得到报告厅测量原始数据，见表7.2。

表7.2 报告厅测量原始数据

频率 Hz	各点平均混响时间，ms						平均混响时间，ms
	1	2	3	4	5	6	
125	676	633	742	753	839	646	715
250	558	574	591	559	489	572	557
500	550	537	565	571	520	562	551
1000	626	545	711	549	546	544	587
2000	585	495	611	532	510	464	533
4000	473	407	472	433	437	418	440
8000	432	361	431	399	407	342	395

根据表7.2画出混响时间频率曲线（图7.14）。

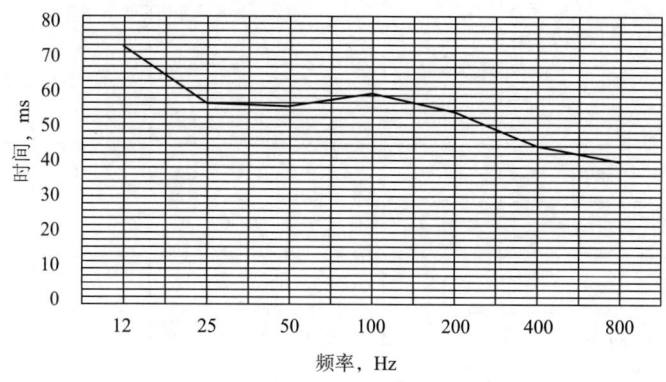

图7.14 混响时间频率图

（2）扩声系统声学特性测量。

设备连接方框图如下（图7.15）。

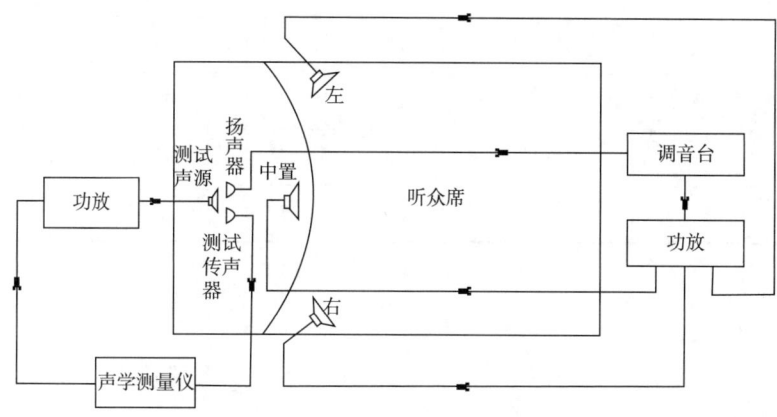

图7.15 设备连接方框图

调整扩声系统使其达到最大可用增益状态，分别测试声源处及座席处的声压级见表7.3。

表7.3 声源处及座席处的声压级测量表

频率，Hz	声源处声压级，dB	各点声压级，dB					
		点1	点2	点3	点4	点5	点6
100	77.3	76.4	71.3	74.9	71	74.1	73.6
125	77.8	78.1	73.6	70.4	74.4	73.3	76.3
160	79.6	74.9	70.0	71.6	74.3	74.1	74.2
200	79.7	74.4	76.3	68.3	69.4	72.8	69.1
250	81.9	71.9	75.7	72.5	74.7	79.7	76.6
315	83.7	78.9	77.8	74.8	78.8	79.1	76.4
400	82.1	77.6	75.7	77.5	76.6	74.5	75.8
500	82.9	79.5	78.9	74.0	75.6	74.6	78.7

续表

频率，Hz	声源处声压级，dB	各点声压级，dB					
		点1	点2	点3	点4	点5	点6
630	83.4	79.7	77.4	75.5	75.2	80.6	81.4
800	82.0	77.0	75.3	75.9	73.9	77.7	75.4
1000	82.0	75.2	75.0	77.9	74.3	77.2	74.7
1250	81.9	78.1	77.7	73.9	76.7	73.1	73.7
1600	81.8	74.8	79.1	75.4	76.4	74.3	79.3
2000	79.7	74.4	72.4	73.7	77.5	71.0	78.2
2500	79.3	74.2	73.0	74.0	74.3	71.6	75.0
3150	79.1	74.3	74.7	73.3	74.9	71.9	76.4
4000	82.5	76.0	76.6	75.9	77.6	75.6	80.4
5000	78.9	75.2	74.9	74.7	76.0	73.9	77.5
6300	82.6	78.3	79.0	75.8	78.7	75.8	81.5
8000	84.7	82.1	80.0	79.6	81.7	78.9	82.4

数据处理：

①传输频率特性。

定义：厅堂内各听众席处稳态声压的平均值相对于扩声系统传声器处声压或扩声设备输入端电压的幅频响应。

听众席处各点平均125～4000Hz的声压级见表7.4。

表7.4 听众席处声压级记录表

频率，Hz	声压级，dB	频率，Hz	声压级，dB
125	74.35	800	75.87
160	73.18	1000	75.72
200	71.72	1250	75.53
250	75.18	1600	76.55
315	77.63	2000	74.53
400	76.28	2500	73.68
500	76.88	3150	74.25
630	78.30	4000	77.02

125～4000Hz的平均声压级为：75.57dB。

计算其差值，得出听众席处声压级记录处理级差，见表7.5。

表7.5 听众席处声压级记录处理表

频率，Hz	声压级差，dB	频率，Hz	声压级差，dB
125	−1.07	800	0.45
160	−2.23	1000	0.30
200	−3.70	1250	0.12
250	−0.23	1600	1.13
315	2.22	2000	−0.88
400	0.87	2500	−1.73
500	1.47	3150	−1.17
630	2.88	4000	1.60

传输频率特性曲线如图7.16所示。

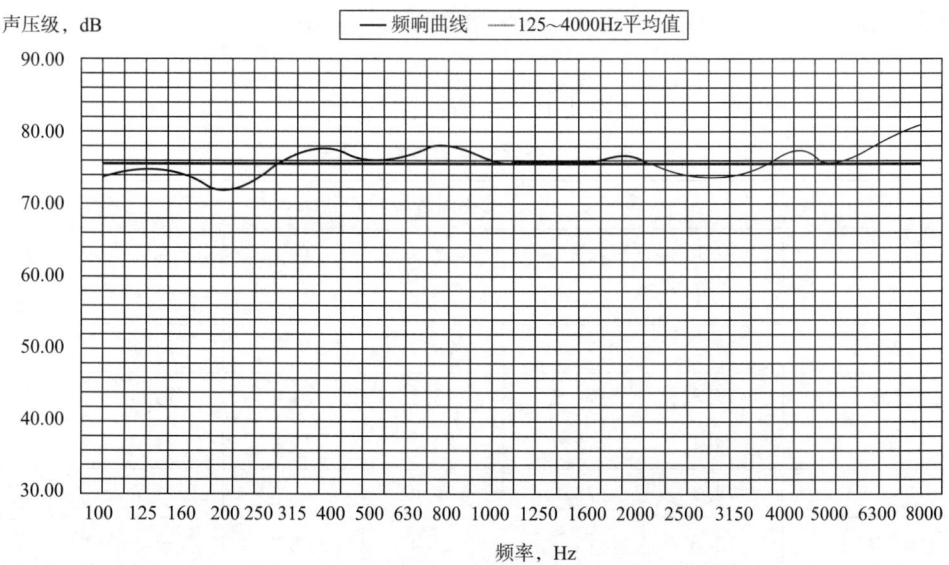

图7.16 传输频率特性曲线图

传声增益见表7.6。

表7.6 各频率点测点与声源声压记录表

频率,Hz	测点声压级,dB	频率,Hz	测点声压级,dB
125	74.35	77.80	−3.45
160	73.18	79.60	−6.42
200	71.72	79.70	−7.98
250	75.18	81.90	−6.72
315	77.63	83.70	−6.07
400	76.28	82.10	−5.82
500	76.88	82.90	−6.02
630	78.30	83.40	−5.10
800	75.87	82.00	−6.13
1000	75.72	82.00	−6.28
1250	75.53	81.90	−6.37
1600	76.55	81.80	−5.25
2000	74.53	79.70	−5.17
2500	73.68	79.30	−5.62
3150	74.25	79.10	−4.85
4000	77.02	82.50	−5.48

按频率加以平均得到125~4000Hz的平均值为−5.64dB。

②声场不均匀度。

各测点1/3Oct粉红噪声中心频率从1000~4000Hz,各测点各个频段的声压级见表7.7。

表7.7 各频率点声压级记录表

频率,Hz	各点各频段声压级,dB					
	点1	点2	点3	点4	点5	点6
1000	75.2	75.0	77.9	74.3	77.2	74.7
1250	78.1	77.7	73.9	76.7	73.1	73.7
1600	74.8	79.1	75.4	76.4	74.3	79.3
2000	74.4	72.4	73.7	77.5	71.0	78.2
2500	74.2	73.0	74.0	74.3	71.6	75.0
3150	74.3	74.7	73.3	74.9	71.9	76.4
4000	76.0	76.6	75.9	77.6	75.6	80.4

各频率点总噪声声压级见表 7.8。

表 7.8 各频率点总噪声声压级记录表

频率，Hz	各点总噪声声压级，dB						平均值 dB
	点1	点2	点3	点4	点5	点6	
125	35.5	33.9	40.1	34.9	34.8	41.3	41.3
250	34.0	32.6	33.3	34.8	31.2	37.4	37.4
500	37.3	32.4	37.6	38.3	34.1	40.2	40.0
1000	30.3	28.6	30.5	29.7	26.7	31.0	31.0
2000	29.3	26.5	32.7	31.3	29.1	30.9	30.9
4000	24.8	24.0	22.6	24.8	23.0	27.2	27.2
8000	26.0	24.8	22.5	26.3	22.4	30.7	30.7

风机开启时各频率点总噪声声压级见表 7.9。

表 7.9 风机开启各频率点总噪声声压级记录表

频率，Hz	各点总噪声声压级，dB						平均声压级，Hz
	点1	点2	点3	点4	点5	点6	
125	54.7	56.9	55.0	55.4	43.0	58.0	58.0
250	54.9	53.5	53.3	53.9	54.9	56.3	56.3
500	55.4	56.2	54.3	56.4	55.7	58.3	58.3
1000	56.8	57.0	56.2	57.2	56.9	58.7	58.7
2000	54.3	54.7	53.3	54.8	53.9	56.6	56.6
4000	49.0	48.9	48.4	49.0	49.0	50.9	50.9
8000	42.4	42.4	42.4	43.0	43.0	44.8	44.8

最大声压级：

125～4000Hz 内平均声压级大于 98dB。

7.8.3.3 测量结论

根据《厅堂扩声特性测量方法》(GB 4959)，使用美国 TerraSonde 公司的 The Audio Toolbox (Contractor's Soft Version) 声学测量仪对×××会议室主要的声学特性（最大声压级、传输频率特性、传声增益、声场不均匀度、混响时间和总噪声级）进行了测量。

通过对测量数据的处理，得出以下测量结论：

125～4000Hz 的混响时间为 0.44～0.72s，满足语言和音乐兼用的扩声系统混响时间的要求。

传输频率特性以 125～4000Hz 为 0dB，在此频带内的差值均小于±4dB。

传声增益 125～400Hz 的平均值为－5.64dB。

各测点 1/3Oct 粉红噪声中心频率从 1000～4000Hz，各个频段的声压级差均小于 8dB。总噪声基本达到 NR30 的标准（个别频率略有偏高是由于周围工地施工的环境噪声所致）。

最大声压级 125～4000Hz 内平均声压级大于 98dB。

以上结论说明，×××会议室声学特性达到《厅堂扩声系统声学特性指标》(GYJ 25—86) 语言和音乐兼用的扩声系统一级技术指标的要求。

7.8.4 噪声控制指标

会议室噪声控制指标应符合《剧场、电影院和多用途厅堂建筑声学设计规范》(GB/T 50356—2005)设计规范，具体要求如下：会议室无人占用时在通风、空调设备和放映设备等正常运转条件下噪声级的限值不宜超过表 7.10 中的噪声评价曲线 NR 值的规定。各 NR 值的倍频带声压级见表 7.11。

表 7.10 各类观众厅内噪声值

观众厅类型	自然声 NR 值	采用扩声系统 NR 值
歌剧、舞剧剧场	25	30
话剧、戏曲剧场	25	30
单声道普通电影院	25	35
立体声电影院	25	30
会堂、报告厅和多用途礼堂	30	35

表 7.11 噪声评价曲线 NR 值对应的各倍频带声压级

NR 值	倍频带中心频率，Hz								
	31.5	63	125	250	500	1000	2000	4000	8000
25	72	55	43	35	29	25	21	19	18
30	76	59	48	39	34	30	26	25	23
35	79	63	52	44	38	35	32	30	28
40	82	67	56	49	43	40	37	35	33
45	86	71	61	53	48	45	42	40	38

7.8.5 主流扩声设备和专业音响网址推荐

根据笔者日常使用效果和了解到的知识，对主流产品进行推荐，详细功能指标可见各厂家网站介绍。

功放：QSC、CROWN（日本皇冠）、YAMAHA（日本雅马哈）、EAW；

调音台：SONY（日本索尼）、YAMAHA（日本雅马哈）、MACKIE（日本迈奇）、SOUNDCRAFT（声艺）、天创、A&H；

麦克风：AUDIOTECH（日本铁三角）、AKG、BAIYA（德国拜亚）、森海塞尔、铁三角、舒尔、Sony、798（北京）；

音箱：JBL（日本）、BOSE（德国博世）、YAMAHA（日本雅马哈）BOSE、EAW、Renkus-Heinz、HKaudio、JBL；

效果器：DIGITECH（美国）、BOSS（德国博世）、ZOOM（日本）、LINE6（美国）和得胜（中国）；

激励器：BOSS（德国博世）、百灵达、托瓦（TAMO）。

关于专业的主流音视频设备厂家网址，按字母顺序排列介绍见表7.12。

表7.12 专业音响网址表

名称	标志	网址	产品
Apogee 爱宝奇		www.apogee-sound.com	音箱、功放
AB		www.abamps.com	专业功放
ADB		www.adb.be	调光设备
AKAI 雅佳		www.akai.com	数字录音产品
AKG		www.akgusa.com	话筒、耳机
ALESIS 艾丽思		www.alesis.com	音响周边
ALTEC LANSING 阿尔塔克兰辛		www.altecmm.com	音箱及单元
ALPINE 阿尔派		www.alpine.com	汽车音响
AMEK		www.amek.com	调音台
ANSI		www.ansi.org	美国国家标准协会

续表

品牌	标志	网址	产品
Apogee		www.apogeedigital.com	数字音频制作处理器
Api		www.apiaudio.com	周边设备
ART		www.artroch.com	周边设备
ASL		www.asl-inter.com	音频设备
ATC		www.atcsd.neva.ru	配件
Audio-technica 铁三角		www.audio-technica.com	话筒、耳机
AUDIX		www.audixusa.com	话筒
AUREUM		www.aureum.co.kr	音箱架
AVOLITES 爱富丽		www.avolites.com	调光台
BAG-END 百利衡		www.bagend.com	音箱
BARCO 巴可		www.barco.com	投影机
BBE		www.bbesound.com	周边设备
BEHRINGER 百灵达		www.behringer.com	调音台、周边

续表

品牌	标志	网址	产品
Beyerdynamic 拜亚动力		www.beyerdynamic.de	话筒、耳机
Belden		www.belden.com	专业线材
BOSE 博士		www.bose.com	音箱
BSS 毕斯		www.bssaudio.co.uk	周边设备
B—52		www.b—52pro.com	音箱
CAD		www.cadmics.com	话筒
CADAC		www.cadac—sound.com	调音台
CAKEWALK		www.cakewalk.com	音频制作软件
CARVER		www.carverpro.com	功放
Canare 佳耐美		www.canare.com	专业线材
C—AUDIO		www.c—audio.com	音箱
CELESTION 百变龙		www.celestion.com	音箱
CLAY—PAKY 百奇		www.clay—paky.com	电脑灯
CLAIR BROTHERS AUDIO 凯亚兄弟		www.clair—audio.com	音箱

续表

品牌	Logo	网址	产品
CLEAR—COM		www.clear—com.com	内部通讯产品
CM		www.cmworks.com	舞台吊挂系统
COMMUNITY C牌		www.community.chester.pa.us	音箱
COEF 高怡		www.coef.it	电脑灯
COEMAR 歌马		www.coemar.it	电脑灯
CREST AUDIO 高峰		www.crestaudio.com	功放
CRESTRON 快思聪		www.crestron.com	中控设备
CROWN 皇冠		www.crownaudio.com	专业功放话筒
DAS		www.dasaudio.com	音箱
DA—LITE		www.da—lite.com	投影幕
dbx		www.dbxpro.com	周边设备
d&b audiotechnik		www.dbaudio.com	音箱
DENON 天龙		www.denon.com	音源、DJ设备

续表

迪斯	DESFINE	www.desfine.com	音箱
DIS	DIS	www.dis-dk.com	数字会议系统
Digidesign	digidesign	www.digidesign.com	数字录音产品
DIGITECH	DigiTech	www.digitech.com	周边设备
DK-AUDIO	DK-AUDIO	www.dk-audio.com	音频测试仪
Dolby 杜比	DOLBY DIGITAL	www.dolby.com.cn	电影解码器
DOD	DOD	www.dod.com	周边设备
DPA	DPA	www.dpamicphones.com	录音话筒
D-R	DR	www.d-r.nl	调音台
DSP	dsppa	www.dsppa.com	公共广播
DYNACORD 大地	DYNACORD	www.dynacord.de	音箱
EAW 依爱德	EAW	www.eaw.com	音箱
ELECTRO VOICE	EV	www.electrovoice.com	音箱、功放、话筒

续表

品牌	Logo	网址	产品
ECLER 艺格		www.eclerdjdivision.com	功放、音箱
ETC		www.etcconnect.com	专业灯具
FAL 飞鹰		www.fal.it	电脑灯
FBT		www.fbt.it	音箱
FOSTEX 福斯特		www.fostex.com	音源、录音设备
FURMAN 富民		www.furmansound.com	周边设备
FUTURELIGHT		www.futurelight.de	电脑灯
GALAXY AUDIO		www.galaxyaudio.com	专业音箱、线材
GENELEC		www.genelec.com	录音监听设备
GENZ.BENZ		www.genzbenz.com	乐器、功放
GRIVEN		www.griven.it	电脑灯
HARMANKARDON 哈曼		www.harmankardon.com	音响系列产品
HAFLER		www.hafler.com	专业功放

续表

名称	Logo	网址	产品
HHB		www.hhb.co.uk	监听音箱
HK AUDIO		www.hkaudio.com	音箱
HOSA		www.hosatech.com	专业线材
IEEE		www.ieee.org	国际电气电子工程
JANDS		www.jands.com.au	灯光设备
JAMO		www.jamo.com	扬声器
JBL Professional		www.jblpro.com	音箱及单元
JB-LIGHTING		www.jb-lighting.de	灯光设备
JVC		www.jvc.com	音频、视频设备
KLARK-TEKNIK		www.klarkteknik.com	周边设备
KLOTZ		www.klotz-ais.de	音响设备及附件
KLIPSCH 杰士		www.klipsch.com	音箱
KOSS		www.koss.com	耳机

续表

LA		www.laaudio.co.uk	音频
LA—AUDIO		www.l—acoustics.com	音箱
LAB 力高		www.labgruppen.se	专业功放
LEM 兰姆		www.lemaudio.com	音箱
MACKIE 美奇		www.mackie.com	调音台、音箱
MARTIN AUDIO 玛田		www.martin—audio.com	音箱
Meyer 美亚		www.meyersound.com	音箱
MIDAS 迈特斯		www.midasconsoles.com	调音台
MASTER 马斯特		www.master—audio.com	音箱
MACH 美刚		www.mach.dk	音箱
MIPRO 咪宝		www.mipro.com.tw	话筒
MARANTZ 马兰仕		www.marantz.co.jp	音源
McCauley 美嘉声		www.mccauley.com	音箱

续表

NEVMANN 钮曼		www.neumannusa.com	录音话筒
NADY 雷迪		www.nadywireless.com	无线话筒
NSI Lighting		www.nsicorp.com	灯光设备
NJD		www.njd.co.uk	灯光设备
OTARI		www.otari.com	录音器材
OHM 奥妙		www.ohm.co.uk	音响产品
OSRAM 欧思朗		www.sylvania.com	灯源
Onkyo 安桥		www.onkyo.co.jp	音响设备
Outline		www.first-eng.co.jp	音箱
Panasonic 松下		www.Panasonic.com	音、视频
PIONEER 先锋		www.pioneerpro.com	音、视频、DJ设备
PEAVEY 百威		www.peavey.com	音响设备
PHILIPS 飞利浦		www.philips.com	音、视频设备

续表

品牌	Logo	网址	类别
PROEL		www.proelgroup.com	音响设备
PULSAR 宝莎		www.pulsarlight.com	调光台
PLASA		www.plasa.org	专业灯光和音响协会
PAS		www.pas-toc.com	专业音箱
PHONIC 丰力		www.phonic.com	音响设备
POWERSOFT		www.powersoft.it	专业功放
Q4AUDIO		www.zeckaudio.de/q4.html	
RENKUS—HEINZ		www.renkus-heinz.nu	音箱
RANE 莱恩		www.rane.com	周边
R.C.F		www.rcf.it	音箱、单元
RDL		www.rdlnet.com	专业音视频模块
ROLAND 罗兰		www.rolandus.com	乐器、录音设备
RAMSA 松下		www.panasonic.co.jp	音响设备

续表

名称	Logo	网址	产品
RAPCO		www.rapco.com	接插件
RODE		www.rodemic.com	话筒
SABINE 赛宾		www.sabineusa.com	周边设备
SENNHEISER 森海塞尔		www.sennheiser.com	话筒、耳机
SHURE 舒尔		www.shure.com	话筒
SONY 索尼		www.sony.com	音、视频设备
Soundcraft 声艺		www.soundcraft.com	调音台
SCHOEPS		www.schoeps.de	录音话筒
STUDER 思图塔		www.studer.ch	调音台
SAMSON 山逊		www.samsontech.com	无线话筒
Symetrix 思美		www.symetrixaudio.com	周边设备
SGM 俊朗		www.sgm.it	调光台、电脑灯
Soundscape		www.soundscape.com	公共广播产品

续表

品牌	Logo	网址	产品
SOUNDTRACS 声迹		www.soundtracs.com	调音台
SPOTLIGHT		www.spotlight.it	电脑灯
SOUND PLANNING		www.soundplanning.co.jp	调音台
SSL		www.solid-state-logic.com	调音台
SWITCHCRAFT		www.switchcraft.com	专业插接件
SAMSUNG 三星		www.samsung.com	音、视频设备
SEKAKU 精格		www.sekaku.com	周边、话筒耳机
STUDIOMASTER 录音大师		www.studiomaster.com	音箱、周边
TANNOY 天朗		www.tannoy.com	音箱
TASCAM		www.tascam.com	音源、录音设备
TRANTEC 创迪		www.trantec.co.uk	无线话筒
TURBOSOUND 特宝声		www.turbosound.com	音箱
THX		www.THX.com	电影音频标准
VPLT		www.vplt.org	德国音响行、灯光业协会

续表

VESTAX 威仕达		www.vestax.com	音源
WHARFEDALE 乐富豪		www.wharfedale.co.uk	民用、专业音响
Whirlwind		www.whirlwindusa.com	
XTA		www.xta.co.uk	音响周边
YAMAHA 雅马哈		www.yamaha.com	音响、乐器
YORKVILLE 威乐		www.yorkville.com	音箱
ZOOM		www.zoom.co.jp	音响周边
ZECK 塞克		www.zeckaudio.de	

8 切换控制系统

为了体现高科技和便捷的操纵性，常用触摸屏来代替一系列复杂工作，省却操作多项遥控器和开关的步骤。简单操作的背后，实际上就是切换控制系统发挥着重大作用。触摸屏在智能会议室、多功能厅、卡拉 OK 厅、多媒体教室、监控中心、指挥中心、调度中心、新闻发布中心、演播室、酒店、大型会议室、智能家居等需要复杂显示多种信号的场合得到大量应用，受到用户和操作人员的普遍欢迎。

8.1 触摸屏

常见的触摸屏可以代替鼠标、键盘、遥控器或者电器开关。触摸屏由触摸检测部件和触摸屏控制器组成。触摸检测部件安装在显示器屏幕前面，用于检测用户触摸位置，接收触摸信息后送至触摸屏控制器；而触摸屏控制器的主要作用是从触摸点检测装置上接收触摸信息，并将它转换成触点坐标，再送给 CPU，它同时能接收 CPU 发来的命令并加以执行。用手指或其他物体（触摸笔等）点击触摸屏，系统会根据手指触摸的图标或菜单位置来定位确认信息输入。

从技术原理分类，触摸屏的主要类型为五类，分别是矢量压力传感技术触摸屏、电阻技术触摸屏、电容技术触摸屏、红外线技术触摸屏、表面声波技术触摸屏。其中矢量压力传感技术触摸屏已退出历史舞台；红外线技术触摸屏价格低廉，但其外框易碎，容易产生光干扰，曲面情况下易失真；电容技术触摸屏设计构思合理，但其图像失真问题普遍存在；电阻技术触摸屏的定位准确，但怕刮易损；表面声波触摸屏清晰不容易被损坏，适用于各种场合，缺点是屏幕表面如果有水滴和尘土会使触摸屏变得迟钝，甚至不工作。

从触摸屏的工作原理和传输信息介质分类，触摸屏又可分为四类，分别为电阻式、电容感应式、红外线式以及表面声波式。每一类触摸屏都有其各自的优缺点，要了解哪种触摸屏适用于哪种场合，关键就在于要懂得每一类触摸屏技术的工作原理和特点。下面对各类型的触摸屏工作原理进行简要说明。

8.1.1 电阻式触摸屏

这种触摸屏利用压力感应进行控制。电阻触摸屏的主要部分是一块与显示器表面非常配合的电阻薄膜屏。这是一种多层的复合薄膜，以一层玻璃或硬塑料平板作为基层，表面涂有一层透明氧化金属（透明的导电电阻）导电层，上面再盖有一层外表面硬化处理、光滑防擦的塑料层，它的内表面也涂有一层涂层（导电层），在两导电层们之间有许多细小的

（小于 1/1000 in）的透明隔离点把两层导电层隔开绝缘。当手指触摸屏幕时，两层导电层在触摸点位置就有了接触，电阻发生变化，在 X 和 Y 两个方向上产生信号，然后送至触摸屏控制器。控制器侦测到这一接触并计算出（X，Y）的位置，再根据模拟鼠标的方式运作。电阻类触摸屏的关键在于材料科技。常用的透明导电涂层材料有：

（1）ITO，氧化铟，弱导电体，特性是当厚度降到 1800Å（$1Å=10^{-10}$ m）以下时会突然变得透明，透光率为 80%，再薄下去透光率反而下降，到 300Å 厚度时又上升到 80%。ITO 是所有电阻技术触摸屏及电容技术触摸屏都要用到的主要材料，实际上电阻和电容技术触摸屏的工作面就是 ITO 涂层。

（2）镍金涂层，五线电阻触摸屏的外层导电层使用的是延展性好的镍金涂层材料。外导电层由于频繁触摸，使用延展性好的镍金材料是为了延长使用寿命，但是工艺成本较为高昂。镍金导电层虽然延展性好，但是只能作透明导体，不适合作为电阻触摸屏的工作面，因为它导电率高，而且金属不易做到厚度均匀，不宜作电压分布层，只能作为探层。

触摸屏的引出线按数量有四线电阻屏与五线电阻屏。

电阻屏的局限：

不管是四线电阻触摸屏还是五线电阻触摸屏，它们都是一种对外界完全隔离的工作环境，不怕灰尘和水汽，它可以用任何物体来触摸，可以用来写字画画，比较适合工业控制领域及办公室内少量人使用。电阻触摸屏的共性缺点是复合薄膜的外层采用塑胶材料，使用者太用力或使用锐器触摸可能划伤整个触摸屏而导致报废。不过，在限度之内，划伤只会伤及外导电层，外导电层的划伤对于五线电阻触摸屏来说没有关系，而对四线电阻触摸屏来说是致命的。

8.1.2 电容式触摸屏

电容式触摸屏是利用人体的电流感应进行工作的。电容式触摸屏是一块四层复合玻璃屏，玻璃屏的内表面和夹层各涂有一层 ITO，最外层是一薄层矽土玻璃保护层，夹层 ITO 涂层作为工作面，四个角上引出四个电极，内层 ITO 为屏蔽层以保证良好的工作环境。当手指触摸在金属层上时，由于人体电场，用户和触摸屏表面形成一个耦合电容，对于高频电流来说，电容是直接导体，于是手指从接触点吸走一个很小的电流。这个电流分别从触摸屏四角上的电极中流出，并且流经这四个电极的电流与手指到四角的距离成正比，控制器通过对这四个电流比例的精确计算，得出触摸点的位置。

电容触摸屏的缺陷：

电容触摸屏的透光率和清晰度优于四线电阻屏，但是比表面声波屏和五线电阻屏效果差。电容屏反光严重，而且电容技术的四层复合触摸屏对各波长光的透光率不均匀，存在色彩失真的问题，由于光线在各层间的反射，还造成图像字符的模糊。电容屏在原理上把人体当作一个电容器元件的一个电极使用，当有导体靠近与夹层 ITO 工作面之间耦合出足够量容值的电容时，流走的电流就足够引起电容屏的误动作。电容值虽然与极间距离成反比,却与相对面积成正比,并且还与介质的绝缘系数有关。因此,当较大面积的手掌或手持的导体物靠近电容屏而不是触摸时就能引起电容屏的误动作,在潮湿的天气,这种情况尤为严重。电容屏的另一个缺点是用戴手套的手或手持不导电的物体触摸时没有反应,这是因为增加了更为绝缘的介质。电容屏更主要的缺点是漂移,当环境温度、湿度改变时,环境电场发生改变时,都会引起电容屏的漂移,造成不准确。电容触摸屏最外面的矽土保护玻璃防刮擦性很好,但是怕指甲或硬物的敲击,敲出一个小洞就会伤及夹层ITO,不管是伤及夹层ITO还是安装运输过程中伤及内表面ITO层,电容屏就不能正常工作了。

8.1.3 红外线式触摸屏

红外触摸屏是利用X、Y方向上密布的红外线矩阵来检测并定位用户的触摸。红外触摸屏在显示器的前面安装一个电路板外框,电路板在屏幕四边排布红外发射管和红外接收管,一一对应形成横竖交叉的红外线矩阵。用户在触摸屏幕时,手指就会挡住经过该位置的横竖两条红外线,因而可以判断出触摸点在屏幕的位置。任何触摸物体都可改变触点上的红外线而实现触摸屏操作。红外触摸屏不受电流、电压和静电干扰,适应恶劣的环境条件,红外线技术是触摸屏产品最终的发展趋势。采用声学和其他材料学技术的触屏都有其难以逾越的屏障,红外线触摸屏只要真正实现了高稳定性能和高分辨率,必将替代其他技术产品而成为触摸屏市场主流。过去的红外触摸屏的分辨率由框架中的红外对管数目决定,因此分辨率较低。另外,红外屏对光照环境因素比较敏感,在光照变化较大时会误判甚至死机。第五代红外线触摸屏是全新一代的智能技术产品,它实现了1000×720高分辨率、多层次自调节和自恢复的硬件适应能力和高度智能化的判别识别,可长时间在各种恶劣环境下任意使用,并可针对用户定制扩充功能,如网络控制、声感应、人体接近感应、用户软件加密保护、红外数据传输等。

8.1.4 表面声波触摸屏

表面声波是超声波的一种,在介质(例如玻璃或金属等刚性材料)表面浅层传播的机械能量波。通过楔形三角基座(根据表面波的波长严格设计),可以做到定向、小角度的表面声波能量发射。表面声波性能稳定、易于分析。表面声波触摸屏的触摸屏部分可以是一块平面、球面或是柱面的玻璃平板,安装在CRT、LED、LCD或是等离子显示器屏幕的前面。玻璃屏的左上角和右下角各固定了竖直和水平方向的超声波发射换能器,右上角则固定了两个相应的超声波接收换能器。玻璃屏的四个周边则刻有$45°$角由疏到密间隔非常精密的反射条纹。

表面声波触摸屏的特点是:

清晰度较高,透光率好;高度耐久,抗刮伤性良好(相对于电阻、电容等有表面镀膜);反应灵敏,不受温度、湿度等环境因素影响,分辨率高,寿命长(维护良好情况下5000万次);透光率高达92%,能保持清晰透亮的图像质量;没有漂移,只需安装时一次校正；有第三轴（即压力轴）响应，目前在公共场所使用较多。表面声波屏需要经常维护环境卫生，因为灰尘、油污甚至饮料的液体沾污在屏表面，都会阻塞触摸屏表面的导波槽，使波不能正常发射，或使波形改变而控制器无法正常识别，从而影响触摸屏的正常使用。

8.2 中控系统

中控系统即是中央控制系统，又名中央集中控制系统，控制方式有无线触摸屏控制、有线触摸屏控制和有线按键键盘控制等。在一套中控系统中，通过中控主机与其他被控设备的连接而达到对被控设备的控制，常用的具体控制方式有：RS232、RS485、红外口和弱电控等。一般包含投影机的开关机、信号切换、投影幕的升降、音量的大小、矩阵的切换、投影机电动吊架的升降、电动窗帘的开合、环境灯光的亮度调节、DVD与电视机的遥控器控制等。

8.2.1 中控系统的需求分析

随着社会的不断发展，各种视听设备、投影设备、会议系统等开始进入各行各业。现在的会议室、电化教学室等，已经不是以前的一张讲台、一张椅子、一个话筒了，取而代之的是各种先进的多媒体会议及教学设备。如：投影机、影碟机、录像机、视频展示台、多媒体电脑、电动屏幕，一些大型会议室还配备了同声传译系统、电子表决系统、大屏幕投影、多画面切换系统等。多种设备的使用必然带来繁杂的设备操作。如：要打开多种设备电源，要关闭灯光，要频频切换各种音视频信号，要不断切换投影画面等。在这种情况下，一种能够集中管理这些设备，并能同时控制会议室、教室各种资源的"中央控制系统"设备便应运而生。

8.2.2 中央控制系统的定义及构成

中央控制系统是指对声、光、电等各种设备进行集中控制的设备。它广泛应用于多媒体教室、多功能会议厅、指挥控制中心、智能化家庭等，用户可用按钮式控制面板、计算机显示器、触摸屏和无线遥控等设备，通过计算机和中央控制系统软件控制投影机、展示台、影碟机、录像机、卡座、功放、话筒、计算机、笔记本、电动屏幕、电动窗帘、灯光等设备。

当把几个独立的中央控制系统相互连接起来，就可构成网络化的中央控制系统，可实现资源共享、影音互传和相互协同。协同控制计算机、影碟机、录像机、视频展台等现代视听设备，并集中控制电动窗帘、灯光、幕布等设备，通过大屏幕投影，营造出一个高清晰、高保真、受控声光背景的现代化多媒体视听教学环境。适合学校进行多媒体教学、课件教学、专题演讲、报告会、演示等。

中控系统可以分为以下几类：（1）简易中控系统：一般常用在小学多媒体教室，主要是控制设备比较少地方；（2）智能中控系统：一般用在大中学的多媒体教室，能控制比较多的设备；（3）网络中控系统：一般常用在安装多台中控的企事业单位、学校，主要是方便管理和控制；（4）会议中控系统：一般常用在多功能会议室，常用无线触摸屏控制；（5）可编程中控系统：一般常用在大型会议中心，控制设备比较多，可以提供程序编写界面。

中央控制系统一般由四部分组成：用户界面；中央控制主机；各类控制接口；受控设备。具体又可分为以下几个模块：音视频切换模块，VGA 电脑信号切换模块，红外学习及发射模块，设备电源管理模块，电动屏幕控制模块，音色、音量处理模块，控制接口处理模块，电源模块。中央控制系统除可以完成以上各模块特定的功能外，还可以通过编程方式，增加其他控制或通信功能。

8.2.3 中控系统的应用

实际使用当中，有些设备是不能直接控制的，比如投影幕布、窗帘和投影机电动吊架。那么就要通过电源控制器（继电器）间接实现，通过中控主机发出控制继电器的通断指令，从而控制幕布和吊架的升降或窗帘的开合，对于灯管的开关也是如此。

会议系统中有的功放具备红外遥控功能，那么可以用 HA-AV 里面的红外端口直接控制它，但是还有很多的功放是纯后级的，就要用音量控制器（或称音量卡或音量盒）HA－VOL 来进行数码调音，整个会场的音量控制就是触摸屏。至于投影机和大屏幕液晶电视的控制，一般是用中控主机的红外控制或者是 RS232C 控制端口，相对而言，RS232C 控制比红外控制更为方便，特别是显示通道选择方面。

例如，某一会议室具备视频会议功能，装有讨论表决视频跟踪会议系统，其通过摄像头的预置位和中控主机的联动功能来实现，即发言者按下话筒的发言按键，会议系统主机就会发一串代码给中控，中控根据收到的代码立即调动摄像头对准发言者进行自动调焦，并把图像切换到投影幕布或者大屏幕电视画面上，也可以经过网络视频设备传送到另一端的与会人员面前，方便与会人员更好地融入会议氛围当中。

会议进行中往往需要多位参会人根据会议进程和内容发言投影，而投影一般只有一个 VGA 端口，不可能每次人员变化就拔插一次，那样会严重影响会议的效率和严肃性。通过中控系统，这些难题都可以迎刃而解。下面举例说明，如图 8.1 所示。

图 8.1 中的 12 路视频信号源输入，通过中控控制（手动或者自动），可以将任何一路信号输出到等离子、投影机、硬盘录像等设备上，其中任何一路地插都可以接入计算机信号。综上所述，会议室的智能化是离不开中控设备的，它是整个会议系统所有设备的神经中枢，特别是部署在有智能化现代化设备的会议室中。

8.2.4 会议室中控系统

会议室中控系统结合先进的多媒体与控制领先技术，为各类应用多媒体的场合提供的一种综合性演示与控制系统，不但能完成对各种音视频输入输出设备的控制，还能对演播环境的照明、温度及其他辅助设备进行控制，以达到最佳效果。如：学校的多媒体电教室、学术报告厅、企业及宾馆的会议室、会议厅等。中央控制系统可对会议室所有音视频设备进行统一控制，可按照用户使用习惯定制开发控制软件界面，可根据具体需求控制不同设备的切换、开关。中控触摸屏采用电容式触摸屏为多，支持多点触摸，并配有触摸屏底座，底座可对触摸屏进行充电。

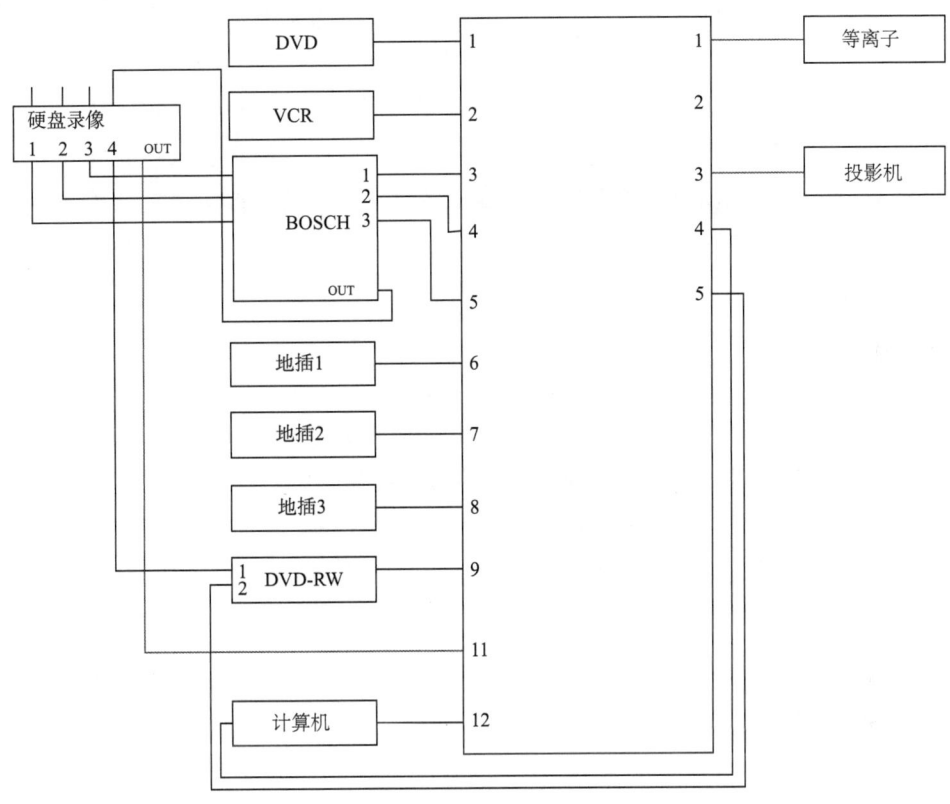

图 8.1 矩阵控制图例

8.2.4.1 会议中控系统发展历程

原始社会、奴隶社会、封建社会不可能配备类似现代会议场中的任何电器设备，其会议中控系统完全是一种空白。自工业革命后，科技的进步使电子技术有了突破性的发展，会议进行中沟通表达的重要组织工具也随着电子技术的发展历经了几个从低到高的发展阶段。

(1) 近代会议中控系统。

传统的会议组织形式是大家所熟悉的，多只话筒一字排开同时接入现场的电声设备，与会者通过电设备获取信息。进行会议讨论的时候，你一言我一语，人少还好，但如果多人需要讨论性的发言或者某些大型的会议，则会议的组织很难有序进行，基本上是在一种无序状态下进行的，将其命名为第一代多媒体会议系统。

随着时间的推移、经济的发展，人类逐步研制出了一套单电缆（或无线手拉手）连接的专业音频多会议系统，即业内常称的"手拉手"形式的音频多媒体中控系统。近年来，这种多媒体会议中控系统的应用愈加广泛，作为会议有效的组织和沟通工具，这时候的音频多媒体中控系统进入了有序的会议组织时代，称为第二代音频多媒体会议中控系统。

（2）现代会议中控系统。

几只麦克风两只喇叭就能开一场大会，这是几十年以来一直沿用的会议模式。而在人类的交流过程中，有效性的信息55%～60%依赖于视觉效果，33%～38%依赖于声音，只有大约7%依赖于内容，所以单单是一个声音的表现远远不能满足现代会议的要求。现代会议需要高质量的音频信号，高清晰的视频动态画面及图像、实物资料，准确无误的数据表达，生动清晰的展示，还要易于控制的现场环境等。这时的多媒体会议中控系统不但进入了有序的组织状态，而且同时也保证了会议的高效进行，将其命名为第三代多媒体会议中控系统，也称为智能会议中控系统。其优越性主要体现在：

①集成化的设计使会议室中的所有设备有机地统一在一起，从而增加了主持人对整个会议的控制程度，明显地提高了效率；

②专业的数字多媒体会议中控系统可保证会议有序地进行；

③触摸屏直观化、可视化的操作界面使繁多设备的被控变得简便、快捷；

④科技化、智能化的集成充分体现了现代会议的高品位所在；

⑤规范化、系统化的会议配置可有助于企业形象的提高；

⑥数字会议网络及同声传译系统向各与会者传送稳定、纯正的会议音频信号；

⑦包括会议集体投票表决及实现即时多语种翻译的同声传译功能；

⑧投影显示及音响系统：现场的视、音频主要实现设备；

⑨多媒体周边设备：各种视、音频信号的输入输出设备，多媒体电教设备。

8.2.4.2 会议中控系统的特点

（1）数字化。

系统内部传输的均为数字化信号，与会代表使用的话筒中都采用了模—数转化技术。多数单元设备也使用了模—数和数—模的转换器，因此外部模拟设备（如广播、录音、有线或无线的音频设备等）经过音频媒体接口可以直接进入数字系统网络。

（2）模块化。

对任何层次要求的会议，都可以通过模块化选择符合要求的设备搭配来组成相应的系统。对已建立的系统，也可以加入更多的多媒体设备，通过电脑软件实行控制，使系统进一步扩展。

（3）智能化。

系统与系统之间有了联系，有了可以通信的语言，相互间有了交流，使原本相对独立的各个子系统有机地结合在一起，并产生了互动。

（4）高效率。

彻底颠覆原有的会议保障的模式，节省了人员、步骤。

（5）简单化。

节省了会议保障或会议控制者的烦琐的操作步骤，减少了因步骤烦琐而可能产生的失误。

（6）提升形象。

外观时尚、美观的无线触屏，量身定做的触屏画面，可以完美地提升会议室的品位。

8.2.4.3 会议中控系统组成

多媒体中控系统可以由中央控制子系统、多媒体投影显示子系统、发言及同声传译子系统（即一般意义上的多媒体中控系统）、监控报警子系统和网络接入子系统、操作维护子系统组成。

（1）中央控制子系统。

中央控制设备是整个会议中控系统的核心。通过它可以实现自动会议控制，也可以通过电脑操纵，实现更复杂的会议管理。中央控制设备主要对发言设备、同声传译、电子表决、视像跟踪、数字音视频通道及数据通道进行控制。其功能如下：

①对发言设备的控制，包括代表机、主席机、译员台、双音频接口器、多功能连接器等。

②对代表和主席的扬声器进行自动音频均衡处理。

③对话筒进行管理，请求发言的自动登记，对正在运行的话筒越权运行，限制与会人数等。

④提供会议表决功能，当大会主席发起，对某一事项进行表决时，会议代表可操作面前的发言设备进行投票，经中央控制设备控制、统计、传输至大厅的显示屏及代表/主席机上的 LED 屏幕上进行显示。

⑤各种多媒体音视频设备的输入输出控制。

（2）发言及同声传译子系统。

与会代表通过发言设备参与会议。发言设备通常包括有线话筒、投票按键、LED 状态显示器和会议音响，并且还有其他设备可供选择，如鹅颈会议话筒、无线领夹式话筒、LCD 状态显示器、语种通道选择器、代表身份卡读出器等。同声传译设备主要有译员台、译员耳机和内部通信电话。

发言及同声传译子系统可实现会议的听说请求、发言登记、接收屏幕显示资料、参加电子表决、接收同声传译和通过内部通信系统与其他代表交谈等功能。根据与会代表身份的不同，他们所获得的设备和分配到的权力也相应有所不同。旁听代表以申请方式加入会议后可获得听和看的权力，但无权发言。

特别需要指出的是，会议主席所使用的发言设备可控制其他代表的发言过程，可选择允许发言、拒绝发言或终止发言。它还具有话筒优先功能，可使正在进行的代表发言暂时静音。

（3）音响子系统。

多媒体会议室中的音响应选择频响宽、保真度高的系统，以适合多媒体开会，并具有话筒混响功能，使在会人员能在播放媒体内容的同时进行评论和讲解。多媒体会议室的音响系统是多媒体系统中必不可少的一部分，只有合理配置音响设备，才能获得合适的、均匀的声场，才能充分发挥多媒体会议室在整个会议中的效能。

（4）多媒体投影显示子系统。

现在的多媒体中控显示设备包括电视接收机、液晶显示屏、LCD液晶投影机和DLP数码投影机、大屏幕等。通过多媒体显示设备可更直观地向与会者提供各种数字、文字和图像资料等，也可根据需要实时显示会议过程中的相关信息。信号源可以是录像带、电脑和影碟机信号，也可以是来自于会场的摄像机信号或硬盘录像机信号。这些信号都要通过中央控制设备的视频分配，进行切换输出显示。

（5）监控报警子系统。

监控设备包括头端的摄像机、拾音设备和尾端的监视器、硬盘录像机或长时间录像机。它可以对会场进行音、视频的采集和录制，一方面可以监视会场内部情况以备后用，另一方面还可以把部分信号送到译音室，以提高译员翻译的准确性。摄像机应具有声像联动功能，可自动追踪会场内正在被使用的会议话筒，将发言者摄入画面，满足实况转播及同声传译的需求。

（6）网络接入子系统。

网络接入子系统就是利用普通的通信网或计算机网络为运行环境，连接主会场和分会场的中央控制设备，实现局部和广域范围里的多点数字会议功能，从而可以在开会期间支持电子白板对话，支持语音、数据和图像文件传送。视讯网络接入方式不同，所采用的技术和传输速度也不相同。

（7）视像跟踪子系统。

视像跟踪子系统可以实现智能、实用、人性化、先进的麦克风—摄像机联动跟踪功能。

①麦克风ID地址现场随意设定，按需增减列席单元，瞬间完成系统扩展。

②智能遥控器快速设定麦克风ID地址，并快速调整和保存麦克风—摄像机联动预置位，而主控机面板同样可完成上述工作。当麦克风被开启发言时摄像机始终跟踪最后发言者，当关闭此麦克风时摄像机跟踪上一发言者，当关闭全部麦克风时，摄像机可摄影任一预设目标（例如会场环境或主席台或某个特定人物）。系统支持单台麦克风独立重新调整预设位。

③当任一预设位偏离发言者时，可通过专用遥控器或系统主机面板快速调整摄像机。

④在某些需要锁定摄像机跟踪目标的场合，可遥控一键锁定摄像机，此时打开任一麦克风，摄像机均不再联动跟踪，但此时摄像机仍受遥控器的控制，仍可按需进行4选1切换和调整摄像机；当需要视像跟踪功能时又可遥控一键解除锁定（恢复视像跟踪功能）。

(8) 操作维护子系统。

操作维护子系统提供多种用户操作的界面(标准 PC、LCD 触摸屏、手控面板和墙装面板);可以使用多种操作平台,个性化控制界面设计使你操作方便,得心应手。同时面向全部电教设备总揽全局,一目了然。

8.2.4.4 会议中控系统的优点

(1) 开机即用,关机即走,单键操作,轻松切换。

(2) 内置几十种品牌上千个型号投影机的控制码,轻松设置即可使用。

(3) 串口控制投影机,稳定快捷,避免了红外控制易丢码、易受干扰的问题。

(4) 控制码库轻松导入导出,升级简便。

(5) 1~15min 延时关机任意设置,切实保护投影机。

(6) 可以对多台中控进行远程集中控制管理。

(7) 采用 500MHz 带宽视频放大器,保证图像传输质量。

(8) 内置数字音量控制,调节音量更轻松。

(9) 红外编码兼容性好,轻松学习,轻松控制。

(10) 单键操作,一个按钮即可切换播出相应的设备。

(11) 提供面板、软件、遥控器等多种控制方式,轻松操作。

8.2.4.5 中控使用示例

大屏显示布局方面,通过使用与大屏原厂配套的控制软件可对大屏进行显示布局划分。在同一布局内,通过中控触摸屏简单的操作即可对某一显示窗口进行图像切换。举例如图 8.2 和图 8.3 所示。

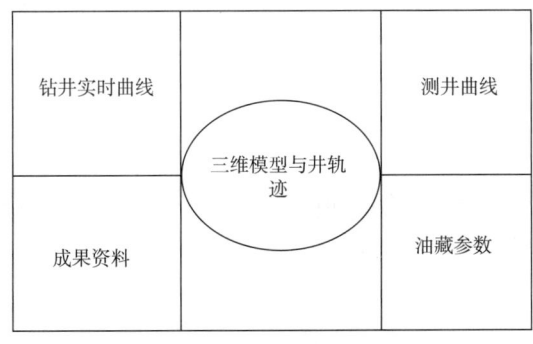

图 8.2 视频切换前显示图例

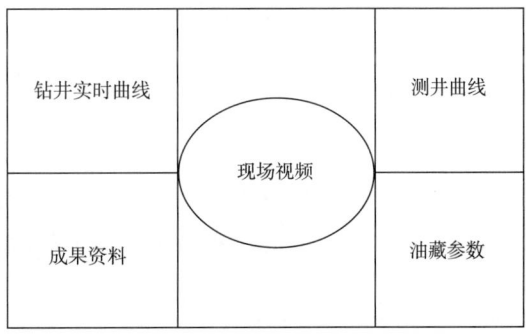

图 8.3 视频切换后显示图例

8.2.5 主流中控设备厂家推荐

国外的有 AMX、ICON、威尔、博世、克来默、PHLIPS;
国产的有宽博、利国 LIGUO、快捷、快思聪、方正台电、新特珑、清华同方。

8.3 矩阵系统

8.3.1 视频矩阵的基本概念

(1) 视频矩阵的基本功能和要求。

视频矩阵最重要的一个功能就是实现对输入视频图像的切换输出。准确概括就是：将视频图像从任意一个输入通道切换到任意一个输出通道显示。一般来讲，一个 $M \times N$ 矩阵：表示它可以同时支持 M 路图像输入和 N 路图像输出。这里需要强调的是必须要做到任意，即任意的一个输入和任意的一个输出。

另外，一个矩阵系统通常还应该包括以下基本功能：字符信号叠加；解码器接口以控制云台和摄像机，报警器接口，控制主机，以及音频控制箱、报警接口箱、控制键盘等附件。对国内用户来说，字符叠加应为全中文，以方便不懂英文的操作人员使用，矩阵系统还需要支持级联，来实现更高的容量，为了适应不同用户对矩阵系统容量的要求，矩阵系统应该支持模块化和即插即用（PnP），可以通过增加或减少视频输入/输出卡来实现不同容量的组合。

矩阵系统的发展方向是多功能、大容量、可联网以及可进行远程切换。一般而言矩阵系统的容量达到 64×16 即为大容量矩阵。如果需要更大容量的矩阵系统，也可以通过多台矩阵系统级联来实现。矩阵容量越大，所需技术水平越高，设计实现难度也越大。

(2) 视频矩阵的分类。

按实现视频切换的不同方式，视频矩阵分为模拟矩阵和数字矩阵。

模拟矩阵：视频切换在模拟视频层完成。信号切换主要是采用单片机或更复杂的芯片控制模拟开关实现。

数字矩阵：视频切换在数字视频层完成，这个过程可以是同步的也可以是异步的。数字矩阵的核心是对数字视频的处理，需要在视频输入端增加 AD 转换，将模拟信号变为数字信号，在视频输出端增加 DA 转换，将数字信号转换为模拟信号输出。视频切换的核心部分由模拟矩阵的模拟开关，变成了对数字视频的处理和传输。

8.3.2 数字视频矩阵简介

根据数字视频矩阵的实现方式不同，数字视频矩阵可以分为总线型和包交换型。

总线型数字视频矩阵就是数据的传输和切换是通过一条共用的总线来实现的，例如 PCI 总线。总线型矩阵中最常见的就是 PC-DVR 和嵌入式 DVR。对于 PC-DVR 来说，它的视频输出是 VGA，通过 PC 显卡来完成图像显示，通常只有 1 路输出（1 块显卡），2 路输出的情况（2 块显卡）已经很少；嵌入式 DVR 的视频输出一般是监视器，一些新的嵌入式 DVR 也可以支持 VGA 显示。

包交换型矩阵是通过包交换的方式（通常是 IP 包）实现图像数据的传输和切换。包交换型矩阵目前已经比较普及，比如已经广泛应用的远程监控中心，即在本地录像端把图像压缩，然后把压缩的码流通过网络（可以是高速的专网、internet、局域网等）发送到远端，在远端解码后，显示在大屏幕上。包交换型数字矩阵目前有两个比较大的局限性：延时大、图像质量差。由于要通过网络传输，因此不可避免地会带来延时，同时为了减少对带宽的占用，往往都需要在发送端对图像进行压缩，然后在接收端实行解压缩，经过有损压缩过的图像很难保证较好的图像质量，同时编、解码过程还会增大延时。所以目前包交换型矩阵还无法适用于对实时性和图像质量要求比较高的场合。

8.3.3 音视频矩阵的作用

在现代多媒体会议室，为了满足不同演示场合的需求，通常会具备多种不同的音视频信号源和显示终端，虽然这些音视频信号源和显示终端也可能会同时具备复合视频（Composite-Video）、超级视频（S-Video）、分量视频（Component-Video），甚至数字视频（DVI、SDI）的接口，但目前在多媒体视像会议中被普遍使用的还是复合视频矩阵。主要的原因表现在如下几个方面：

复合视频具备良好的稳定性、兼容性和通用性，传输带宽小，传输距离长。但色度和亮度共享 4.2MHz（NTSC）或 5.0～5.5MHz（PAL）的频率带宽，互相之间有比较大的串扰，对器材和传输线缆的要求标准不高，信号源丰富，预埋线缆投资较低。

超级视频（S-Video）虽然在减少亮度损耗、亮度/色度串扰方面明显优于复合视频，但目前常见的液晶投影机、DLP 投影机达不到非常明显的区别，而且预埋线缆投资是复合视频的两倍，所以在工程长距离传输没有得到普遍的使用。

分量视频在信号格式的级别上已经明显高于复合视频或超级视频，但目前在会议室多数是为电脑显示（VGA 或 RGBHV 信号格式）服务，对器材和传输线缆的要求很高（取决于预期的设计标准和投资预算），预埋线缆投资很高。

类似 R-Y、B-Y、Y、Cr、Cb 的分量视频信号目前主要应用在广电行业，而且会逐渐向 SDI 或 HD-SDI 的数字信号格式过渡，由于信号源和资金预算的限制，会议室使用不多。DVI 信号由于有效传输距离（5m 左右）的限制，目前没有得到广泛应用。

综上所述，习惯上音视频矩阵没有特别的注明都默认是复合视频格式。以复合视频格式输出的主要设备有：摄像机、实物展台、有线电视解调器、远程视像会议、磁带录像机、DVD 光碟机等，音视频矩阵在系统中介于视频源与显示或复用终端之间，负责将不同的音视频信号源按用户的需求进行集中调控。

按照输入、输出通道的不同，常见的视频矩阵一般有 8×2、8×4、8×8、16×4、16×8、16×16、32×8、32×16、32×32、64×16、64×32、64×64、128×128 等。常规的理解是乘号前面的数字代表输入通道的数量，乘号后面的数字代表输出通道的数量。不论矩阵的输入输出通道多少，它们的控制方法都大致相同：前面板按键控制、分离式键盘控制、第三方控制（RS-232/422/485等），并且都能达到以下的功能。

（1）可以根据使用的需要，在不同的显示终端上同时显示相同或不同的视频源内容。

（2）可以将摄像机、影碟机、录像机、有线电视、电视会议等各种视频信号进行方便快捷的处理和调用。

（3）管理员可以独立监视任意一路视频信号，但不会影响其他终端显示的内容和效果。

（4）管理员可以对任意视频信号进行录像，但不会影响其他终端显示的内容和效果。

（5）管理员可以将任意一路视频信号送往会议终端或其他分会场，但不会影响其他端口显示内容和效果。

与BGB、HV矩阵一样，根据信号源和显示终端数量决定了矩阵的通道数，由于矩阵规格的差异（通道数的多少）在价格上的体现非常明显，在预算一定的情况下，选择一个矩阵的通道数也会变得比较敏感，对于以后的扩展也是一个考验。

8.4 视频切换台

8.4.1 定义

视频切换台能以某种方式从两种或更多种节目源中选出一路或多路信号送出，实现节目多样化，是一种可达到一定艺术效果的电视节目制作设备。该设备主要应用于视频信号播出或节目后期制作。它能第一时间同步地从两种或者更多种节目源中任选一路或多路信号混合输出，通过快切（CUT）、慢转换混合（MIX）、划像分画面扫换（WIPE）、键控（KEY）等选择方式，实现节目多样化，渲染图像效果；而且它能选择性地输出各路信号，技术人员可以随时监测并调整任一路或整个视频通道中某些关键部位的信号质量。在发生故障时，也可以探明故障所在部位，从而便于技术维修人员及时排除故障。

视频切换台同时还用于技术人员调整和监测电视中心设备。由于视频切换台能选择输出各路信号，技术人员可以随时监测并调整任一路或整个视频通道中某些关键部位的信号质量；发生故障时，便于探明故障所在部位，以便及时排除。

8.4.2 分类

视频切换台的切换方式可分为两种：快切和特技切换。

从多路输入信号中交替选择一路输出，在电视屏幕上表现为一个画面迅速变换成另一个画面，这种切换方式通常称为快切，又称为硬切换，这是使用较多的一种方式。

特技切换是从多路输入视频信号中输出以某种特定方式混合或互相取代的组合信号，这种方式在后期制作中经常应用。

从视频切换台的使用范围来分类，又可分为播出用的切换台和节目制作用的切换台两大类。对于播出用的切换台，主要应保证工作稳定可靠，操作简便，有应急措施；对于节目制作用的切换台,主要应满足特技效果花样多、设备功能全等。

视频切换台主要由输入切换矩阵、混合/效果放大器、特技效果发生器、下游键处理与混合器、同步信号发生器及控制电路等几部分组成。如图 8.4 所示。

视频特技切换台虽然从各个台的这两个部门退出了,但是依旧广泛地应用于演播室节目制作、电视直播转播、技术人员调整和监测电视中心设备中。

图 8.4　视频切换台示意图

9 视频会议室设计

视频会议室是企事业单位进行交流沟通的重要地点,会场环境对于获得满意的视觉和声音效果、实现预期会议效果是一个关键因素,良好的设计能提升参会者的积极性,完成更高效的互动沟通,提供更好的临场感,提高视频会议的效果。

9.1 视频会议室总体要求

会议室应设置在远离外界嘈杂、喧哗的位置。从安全角度考虑,应有宽敞的入口与出口及紧急疏散通道(有明显标识),并应有配套的防火、防烟报警装置及消防器材。会议室门前设置有防止泄密的小柜子(放手机等),室内布置有手机信号屏蔽器,附近尽量无电梯和其他外来噪声干扰。

会议室室内应安装静音空调或中央空调,保证室内稳定的温度、湿度环境,空调的噪声应比较低,如室内空调噪声过大,就会大大影响该会场的音频效果。会议室环境要求参数如下:

室内风速:0.1m/s;

室内温度:18~22℃;

室内相对湿度:60%~80%;

室内环境噪声:小于40dB(A)。

此外,会议室环境还应实现以下功能:

(1) 逼真地反映远方会场图像现场人物和景物,使与会者有临场感、一体感,以达到视觉与语言信息交流的良好效果。

(2) 由会议室中传送的图像包括人物、景物、图表、文字等,应当达到一定的分辨率,远方和本地清晰可辨。

(3) 会议室内温、湿度适宜,空气新鲜流通。

(4) 应有消防设备和紧急安全通道。

9.2 视频会议室分类

按会议室面积大小分类:

会议室的大小通常可分为大、中、小型三种。

大型会议室:会议室的使用面积在100m²以上;

中型会议室：会议室的使用面积在 80m² 左右；

小型会议室：会议室的使用面积在 50m² 左右。

视频会议室面积请根据各地会议室的具体情况决定，建议主会场设大型会议室，其他各分会场设中型会议室或小型会议室。建议按平均每人 2.2m² 布置会议室面积。

9.3 视频会议室的布局

布局原则：保证摄像效果以达到再现高清晰图像的目的。

布局要求：

(1) 背景。

为了防止颜色对人物摄像产生的"夺光"及"反光"效应，故天幕（背景墙）应具有均匀的浅颜色，通常多采用蓝色或灰色，以使摄像机镜头光圈设置合适。而房间的其他三面墙壁、地板、天花板均忌用黑或鲜艳色彩的饱和色，通常采用浅蓝色、浅绿色、浅灰色等。各墙面不宜采用复杂的装饰图案，以免摄像机移动或变焦时图像产生模糊现象。总之，会场布置宜庄重、朴素、大方。

(2) 会议桌。

会议桌布置一般建议采用排式。这种方式的布置可使与会者自然坐于桌前就能看清监视器并被摄像机摄入镜头，远方摄像传输效果好；其中圆桌式大多用于参会人数不多的场合，讨论会议较为常见。圆桌式每次只能有一半的人被摄入摄像头供传输，作为主会场参会人数较少时可用。

(3) 椅子。

应尽量采用舒适的椅子，以及加厚椅垫，避免与会人员经常地调整坐姿而在镜头前发生不必要的动作。同时椅子上不要装小脚轮，限制移动，以防止离开镜头。

会议桌的颜色和亮度也很重要，为了减少脸部的阴影，要求采用浅色桌使光线能通过桌子反射到人的脸上。或在桌上铺上浅色桌布。另外，在麦克风与桌子之间最好加一层软性材料，如橡胶底等，以免敲击桌子时造成太大的响动。

(4) 为了保证声绝缘，地板应铺设地毯，天花板和四周墙壁应做吸音处理，安装隔音装置，窗子应安装双层玻璃，桌子上铺桌布。由于会议室进行了隔音处理，房间内的混响系数通常应在 0.35～0.55 之间为佳。

视频会议室应具有较高的语言清晰度和适当的混响时间，室内声场达到最大扩散等条件，其体形宜为长方体。混响时间可用下式计算：

$$T = KV/S[-2.31g(1-a)] + 4mV$$

式中　K——房间形状的参变数，一般取 0.161；

　　　V——房间容积，m³；

　　　S——房间内吸声总表面面积，m²；

a——室内平均吸声系数；

m——空气衰减系数；

T——混响时间。

（5）分会场的标识符合统一要求，并制作标识牌。标识牌采用深蓝色背景、白字，标识牌的大小与会场的纵深成正比，要突出、醒目，保证最好施工之前做出模型，对在摄像镜头中的实际效果进行预览。

（6）房间的布置。

①会议室的配套设备，比如空调，宜采用低噪声设计，以改善声音效果。会议室空调宜采用冷辐射技术，通过辐射的方式调节室内温度，避免噪声出现。

②房间内的装饰宜简朴、高雅，墙壁颜色选用中性浅色。另外避免在会议室内陈设镜子。否则这些与会议内容无关的背景信息会在摄像头转动或变焦时产生不必要的模糊或者喧宾夺主。

9.4　视频会议室背景墙设计

视频会议室背景墙直接显示视频会议中图像的传送，决定了视频会议过程中参与者之间是否有身临其境的感觉。为了确保图像的观看效果和防止颜色对人物摄像产生的"夺目"或"反光"效应，视频会议室背景墙应采取单一均匀的浅颜色（但不宜用白色），使其产生的视频信号电平近似 0.35V，而视频会议室其他墙壁、桌布、地毯、天花板等应与背景墙相匹配，视频会议室背景墙不宜使用画幅。建议桌椅及墙壁采用浅驼色或浅青蓝色。椅子不宜采用沙发式，也不宜采用高靠背，避免挡住后面的与会者。图 9.1 显示为某企业视频会议室背景墙。

图 9.1　视频会议室背景墙示例

9.5 视频会议室环境设计关键要素

以下五大因素是视频会议室环境设计方案的重要因素,需要在全局上进行把握,从而设计出最适合用户需求的视频会议室环境。

(1) 光源及照度:视频会议室的光源及照度是会议室的基本必要条件。一般的摄像机均有自动彩色均衡电路,能够提供真正自然的色彩,从窗户射入的光偏高会产生有蓝色投影和红色阴影区域的视频图像;另外,会议的召开时间是随机的,上午与下午的自然光源照度与色温是不一样的,因此会议室应尽量避免采用自然光源,而应采用人工光源,且所有的窗户都应采用窗帘遮挡。在使用人工光源时,应选择冷光源,诸如"三基色灯"(R、G、B)效果最佳。

(2) 噪声控制及声学处理:对于声学处理,应考虑频率特性控制、回声控制及噪声控制。频率和回声控制,可通过控制室的调音台,用增设的优质功率放大器,控制高、中、低音;并可通过扬声器环绕放置会场四周,使与会者有身临其境的感觉。噪声控制主要是隔音与吸音效果控制,隔音主要是指选用双层窗户隔离外界噪声,将一些电器设备的主要部件安装在控制室,以避免电磁感应的电气设备噪声;吸音指室内应铺地毯、吊天花板,会议室四周墙壁不宜太光滑,最好装有隔音材料并用软布包装,保证室内噪声小于40dB。麦克风与音箱应保持合适的距离及方向,降低会议室的回声以形成良好的开会环境。此外,扬声器要求距墙壁和电视机至少保持一米距离,防止产生共鸣现象。

(3) 温度及湿度:会议室内的温度、湿度应适宜,通常应设定为18~25℃、60%~80%的温湿度,并保证室内空气新鲜。

(4) 结构布置:会议室净高最好大于3m,长宽比例控制为3:2最佳。

(5) 色调与色彩:会场四周的景物色彩、桌椅颜色等,一般不宜采用白色和黑色等色调,这两种颜色会对人体产生反光和吸光的不良效应。所以墙壁四周、桌椅等宜采用浅色调。对摄像背景(被摄人物背后的墙)不宜挂有山水画等景物,否则将增加摄像对象的信息量及占用较大的网络流量,不利于图像质量的提高。

9.6 视频会议室灯光设计

视频会议的灯光是体现视频会议效果的一个重要环节,这就要考虑什么样的灯光才能满足视频会议室的要求。做好视频会议室的灯光设计将是非常重要的,好的灯光设计不仅可以让与会人员有良好的会议条件,而且可以有很好的视频会议效果。

在灯光和照明方面,建议选用高亮度的专业投影机和低照度的摄像机,因此,做灯光设计时,不用过多地照顾投影机而调低照度或照顾摄像机而调高照度。

9.6.1 灯光设计原则和要点

9.6.1.1 设计要点

视频会议室灯光设计在一定程度上决定了视频会议在视觉上的效果，好的视频会议室灯光设计无疑会大大提升视频会议的可用性，增强整个视频会议过程中的高效互动性。视频会议室灯光设计主要有视频会议室整体布局、灯光照度、安装位置三大因素影响着灯光效果。

9.6.1.2 设计原则

(1) 视频会议室灯光设计的整体布局。

视频会议室灯光设计的布局原则：保证摄像效果以达到再现清晰图像的目的。

视频会议室灯光设计的布局要求：

①会议桌布置采用排式较好。同时，为减少面部阴影，会议桌建议采用浅色桌面或桌布。

②为了防止颜色对人物摄像产生的夺光及反光效应，背景墙应进行单独设计，最好采用均匀的浅颜色，通常多采用米色或灰色，不宜使用画幅，禁止使用强烈对比的混乱色彩，以方便摄像机镜头光圈设置。

③摄像机镜头不应对准门口，若把门口作为背景，人员进出将使摄像镜头对摄像目标背后光源曝光。

④房间的其他三面墙壁、地板、天花板等均应与背景墙的颜色相匹配，忌用黑或鲜艳色彩的饱和色，通常采用浅蓝色、浅灰色等。每面墙都不适宜用复杂的图案或挂复杂的画幅，以免摄像机移动或变焦时图像产生模糊现象，同时增加编码开销。最好将窗户密封或者安装茶色玻璃，也可以挂厚布窗帘以防止阳光直射设备。

(2) 视频会议室灯光设计照度要求。

视频会议室灯光照度是视频会议室的一个基本的必要条件，由于电视会议召开时间具有随机性，故室内应用人工冷光源，避免自然光。会议室的门窗需用深色窗帘遮挡。光源对人眼视觉无不良影响。选择三基色灯（色温 3000～3500K）较为适宜。照度要求规定如下：

①为了确保正确的图像色调及摄像机的白平衡，规定照射在与会者脸部的光是均匀的，照度应不低于 500lux。监视器、投影电视附近的照度为 50～80lux，应避免直射光。

②灯光的方向比灯光的强度更为重要，为灯光安装漫射透镜，可以使光照充分漫射，使与会者脸上有均匀光照。

③为了确保正确的图像色调及摄像机的白平衡，规定照射在与会者脸部的光是均匀的，照度应不低于 500lux。监视器、投影电视附近的照度为 50～80lux，应避免直射光。

(3) 视频会议室灯光设计安装位置要求。

三基色灯一般安装在会议室天花板上,要在天花板上安装 L 形框架,灯管安装在 L 形框架拐角处,使灯光不直接照射到物体及与会者,而依靠天花板对灯光的反射、散射照亮会议室。

除了上述两点,为了达到更好效果,还需注意:

①避免阳光直射到物体、背景及镜头上,这会导致刺眼的强对比。
②光线弱时建议采用辅助灯光,但要避免直射。
③使用辅助灯光,建议使用日光型灯光。禁止使用彩灯,避免使用频闪光源。
④避免从顶部或窗外来的顶光、侧光直接照射,此种照射会直接导致阴影。
⑤建议使用间接光源或从平整的墙体反射的较为柔和的光线。

9.6.1.3 照明设计示例

光源采用色温为 3200K 的三基色灯。主席区配面光灯及专业背光灯作照明,会议区采用嵌入式三管隔栅灯作光源,配合走道区域的位置,设置发光灯带作辅助照明,墙面可布置壁灯作补光处理。

参照设计规范要求:主席区的平均照度不应低于 800Lux;过高会产生与台下参会人员的过强对比,主席台人员看文件也不舒适,一般区域的平均照度不应低于 500Lux。其中水平工作面即会议桌桌面的距地高度为 0.8m,投影电视屏幕区照度不应高于 80Lux。各种照度应均匀可调,保证会议室按各种功能要求调节灯光,比如发言席终发言时,该处灯光应该最亮,其他位置灯光相应调低。

部署灯光之前,先要进行设计,一般采用单位容量算法:

根据专业设计规范可知满足 500Lux 的照度要求需要 $26W/m^2$,例如会议室内整体会议区面积约为 $170m^2$,所以可得总的发光灯具的功率为:$170m^2 \times 26W/m^2 = 4420W$,会场内采用 $3 \times 40W$ 的隔栅灯为主要照明,数量为 20 盏($20 \times 3 \times 40W = 2400W$),周围边缘吊顶采用 50W 嵌入式筒灯作为辅助照明,数量为 42 盏($46 \times 50W = 2300W$),吊顶中间两条发光灯带,同样作为辅助照明,总有效功率容量可达 5000W 以上,总体灯光布置完全符合视频会议室的基本灯光照明要求。

同样道理对机房设备间,规范要求照度值不低于 100Lux 一般。取 150Lux,查设计手册可知满足 150Lux 的照度要求需要 $8.6W/m^2$,可得总的发光灯具的功率要求为:$78 \times 8.6 = 670$(W),采用 $3 \times 40W$ 的隔栅灯,数量为盏($670/120 = 5.6 \approx 6$)。

为了满足以上灯光要求,建议在主席台采用三基色冷光源灯。三基色冷光源灯不仅色温保证在 3200K,更重要的是它的工作温度低,长时间工作的散热量比较小,非常适合用于舞台照明。

同时为了得到更好的摄像效果,使视频会议画面达到专业水平,在灯光摆位及分布上设计了面光、侧光、逆光(轮廓光)、背景光,从而保证视频会议的拍摄效果。

主席区三基色冷光源灯功率设计共计为 1672W,主席台面积约为 30 平方米,每平方米功率分配为 55.7W。根据经验每平方米照度要达到 100Lux,则需要 5.2W 的功率。每平方米 55.7W 的功率可以达到 1070Lux 的照度，可以满足视频会议对灯光照度的需要。

为了合理展现灯光效果，建议设置不同区域，每个区域编组接入灯光控制器，这样灯光的操作控制就会非常方便，可根据会场需要而灵活方便地调节。

演讲区和主席台：可设计 3 路调光照明，以投影幕、主席台、演讲台为内容设 3 个区域，照度可在 100～800Lux 可调。

听众区：可根据需要，设若干区域，可在 100～500Lux 之间可调。

采用背投设计的会议室，照明设计 500～800Lux 之间可调。一般可设计为投影屏、会议桌上方、会议桌外围和四周 4 个照明区域。

主席台是整个会议的核心部分，主席台的灯光设计既要考虑到摄像对灯光照度的要求，又要考虑到和整个装修效果的协调统一。综合以上因素，主席台的灯光主要采用三基色冷光源照明。灯光设计分为面光灯、侧光灯、逆光灯、背景灯共计四部分。灯光采用隐藏式安装，既可以和装修效果融为一体，又可以满足视频会议对照度的要求。如图 9.2 至图 9.4 所示。

图 9.2　2×36W 三基色冷光源灯示意图

图 9.3　4×50W 三基色冷光源灯示意图

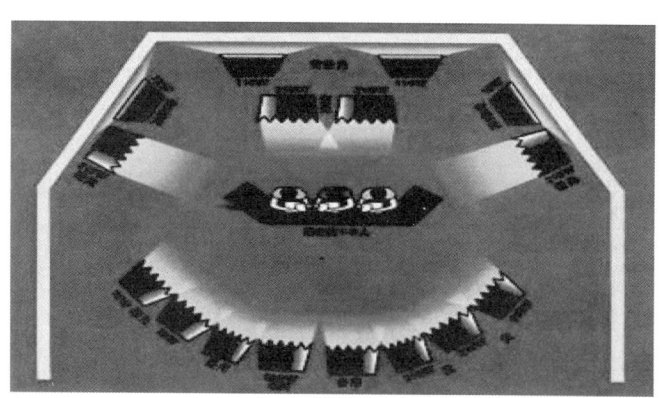
图 9.4　主席台灯光分布示意图

考虑到视频会议室的特殊性，建议灯光的色温在 3200～4000K 之间。

由于视频会议室不宜采用自然光照明，故在有大窗子的会议室，在会议当中需使用厚的遮光窗帘遮盖。

9.6.2 智能灯光系统

(1) 集中控制和多点操作功能：在任何一个地方的固定终端或者移动终端均可控制不同地方的灯，或者是在不同地方的终端可以控制同一盏灯。使用各种方式管理灯光控制系统，触摸屏、网络、PDA、智能手机让用户可以使用最简便的方法在任意时候、任意地点都可以控制房间中的设备。

(2) 软启功能：开灯时，灯光由暗渐渐变亮；关灯时，灯光由亮渐渐变暗，避免亮度的突然变化刺激人眼，给人眼一个缓冲，保护眼睛。而且还避免大电流和高温的突变对灯丝的冲击，保护灯泡，延长使用寿命。

(3) 灯光明暗调节功能：根据不同的场景调节不同灯光的亮度，柔和的光线带来宁静的心绪，凝重的光影启迪沉静的深思，明亮的光彩渲染热烈的氛围。可以通过本地开关来进行光的调亮和调暗，也可以利用集中控制器或者是遥控器，只需要操作按键，就可以调节光的明暗亮度。

(4) 全开全关和记忆功能：整个照明系统的灯可以实现一键全开和一键全关的功能，免除了跑遍全部房间的烦恼。

(5) 定时控制功能：通过日常管理模块，可以对灯光的定时开闭进行自动控制。例如，在每天巡检前自动将室内的灯光缓缓开启到一个合适亮度，在下班后自动关闭全部的灯光照明。

(6) 场景设置：对于固定模式的场景，无须逐一地开关灯和调光，只进行一次编程，就可以按一个键控制一组灯，这就是场景设置功能，只需一次轻触操作即可实现多路灯光场景的转换。还可以根据想要的灯光和电器的组合场景设置各种模式。

(7) 红外、无线遥控：在任一个房间，用红外手持遥控器控制所有联网灯具（无论灯具是否处在本房间内）的开关状态和调光状态；可以提前用遥控器打开灯光。

(8) 停电自锁的功能：即当室内停电，再来电以后所有的灯将保持熄灭状态。

9.6.3 视频会议室设计注意事项

(1) 走动空间注意事项。

很多人在设计视频会议室时，往往忽略了走动空间的重要性。一个适当大小、留有一定活动空间的视频会议室，易使客户放松心情，从而有利于洽谈。相反，拥挤的视频会议室会使客户产生拘谨的心理。

(2) 会议桌注意事项。

由于圆桌可让团队成员之间无障碍的交流，有利于营造平等、向心的交流氛围，因此视频会议室圆形或椭圆形的会议桌设计更便于达成共识，启发创意和发挥团队精神。由于船形会议桌更有利于与会者视线的传递，因此船形会议桌、长方形会议桌都比较适合区分与会者地位的会议。

在视频会议室的空间设计中，还应该考虑到会议桌及桌位以外四周的流通空间。除了选好会议桌之外，不妨在视频会议室的角落里放上植物来保持在员工和潜在客户之间的和谐；此外，可打开窗让阳光照射进来；也可在墙上挂上能启发人的艺术品及公司取得的成就和相关目标的图表，从而营造一个积极向上的工作环境。

9.6.4 视频会议室布置要求

视频会议室布置需要根据不同的视频会议场景来进行布置，有的视频会议系统对于视频会议室布置要求就比较灵活，可应用于各种规模的桌面会议，也能应用于多媒体会议室。视频会议室布置根据其类型、大小、环境，采取不同的布局和效果。

（1）视频会议室布置的总体要求。

会议室是开会的场所，同时又是放置会议电视设备的场所，因此视频会议的设计合理性决定了会议电视图像的质量，也直接影响了开会的效率。完整的视频会议布置设计除了可提供参加会议人员舒适的开会环境外，更重要的是逼真地反映现场（会场）的人物和景物，使与会者有一种临场感，以达到视觉与语言交换的良好效果。传送的图像包括人物、景物、图表、文字等应当清晰可辨。

（2）视频会议室布置的环境、大小与类型。

①视频会议室布置的环境。

视频会议内的温度、湿度应适宜，通常考虑 18～25℃ 的室温、60%～80% 湿度较合理。为保证视频会议室内的合适温度、合适湿度，会议室内可安装空调系统，以达到加热、加湿、制冷、去湿、换气的功能。会议室要求空气新鲜，每人每时换气量不小于 $18m^3$。会议室的环境噪声级要求为 40dB（A），以形成良好的开会环境。若室内噪声大，如空调机的噪声过大，就会大大影响音频系统的性能，其他会场就很难听清该会场的发言。

②视频会议室布置大小。

视频会议的大小与电视会议设备，参加人员数目有关。可根据视频会议通常所参加的人数多少，在扣除第一排座位到主席台后的显示设备的距离外，按每人 $2m^2$ 的占用空间来考虑，甚至可放宽到每人占用 $2.5m^2$ 的空间来考虑。天花板高度应大于 3m。

③视频会议室布置的类型。

视频会议的类型按会议的性质进行分类，一般分为公用会议室与专业性会议室。公用会议是适应于对外开放的包括行政工作会议、商务会议等。这类会议室内的设备比较完备，主要包括电视机、话筒、扬声器、受控摄像机、图文摄像机、辅助摄像机（景物摄像等），若会场较大，可配备投影电视机（以背投为佳）。专用性视频会议主要提供学术研讨会、远程教学、医疗会诊，因此除上述公用会议室的设备外，可根据需要增加供教学、学术用的设备，如白板、录像机、传真机、打印机等。

（3）视频会议室布置的布局、照度、音响效果。

①视频会议室的布局。

影响画面质量的另一因素，是会场四周的景物和颜色，以及桌椅的色调。一般忌用白色、黑色之类的色调，这两种颜色对人物摄像将产生反光及夺光的不良效应。所以无论墙壁四周、桌椅均采用浅色色调较适宜，如墙壁四周采用米黄色、浅绿、桌椅浅咖啡色等，南方宜用冷色，北方宜用暖色，使所提供的视频电平值近似 0.35V。摄像背景（被摄人物背后的墙）不宜挂有山水等景物，否则将增加摄像对象的信息量，不利于图像质量的提高。可以考虑在室内摆放花卉盆景等清雅物品，增加会议室整体高雅、活泼、融洽气氛，对促进会议效果很有帮助。

从观看效果来看，监视器常放置在相对于与会者中心的位置，距地高度大约 1m 左右，人与监视器的距离大约为 4~6 倍屏幕高度。各与会者到监视器的水平视角应不大于 60°。所采用的监视器屏幕的大小，应根据会议电视的数据速率、参加会议的人数、会议室的大小等几方面的因素而定。对小型会议室，只需采用 29~34in 的监视器即可，或者大会议室中的某一局部区采用；大型视频会议室应以投影电视机为主，都采用背投式，可酌情选择电视机的大小，最好将电视机置于视频会议室最前面正对人的地方。

②电视视频会议室的布置图。

视频会议室电视室除了必须严格执行规定要求的布局外，可适当灵活布置。

整个会议室的显示设备分为两个部分，一是主席台后的投影（或背投电视），负责为与会代表提供本会场和另一会场的图像显示；一是主席台前的 4 台电视，分为两组，负责为主席台领导显示本会场图像和另一会场图像。

图像采集设备也分为两组，一组主摄像机（可以多个）安装在会场中央，实时采集主席台图像，另一组全景摄像机安装在会议室右前部，对会场全景进行拍摄。两组摄像机均应为受控摄像机，可由会议电视设备进行控制。

扬声器在会议室的前后各安装一对，为了获得更好的声音效果，要求距墙壁和电视机至少保持 1m 距离。

9.6.5 供电系统

为保证会议室供电系统的安全可靠，减少电源引起的电气串扰，应采用 3 套供电系统。第一套供电系统作为会议室照明供电；第二套供电系统用于空调等设备的供电，空调供电应为三相四线制；第三套供电系统作为整个终端设备、控制室设备的供电系统，须配备不间断电源系统（UPS），供电能力不小于 10A；其中每套终端设备耗电功率不小于 1500W，每套 MCU 设备耗电功率不小于 1000W。供电系统输出交流电应满足以下条件：220V±5%，50Hz±5%。交流电源应接一级负荷供电。音频设备、视频设备应采用同一回路电源，最好为同相电源。

会议室、控制室需有若干 AC220V/15A 的三芯电源插座，均匀分布在四周墙面。在视频会议室、控制室、传输室应设置专用分路配电盘，每路容量宜为 15~25A。应为视频会议设备提供一个专用电源插座，不要和其他外围设备共用，特别与大功率设备混用，如空调、功放等。

在摄像机、监视器、大屏幕投影、电视机等设备附近均应设置220V三芯电源插座，每个插座的容量不小于2kW。

会议室、控制室需配有多用电源接线板（PDU），每个终端配1个多用电源接线板（采用双屏显示或采用模拟转接系统时需多配1～2个多用电源接线板），每个MCU设备配1个多用电源接线板（采用多画面显示系统时也需多配1～2个多用电源接线板，其中接线板的每个插孔需有单独的保险）。

接地是供电系统中比较重要的问题，应予以足够重视。接地方式分为联合接地方式和单独接地方式两种，联合接地时接地电阻要求小于0.3Ω，单独接地时接地电阻要求小于3Ω。地线宜从控制室或机房设置的接地汇流排上引接，尽可能从传输机房拉到会议室和控制室供设备使用。要求给控制室和会议室供电的交流电源零线和地线的电压差不大于1V。交流电源的干扰电压不应大于100mV。

保护地线应符合下列要求：

（1）保护地线必须采用三相五线制中的第五根线，与交流电源的零线必须严格分开，防止零线不平衡电流对会议电视产生严重的干扰影响。

（2）保护地线的接地电阻值，单独设置接地体时，不应大于4Ω；采用联合接地体时，不宜大于0.5Ω。

（3）保护地线的干扰电压不应大于25mV。接地系统应采用单点接地式。

9.7 视频会议室装修施工

9.7.1 视频会议室装修施工设计

视频会议室装修要求与其他室内装修要求有很大的差别，视频会议室装修效果直接决定了视频会议的效率。只有在好的视频会议室，高端的视频会议系统才能发挥其良好的视频、音频效果。视频会议室装修要求结合音响、网络、弱电、强电、编解码、摄影、灯光等技术。

（1）视频会议室装修电源要求。

①设备用电为220V交流电；

②设备用电与现场照明用电分离；

③设备用电与现场空调用电分离；

设备用电与其他大功率设备分离；

设备电源插座应予以固定。

（2）视频会议室装修地线要求。

地线与零线应分开；

地线与零线电位差小于0.3V；

地线接地良好；

与会议电视设备相连的其他设备，应与该设备接同一地线。

(3) 视频会议室装修网络配置及接口要求。

中继设备、终端设备与交换机之间接口设置一致，终端设备与路由器之间接口设置一致，路由器与交换机之间接口设置一致，同为双工或半双工模式。禁止一侧接口设置为半双工，另一侧接口为双工。

网线制作遵循标准要求，使不出现耦合现象，确保较长网线正常工作。

网络接口应经过丢包率测试。

(4) 视频会议室装修照明要求。

灯光照明适中；色温在2700~3400K之间；在自然光照射时，应配置半透及全封闭窗帘；照明灯光分组可控；建议参考电视台摄像照明技术。

(5) 视频会议室装修温度及湿度要求。

①工作状态时，温度：0~40C；湿度：10%~90%；

②非工作状态时，温度：-20~60C；湿度：10%~90%。

(6) 视频会议室装修电视机、背投或投影仪要求。

每个大型会议室型设备需配置1~2台带S-Video端子或者复合端子的液晶、背投或等离子显示器。其中1台需有支持XGA输入接口。电视机建议为34in以上纯平，投影仪最好为3000Lux以上。

注：安装现场应提供网络拓扑图，供施工人员必要时查询。

(7) 房间装修要求（表9.1）。

表9.1 视频会议室装修要求

指标项目	指标要求
基本要求	整体风格、装修和办公楼风格保持一致；装修材料要求安全、环保；提供包括天花板、背景墙以及其他室内设计，包括全部家具和部件；远程中心装修改造为交钥匙工程，包括设计、装修、安装、调试
灯光	演播室标准的照明系统，与会者摄像区域及背景区域图像还原真实自然；选择冷光源、三基色灯
窗帘	颜色要求为深色，并且带有遮光布
声音	墙面、地板、吊顶做吸音处理
桌椅	配备高级会议桌、高级会议椅，桌子材质选用实木
吊顶	铝合金微孔板隔音吊顶
地板	采用安全环保的瓷砖地板
墙面	采用高级环保壁纸
新增门	采用实木环保门

续表

指标项	指标要求
背景墙	采用安全环保材质
内护墙	采用安全环保材质，符合承重要求

9.7.2 视频会议室装修设备和照明要求

装修一个完善的视频会议室需要对其设备和照明方面有非常恰当的把握，既要考虑好影响参会者心情的美观度，还需要对声音以及图像效果这些至关重要的远程会议听视觉感受进行优化，以便整场会议都能够让所有远程参会者感觉身临其境，促进会议所产生的最终效果。

（1）在装修设备方面要求。

①视频会议室陈列品。

桌子：不透光的，矩形或不规则四边形；

座椅：舒适，没有轮子；

在背景墙上挂上公司商标或显示当地时间的钟表（有利于辨认背景）。

②视频会议摄像机。

将投影幕和监视器放置在远离灯光和窗户的地方。

安装 1~3 个视频会议摄像机（1 个主要的，1 个辅助的，1 个用于文件）。

把主要的视频会议摄像机放在监控器上方，观察者视线上方 15°的方向，保证一个良好的视觉接触。

③视频会议音频效果。

一个标准的麦克风使用于 4~5 位参与者；

扬声器应该放在不会与麦克风产生干扰的地方；

将主要的麦克风安装在距离视频会议系统 3~4m 远的地方。

（2）在装修照明方面要求。

①装饰。

对视频会议室的装饰最好是浅色调，不太鲜艳，外表不透光。要避免光亮或者水晶的外表，这会对声音及灯光产生反射。

②背景墙。

最重要的是面对视频会议摄像机的墙。应尽量减少窗、彩色糊墙纸和门，人员也要减少通过。背景颜色应尽量避免红色，避免会产生视频图像反射光及闪动的图案，避免黑色和闪亮的白色。用于背景墙的最好颜色是天蓝色或青蓝色。其他不反射的颜色还有白灰色、米色、淡灰色或淡蓝色。

③灯光。

如果视频会议室有窗户，要预先准备变暗系统或者窗帘，避免由自然光线改变而带来的影响。

为了把参与者脸部影子减到最小,将荧光灯转到45°,强度至少达到740Lux,就可获得最好的照明效果。

9.7.3 视频会议室装修注意事项

视频会议室在光线、色彩、背景等方面相对于普通会议室装修要求要高很多,尤其是在会议室背景和光纤色彩上,视频会议室装修就要涉及专业的摄影学,必须经过专业的视频会议室装修公司才能够达到所需要的效果,简单采用普通会议室装修方案将会是对整个视频会议系统效果产生很大的影响。

视频会议室装修注意事项:
(1) 视频会议室背景。
①镜头对门口是背景设置的大忌。
②被摄物体背后绝对禁止有强光源(如窗户),否则镜头将对背后光源曝光。
③背景可进行单独设置(如单位名称等),禁止使用强烈对比混乱色彩。
④在会议进行中,避免背景持续抖动、移动物体或人在背景前走动。
(2) 电源要求有较好接地,接地电阻为 $0.15\sim0.3\Omega$。
(3) 建议采用地毯等吸音材料装修会场,以免产生回响。
(4) 如果视频会议终端设备的供电不很稳定,建议采用交流稳压电源或 UPS。
(5) 视频会议室色彩与光线:
①建议使用间接光源或从平整的墙体反射的较为柔和的光线。
②建议采用浅色色调桌布,以反射散光让参会人员脸部(下巴)光线充足。
③避免阳光直射到物体、背景及镜头上,这会导致刺眼的强对比情况。
④光线弱时建议采用辅助灯光,但如上所述,避免直射。
⑤使用辅助灯光,建议使用日光型灯光。禁止使用彩灯,避免使用频闪光源。
⑥避免从顶部或窗外来的顶光、侧光直接照射,此种照射会直接导致阴影。

9.8 远程呈现视频会议室灯光要求

远程呈现视频会议区别于普通的视频会议,它传送的图像包括人物、景物、图表、文字等,应清晰可辨。远程视频会议室对于灯光要求更加严格,尤其是使用高端远程视频会议,有必要在此单独描述。

远程视频会议室灯光照度是一个基本的要求,由于发言人/会议时间的不确定性和摄像系统对光线的特殊要求,应尽可能避免自然光而使用人工光源。远程视频会议室的门窗需用深色窗帘遮挡。如果人正坐在远程视频会议室明亮灯光下,那么打在他们脸上的灯光将很少甚至没有,明亮的灯光还将导致脸上产生明显的阴影。故远程视频会议室灯光的布置要求必须合理,光源照射到的人视觉上应无不良影响(无刺眼感觉),同时光线分布在人脸上应该均匀。实践经验,三基色灯效果最好。色温应在3200K左右。

远程视频会议室灯光要求具体如下:

(1)建议三基色灯灯间距为0.8~1.2m,功率为30~40W。

(2)建议摄像区、文件图表区、监视器显示区,灯光分组控制,各区灯光最好分为2~3组,可单独控制。

(3)为了保证图像色调及摄像机的白平衡,规定照射在人脸部的光线应均匀,照度不低于5Lux。

(4)为了确保文件、图表的字迹清晰,对文件图表区域的照度不低于7Lux。

9.9 传输条件

会议室和控制室应预留终端线缆下线槽,便于数字中继电缆从传输机房拉到会议室和控制室。传输设备到会场的距离超过100m时数字中继电缆要求采用芯线线径$0.3mm^2$的同轴电缆(75Ω),不能采用芯线线径$0.2mm^2$的同轴电缆(75Ω),否则将影响信号质量。数字中继电缆数量应满足工程需要,接头采用BNC头制作,连接牢固可靠。

传输设备应工作正常,传输误码率应不大于10^{-6}。

特别需要注意的是,如果传输机房与会议室相距较远(长达数千米),就需要采用特别的方案解决这一段的传输问题,必须在安装前仔细核实现场条件是否与特别设计的传输方案的设计前提相吻合。

9.10 UPS电力供应

为保证视频会议系统正常运行,一般需要对核心设备(MCU、终端、主控系统、发言扩声、显示系统)进行UPS供电,一旦断电或者掉点(相),不至于影响会议的持续进行,特别是对主会场而言,意义更加重大。

9.10.1 概述

蓄电池是UPS系统中的一个重要组成部分,它的优劣直接关系到整个UPS系统的可靠程度。电池容量选择过大造成投资的浪费,容量选择偏小不仅不能满足UPS后备时间,还易造成安全事故,也会因电池放电倍率太大,严重影响电池使用性能和寿命。

UPS后备蓄电池容量计算方法很多,各行各业都因侧重点不同有相应的计算方法。

9.10.2 UPS后备蓄电池容量计算方法介绍

首先需要明确一下蓄电池容量的概念,根据《通信用阀控式密封铅酸蓄电池》(YD/T

799—2002）标准定义，蓄电池容量（AH）是指在标准环境温度下（25℃），电池在给定时间指点终止电压时（1.80V），可提供的恒定电流（0.1C）与持续放电时间（10h）的乘积（I×T）。

确定了 UPS 和蓄电池的品牌和 UPS 系统的后备时间，可以根据蓄电池的放电性能参数，通过功率法、估算法以及电源法等计算方法来计算确定蓄电池的型号和容量。

在 UPS 系统中，市电正常时，市电为能量源，UPS 为能量转换设备，蓄电池为能量储存，后接负荷为能量消耗源；市电出现问题时，蓄电池作为能量源，UPS 为能量转换设备，后接负荷仍为消耗源。

电力常用计算公式为 W=UIt，P=UI。在电池作为能量源时同样适用，也是所有 UPS 后续蓄电池容量计算的依据所在。

UPS 后备蓄电池的容量计算方法很多，包括（1）恒功率法（查表法）；（2）估算法；（3）电源法；（4）阶梯负荷后备法。很难说出那种计算方法是最准确的，各种计算方法各有侧重点，在实际应用中需要综合考虑蓄电池的使用情况，UPS 所带负载情况以及应用的场合来选择适合的电池容量计算方法。

9.10.3 UPS 配置及使用的注意事项

（1）后备式 UPS 最佳带载率为 40%～60%。空载或大于 80%负载时 UPS 输出三次谐波成分较大，不利于电脑等负载的正常运行。后备式 UPS 原则上不宜配带感性负载（如电机等）。

（2）在线式 UPS 配带感性负载，带载率不能超过 50%（弱感性），对于强感性负载不能超过 35%。对于大功率晶闸管负载或半波整流设备，UPS 原则上不能配带，但在混入其他阻性负载，且总带载率低于 50%的情况下，则可以配带。另外 UPS 前端如果接有晶闸管负载或半波整流设备，很容易造成 UPS 输入波型畸变增大，引起较大噪声干扰。

（3）无软启动功能（延时启动）的 UPS，原则上不宜带载开、关机，尤其是重载条件下开、关机，否则会增大故障的概率。

（4）在恶劣的电网环境下，UPS 容易造成零线串入干扰。后备式 UPS 容易造成市电与逆变的频繁切换，容易造成故障。对于在线式 UPS 容易造成锁相与失控锁相失败。

（5）后备式 UPS 不能置于电感性电源后面（如净化电源），否则容易造成切换时间过长，在市电停电时造成电脑的死机，而在线式 UPS 前端配置净化电源则大大有利。除净化功能外，还可大大缓冲 UPS 启动时大电流的冲击，减小故障率。

（6）中、小型 UPS，由于价格等成本因素，在其锁相中一般没有设置转换条件的判断电路。直流系统中一般也没有反灌噪声设置，对功率管件容易造成损坏。

（7）对于在线式 UPS，减少其开、关机次数，在其前端增设净化电源，可大大减少机器的故障率。

（8）后备式 UPS，由于成本关系，一般无输出短路保护电路，因此保险丝不能过大。

500VA 一般是 5A 型，1000VA 一般为 10A 型。

（9）UPS 如无输入、输出变压器，则该机型安装时，火线、零线不能接反，否则很容易造成共模干扰而损坏 UPS。

（10）UPS 长延时机型一般具有反灌噪声抑制设置，否则在 UPS 输出负载量大时，反灌噪声很容易造成蓄电池、逆变器件损坏。

（11）UPS 在不接电池或电池损坏条件下运行，直流母线上低频脉动分量大，LC 振荡的高频成分大，这样增大了直流线路的内阻，对逆变器件不利，长期运行容易出现故障。

（12）UPS 不能长期超载或空载运行。空载运行对蓄电池大大不利，很容易造成蓄电池损坏。

（13）UPS 输出波形与负载具有很大关系。后备式的方波是负载量的函数，负载越大，脉宽则越大，幅度越小。正弦波的负载量 60% 最佳，过轻或过重输出会导致波形失真均较大。UPS 在重载条件下逆变输出，输出波形抖动大，谐波量增大，故障率增高。UPS 配带非线性负载波形失真较大。

9.11 消防安全

会议室是经常举办各种活动的场所，一般消防安全通道较窄，使用时一定要加强消防安全管理工作，一旦出事，后果不堪设想。会议室及中控室要按消防要求配备消防设备。

（1）按照"谁主管谁负责"的原则，定期对会议室进行消防安全的自查工作，及时排查并消除各种火灾隐患，确保安全。

（2）严格控制各种大功率电器设备的使用，禁止超负荷用电，开关电源时要防止电涌。

（3）在举办各种活动时，管理部门首先要向使用部门和会议人员说明消防安全情况，发布 HSE 须知，开启消防安全疏散通道，保障消防通道畅通。禁止任何人在参加活动时吸烟。

（4）活动结束后，要关闭各种电源开关，并组织人员清理场地，消除各种消防安全隐患。

发生火灾后，要立即拨打值班电话，火势较大时，要拨打火警电话"119"。报警时，不要紧张，简要说清发生火灾地点，引导消防车进来，争取时间让消防队员及时赶到现场灭火、救人。

9.11.1 灭火器上的字母含义

国家标准规定，灭火器型号应以汉语拼音大写字母和阿拉伯数字标于筒体，如"MF2"等。其中第一个字母 M 代表灭火器，第二个字母代表灭火剂类型（F 是干粉灭火剂、FL 是磷铵干粉、T 是二氧化碳灭火剂、Y 是卤代烷灭火剂、P 是泡沫、QP 是轻水泡沫灭火剂、SQ 是清水灭火剂），后面的阿拉伯数字代表灭火剂重量或容积，一般单位为 kg（千克）或

L（升）。

9.11.2 灭火器的报废年限

如今，人们对于灭火器已不再陌生。然而，灭火器也有使用期，从出厂日期算起，达到如下年限的必须报废：

手提式化学泡沫灭火器——5年；

手提式酸碱灭火器——5年；

手提式清水灭火器——6年；

手提式干粉灭火器（储气瓶式）——8年；

手提贮压式干粉灭火器——10年；

手提式1211灭火器——10年；

手提式二氧化碳灭火器——12年；

推车式化学泡沫灭火器——8年；

推车式干粉灭火器（储气瓶式）——10年；

推车贮压式干粉灭火器——12年；

推车式1211灭火器——10年；

推车式二氧化碳灭火器——12年。

另外，应报废的灭火器或储气瓶，必须在筒身或瓶体上打孔，并且用不干胶贴上"报废"的明显标志，内容如下："报废"二字，字体最小为25mm×25mm；报废年、月；维修单位名称；检验员签章。灭火器应每年至少进行一次维护检查。

9.11.3 细水雾灭火器

一种新型的灭火器，可以隔绝氧气、吸热降温、烟气洗消，可扑灭高压电器火灾。无毒、无水渍和无次生灾害；用水量小，高效快速灭电火、阴燃、深层火等。

细水雾的滴粒径小，喷雾时水呈不连续性，所以具备电气绝缘性能，能直接扑灭带电火灾，减少对电器设备的损坏（高压细水雾达到迅速降温、隔离氧气、阻隔辐射热等特效，同时细水雾颗粒可吸附烟尘达到洗消的功效）。

10 音视频存储与后期非线编辑系统

视频会议的音视频图像资料是历史记载,是第一手的原始材料,供资料存档和后期制作,保存的手段和后期处理方法主要是硬盘、DVR 保存、计算机(服务器)保存、磁带保存、阵列保存、云存储等。专业的后期处理也叫非编(后期非线编辑),主要分为基于苹果系统和基于 PC 系统的两类处理方式,是为满足个性化需要而采取的手段。日常见到的视频一般都要经过后期剪辑,比如加上片头、片尾、字幕、特技等,后期处理完成后的产品才是最终成果。

10.1 常见视频格式介绍

AVI:Audio Video Interleaved 的简称,即音频视频交错格式。优点是图像质量好,可跨多个平台使用,缺点是体积过于庞大,且压缩标准不统一。一般原始文件均为此格式。

DV-AVI:Digital Video Format 的简称,是由索尼、松下、JVC 等多家厂商联合提出的一种家用数字视频格式。数码摄像机就是用这种格式记录视频数据的。它可通过 IEEE 1394(俗称火线,传输速度快,为 400Mb/s)端口传输视频数据到电脑,也可将计算机中编辑好的视频数据回录到数码摄像机中。视频格式一般是 *.avi,所以也叫 DV-AVI 格式。

MPEG:Moving Picture Expert Group 的简称,即运动图像专家组格式、平常家庭中常看的 VCD、SVCD、DVD 这种格式,是一种有损压缩。

MPEG-1:针对 1.5M 以下数据传输率的数字存储媒体运动图像及其伴音编码而设计的国际标准,也就是 VCD 格式。使用 MPEG-1 的压缩算法,可把一部 120min 长的电影压缩到 1.2GB 左右大小。视频格时报多 *.mpg、*.mlv、*.mpe、*.mpeg 及 VCD 光盘中的 *.dat 文件等。

MPGE-2:传输率更高。主要应用在 DVD/SVCD 的制作方面,在一些 HDTV(高清晰电视广播)和一些高要求视频编辑、处理上面也有比较多的应用。使用这种算法,可将 120min 长的电影压缩到 4~8GB 的大小。视频格式包括.mpg、.mpe、.mpeg、.m2v 及 DVD 光盘上的.vob 文件等。

MPEG-4:为了播放流式媒体的高质量视频而专门设计的。它最有吸引力的地方在于它能够保存接近于 DVD 画质的小体积视频文件。视频格时标多.asf、.mov、和 DivX AVI 等。

MOV:美国 Apple 公司开发的一种视频格式,默认播放其实苹果的 QuickTime Player。具有较高的压缩比率和较完美的视频清晰度等特点,其最大的特点是跨平台型,即不仅能支持 MacOS,同样也能支持 Windows 系列的操作系统。

10.2 硬盘采集

DVR 即 Digital Video Recorder 的简称（也叫 Personal video recorder，PVR），数字视频录像机或数字硬盘录像机，常称为硬盘录像机。它是一套进行图像存储处理的计算机系统，具有对图像/语音进行长时间录像、录音、远程监视和控制的功能。DVR 集合了录像机、画面分割器、云台镜头控制、报警控制、网络传输等五种功能，用一台设备就能代替模拟监控系统一大堆设备。

DVR 采用的是数字记录技术，在图像处理、图像储存、检索、备份以及网络传递、远程控制等方面也远远优于模拟监控设备，DVR 代表了电视监控系统的发展方向，在价格上也走入寻常人家，一般在 1500 元左右，是目前市面上主流电视监控系统的首选产品。

10.3 磁带采集

磁带是一种用于记录声音、图像、数字或其他信号的载有磁层的带状材料，是产量最大和用途最广的一种磁记录材料。通常是在塑料薄膜带基（支持体）上涂覆一层颗粒状磁性材料（如针状 $\gamma\text{-}Fe_2O_3$ 磁粉或金属磁粉）或蒸发沉积上一层磁性氧化物或合金薄膜而成。最早曾使用纸和赛璐珞等作带基，现在带基主要用的是强度高、稳定性好和不易变形的聚酯薄膜。

磁带按用途可大致分成录音带、录像带、计算机带和仪表磁带四种。

录音带 20 世纪 30 年代开始出现，是用量最大的一种磁带。1963 年，荷兰菲利浦公司研制成盒式录音带，由于具有轻便、耐用、互换性强等优点而得到迅速发展。1973 年，日本研制成功 Avilyn 包钴磁粉带。1978 年，美国生产出金属磁粉带。由日本日立玛克赛尔公司创造的 MCMT 技术（即特殊定向技术、超微粒子及其分散技术）制成了微型及数码盒式录音带，又使录音带达到一个新的水平，并使音频记录进入了数字化时代。中国在 20 世纪 60 年代初开始生产录音带，1975 年试制成盒式录音带，并已达较高水平。

录像带自从 1956 年美国安佩克斯公司制成录像机以来，录像带已从电视广播逐步进入科学技术、文化教育、电影和家庭娱乐等领域。除了用二氧化铬包钴磁粉以及金属磁粉制成录像带外，近年来日本还制成微型镀膜录像带，并开发了钡铁氧体型垂直磁化录像带。

计算机带作为数字信息的存储具有容量大、价格低的优点。主要大量用于计算机的外存储器。

仪表磁带也称仪器磁带或精密磁带。近代科学技术，常需要把人们无法接近的测量数据自动而连续地记录下来，即所谓遥控遥测技术。如原子弹爆炸和卫星空间探测都要求准确无误地同时记录上百、上千个数据。仪表磁带就是在上述需要下发展起来的，它是自动化和磁记录技术相结合的产物。对这种磁带的性能和制造都有着严格的要求。

10.4 视频采集卡

视频采集卡也叫视频卡，主要用于将模拟摄像机、录像机、LD 视盘机、电视机输出的视频信号等输出的视频数据或者视频音频的混合数据输入电脑，并转换成电脑可辨别的数字数据存储在电脑中，最终成为可编辑处理的视频数据文件。

视频卡按照其用途可以分为广播级视频采集卡、专业级视频采集卡、民用级视频采集卡。三者区别主要是采集的图像指标不尽不同。

广播级视频采集卡的最高采集分辨率一般为 768×576（均方根值）PAL 制，或 720×576（CCIR-601 值）PAL 制，每秒 25 帧，或 640×480/720×480NTSC 制，每秒 30 帧，最小压缩比一般在 4∶1 以内。这一类产品的特点是采集的图像分辨率高，视频信噪比高。缺点是视频文件庞大。每分钟数据量至少为 200MB。广播级模拟信号采集卡都带分量输入输出接口，用来连接 BetaCam 摄/录像机。此类设备是视频采集卡中最高档的，用于电视台制作节目。专业级视频采集卡的级别比广播级视频采集卡的性能稍微低一些。两者分辨率是相同的，但专业级视频采集卡的压缩比稍微大一些，其最小压缩比一般在 6∶1 以内。输入输出接口为 AV 复合端子与 S 端子。此类产品适用于广告公司、多媒体公司制作节目及多媒体软件。

民用级视频采集卡的动态分辨率一般最大为 384×288，PAL 制每秒 25 帧；或者 320×240，每秒 30 帧，NTSC 制。个别产品的静态捕捉分辨率为 768×576，输入端子为 AV 复合端子与 S 端子，绝大多数不具有视频输出功能。

另外，有一类视频捕捉卡是比较特殊的，这就是 VCD 制作卡，从用途上来说它应该算在专业级，而从图像指标上来说只能算作民用级产品。PAL 制分辨率为 352×288，每秒 25 帧，NTSC 制分辨率为 320×288，每秒 30 帧。采集的视频文件为 MPEG 文件，采用 MPEG1 压缩算法，因此文件尺寸较小，但视频指标低于 AVI 文件。

10.5 非线性编辑

非线性编辑是为了与传统的线性编辑相区别而产生的。在非线性编辑系统中，视音频素材存放在盘体表面同心圆状的磁道中，磁头在二维的极坐标环境中定位和读写。对于存储在盘上的任意位置的素材，磁盘与磁头二者的联动一般用几毫秒就可以找到，时间差别不明显，因而称为非线性编辑。通常把基于磁带的编辑系统称为"线性编辑系统"，而把基于磁盘的编辑系统称为非线性编辑系统。由于非线性编辑系统的信息存储位置与接受信息的顺序无关，盘上所存任何文件均可随时调用或修改，插入内容不需要重录，大大提高了编辑效率。更重要的是，非线性编辑可以处理文字、图形、图像、动画等多种形式的素材，丰富了影视制作的手段。

10.5.1 非编系统分类

（1）基于工作站平台的系统。该系统大多建立在 SGI 图形工作站基础上，一般图形、动画和特技功能较强，但软硬件支持不充分。

（2）基于苹果 MAC 平台的系统。该系统在非线性编辑发展的早期应用得比较广泛，未来的发展在一定程度上受到苹果硬件平台的制约，但是现在越来越受到用户青睐。

（3）基于 PC 平台的系统。这类系统以 Intel 及其兼容芯片为核心，型号丰富，性价比高，装机量大，发展速度也非常快，是当今的主导型系统。另外，这类非线性编辑系统正向网络化发展，大大提高了电视台内部的制作播出效率。

下面以基于 PC 平台的系统为例，简要介绍非线性编辑系统的硬件技术。

非线性编辑系统技术的重点在于处理图像和声音信息。这两种信息具有数据量大、实时性强等特点。实时的图像和声音处理需要有高速的处理器、宽带数据传输装置、大容量的内存和外存等一系列的硬件环境支持。普通的 PC 机难以满足上述要求，经压缩后的视频信号要实时地传送仍很困难，因此，提高运算速度和增加带宽需要采取另外措施。这些措施包括采用数字信号处理器 DSP、专门的视音频处理芯片及附加电路板，以增强数据处理能力和系统运算速度。在非线性编辑系统板卡上的硬件能直接进行视音频信号的采集、编解码、重放，甚至直接管理素材硬盘，计算机则提供 GUI（图形用户界面）、字幕、网络等功能。同时，计算机本身也在迅速发展，PC 机软硬件的发展已能使操作系统直接支持视音频操作。下面主要介绍非线性编辑系统的视音频子系统的硬件结构。

视音频处理子系统通常是以板卡的形式实现的，它有单信道、双信道和多信道形式。在非线性编辑中，通常应用的是双通道系统，其视音频子系统包括：外部视音频输入模块、压缩采集和解压缩重放模块、图文产生模块、二维数字特技模块、三维数字特技模块、多层叠加模块、预览输出及主输出模块。

视频信号输入后有一路进入数字混合器，另有一路活动背景信号在数字混合器中与其他存储在硬盘中的视频文件混合。需要压缩保存的视频信号进入压缩/解压缩通道，经压缩后变为标准的视频文件，存放在硬盘中。音频信号经 A/D 变换后存入硬盘。使用应用程序将视音频文件从硬盘中调出，另有两路视频信号通过解压缩进入视频混合器，由视频效果控制 DSP 运行，对进入混合器的视频信号进行二维、三维特技变换，在混合器中完成扫换、叠化、键控等效果。当重放时，由 32bit RGB & Alpha 图文帧存产生的图文在混合器中作实时混合处理，完成图像和图文字幕的叠加，音频信号经数字音频处理后输出。

视音频处理系统中的硬件之所以能够完成上述许多功能，主要在于各种硬件技术的应用。这些技术主要有视频压缩技术、数据存储技术、数字图像处理技术和图文字幕叠加技术等。

10.5.2 视频压缩技术

在非线性编辑系统中，数字视频信号的数据量非常庞大，必须对原始信号进行必要的压缩。常见的数字视频信号的压缩方法有 M-JPEG、MPEG 和 DV 等。

(1) M-JPEG 压缩格式。

目前非线性编辑系统绝大多数采用 M-JPEG 图像数据压缩标准。1992 年，ISO（国际标准化组织）颁布了 JPEG 标准。这种算法用于压缩单帧静止图像，在非线性编辑系统中得到了充分的应用。JPEG 压缩综合了 DCT 编码、游程编码、霍夫曼编码等算法，既可以做到无损压缩，也可以做到质量完好的有损压缩。完成 JPEG 算法的信号处理器在 20 世纪 90 年代发展很快，可以做到以实时的速度完成运动视频图像的压缩。这种处理法称为 Motion-JPEG（M-JPEG）。在录入素材时，M-JPEG 编码器对活动图像的每一帧进行实时帧内编码压缩，在编辑过程中可以随机获取和重放压缩视频的任一帧，很好地满足了精确到帧的后期编辑要求。

Motion-JPEG 虽然已大量应用于非线性编辑中，但 Motion-JPEG 与前期广泛应用的 DV 及其衍生格式（DVCPRO25、50 和 Digital-S 等），以及后期广泛应用的 MPEG-2 无法进行无缝连接。因此，在非线性编辑主要应用的还是 DV 体系和 MPEG 格式。

(2) DV 体系。

1993 年，包括索尼、松下、JVC 以及飞利浦等几十家公司组成的国际集团联合开发了具有较好质量、统一标准的家用数字录像机格式，称为 DV 格式。从 1996 年开始，各公司纷纷推出各自的产品。DV 格式的视频信号采用 4：2：0 取样、8bit 量化。对于 625/50 制式，一帧记录 576 行，每行的样点数：Y 为 720；CR、CB 各为 360，且隔行传输。视频采用帧内约 5：1 数据压缩，视频数据率约 25Mbs。DV 格式可记录 2 路（每路 48kHz 取样、16bit 量化）或 4 路（32kHz 取样、12bit 量化）无数据压缩的数字声音信号。

DVCPRO 格式是日本松下公司在家用 DV 格式基础上开发的一种专业数字录像机格式，用于标准清晰度电视广播制式的模式有两种，分别称为 DVCPRO 25 模式和 DVCPRO 50 模式（市场主流格式）。在 DVCPRO 25 模式中，视频信号采用 4：1：1 取样、8bit 量化，一帧记录 576 行，每行有效样点，Y 为 720，CR、CB 各为 180，数据压缩也为 5：1，视频数据率亦为 25Mbs。在 DVCPRO 50 模式中，视频信号采用 4：2：2 取样、8bit 量化，一帧记录 576 行，每行有效样点，Y 为 720，CR、CB 各为 360，采用帧内约 3：1 数据压缩，视频数据率约为 50Mbs。DVCPRO 25 模式可记录 2 路数字音频信号，DVCPRO 50 模式可记录 4 路数字音频信号，每路音频信号都为 48kHz 取样、16bit 量化。

DVCPRO 格式带盒小、磁鼓小、机芯小，这种格式的一体化摄录机体积小、重量轻，在国家级电视台以及地方电视台都得到广泛应用。因此，电视台非线性编辑网络用的是 DVCPRO 格式。

(3) MPEG 压缩格式。

MPEG 是 Motion Picture Expert Group（运动图像专家组）的简称。起初，MPEG 是视频压缩光盘（VCD、DVD）的压缩标准。MPEG-1 是 VCD 的压缩标准，MPEG-2 是 DVD 的压缩标准。现在，MPEG-2 系列已经发展成为 DVB（数字视频广播）和 HDTV（高清晰度电视）

的压缩标准。非编系统采用 MPEG-2 为压缩格式将给影视制作、播出带来极大方便。MPEG-2 压缩格式与 Motion-JPEG 最大的不同在于它不仅有每帧图像的帧内压缩（JPEG 方法），还增加了帧间压缩，因而能够获得比较高的压缩比。在 MPEG-2 中，有 I 帧（独立帧）、B 帧（双向预测帧）和 P 帧（前向预测帧）三种形式。其中 B 帧和 P 帧都要通过计算才能获得完整的数据，这给精确到帧的非线性编辑带来了一定的难度。现在，基于 MPEG-2 的非线性编辑技术已经成熟，对于网络化的非编系统来说，采用 MPEG2-IBP 作为高码率的压缩格式，将会极大减少网络带宽和存储容量，对于需要高质量后期合成的片段可采用 MPEG2-I 格式。MPEG2-IBP 与 MPEG2-I 帧混编在技术上也已成熟。

(4) 数据存储技术。

由于非线性编辑要实时地完成视音频数据处理，系统的数据存储容量和传输速率也非常重要。通常单机的非编系统需应用大容量硬盘、SCSI 接口技术，对于网络化的编辑，其在线存储系统还需使用 RAID 硬盘管理技术，以提高系统的数据传输速率。

① 大容量硬盘。

硬盘的容量大小决定了它能记录多长时间的视音频节目和其他多媒体信息。以广播级 PAL 制电视信号为例，压缩前，1s 视音频信号的总数据量约为 32MB，进行 3∶1 压缩后，1min 视音频信号的数据量约为 600MB，1h 视音频节目需要约 36GB 的硬盘容量。近年来硬盘技术发展很快，一个普通家用电脑的硬盘就可以达到 1000GB，通常专业使用的硬盘容量在 2000GB 以上，因此，现有的硬盘容量完全能够满足非线性编辑的需要。

② SCSI 接口技术。

数据传输率也称为"读写速率"或"传输速率"，一般以 MB/s 表示。它代表在单位时间内存储设备所能读写的数据量。在非线性编辑系统中，硬盘的数据传输率是最薄弱的环节。普通硬盘的转速还不能满足实时传输视音频节目的需要。为了提高数据传输率，计算机使用了 SCSI 接口技术。SCSI 是 Small Computer System Interface（小型计算机系统接口）的简称。目前 SCSI 总线支持 32bit 的数据传输，并具有多线程 I/O 功能，可以从多个 SCSI 设备中同时存取数据。这种方式加快了计算机的数据传输速率，如果使用两个硬盘驱动器并行读取数据，则所需文件的传输时间是原来的 1/2。目前 8 位的 SCSI 最大数据传输率为 20Mb/s，16 位的超级宽 SCSI（Ultra Wide SCSI）为 40Mb/s，最快的 SCSI 接口 Ultra 320 最大数据传输率能达到 320Mb/s。SCSI 接口加上与其相配合的高速硬盘，能满足非线性编辑系统的需要。对非线性编辑系统来说，硬盘是目前最理想的存储媒介，尤其是 SCSI 硬盘，其传输速率、存储容量和访问时间都优于 IDE 接口硬盘。SCSI 的扩充能力也比 IDE 接口强。增强型 IDE 接口最多可驱动 4 个硬盘，SCSI-Ⅰ规范支持 7 个外部设备，而 SCSI-Ⅱ一般可连接 15 个设备，Ultra 2 以上的 SCSI 可连接 31 个设备。

③ RAID 管理技术。

网络化的编辑对非编系统的数据传输速率提出了更高的要求。处于网络中心的在线存储系统通常由许多硬盘组成硬盘阵列。系统若要同时传送几十路甚至上百路视音频数据时就需要应用 RAID 管理电路。该电路把每一个字节中的位分配给几个硬盘同时读写，提高了速度，整体上等效于一个高速硬盘。这种 RAID 管理方式不占用计算机的 CPU 资源，也与计算机的操作系统无关，传输速率可以做到 100Mb/s 以上，并且安全性能较高。

1987 年，美国加州大学伯克利分校的发表了名为"磁盘阵列研究"的论文，正式提到了 RAID 也就是磁盘阵列，论文提出廉价的 5.25in 及 3.5in 的硬盘也能如大机器上的 8in 盘能提供大容量、高性能和数据的一致性，并详述了 RAID1 至 RAID5 的技术。

磁盘阵列针对不同的应用使用的技术不同，称为 RAID level，RAID 是 Red-undant Array of Inexpensive Disks 的缩写，而每一 level 代表一种技术，目前业界公认的标准是 RAID 0～RAID 5。这个 level 并不代表技术的高低，也就是说，level 5 并不高于 level 3，level 1 也不低于 level 4，至于要选择哪一种 RAID level 的产品，纯视用户的操作环境（operating environment）及应用（application）而定，与 level 的高低没有必然的关系。RAID 0 没有安全的保障，但其快速，所以适合高速 I/O 的系统；RAID1 适用于需安全性又要兼顾速度的系统，RAID 2 及 RAID 3 适用于大型电脑及影像、CAD/CAM 等处理；RAID 5 多用于 OLTP，因有金融机构及大型数据处理中心的迫切需要，故使用较多而影响较大，因此形成很多人对磁盘阵列的误解，以为磁盘阵列非要 RAID 5 不可；RAID 4 较少使用，它和 RAID 5 有其共同之处，但 RAID 4 适合大量数据的存取。

RAID1 是使用磁盘镜像（disk muroring）的技术，磁盘镜像应用在 RAID1 之前就在很多系统中使用，它的方式是在工作磁盘（working disk）之外再加一额外的备份磁盘（backup disk），两个磁盘所储存的数据安全一致，数据在写入工作磁盘同时也写入备份磁盘。

RAID2 是把数据分散为位元/位元组（bit/byte）或块（block），加入海明码 Hamming Code，在磁盘阵列中作间隔写入（interleaving）到每个磁盘中，而且地址（address）都一样，也就是在各个磁盘中，其数据都在相同的磁道（cylinder or track）及扇区中。RAID2 又称为并行阵列（parallel array）其设计是使用共轴同步（spindle synchronize）的技术，存取数据时，整个磁盘阵列一起动作，在各个磁盘的相同位置做平行存取，共总线（bus）是特别的设计以大带宽并行传输所存取的数据，所以有最好的传输时间（transfer time）。在大型档案的存取应用，RAID2 有最好的性能，但如果档案太小，会将其性能拉下来，因为磁盘的存取是以扇区为单位，而 RAID2 的存取是所有磁盘平行动作，而且是作单位元或位元组的存取，故小于一个扇区的数据量会使其性能大打折扣。RAID2 是设计给需要连续且大量数据的电脑使用的，如大型电脑（mainframe to supercomputer）、做影像处理或 CAD/CAM 的工作站（workstation）等，并不适用于一般的多用户环境/网络服务器（network server）、小型机或 PC。

RAID3 的数据储存及存取方式和 RAID2 一样，但在安全方面以奇偶校验（parity check）取代海明码做错误校正及检测，所以只需要一个额外的校检磁盘（parity disk）。奇偶校验值的计算是以各个磁盘的相对应位做 XOR 的逻辑运算，然后将结果写入奇偶校验磁盘，任何数据的修改都要做奇偶校验计算。

RAID4 也使用一个校验磁盘，但和 RAID3 不一样，RAID4 的方式是 RAID0 加上一个校验磁盘。

RAID5 和 RAID4 相似但避免了 RAID4 的瓶颈，方法是不用校验磁盘而将校验数据以循环的方式放在每一个磁盘中，RAID5 的控制比较复杂，尤其是利用硬件对磁盘阵列的控制，因为这种方式的应用比其他的 RAID level 要掌握更多的事情，有更多的输出、输入需求，既要速度快，又要处理数据、计算校验值、做错误校正等，所以价格较高，其应用最好是 OLTP。

RAID 的性能与可用性如下：

RAID0 没有任何额外的磁盘或空间做安全准备，因此普通人不重视它，这是误解。其实它有最好的效率及空间利用率，对于追求效率的应用非常理想，可同时用其他的 RAID level 或其他的备份方式以补其不足，保护重要的数据。

RAID1 有最佳的安全性，100％不停机，即使有一个磁盘损坏也能照常作业而不影响其效能（对并行存取的系统稍有影响），因为数据是做重复储存。RAID1 的并行读取几乎有 RAID0 的性能，因为可同时读取相互镜像的磁盘；写入也只比 RAID0 略逊，因为同时写入两个磁盘并没有增加多少工作。虽比 RAID1 要增加一倍的磁盘作镜像，但作为采用磁盘阵列的进入点，它是最便宜的一个方案，是新设磁盘阵列用户的最佳选择。

RAID5 在不停机及容错等方面的表现都很好，但如有磁盘故障，对性能的影响较大，大容量的快取内存有助于维持性能，但在 OLTP 的应用上，因为每一笔数据或记录（record）都很小，对磁盘的存取频繁，故有一定程度的影响。某一磁盘故障时，读取该磁盘的数据需把共用同一校验值分段的所有数据及校验值读出来，再把故障磁盘的数据计算出来；写入时，除了要重复读取的程序外，还要再做校验值的计算，然后写入更新的数据及校验值；等换上新的磁盘，系统要计算整个磁盘阵列的数据以恢复故障磁盘的数据，时间要很长，如系统的工作负载很重的话，有很多输出、输入的需求在排队等候时，会把系统的性能拉下来。但如使用硬件磁盘阵列的话，其性能就可以得到大幅度的改进，因为硬件磁盘阵列如 Arena 系列本身有内置的 CPU 与主机系统并行运作，所有存取磁盘的输出、输入工作都在磁盘阵列本身完成，不花费主机的时间，配合磁盘阵列的快取内存的使用，可以提高系统的整体性能，而优越的 SCSI 控制更能增加数据的传输速率，即使在磁盘故障的情况下，主机系统的性能也不会有明显的降低。RAID5 要做的事情太多，所以价格较贵，不适于小系统，但如果是大系统使用大的磁盘阵列的话，RAID5 则是最便宜的方案。

总而言之，RAID0 及 RAID1 最适合 PC 服务器及图形工作站的用户，提供最佳的性能及最便宜的价格，以低成本符合市场的需求。RAID2 及 RAID3 适用于大档案且输入、输出需求不频繁的应用如影像处理及 CAD/CAM 等；而 RAID5 则适用于银行、金融、股市、数据库等大型数据处理中心的 OLTP 应用；RAID4 与 RAID5 有相同的特性及使用方式，但其较适用于大型文件的读取。

磁盘阵列的额外容错功能：

事实上容错功能已成为磁盘阵列最受青睐的特性，为了加强容错的功能以及使系统在磁盘故障的情况下能迅速地重建数据，一般的磁盘阵列系统都可使用热备份（hot spare or hot standby drive）的功能。所谓热备份是在建立（configure）磁盘阵列系统的时候，将其中一磁盘指定为后备磁盘，此磁盘在平常并不操作，但若阵列中某一磁盘发生故障时，磁盘阵列即以后备磁盘取代故障磁盘，并自动将故障磁盘的数据重建（rebuild）在后备磁盘之上，因为反应快速，加上快取内存减少了磁盘的存取，所以数据重建很快即可完成，对系统的性能影响不大。对于要求不停机的大型数据处理中心或控制中心而言，热备份更是一项重要的功能，因为可避免晚间或无人守护时发生磁盘故障所引起的后果。

备份盘又有热备份与温备份之分，热备份盘和温备份盘的不同在于热备份盘和阵列一起运转，一有故障时马上备援，而温备份盘虽然带电但并不运转，需要备援时才启动。两者差别在是否运转及启动的时间，温备份盘因不运转，理论上有较长的寿命。另一个额外的容错功能是坏扇区转移（bad sector reassignment）。坏扇区是磁盘故障的主要原因，通常磁盘在读写时发生坏扇区的情况即表示此磁盘故障，不能再做读写工作，甚至有很多系统会因为不能完成读写的动作而死机，但若因为某一扇区的损坏而使工作不能完成或要更换磁盘，则使得系统性能大打折扣，而系统的维护成本也未免太高了。坏扇区转移是当磁盘阵列系统发现磁盘有坏扇区时，以另一空白且无故障的扇区取代该扇区，以延长磁盘的使用寿命，减少坏磁盘的发生率以及系统的维护成本。所以坏扇区转移功能使磁盘阵列具有更好的容错性，同时使整个系统有最好的成本效益比。其他如可外接电池备援磁盘阵列的快取内存，以避免突然断电时数据尚未写回磁盘而丢失。

10.5.3 数字图像处理技术

在非线性编辑系统中，可以制作丰富多彩的数字视频特技（Digital Video Effects，DVE）效果。数字视频特技有硬件和软件两种实现方式。软件方式以帧或场为单位，经计算机的中央处理器（CPU）运算获得结果。这种方式实现的特技种类较多，成本低，但速度受CPU运算限制。硬件方式制作数字特技采用专门的运算芯片，每种特技都有大量的参数可以设定和调整。在质量要求较高的非线性编辑系统中，数字特技是由硬件或软件协助硬件完成的，能实现部分特技的实时生成。

电视节目镜头的组接主要有混合、扫换（划像）、键控、切换等4大类。多层数字图像的合成实际上是图像代数运算的一种。它在非线性编辑系统中的应用有两大类，即全画面合成与区域选择合成。在电视节目后期制作中，前者称为"叠化"，后者在视频特技中用于"扫换"和"抠像"。多层画面合成中的层是随着新型数字切换台的出现而引入的。视频信号经数字化后在帧存储器中进行处理才能使层得到实现。所谓的层实际上就是帧存，所有的处理包括划像、色键、亮键、多层淡化叠显等数字处理都是在帧存中进行的。数字视频混合器是非线性编辑系统中多层画面叠显的核心装置，主要提供叠化、淡入淡出、扫换和键控合成等功能。

随着通用和专用处理器速度的提高，图像处理技术和特技算法的改进，以及多媒体扩展（Multimedia Extensions，MMX）技术的应用，许多软件特技可以做到实时或准实时。随着先进的 DSP 技术和硬件图像处理技术所设计的特技加速卡的出现，软件特技处理时间加快了 8～20 倍。软件数字特技由于特级效果丰富、灵活、可扩展性强，更能发挥制作人员的创意，因此，在图像处理中的应用越来越多。

10.5.4 图文字幕叠加技术

观看电影电视节目和视频时，字幕都是不可缺少的一部分。在传统的电视节目制作中，字幕总是叠加在图像的最上一层。字幕机是串接在系统最后一级之上的。在非线性编辑系统中，插入字幕有硬件和软件两种方式。软件字幕是利用作图软件的原理把字幕作为图形键处理，生成带 Alpha 键的位图文件，将其调入编辑轨对某一层图像进行抠像贴图，完成字幕功能。

硬件字幕的硬件结构通常由一个图形加速器和一个图文帧存组成。图形加速器主要用于对单个像素、专用像素和像素组等图形部件的管理，它具有绘制线段、圆弧和显示模块等高层次图形功能，因而明显减轻了由于大量的图形管理给 CPU 带来的压力。图形加速器的效率和功能直接影响图文字幕的速度和效果。叠加字幕的过程是将汉字从硬盘的字库中调出到计算机内存中，以线性地址写入图文帧存，经属性描述后输出到视频混合器的下游键中，将视频图像合成后输出，完成电视图文字幕叠加。

10.6 后期制作

录制结束一段原始视频音频文件的时候，它往往存在瑕疵，比如图像不清晰，或有无关画面出现，或者有的音频声音忽大忽小等，如果这样交给用户，肯定评价不高，这就需要对它进行后期处理，比如重新调整画面明暗，增加片头、片尾，对部分片段进行剪辑等。以下简单介绍几款常用的软件产品。

10.6.1 音频处理软件

Adobe Audition（前 Cool Edit Pro）是美国 Adobe Systems 公司（前 Syntrillium Software Corporation）开发的一款功能强大、效果出色的多轨录音和音频处理软件。它是一个非常出色的数字音乐编辑器和 MP3 制作软件。

不少人把 Cool Edit 形容为音频"绘画"程序。可以用声音来"绘"制：音调、歌曲的一部分、声音、弦乐、颤音、噪声或是调整静音。而且它还提供有多种特效为作品增色：放大、降低噪声、压缩、扩展、回声、失真、延迟等，提供效果器的作用。可以同时处理多个文件，轻松地在几个文件中进行剪切、粘贴、合并、重叠声音操作。使用它可以生成的声音有：噪声、低音、静音、电话信号等。该软件还包含有 CD 播放器。其他功能包括：

支持可选的插件；崩溃恢复；支持多文件；自动静音检测和删除；自动节拍查找；录制等。另外，它还可以在 AIF、AU、MP3、Raw PCM、SAM、VOC、VOX、WAV 等文件格式之间进行转换，并且能够保存为 RealAudio 格式。

如果觉得这些格式都不能满足需求的话，可以将 Cool Edit（简称 CE）和格式工厂配合使用，可以保证格式的问题得到解决。

另外，CE 同时具有极其丰富的音频处理效果，完美支持 Dx 插件。2.0 版还有以下特性：

①128 轨；

②增强的音频编辑能力；

③超过 40 种音频效果器，mastering 和音频分析工具，以及音频降噪、修复工具；

④音乐 CD 烧录；

⑤实时效果器和图形均衡器（EQ）；

⑥32-bit 处理精度；

⑦支持 24bit/192kHz 以及更高的精度；

⑧loop 编辑、混音；

⑨支持 SMPTE/MTC Master，支持 MIDI 回放，支持视频文件的回放和混缩。

10.6.2　PROMIERE 软件

Premiere 是 Adobe 公司的推出的非常优秀的视频编辑软件，能对视频、声音、动画、图片、文本进行编辑加工，并最终生成电影文件。它是一种基于非线性编辑设备的视音频编辑软件，可以在各种平台下和硬件配合使用，广泛应用于电视台、广告制作、电影剪辑等领域，成为 PC 和 MAC 平台上应用最为广泛的视频编辑软件。它是一款相当专业的 DV（Desktop Video）编辑软件，专业人员结合专业的系统的配合可以制作出广播级的视频作品。在普通的微机上，配以比较廉价的压缩卡或输出卡也可制作出专业级的视频作品和 MPEG 压缩影视作品。

以 Premiere 6.0 为例的图形界面如下：

主要的窗口包括项目（Project）窗口、监视（Monitor）窗口、时间轴（Timeline）、过渡（Transitions）窗口、效果（Effect）窗口等，可以根据需要调整窗口的位置或关闭窗口，也可通过 Window 菜单打开更多的窗口。Premiere6.0 是一个功能强大的视频编辑软件，可以对字幕、音频、视频进行专业的操作，有许多技巧，通过举一反三的练习，再加上丰富的想象力，就能创造出精彩的效果。值得大家学习，这里郑重向读者推荐。

Premiere6.0 主界面如图 10.1 所示。

图 10.1　Premiere 6.0 主界面

10.6.3　会声会影软件介绍

会场会影是加拿大 Corel 公司制作的一款功能强大的视频编辑软件，具有图像抓取和编修功能，可以抓取，转换 MV、DW、V8、TV 和实时记录抓取画面文件，并提代超过 100 多种的编制功能与效果，可导出多种常见的视频格式，可以直接制作成 DVD 和 VCD 光盘。这是一套操作简单的 DV、HDV 影片剪辑软件，具有成批转换功能与捕获格式完整的特点。按照制作向导模式，三个步骤就可快速做出 DV 影片，即使是入门新手也可以在短时间内体验影片剪辑乐趣；按照会声会影编辑模式，从捕获、剪接、转场、特效、覆叠、字幕、配乐，到刻录，全方位剪辑出好莱坞级的家庭电影。其成批转换功能与捕获格式完整支持，让剪辑影片更快、更有效率；画面特写镜头与对象创意覆叠，可随意做出新奇百变的创意效果；配乐大师与杜比 AC3 支持，让影片配乐更精准、更立体；同时酷炫的 128 组影片转场、37 组视频滤镜、76 种标题动画等丰富效果，让影片精彩有趣。

随着数码时代的不断进步，越来越多的家庭拥有数码相机、数码摄像机等娱乐设备。一位新手从前可能因为复杂的视频编辑软件望而却步，但只要用上会声会影，即便新手也可以在一天之内完成全掌握它，就可以随心所欲地编辑自己的作品，但是其专业性、技巧性和专业软件 PRIMIERE 无法相比，下面进行简单介绍。

会声会影 X5 于 2012 年 3 月正式推出；2013 年 3 月，在澳大利亚的官网上发布了会声会影 X6 旗舰版；2014 年 11 月，Corel 官方发布了会声会影 X7 简体中文版；2015 年 12 月

26 日，Corel 官方发布了会声会影 X8 简体中文版；2016 年 4 月 13 日，Corel 官方发布了会声会影 X9 简体中文版。以会声会影 X8 操作为例，其首页界面如图 10.2 所示。

图 10.2　会声会影 X8 的主界面

第一步：新建文件。

首先是开始一个新项目（打开会声会影时默认已新建了一个项目），点击文件/新建项目。如图 10.3 所示。

图 10.3　会声会影的新建文件

第二步：捕获影像。

新建文件之后，可以从数码相机或数码摄像机捕获影像到电脑，如果已正确安装了视频卡，则功能列会显示出"捕获"菜单项，否则便是灰色不可用。如图 10.4 所示。打开连接上电脑的摄像机，这时会看到预览窗口上会同步出摄像机的内容，且选项面板变成关于捕获的内容选项。只要点击带红点的录像机图标就开始捕获了，要停止时再按一下开始捕获图标或按 ESC 键就可以。捕获过程中，预览窗口会与摄像机的影像同步，对捕获的进度一目了然。捕获完毕，按预览窗口下的播放按钮就可看到效果。可以把长长的一段录像分开几段进行捕获，会声会影会自动把它们存成不同的视讯文件。如果选上了"捕获至图库"选项，就会在图库中看到多了几个文件的图标，否则就可以看到新捕获的文件出现在时间轴窗口的视讯轨中。

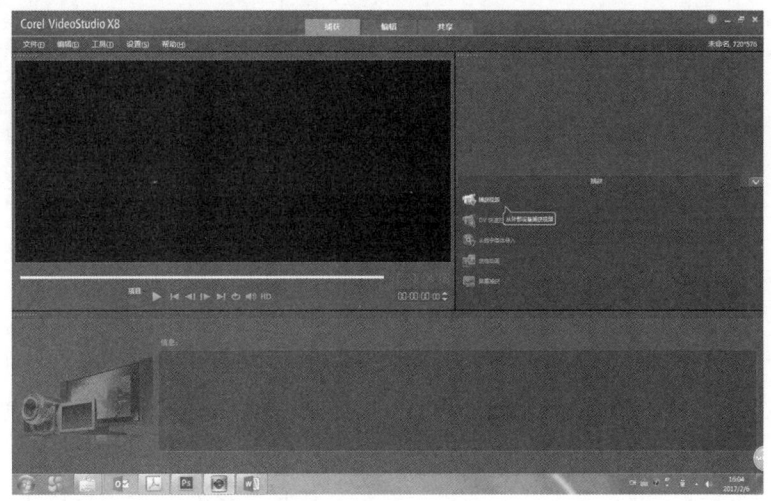

图 10.4　视频文件导入

第三步：视频编辑。

视频的编辑在会声会影中十分简单，如果要引入已有的视频、音频文件，只需选中图库中的下拉菜单，再点击下拉菜单右边的载入小按钮。会声会影支持 AVI、FLC、MPG、SWF 等视频文件格式，在导入前还可以先预览，它支持的图片格式有 BMP、PNG、JPG 等 20 多种。选中某个视频文件，点击播放按钮就可以在预览窗口中实现预览，此时选项面板中的选项依次为视频持续的时间、开始点、结束点、音量、输出选项等。比如要把某段视频的开头一段截去，则可在"标记开始时间"栏中手工输入开始时间，也可在修剪列中拖动控制点；如果想把剪去一段后的视频另存为一个文件的话，请点击选项面板下并列三个按钮的中间一个，当鼠标移上去时，会声会影会提示这个按钮的作用是"将选取区存成新的视讯档"。

第一个按钮的作用是把当前帧存为一个图片文件，点一下它，在当前项目文件的目录下就会多出一个 BMP 文件。点击第三个按钮可以看到关于当前视频文件的信息，如文件名、文件大小等。此时如果想把两个视频文件合成一段，则先把时间轴窗口切换成脚本模式，（点击时间轴窗口左上的小按钮）然后分别拖动他们到脚本栏中。如图 10.5 所示，已经把两个视频文件和一个图像文件拖到了脚本栏中。切换到时间栏模式，可以看到两段视频按先后顺序排列在时间栏中，而实际上是按时间栏中所示的时间来先后播放的。

图 10.5　会声会影编辑界面

第四步：特效处理。

两段视频只是单纯地按先后顺序播放感觉太单调，可以在两段视频之间加上特效的效果。点击特效菜单，再到预览窗口右边的下拉菜单中任选一种效果，马上就可以看到几种特效的预览效果，选一种，然后把它拖到脚本栏两个文件之间。如图 10.6 所示。在选项面板中修改特效的参数，可以改变特效的出现效果，如百叶窗效果，则可以选择从上到下扫描抑或是从左到右，还可以决定特效持续的时间；如选择了开门效果，可以修改门边框的厚度和颜色，决定门的边缘是硬化效果还是柔化效果，以及开门的方向等。如果修改了参数以后忘记了点那个钩状的套用改变按钮，会声会影还会适时地提醒你，是否应用刚才所做的改变。可以多试试，直至找到自己满意的特效效果。

图 10.6　添加转场效果

第五步：制作片尾或标题。

点击标题菜单，然后点击 T 字状的按钮，则可在预览窗口中输入文字，如图 10.7 所示。可以更改字体、大小、颜色、对齐方式等，这些操作跟 Word 的几乎一样，在"动作样式"项中设置这段文字的动画效果，如淡入、淡出、移动等。加入了标题后，在时间轴窗口中可以看到标题轨加入了一段内容，拖动该内容两边黄色的控制点可改变标题持续的时间，移动它来改变标题出现的时间。如图 10.8 所示。

图 10.7　标题制作

图 10.8　标题持续时间控制

第六步：录制旁白。

既然是影视成品，当然少不了加上旁白。其实语音菜单实现的就是录音机功能，将麦克风连上电脑，点击小圆点的按钮后开始录音，要停止录音只需再点一次小圆点按钮或按 ESC 键。录完以后在语音轨中多了一个以 WAV 为拓展名的文件，这就是刚才录制的声音文件，它存放在当前文件的目录下。其实要知道它存放的路径，有一个简单办法，先在语音轨中选中该 WAV 文件，然后点选项面板下素材性质按钮，可以看到这个文件存放的路径。VIDEOSTUDIO 还可以自由选择是否采用淡入或是淡出效果。改变旁白的持续时间和出现时间，与改变标题的相应操作一样。

想听听录制的效果，只需要选中该文件点播放按钮就可以。如果觉得录制的效果不够好，将把语音轨上的文件拖到垃圾桶即可。当然也可以先用其他录音软件，如 WINDOWS 的录音机先录好音，然后选中语音轨，把音频文件插入到语音轨中。VIDEOSTUDIO 除了支持 WAV 文件格式外，还支持 MP3 格式。

第七步：添加背景音乐。

选中音乐轨，点击插入媒体档案，加入音频文件即可。另外，会声会影软件还提供了从 CD 中录制音乐的功能。有两种办法可以实现录制：方法一，选定曲目，手工输入音乐长度、开始时间和结束时间，然后点录制。这样的录制开始点和结束点会控制得比较准确，但是需要先确定时间值。方法二，选中曲目，点播放，当放到想要录制的一段时，点录制就可以。停止录制和语音录制的方法一样，按 ESC 键。录制生成的文件会自动放在音乐轨中。

第八步：终结。

点击制作影片，选定 AVI、MPG、RM 等格式的一种，即完成制作。

会声会影还有几种特别的输出选项，如选网页，就会自动生成一个含本视频文件的网页文件，如选电子邮件，则会自动打开系统中的邮件程序来发送邮件，该视频会作为邮件附件发出。值得推广的有贺卡选项，因为用它可以生成 EXE 可执行文件，对方无须另外装有特殊的软件，便可看到发去的视频。选中"贺卡"，再点击"汇出"按钮，弹出窗口。大窗口便是将要生成的 EXE 文件的预览，拖动电影框可以改变显示电影的大小，选中"视讯宽高等比例"项，否则不按比例改变大小会导致变形。拖动电影框可以改变它的位置，这些操作也可以通过在宽度、高度、X 项、Y 项中手工输入具体的数值来完成，如果不喜欢会声会影自带背景的话，可以在背景范本文档名称中按浏览选中自己的背景，选一张喜欢的 BMP 或 JPG 图片为背景。注意在生成 EXE 文件之前，先试看一看效果如何，点击大窗口下的倒三角形播放按钮，再看看文件大小，如果可以接受，就在贺卡档名中输入文件名，此时大功告成。

10.6.4 DVD 转换 MP4/MP3/WINDVD

（1）DVD 转换器概念。

DVD 转换器是国内的通俗叫法，即国外所说的 DVD ripper，rip 的英文原意为撕裂、扯裂，而 DVD rip，是指提取 DVD 的视频流、音频流、字幕等的过程，DVD ripper，即是进行这一过程的工具。DVD 转换器是指以 DVD 光盘作为片源，对其重新编码的视频转换软件。最早的 DVD ripper，主要是将 DVD 光盘的视频流、音频流提取出来，通过 Divx/

Xvid 压缩器压成 AVI 文件，这种由 DVD 光盘而成的 AVI 也称为 DVD rip，它最大程度上保留了 DVD 的画质，并有效地减小了体积，虽然这样提取的 AVI 会失去 DVD 菜单，但还是受到了网络用户的欢迎。随着视频格式的不断发展，目前的 DVD 转换器基本都是支持导出各种网络和移动设备流行的格式，譬如网络的 flv，手机的 3gp、mp4 等，以使 DVD 视频资源更有效地在网络和移动硬件流传。

(2) DVD 转换器的意义。

由于 DVD 采用 mpeg2 视频编码和 ac3 或 dts 音频编码，其载体是 DVD 光盘，且由于 DVD 格式压缩率相当低，一张普通的光盘即达到了 4.7G，在当前的网络条件下，这样大体积的 DVD 文件将占有服务器的硬盘和大量带宽，因此在网络流行时代，这样的 DVD 文件显然是不利于网络传输的。DVD 转换器则有效地解决了 DVD 视频资源在网络传播的难题，通过 DVD 转换器，可将 DVD 光盘通过 Divx、Xvid，甚至 H264 这样先进的编码方式将 DVD 光盘几吉（G）的视频资源，控制在几百兆，同时在视频的画质和音质上也没有太大的损失。因此，DVD 转换器其实是网络时代的产物，是促进 DVD 视频资源在网络流传的有效工具。

(3) DVD 转换器特点。

①支持提取 DVD 音视频流；

②最基本的导出格式是 Xvid 或 Divx 的 AVI；

③能够将几吉（G）的 DVD 视频资源压缩在几百兆（M）以内；

④高级 DVD 转换器支持提取字幕、音轨。

10.6.5 主流影视特效合成软件

目前市场上有多种数字合成软件，大致可分为面向流程的合成软件和面向层的合成软件。面向流程的合成软件把合成画面所需要的一个个步骤作为单元，每一个步骤都接受一个或几个输入画面，对这些画面进行处理，并产生一个输出画面。通过把若干个步骤连接起来，形成一个流程，从而使原始素材经过种种处理，最终得到合成结果，如 Millusion、Shake、Digital Fusion、Chalice 等软件都属于这类。面向层的软件把合成软件划分为若干层次，每个层次一般对应一段原始素材。通过对每一层进行操作，如增加滤镜、抠像、调整等。使每一层画面满足合成的需要，最后把所有层次按一定的顺序叠合起来，就可以得到最终的合成画面。如 DISCREET LOGIC 公司著名的 RNO/FLAME/FLINT/EFFECT 系列软件、AFTEREFFECT、SOFTIMAGE DS、HENRY 就属于此类。对于基于流程的和基于层的合成软件来说，前者更擅长制作精细的特技镜头，后者则具有较高的制作效益，可谓各有所长。前者由于流程的设计不受层的局限，因此可以设计出任意复杂的流程，有利于对画面进行非常精细的调整，比较适合于电影类的合成效果，后者则比较直观，易于上手，制作速度快。

（1）Inferon/Flame/Flint。

Inferon/Flame/Flint 是由加拿大的 Discreetl Logic 开发的系列合成软件。该公司一向是数字合成软件业的佼佼者，其主打产品就是运行在 SGI 平台上的 Inferon/Flame/Flint 软件系列，这三种软件分别是这个系列的高、中、低档产品。

Inferno 运行在多 CPU 的超级图形工作站 ONYX 上，一直是高档电影特技制作的主要工具；Flame 运行在高档图形工作站 OCTANE 上，既可以制作 35cm 电影特技，也可以满足从高清晰度电视（HDTV）到普通视频等多种节目的制作需求；Flint 可以运行在 OCTANE、O2、Impact 等多个型号的工作站上，主要用于电视节目的制作。尽管这三种软件的规模、支持硬件和处理能力有很大区别，但功能相当类似，都有非常强大的合成功能、完善的绘图功能和一定的非线性编辑功能。在合成能力方面，以 Action 功能为核心，提供一种面向层的合成方式，用户可以在真正的三维空间操纵各层画面。从 Action 模块，可以调用校色、抠像、跟踪、稳定、变形等大量合成特效，最新版本是 Inferno3.0、Flame6.0、Flint6.0。

（2）Edit/Effect/Paint。

Edit/Effect/Paint 是 Discreetl Logic 公司在 PC 平台上推出的系列软件，其中 Edit 是专业的非线性编辑软件，配合 Digi Suite 或 Targa 系列的高档视频采集卡，是仅次于 Avid Media Composer 的优秀非线性编辑软件。Effect 则是基于层的合成软件，它有点类似于 Inferon/Flame/Flint 的 Action 模块，用户可以为各层画面设置运动，进行校色、抠像、跟踪等操作，也可以设置灯光。Effect 的一大优点在于可以直接利用为 Adobe After effect 涉及的各类滤镜，大大地补充了 Effect 的功能。由于 Autodesk 成为 Discreetl Logic 的母公司，Effect 特别强调与 3DS MAX 的协作，这点对许多以 3DS MAX 为主要三维软件的小型制作机构和爱好者而言特别具有吸引力。Paint 是一个绘图软件，相当于 Inferon/Flame/Flint 软件的绘图模块。利用这个软件，用户可以对活动画面方便地进行修饰。它基于矢量的特性可以很方便地对画笔设置动画，满足活动动画的绘制需求。这个软件小巧精干，功能强大，是 PC 平台上的优秀软件，也是其他合成软件必备的补充工具。Discreetl Logic 公司通过让这几个软件相互配合，比如从 Effect 和 Paint，对镜头进行绘制和合成，大大提高了工作效率，这也使此软件成为 PC 平台上最具竞争力的后期制作解决方案之一。

（3）5D Cyborg。

目前在国内的影视制作领域里，已经有人在使用一种高级特效后期制作合成软件——5D Cyborg，它有先进的工作流程、界面操作模式及高速运算能力；能对不同的解析度、位深度及帧速率的影像进行合成编辑，甚至 2K 解析度的影像也能进行实时播放。5D Cyborg 可应用于电影、标准清晰度影像（SD）及高清晰度（HD）影像的合成制作，能大大提高后期制作的工作效率。它不仅有基本的色彩修正、抠像、追踪、彩笔、时间线、变形等功能，还有超过 200 种的特技效果。

5D Cyborg 的特效环境会协助创作师创建完美的特效。Cyborg 中包括了很多特效工具可以应用在场景和目标物体的合成过程中。对于任何单一形态的 3D 物体，都可以任意将它分割数次。通过输入 3D 物质的质地数据和合纵坐标的方式达到最后的合成。在交互式的 3D 合成环境中，可以随意更换贴图、进行 3D 变形，达到令人满意的效果。为了在合成器中更快更灵活地创作字幕，Cyborg 不仅包括 3D 字体，还包括新的 2D 字体模式。新的工具是具有编辑能力的文字处理程序，它能保证无论操作到哪一步，都能将文字作为原始素材进行处理，达到任何想得到的制作效果。时间线上的基本编辑功能与工作流程也达到了完美的结合。对于每个合成工作环境，Cyborg 是输出/输入工作站的中心。

5D Cyborg 加上完整的 EDL 功能和更多更有效的合成特效，可能成为影视特效编辑的主导系统。5D Cyborg 的功能非常多，下面是它的几种特殊功能：

①Video and Audio I/O（视频音频输入/输出）；
②支持非压缩的 SD 和 HD；
③用笔进行音频或视频操作；
④采用集成化的插入模式进行输出；
⑤8-bit 和 10-bit 输入输出；
⑥支持 Sony RS-422 和 RS-232 的机器控制；
⑦高达四条通道的 16-bit 数字（AES/EBU）音频的输入和输出；
⑧用 EDL 码进行采集视频音频；
⑨时间追踪（Time Tracker）；
⑩可通过预测运动来分析处理运动物体的边缘和运动轨迹；
⑪可创建新的自动扭曲和变形的帧画面；
⑫不需要改变或低温处理就能达到加速度或慢动作的效果；
⑬实时追踪模糊运动功能；
⑭背景运动分析功能；
⑮清除物体运动矢量；
⑯多次重新调整时间、模数或其他操作时可重复使用运动数据；
⑰色彩修正（Colour Corrector）；
⑱可控制 RBG 的增减、色调和饱和度；
⑲通过 YUV 对亮度的增加和消散、色度的色调和饱和度进行控制；
⑳在专用视窗中对阴影、中间色调和高光进行控制调节；
㉑采用 Gamma 控制调节 Master、红色、绿色和蓝色通道；
㉒标准化的（自动分类）工具；
㉓双视窗显示功能，可在同背景下进行参照对比；
㉔有基于波形、矢量显示器和直方图的 GUI 功能；
㉕黑色、白色和灰色点的设置功能；
㉖PAL 和 NTSC 视频制式；
㉗着色控制功能；

㉘色调转换功能；

㉙变形（Distort）；

㉚由 alpha 通道进行从轮廓到轮廓的转换；

㉛双视窗显示模式可同时看到初始和结果；

㉜无限网格点的追踪功能；

㉝角度和透视的固定功能；

㉞可编辑曲线运动和完善曲线控制功能。

（4）Digital Fusion/MAYA Fusion。

Digital Fusion/MAYA Fusion 是由加拿大 Eyeon 公司开发的基于 PC 平台的专业软件。而 Maya Fusion 则是 Alias Wavefront 公司在 PC 平台上推出著名的三维动画软件 Maya 时，没把自己开发的 Composer 合成软件移植到 PC 上，而是选择了与 Eyeon 合作，使用 Digital Fusion 作为与 Maya 配套的合成软件，诞生了 Maya Fusion 这个目前 PC 平台上最好的合成软件之一。

Digital Fusion 版本号到 4.02/Maya Fusion 采用面向流程的操作方式，提供了具有专业水准的校色、抠像、跟踪、通道处理等工具，而有 16 位颜色深度、色彩查找表、场处理、胶片颗粒匹配、网络生成等一般只有大型软件才有的功能。

（5）Shake。

Shake 被称为最有前途的特效合成软件，功能强大，同时还有许多特色。该软件现已被苹果公司收购，PC 版到 2.51，MAC 版 LX 版到 3.00。同 Digital Fusion/Maya Fusion 一样采用面向流程的操作方式，提供了具有专业水准的校色、抠像、跟踪、通道处理等工具。

（6）Combustion。

Combustion 是 Discreet 基于其 NT 平台上的 Effect 和 Paint 经过大量的改进产生的。它具有极为强大的特效合成和创作能力。一问世就受到业界的高度评价，并且制作出大量精彩的影片。Combustion 为用户提供了一个完善的设计方案：包括动画、合成和创造具有想象力的图像。它可以在无损状态下进行工作，在画笔和合成环境中完成复杂效果。在 3D 合成环境中应用于艺术的视觉节目和优越的动态跟踪、键控和色彩校正。

在用户界面方面，流线型的用户节目让使用各种工具进行操作更加方便。多个可配置的视窗可以同时看到不同对象的结果。最多可以配置 4 个监视窗口。可以通过颜色方案来自定义不同的工作环境。多个控制面板集成在一起，并且可以通过 TAB 按钮进行切换。弹出式的多功能窗口可以输入数值，进行精确的操作。还可以使用先进流程图工作方式进行合成。通过高速缓冲存储器，可以实时看到效果和回放的素材。由于使用了高平衡体系结构，Combustion 支持多处理器和利用 RAM 存储器增加可视的交互性，大大提高了工作效率。在生成连续图像和实时回放效果时，Combustion 运行 NT、MAC 操作系统操作。在合成方面，Combustion 具有真三维的空间定位和动画。可以加入嵌套层到原始的合成图像中去。具有真实世界摄像机属性的真三维摄像机和不受限制的多种彩色灯光，以及具有不同属性的三种灯光类型（聚光灯、泛光灯和平行光）；可以提供动态的三维浏览以及真实的光影追踪、阴影和反射效果。可以对多个物体同时进行父子关系、衔接以及路径队列的设定，创造高级的运动效果。四点跟踪可以满足跟踪合成需要。多种层混合模式创造奇妙的层混合效果。真实的运动模糊使对象的运动更加逼真。

强大的 Paint 功能可以进行创造性的工作。Combustion 提供了完全的定向造型绘画和动画环境。所有的绘画功能都是基于矢量的，而所有的笔触也都是独立的。用户可以在一个窗口绘画时，在第二个窗口中进行效果的循环回放。Combustion 提供了超过 30 种实时的绘画方式，包括平滑、光亮、涂污、浮雕、遮挡、烧焦等。可以在两个素材之间或者一个素材的不同帧之间进行克隆。可以存储任何绘画工具和工具信息，并作为快照形式在笔刷、克隆设定、形状工具或其他更多的操作中进行交换。同其他笔触和物体一样，文字的分辨率不受限制，所有的特效、绘画模式和克隆均可施加在上面。可以进行交互式的文字屏幕编辑。Combustion 支持所有的系统文字，包括 AdobePostscript 和 TrueType 字体，支持亚洲的双字节和阿拉伯文字。可以对句、词、字进行单独操作，并完成精确的编辑和动画。可以使用同印刷属性相同的字间距、行距、文字方向和文字拓扑属性控制。对单个文字的轮廓进行矢量编辑和动画，并且自定义自动对齐和描述方式。

Combustion 的颜色抠像工具提供了极高的抠像质量，并且完全兼容 Discreet 的其他特效编辑系统的抠像参数（包括输入和输出）。可以使用 RGB、YUV、HLS、Channel、Luminance 和 RGB-CMYK 的抠像模式，并且提供了可控制的色彩溢出。通过差值调制器，可以进行两个图像间的比较。还可以对遮罩进行水平、收缩、腐蚀、涂污等控制。可以使用一流的自由手绘外形工具，建立动画的曲线 Mask。Mask 可进行增加、删除、融合、替换等布尔运算。

Combustion 提供了全面的色彩校正工具，包括色彩平衡、亮度/对比度、水平、Gamma、补偿、色彩、曲线、渐变/中间色调/高亮调节等。提供了 NTSC 和 PAL 的色彩限制和 RGB、HSV 的色彩空间模式。所有的色彩校正功能都有通道控制，并且具有统一的界面。可以在不同的素材之间进行精确的自动色彩匹配。同时，在输入和输出方面，Combustion 可以完全兼容 Discreet 其他特效系统的色彩校正。

（7）After Effects。

After Effects 是美国 Adobe 公司出品的一款基于 PC 和 MAC 平台的特效合成软件。它是最早出现在 PC 平台上的特效合成软件。它具有强大的功能和低廉的价格。在中国拥有最广泛的用户群。国内大部分从事特效合成工作的人员，都是从该软件起步的。

After Effects 是一款用于高端视频特效系统的专业特效合成软件。它借鉴了许多优秀软件的成功之处，将视频特效合成上升到了新的高度。Photoshop 中层概念的引入，使 After Effects 可以对多层的合成图像进行控制，制作出天衣无缝的合成效果；关键帧、路径等概念的引入，使 After Effects 对于控制高级的二维动画游刃有余；高效的视频处理系统，确保了高质量的视频输出；而令人眼花缭乱的特技系统更使 After Effects 能够实现使用者的一切创意。

Adobe 公司最新推出 After Effects 6 继续为专业的跨媒体传输设立动态图形和视觉效果标准，这些功能都是通过一个工具箱来完成的。利用它，在精确控制的前提下，还可充分展示无限的创造性。After Effects 不但能与 Adobe Premiere、Adobe Photoshop、Adobe Illustrator 紧密集成，还可高效地创作出具有专业水准的作品。因此，无论是电影、视频、多媒体创作，还是 Web 开发，After Effects 6 都为其提供了全套的工具，使工作流程更灵活，可实现 2D 及 3D 合成、动画及其他各种效果的制作。

(8) Commotion。

Commotion 是由 Pinnacle 公司出品的一套基于 PC 和 MAC 平台的特效合成软件。Commotion 的国内用户较少。但是，这并不表明其功能不强。正相反，Commotion 拥有极其出色的性能。同时，由于 Pinnacle 公司是一家硬件板卡设计公司，所以，其硬件支持能力也极强。Commotion 与 After Effects 极其相似。同时，它具有非常强大的绘图功能。可以定制多种多样的笔触，并且能够记录笔触动画。这又使它非常类似于 Photoshop 和 Illustrator。曾经有人戏称，Commotion is a baby of After Effects and Photoshop。Commotion 除了其强大的绘图功能外，运动追踪也非常强大。同时，它的特效功能也不逊于其他特效合成软件。它人性化的操作界面，也使其非常容易上手。总体说来，这是一款在各方面都做得中规中矩的软件，最新版 4.1。除了上面讲到的特性合成软件，还有许多出色的软件，比如 Alias Wavefront 的 Composer、Media Illusion、Quentel 的 Henry 和 Domino、Soft Image DS 等，这里不再一一赘述。

如果掌握了一两种合成软件的具体使用就会发现，所有这些软件都是实现这些原理的具体手段，从本质上讲并没有多大的区别，只不过界面形式、操作方式等有很大不同而已。如果能意识到这一点，再学习其他合成软件，就会易如反掌。最后要讲的是，对一个特效合成师来说，软件的选择固然重要。但是，对镜头的把握、对影片的感觉则是更为重要的。在掌握了一种特效合成软件的同时，要多进行观察，学习软件以外的知识，并将其融合到自己的影片中。只有这样，才能够成为一个出色的特效合成师。

10.6.6 苹果达芬奇后期调色编辑系统

主要由苹果工作站主机（至少 E5 处理器，六核，12M 三级缓存、16G1866MHZ DDR3ECC 内存、双 AMDFIREPRO D500 图形处理器，各配备 3GB GDDR5 VRAM，基于 PCLE 的 256G 内存）、显示器（27in）、采集卡（高标清全接口，支持 SDI \ HD-SDI 输入，支持 SDI \ HD-SDI 输出、双链路 * DUAL LINK0 高清、16 通道的 SDI 嵌入音频输入输出、16 通道 AES 数字音频传输）、存储（24TB，支持 MAC OS 和 WINXP32BIT、WIN64BIT、UNIXWARE7.1.X、REDHAT LINUX，内置 EL 处理器 1200MHz，集成 1M 的二级缓存；带 ECC 校验内存的硬件阵列控制器，raid6 双重保护功能）、达芬奇软件、WAVE 调色台组成。

10.7 选购非线性系统

数字非线性改变了媒体制作的方方面面。现在要考虑的问题已经不是"买不买非线性系统"了，而是"买什么样的非线性系统"。选择的工具必须灵活、迅速且可靠易学；既要能马上满足工作需要，又要为以后业务增加打下基础。

10.7.1 创造力

非线性系统能够给多少创造空间和多快的创作速度是一个非常重要的因素。基于磁盘的系统编辑方便一些。很多系统都能完成同样一项任务，区别就在于：怎样才能更快完成。好的编辑系统会提高效率，完成的工作效果更令人满意。

一个专业的编辑系统至少要能很快完成以下的工作：类似插入、修剪等的基本编辑功能；如三层视频图像等的基本特技编辑功能；基本的媒体管理功能。

评估一个系统的好坏要看它完成一项任务要花多少时间。试着在几个系统上做同一项工作，比较一下哪一个更方便、更迅速、更直观。以修剪为例，是不是有几种修剪方法供你选择？是不是可以通过打入号码、在时间轴上拖拉等方式进行修剪？是不是可以很方便地精确到帧地修剪多轨、单轨和插入编辑？记住：每一个小的功能上的高效率加起来就会省去很多时间。还要注意是否有多种方法完成同一项任务。不过不要把有限的编辑功能和使用方便两个概念混淆了。

10.7.2 媒体管理

和高效而全面的编辑功能不可分割的是高效的媒体管理。怎样利用存储空间？怎样存放素材？怎样观看、整理？怎样查找、索引、移动及备份文件？都要考虑到。批数字化是数字化的另一个重要功能。批数字化有两个好处：第一，可以登录磁带并挑选最好的画面，而不用从头到尾翻看磁带，这样会省很多时间；第二，批数字化允许以高分辨率自动重新对素材进行数字化。最好的系统会以时间码的顺序数字化，一次一盘带。系统还应该有自动备份的功能。完善的数据库支持以名字、关键字或其他的分类方法调出片段。

10.7.3 合成和特技融合

特技是一个联机的视频系统的关键部分，能否将合成和特技、3D 功能融合在一起，是专业系统和非专业系统的区别所在。一个真正的非线性完成系统可以做特技，随时进行改变，不需要依赖于第三方应用软件。有的系统要求使用第三方的应用软件做特技：输入媒体、退出编辑系统，打开第三方软件再生成一个特技，然后每次使用这个特技的时候再输入它。至少，系统要包括一组结点特技、运动特技、DVE、分层和键控功能。

一个基于磁盘的系统应该具备水平编辑功能，还要有垂直分层或编辑功能。

10.7.4 画面质量

系统的编辑功能满足需求后，下一个考虑的因素就是画面质量。在画面质量上，要注意以下几个方面：首先，理所当然就是屏幕上的画面好不好看。广播级的信号标准是很苛刻的，比如：黑电平低于7.5IRE或是白电平高于100IRE都不能被切掉，切掉之后画面会显得平板，缺乏立体感。

系统是用720×486（NTSC制）或是640×480画面？只有720×486的画面能采集所有画面和空白的行。640×480只能用在模拟采集和输出。

高质量的单场画面会省下很多存储空间。注意一个独立的QuickTime编解码器，它可以省去从一个编辑系统转向另一台计算机上去时的压缩处理过程。查看系统支持几种输出。是否支持如QuickTime、AVI、PICS、PICT和OMF Interchange等的多格式。

10.7.5 音频功能

对于一个完成的产品，音频也是成败的因素之一。问问这几个问题：

第一，它是否提供行业标准的44.1kHz和48kHz取样率？是否同时有数字和模拟输出？一共有多少路输出和输入？

第二，看一下音频的编辑和处理功能。电平和声像位置调节，波形显示和实时均衡等功能使用是否方便，如何进行音视频数据流同步的。

10.7.6 和其他系统的兼容性

系统支持的输入和输出格式。最重要的三种格式有基于Macintosh的QuickTime，基于Windows的AVI和用于跨平台文件交换的OMF Interchange。OMF是一个开放的数字媒体在不同平台之间的交换标准，它是200多个厂家合作的成果。

10.7.7 开放的解决方案

厂家喜欢标榜自己的产品是"开放"的，因为这不会令顾客重复投资。那么怎样才能确定系统有多开放呢？从下面几个问题可以得出答案。

系统是否使用标准计算机平台？

系统是否提供其他系统应用的接口？

系统是否可以使用现成的硬件？

了解一下系统的软件和硬件主要来源是什么。厂家是否会随时将最新的资料寄给顾客？从这一点可以看出来厂家是站在技术的最前端还是只是一时为了和对手的竞争而宣传的手段。

10.7.8 存储选择

在非线性系统的价格中，存储占了很大一部分的比重。有的可装卸的存储媒体甚至不用退出系统或是关电源就可以装卸。如果选择的是可装卸的媒体，确保存储器可以高解析度播放。

另一个要考虑的问题是媒体的备份问题。Exabyte、Digital Linear Tape（DLT，数字线性带）驱动器等都是一些又快又经济的选择。

总之，寻找最优非线性编辑系统。先评估一个系统的编辑和特技创作能力；系统最低具备720×486的画面分辨率（或PAL制720×576），当前必须支持高清分辨率；系统音频功能、兼容性、开放性和灵活性；最后考虑厂家的业绩和在系统内的地位。

10.8 音视频编辑转换相关软件推荐

WINDVD播放器、会声会影视频剪辑、SOUNDFORGE音频编辑软件、COOLEDITER音频编辑软件、康能普视、EDIUS非线性编辑系统、光影魔术手图片处理软件、DIRECTOR多媒体制作软件、万能格式视频转换器软件、AFTER EFFECTS图形视频处理软件、SHAKE视频特效软件。

11 视频会议管理制度与故障处理

11.1 某单位视频会议技术服务管理办法文本举例

第一章 总则

为规范视频会议系统的管理和使用,保障视频会议系统安全稳定运行,根据《某公司管理规定》及相关管理要求制定本办法。

视频会议系统技术服务包括提供公司第×会议室、公司第×会议室和第×会议室等多个会场技术服务和所属的控制室及周边系统的日常运行维护。

第二章 管理架构

某公司服务中心(以下简称中心)是视频会议系统的具体技术服务部门,负责建立会议模板,策划会议导播,进行会议调试、会议操作、资料存档,以及视频会议系统的日常运行维护工作。

第三章 会议准备及值机

第一条 会议准备

(1) 会议服务方按照"某公司视频会议申请表"和会议主办单位的要求进行会前准备,及时开启视频会议系统,建立会议模板,检查网络信道,策划会议导播,制定备份应急方案,进行会前测试,确保会议最佳效果和领导形象,保证会议万无一失。

(2) 普通视频会议开始前两天进行准备,并使系统处于正常状态。其他特殊和紧急视频会议,应在会议开始前一天准备就绪。与分会场和会议主办方联络中应做到举止庄重,文明用语,礼貌待人;有问必答,准确明了,遵章行事;忠于职守,规范管理,高效服务。

(3) 会场准备主要包括检查摄像设备、切换设备、显示设备、控制设备、灯光设备、采集设备、扩声设备的状态效果以及会议室的灯光照度,撰写会议导播稿,会议调试记录,分别向会议主办单位和本单位领导汇报会议准备情况,制订应急方案,使声音、图像达到最佳效果,系统处于最佳工作状态。

(4) 对于双流和交互式视频会议,需要模拟实际情况演练两次,把镜头和声音调整到位,提前准备好会议录像作为备份。已经调整好的设备参数要记录,并不得擅自调整。

(5) 会议调试中要逐一检查分会场音频、视频、网络信道效果,使摄像机、主要领导座位、会场标识牌符合要求,系统进入预备状态,并做好调试记录。

(6) 根据会议议程和主办方要求,制订会议导播脚本,并进行画面试切换工作,若有变化,须及时改编导播脚本。导播脚本包括主会场播出镜头和分会场送入镜头画面。

(7) 会议调试及会前要打出字幕,内容包括会议主题、会议模式、调试时间及相关要求。

(8) 至少在正式会议开始前 2 小时内,进行应急预案演练,包括音频、视频、控制切换、录像采集、MCU 以及视频终端的应急处理。

（9）会议系统要在会议开始前1h处于就绪状态。个别会场因异常原因不能进入会议系统的，或进入会议后对整个会议可能有很大干扰的，技术人员应及时采取有效措施解决问题，如果开会前30min仍不能解决的，则取消该会场参加会议，以保证整个视频会议的质量。

（10）会议联络人员和分会场配置发生变化的，技术人员应及时更新会议通讯录。

第二条　会议值机

（1）会议前60min，进入预备状态，并进行画面试切换，发现问题，处理并记录。

（2）会议前60min将控制室麦克风置于静音状态；个别会场确需通话的，通过普通电话进行。

（3）会议前5min开启字幕系统、采集系统，关闭背景音乐。

（4）会议中技术服务人员禁止做任何与本次会议无关的事情。

（5）会议期间，技术服务人员应根据预先排好的导播脚本，按照程序进行导播，严禁无稿播送，禁止违章操作，各分会场的值机人员应配合主会场做好会议导播。

（6）会议期间分会场信道带宽和质量不能保证时，可采取限制或关停本地网络上的非重要业务等措施。如设备出现故障，应尽快排除，确保系统始终处于正常工作状态，并随时向会议主办部门和中心领导通报动态情况。

（7）如有发言的分会场，发言时要切换到发言人的特写镜头。不发言的分会场在MCU和调音台上分别对其静音，分会场给全景镜头。

（8）会议结束后，值机人员应按操作规程关闭系统设备，刻录光盘，将《视频会议效果反馈表》送会议主办单位填写后交保管员归档。

（9）视频会议系统运维的视频资料存放应遵循职责分离的要求，保管者与操作者分离，存档应该包括会议文件、导播稿、调试记录、会议光盘、反馈表、会议小结，设专人管理并定期清查、核对、归档；会议结束后3个工作日内保管者将会议资料上传到视频服务器。

（10）视频会议相关资料全部整理完毕后，根据保密要求，应该及时清除DVR、硬盘录像机中信息。视频会议系统运行维护单位应编制视频会议系统应急预案，确保人员、系统安全和视频会议的顺利进行，应急预案每年至少演练一次。

第四章　系统维护

第三条　日常维护

（1）公司会议服务单位应加强日常监控，填写视频会议系统日常监测报告，确保系统始终处于随时开机可用的正常状态。

（2）公司会议服务单位于每年6月和12月的第1个星期三的8：30—11：30，对各单位视频会议系统进行检查指导。某公司中心要提前通知，使系统处于预备状态。

（3）每月应对本地视频会议系统进行例行检测，包括音视频设备、相关信道链路，填写视频会议系统定期检测情况记录，并签字存档。

（4）视频会议系统设备损坏，应及时向中心领导报告，以便安排更换或维修。

（5）公司会议服务单位对视频会议的使用情况进行统计汇总。

第五章　附则

第四条　本办法由公司会议服务单位负责解释。

第五条 本办法自发布之日起实施。

11.2 视频会议分会场管理制度

各参会单位要切实遵守以下规定：
（1）安排技术支持人员值班，严格按通知规定时间开、关机；
（2）分会场听到主会场呼叫应迅速回应；
（3）不发言的分会场要将麦克风置于静音状态；
（4）会议中禁止随意在各会场之间通过视频终端拍摄和发送视频影像的快照；
（5）各分会场间未经主会场允许不要互相呼叫，若有问题时拨打热线服务电话×××－××××××××；
（6）会议期间，所有参会人员应将随身通信工具置于关机或静音状态，或者在会议室加装手机信号屏蔽器，保持会场安静；
（7）参会人员要注意形象、举止，不得在镜头前走动；要保持会场秩序，不得随意离开会场。

11.3 视频会议系统运行维护规定

11.3.1 网络要求规定

从各分会场视频会议终端到总部主会场的多点控制单元 MCU 之间，网络要满足以下要求：

网络延时小于 150ms（Ping 1500 字节数据包）；
网络抖动小于 30ms；
网络丢包率小于 1%；
网络可用带宽应该满足视频带宽的 1.25 倍（如要召开带宽为 768kb/s 的视频会议，应该提供至少 768kb/s×125%＝960kb/s 的广域网连接带宽）；
网络路由不超过 3 跳。

11.3.2 视频会议系统会议前检查调试流程

（1）灯光系统。

①开启会议室照明开关，检查灯光是否正常；	正常☐	不正常☐
②开启控制台开关，检查 UPS 系统供电是否正常；	正常☐	不正常☐
③开启大小会议室电源，检查灯光系统照明强度；	正常☐	不正常☐
④检查主席台面光照明方向是否变化；	正常☐	不正常☐
⑤检查背光灯光系统照明方向；	正常☐	不正常☐
⑥检查灯光系统对主席台领导脸部的照明是否均匀；	正常☐	不正常☐
⑦根据主席台会议领导位置，分路调节背光、面光灯强度；	正常☐	不正常☐

⑧记忆灯光调节器各路推子的位置　　　　　　　　　　　正常□　　不正常□

（2）显示系统。
①开启系统电源，然后根据需要分别开启会议室等离子；　正常□　　不正常□
②检查等离子连接是否正常；　　　　　　　　　　　　正常□　　不正常□
③检查等离子颜色、亮度等是否正常；　　　　　　　　正常□　　不正常□
④检查监控系统 6 个显示器颜色、亮度等是否正常；　　正常□　　不正常□
⑤检查投影机设置和颜色、亮度等是否正常；　　　　　正常□　　不正常□
⑥检查地插视频连线是否正常　　　　　　　　　　　　正常□　　不正常□

（3）视频系统。
①检查 AMX 电源供电是否正常；　　　　　　　　　　正常□　　不正常□
②调整预置 9 个镜头、检查焦距调节、色彩是否正常；　正常□　　不正常□
③检查地插音频是否正常；　　　　　　　　　　　　　正常□　　不正常□
④检查镜头色彩、镜头切换是否正常；　　　　　　　　正常□　　不正常□
⑤检查两个矩阵系统信号是否正常；　　　　　　　　　正常□　　不正常□
⑥检查控制系统切换是否正常；　　　　　　　　　　　正常□　　不正常□
⑦检查变频器是否正常；　　　　　　　　　　　　　　正常□　　不正常□
⑧检查主会场与分会场之间的音视频连线是否正常；　　正常□　　不正常□
⑨检查主辅 VS4000 相互切换是否正常；　　　　　　　正常□　　不正常□
⑩记忆各路推子的位置　　　　　　　　　　　　　　　正常□　　不正常□

（4）音频系统。
①按会议主办方要求连接与固定麦克风位置；　　　　　正常□　　不正常□
②检查麦克风通话与卡侬连线是否正常；　　　　　　　正常□　　不正常□
③检查地插音频是否正常；　　　　　　　　　　　　　正常□　　不正常□
④检查 PC DVD 等声音输出是否正常；　　　　　　　　正常□　　不正常□
⑤检查大小会议室均衡器是否正常；　　　　　　　　　正常□　　不正常□
⑥检查大小会议室反馈抑制器是否正常；　　　　　　　正常□　　不正常□
⑦检查调音台高、中、低音频，增益调节按钮是否正常；　正常□　　不正常□
⑧调整麦克风各组输出音量大小、音质正常；　　　　　正常□　　不正常□
⑨检查调音台 AUX、辅助、编组等输出是否正常；　　　正常□　　不正常□
⑩检查调音台和效果器的连接是否正常；　　　　　　　正常□　　不正常□
⑪检查大小调音台连接及监听是否正常；　　　　　　　正常□　　不正常□
⑫记忆大小调音台各路推子的状态；　　　　　　　　　正常□　　不正常□
⑬检查天花麦克传出是否关闭；　　　　　　　　　　　正常□　　不正常□
⑭检查监听耳机是否正常　　　　　　　　　　　　　　正常□　　不正常□

（5）采集系统。
①检查 VCR 工作是否正常；　　　　　　　　　　　　正常□　　不正常□

②检查录像带和电脑存储状态，及时清理；　　　　　　　正常□　　不正常□
③检查调整电脑和 VCR 采集的音、视频；　　　　　　　　正常□　　不正常□
④检查录像采集、切换系统是否正常；　　　　　　　　　正常□　　不正常□
⑤检查 5 分钟的模拟和数字采集是否正常；　　　　　　　正常□　　不正常□
⑥记忆采集设置的各种状态　　　　　　　　　　　　　　正常□　　不正常□

检查人签字确认：　　　　　　检查时间：　　　　复查人确认：

11.3.3　视频会议系统故障处理流程与处理报告单

视频会议系统故障处理流程如图 11.1 所示。

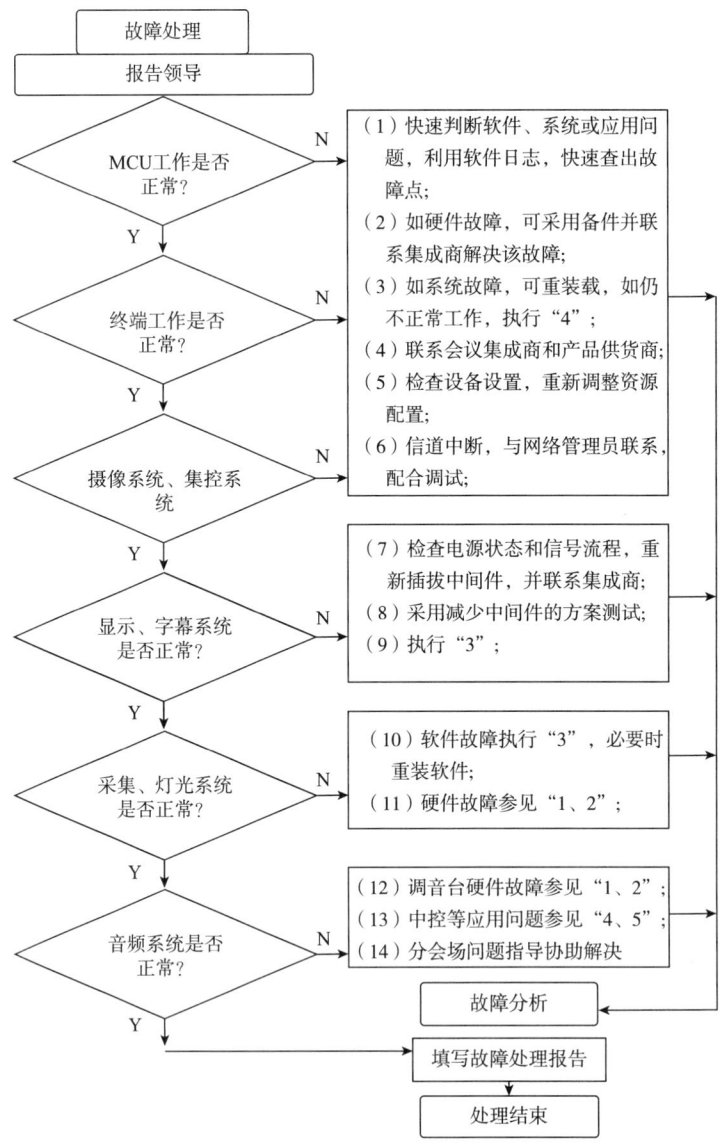

图 11.1　视频会议故障处理流程

视频会议系统故障处理报告样表见表 11.1。

表 11.1 视频会议系统故障处理报告样表

故障处理人：　　　　　　　　　　时间：　　　　　　　地点：

系统类别	发现时间	故障现象	原因分析	处理措施及结果
MCU 及管理软件				
视频终端及软件				
摄像系统				
分会场网络系统				
电源系统				
显示系统				
采集系统				
视频系统				
字幕系统				
音频系统				
灯光系统				
集中控制系统				
其他				

11.3.4 视频会议日常监测内容

日常监测内容如图 11.2 所示。

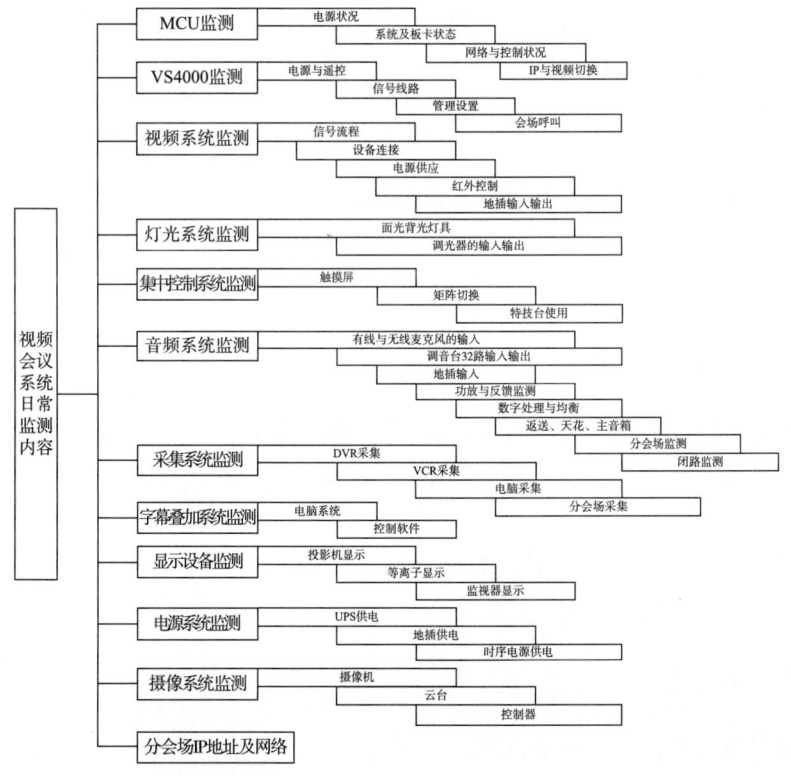

图 11.2 视频会议系统日常监测内容

11.4 视频会议技术服务细则

11.4.1 服务职责

(1) 现场会议支持。

①开会前准备,联调。

②按会议流程进行操作,监督支持整个会议进行。

③解答用户咨询,解决会议过程中发生的故障。

④进行录像、制作广播视频流文件。

⑤结合开会情况及网络情况进行网络分析,根据维护中的实际情况,提出合理化建议。

⑥对会议室的环境进行评估并提出相应建议。

(2) 系统维护。

①在使用过程中发现问题,及时进行维护,调整参数或更换设备、部件。

②每半年对视频会议系统进行一次全面检修,进行设备保洁、调试、校验、参数优化。

③根据维护中发现的问题,提出系统管理、使用的改进意见。

(3) 会议资料建档。

①编写操作流程和操作说明书。

②每次视频会议后填写现场服务记录。

③每次维护和检修后填写维护记录。

④填写会议汇总表。

⑤管理上述文档,并提供有关查询。年底归档。

⑥年底编写服务总结。

⑦提供上述文档的电子版。

11.4.2 对维护服务质量的要求

(1) 通过调整参数可以解决的问题,需在 1h 内解决。

(2) 需要更换部件时,应充分利用其库存尽快解决。无库存的应尽快与相应供货商联系解决。

(3) 对于不能解决的问题,负责联系制造厂商的专业技术人员进行解决。

(4) 对传输线路及其他问题,提出相应的改进计划,并进行测试、整改。

11.4.3 主要技术文档

(1) 现场服务记录;

(2) 维护记录;

(3) 用户问题处理记录;

(4) 视频会议记录表。

11.4.4 视频会议系统从业人员岗位职责

熟练掌握视频会议系统所用的主干网络系统,并协助相关方对其进行运行维护管理;
(1) 熟悉掌握分会场系统并提供对分会场环境建设技术指导;
(2) 熟练掌握视频会议系统各系统设备运行情况;
(3) 开展对下属分会场人员技术培训;
(4) 配合主办方完成视频会议申请预定;
(5) 协助起草会议文件,协助发布会议通知;
(6) 组织应急演练和考核评比;
(7) 组织参会会场的会前联调,确认信道链路、IP地址和视频终端的技术参数;
(8) 组织导播稿、会议模板和应急措施并得到上级部门的认可;
(9) 提供会议现场技术支持与切换控制,保证符合主办方要求;
(10) 对分会场提出会议要求;
(11) 提供会议录音录像材料等增值服务;
(12) 完成视频材料归档(含音视频等会议记录与总结报告);
(13) 做好备品备件的入库出库;
(14) 协调会议系统的正常运行需要依赖的机房、电源、空调、网络等基础环境设施,协调各方人员集中注意力,做好专项防护;
(15) 服务规范,着装整齐。

11.4.5 明传电报会议通知与OA示例

明传电报样表见表11.2。

表11.2 明传电报样表

××××公司

明传电报

等级:急件特级签发人:

××明传字〔20××〕×号

××明传字〔20××〕×号
关于召开××改进项目启动工作视频会议的通知
各企事业单位:
定于××××年×月××日下午×时召××改进项目启动工作视频会议。现将有关事项通知如下:
一、会议内容:
……
二、会议议程:
(一)
(二)

××明传字〔20××〕×号

（三）

会议由××××主持

三、会场设置：主会场设在××××视频会议室，分会场设在各企事业单位视频会议室。

四、参加人员：

（一）……（以上人员在主会场）

（二）……（以上人员在分会场）

五、有关要求：

（一）各企事业单位要高度重视，认真组织，按规定要求参会。

（二）全体参加会议人员要自觉遵守会场各项纪律。

（三）请各分会场于××月××日××时至××时进行会前联调，以保证网络、音响、影像正常。××××公司视频会议办公专用电话：×××－××××；视频会议调试电话：×××－××××。

（四）请主会场、分会场参加会议人员于××月××日××时××分前入场，并注意着装整齐，保持会场秩序，关闭手机，不得随意离开会场。

（五）各企事业单位接此通知后，请将参加会议人数于×月××日前报××××公司××管理部。

联系电话：×××－××××

联系人：××××××

传真：×××－××××

电子邮件：××××××××××

（此处空白盖××××公司办公厅章或主办单位章）

××××年××月××日

回执样表见表11.3。

表11.3 回执样表

××视频会议通知回执	
会议名称：××××项目工作视频会议 日期：××××年×月××日下午××时××分	
参会单位	
会场地址	
参会人数	

续表

\multicolumn{4}{c}{××视频会议通知回执}			
主要参会领导	姓名		职务	
	姓名		职务	
	姓名		职务	
	姓名		职务	
	姓名		职务	
发言人	姓名		职务	
	姓名		职务	
	姓名		职务	
	姓名		职务	
	姓名		职务	
会议联系人	姓名	电话		传真
	手机		Email	
系统值机联系人	姓名	电话		传真
	手机		Email	
备注	是否双流、是否发言及顺序			

11.4.6 导播稿示例

包含中央电视台等主流媒体在内,任何直播都需要导播。节目尽量按照导播的策划编排进行。要求该导播知识全面,经验丰富。提前写好导播稿是很重要的一项工作。视频会议导播样表见表11.4。

表 11.4 视频会议系统导播脚本（样本）示例

总策划：××× 导播：××× 录像：×××
会议监测：××× ×××
通信：××× 镜头控制：××× 会议切换：×××
会议名称：××××××××××视频会议 会议时间：200×年××月××日××：××

第一页，共二页

时间	会议议程	操作指令	摄像机位置					主会场显示		录像采集	分会场画面	技巧
			1号	2号	3号	4号	5号	屏幕中间	屏幕234567			
			后左松下	后右松下	前左飞利浦	前右飞利浦	中顶飞利浦备用					
××：××：00	1. 设置主会场1~5号摄像机及号位对应编号画面 2. MCU切换分会场画面时设置出到循环送出到主会场	1号、2号镜头1号位****近景 1号、2号镜头2号位****近景 1号、2号镜头3号位****近景 1号、2号镜头9号位小全景 3#镜头1号位会场大全景 4#镜头1号位左侧会场 4#镜头1号位右侧会场	√	√	√	√	√	屏幕中间等离子	屏幕234567两侧等离子	不采集	始终是主会场屏幕1画面	
	……	进入准备阶段										
××：××：00 ××：××：00	分会场静音（关闭音乐）	MCU关闭分会场话筒1号位，10号位	√10#	8#	1#	1#		会场全景	分会场画面	9：58开始采集	主会场屏幕1画面	全景推到中景
××：××：00	领导全部就座	切2号镜头8号位 1号位准备	√1#	8#	1#	1#		主席台领导中景	主席台领导中景	后左松下摄像机	主会场屏幕1画面	中景推到特写
××：××：00	主持人2# ×××× 宣布会议开始	切1号镜头8号位 2号位准备	√1#	8#	1#	1#		主持人×××	按照分会场送播画面送播	后右松下摄像机	主会场屏幕1画面	特写固定特写
	……	……						××××××发言			主会场屏幕1画面	

续表

时间	会议议程	操作指令	摄像机位置 1号	2号	3号	4号	5号	主会场显示	录像采集	分会场画面	技巧
×××:××	主持人××××发言结束	切2号镜头 1号镜头4号位准备	4#	√8#		1#		屏幕1中间等离子 屏幕23456 7两侧等离子 按照分会场画面循环送出	后左松下摄像机	主会场屏幕1画面	特写拉开
	3#××××发言	切1号镜头 2号镜头8号位准备	√4#	8#	1#	1#		主席台领导 3#****发言	后右松下摄像机	主会场屏幕1画面	中景摇到特写
	……	……						穿插采集分会场3分钟			固定特写
::00	……	切3号镜头 1号镜头4号位准备	4#	8#	√	1#		前左排参加会议人员 按照分会场送播画面	前左飞利浦摄像机	主会场屏幕1画面	插到前排参会人员
	……	切1号镜头 4号镜头1号位准备	√4#	8#	1#	1		主席台领导画面 送播画面 循环送出	后左松下摄像机	主会场屏幕1画面	
	……	切4号镜头 1号镜头4号位准备	4#	8#	1#	√		前右排参加会议人员	前右飞利浦摄像机	主会场屏幕1画面	
	……	切2号镜头 1号镜头4号位准备	1#	√8#	1#	1#		送播画面	后左松下摄像机	主会场屏幕1画面	
::00	主持人2#*****	切2号镜头 8号镜头1号位准备	1#	√8#	1#	1#		主持人2#* **** 循环送出	后右松下摄像机	主会场屏幕1画面	

续表

时间	会议议程	操作指令	摄像机位置 1号	2号	3号	4号	5号	主会场显示 屏幕1 中间等离子	屏幕234567 两侧等离子	录像采集	分会场画面	技巧
::00	1#1号位****	切1号镜头 2号镜头8号位准备	3#	√8#	1#	1#		1号位**发言	屏幕234567两侧等离子			
		切2号镜头 1号位3号位准备	3#	8#	1#	1#		发言画面	循环送出……	后右松下摄像机	主会场屏第1画面	前排领导中景
::00		切1号镜头 2号镜头3号位准备	3#	√8#	1#	1#			送播画面			
		切2号镜头 1号位准备	1#	8#	1#	1#		发言画面	循环送出……	后左松下摄像机	主会场屏第1画面	前排领导中景
::00	主持人2#主持人***	切1号镜头 2号镜头8号位准备	√	8#	1#	1#		主持人**		后左松下摄像机	主会场屏第1画面	
		切2号镜头 1号位准备	1#	√8#	1#	1#		会场全景				
::00	会议结束	切1号镜头 音乐响起	1#	√9#	1#	1#			音乐响起	后左松下摄像机	主会场屏第1画面	

11.5 视频会议系统风险管控

随着视频会议规模的日益扩大和承载业务内容的不断更新,视频会议系统所面临的风险也在不断变化。为此,需要持续不断地开展风险识别和管控工作,全面、准确地找出潜在的风险隐患,及时进行防范和消除。据初步统计,60%的风险在会议前可以消除,20%的风险可以降低。

风险管控是从风险管理的角度,运用科学的方法和手段,全面、准确、深入地分析信息系统所面临的威胁及其存在的脆弱性,评估风险一旦发生可能造成的危害程度,提出并实施有针对性的防护对策和整改措施,将风险控制在可接受的水平,从而最大限度地保障信息系统安全平稳运行。

11.5.1 目的

风险管控的目的是全面、准确、深入地识别和分析视频会议潜在风险,提出有效的防护策略和改进措施,确保视频会议系统平稳运行,不断提高视频会议运行维护的工作水平和服务能力。

11.5.2 范围

视频会议系统按工作界面划分主要包括各类会议室,同时也包括视频会议会前联调组织、会中会议运行控制及日常会议系统运维规范等相关内容。另外,会议系统的正常运行需要依赖机房、电源、空调等基础环境设施。

11.5.3 管控依据

管控依据《信息安全风险评估规范》(GB/T 20984—2007),同时参照了以下信息安全标准规范:

(1)《信息安全风险评估规范》(GB/T 20984—2007);

(2)《信息系统安全等级保护基本要求》(GB/T 22239—2008);

(3)《信息安全管理体系要求》(GB/T 22080—2008)(ISO 27001);

(4)《信息系统安全工程管理要求》(GB/T 20282—2006);

(5)中国业务持续管理现状与发展;

(6)影响网络平稳运行的因素。

11.5.4 风险管控原理

风险管控原理是对风险管控概念、方法和过程的一般性综述,是风险管控工作的指导依据。风险管控人员应在掌握此原理的基础上,结合自身实际,开展各自领域的风险管控工作。

(1) 术语和定义。

①对象（Object）。

对象是指对组织具有价值的、需要在风险管控中识别和分析的各类资源。

②威胁（Threat）。

威胁指任何可能危害对象的外部环境或事件。威胁通常是独立于对象之外的、客观存在的、难以消除的。

③脆弱性（Vulnerability）。

脆弱性指对象（或一组对象）内在的、可能被威胁利用的薄弱环节或漏洞。脆弱性是未被满足的安全需求，是对象实际状况和应该状况之间的差距。

④风险（Risk）。

风险是指威胁利用对象及其管理体系中存在的脆弱性，导致安全事件的发生及其对组织造成的影响。

⑤安全措施（Security Measure）。

安全措施是指保护对象、抵御威胁、减少脆弱性、降低风险影响的各种实践、规程、机制。

⑥风险管控（Risk Management and Control）。

风险管控是指从风险管理角度，系统地分析对象及其管理体系所面临的威胁及其存在的脆弱性，评估风险一旦发生可能造成的影响程度，提出具有针对性的安全措施，以便将风险控制在可接受的水平，最大限度地保障对象的安全。

(2) 风险分析内容。

风险的识别与分析需要涉及对象、威胁、脆弱性、安全措施四项基本要素，每项要素都有各自的属性。

对象的属性主要是指对象的重要程度。

威胁的属性主要是指威胁出现的频率。

脆弱性的属性主要是指脆弱性的严重程度，它包括以下两个方面：一是指脆弱性可能被威胁利用的难易程度；二是指脆弱性一旦被威胁利用后对对象造成的损害程度。

安全措施的属性主要是指安全措施的有效程度，它是针对脆弱性而言的，也包括两个方面：一是指安全措施可以弥补脆弱性、抵御威胁的有效程度；二是指安全措施可以降低脆弱性对对象损害的有效程度。

风险基本要素关系示意图如图 11.3 所示。

风险分析的主要内容如图 11.4 所示，包括：

对对象进行识别，并对对象的重要程度进行评估；

①对威胁对象进行识别，并对威胁出现的频率进行评估；

②对脆弱性进行识别，并对脆弱性被威胁利用后对对象的损害程度和脆弱性被威胁利用的难易程度进行评估；

③对脆弱性是否已经采取了相应的安全措施进行识别，并对安全措施抵御威胁和降低损害的有效程度进行评估；

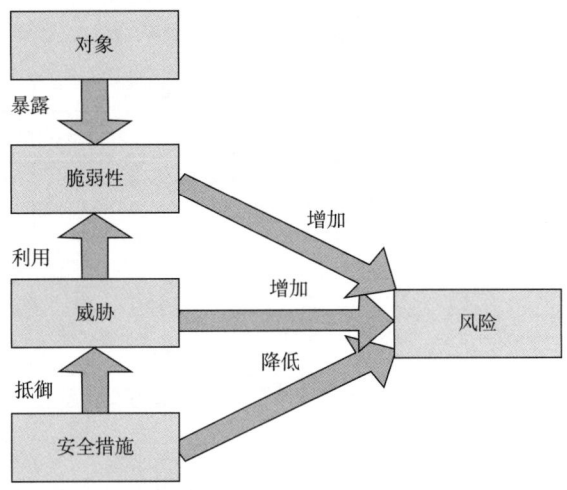

图 11.3 风险基本要素关系示意图

④根据威胁出现的频率、脆弱性被威胁利用的难易程度和已有安全措施抵御威胁的有效程度分析风险发生的可能性；

⑤根据对象的重要程度、脆弱性被威胁利用后的损害程度和已有安全措施降低损害的有效程度分析风险发生后的影响；

⑥根据风险发生的可能性及风险发生后的影响，判断风险级别。

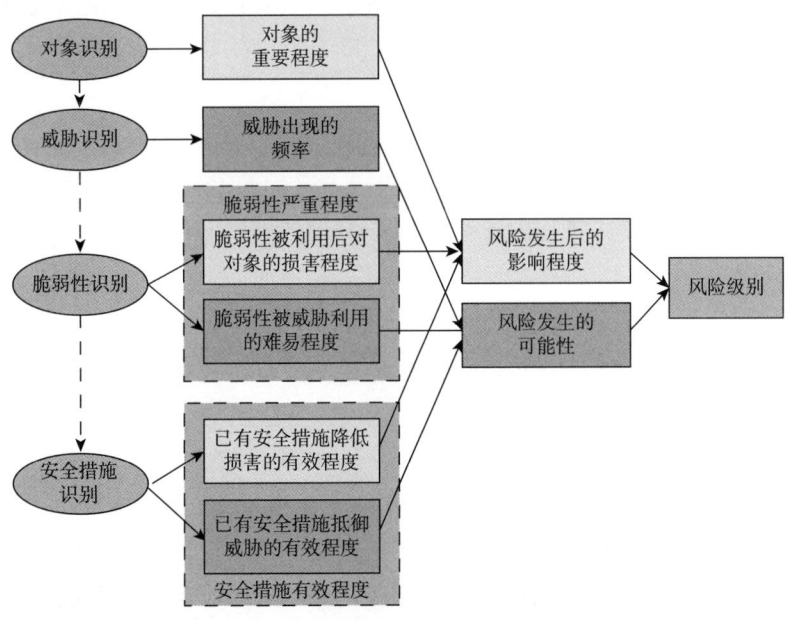

图 11.4 风险分析主要内容示意图

（3）风险管控流程。

风险管控工作实施流程如图 11.5 所示。

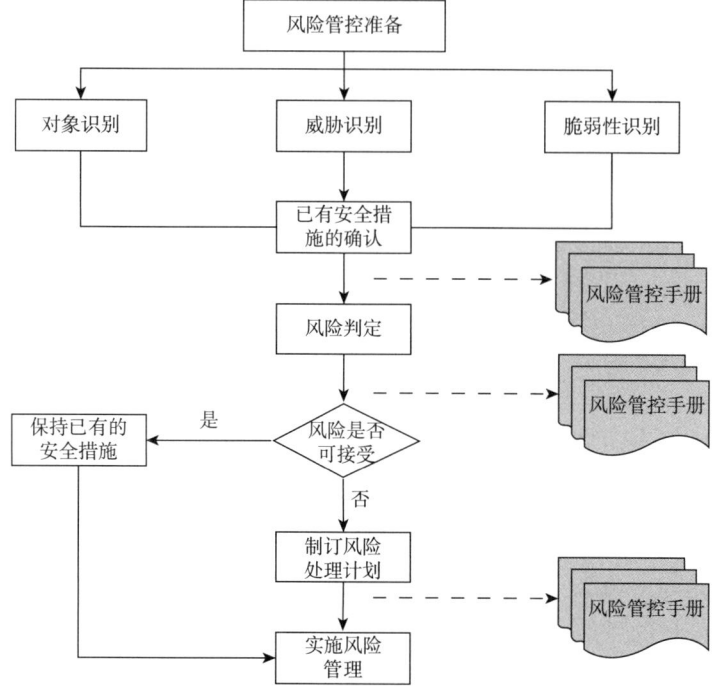

图 11.5 风险管控流程示意图

（4）风险管控准备。

风险管控准备工作是整个风险管控过程有效性的重要保证。在实施风险管控前，应确定风险管控的目标和范围：

①组建风险管控实施团队；

②进行系统调研；

③确定风险管控方案，制订工作计划；

④获得管理层对风险管控工作的支持。

（5）对象识别。

①对象分类。

风险管控对象通常有多种表现形式，即便是相同的两个对象，也可能因为承载不同的业务而存在不同的重要性。

对象的分类目前并没有统一的标准，表 1 是参考 GB/T 20984—2007，结合实际提出的一种参考示例。这种分类方式在 GB/T 20984—2007 的基础上，增加了"系统"这个分类。这是因为，在风险识别的过程中，对象识别的粒度是一个比较难把握的问题，虽然诸多风险管理的相关标准都要求以对象识别作为风险评估的起点，但识别对象过细，通常会使风险评估结果数量庞大，不但耗费时间精力，而且容易导致最重要的风险反而被掩盖。但是识别对象如果过于粗糙，例如直接对应到系统，显然也不太合适，因为如果连对象这个风险的基本要素都搞不清楚，那么风险管控的实际效果势必会受到影响。

一种折中的办法是，在对象识别的时候，尽量细致，能够做到对所有风险管控范围内的对象进行准确梳理,这个过程实际上也是一种收集数据、调查研究的过程,是有必要的。在风险识别和分析的时候,可以把风险管控对象按功能或关联关系划分成若干个系统、子系统、层次、区域或对象组合等,并把这些系统、子系统、层次、区域或对象组合认定成风险管控的基本单元。对象分类参考见表11.5。

表11.5 对象分类参考列表

	对象分类	描述	对象包含内容	负责人
内部	系统（技术类）	由硬件、软件及相关配套设施构成的,按照功能或关联关系划分而成的子系统、层次、区域、对象组合等,例如视频系统、音频系统、采集系统、中控系统等	网络系统:核心路由器、核心交换机等; 保障系统:UPS、变电设备、空调、门禁、消防设施等;	×××
			音频系统:话筒,调音台、音频处理器、功放、音箱等; 视频系统:摄像机、视频转换器、视频矩阵、光纤收发盒、信号融合器、投影机、等离子、监视器等; 会议系统:MCU（包括区域中心MCU）、视频终端（包括分会场视频会议终端）、服务器、台式计算机、便携计算机等; 电话会议系统:视频终端; 其他会议系统:其他系统视频会议终端; 中控系统:中控主机、中控触摸屏等; 采集系统:DVR、录播服务器、录音笔、移动硬盘等; 灯光系统:面光灯、顶光灯、调光台灯; 备份系统:备份终端,备份DVR等设备; 传输线路:光纤、音视频线、双绞线等; 应用软件:MCU操作软件、音频处理器软件、中控软件等; 其他:打印机、复印机、扫描仪、保险柜、传真机等; 数据:视频终端、MCU配置参数、升级日志等	×××
	系统（管理类）		文档:会议系统运行日志,变更记录、故障记录等; 人员:系统维护人员	×××
外部	系统（技术类）		网络系统:广域网链路、区域中心核心路由器、分会场交换机; 会议系统:分会场音视频设备; 内部会议系统:内部视频终端,内部MCU	×××
	系统（管理类）		技术支持:协作、培训等; 用户服务:××××等	×××

会议系统对象分类按工作范围分为:内部对象和外部对象。内部对象指某大厦会议系

统所相关的内容,属于会议系统可控部分;外部对象指某大厦会议系统不可控部分或协作支持部分。

②对象评估。

稳定性和可用性是评价对象重要程度的安全属性。

稳定性主要面向技术类对象。如总部和分会场的会议系统设备运行是否平稳等要求。即:对技术类对象进行评估时,主要关注其稳定性。对稳定性要求高的,该对象的重要程度就为高;稳定性评估参见表11.6;可用性主要面向管理类对象,如操作人员技术动作是否到位,用户是否对我们的服务满意等;即对管理类对象进行评估时,主要关注其可用性。对可用性要求高的,该对象的重要程度就为高;可用性评估参见表11.7。

表11.6 稳定性评估参考表

等 级	描 述
高	要求对象稳定性较高,该对象出现问题会导致会议中断
中	要求对象稳定性中等,该对象出现问题会影响会议效果
低	要求对象稳定性较低,该对象出现问题会轻微或不影响会议效果

表11.7 可用性评估参考表

等 级	描 述
高	由于对对象管理的缺失,该对象出现问题会导致会议中断
中	由于对对象管理的缺失,该对象出现问题会影响会议效果
低	由于对对象管理的缺失,该对象出现问题不会影响会议效果

对象重要程度应依据对象在稳定性、可用性上的评估等级,经过综合评定得出,见表11.8。

表11.8 对象重要程度评估参考表

等 级	描 述
高	重要,其安全属性破坏后可能对组织造成严重的影响
中	比较重要,其安全属性破坏后可能对组织造成中等程度的影响
低	不太重要,其安全属性破坏后只可能对组织造成很小的影响

(6)威胁识别。

①威胁分类。

威胁是一个客观存在的事物,无论对于多么安全的信息系统,都会面临威胁。威胁来源分类参见表11.9。它是根据威胁来源,结合实际提供的一种威胁来源分类方法。

11 视频会议管理制度与故障处理

表 11.9 威胁来源分类参考列表

威胁来源	描述
外部	环境影响：断电、潮湿、洪灾、火灾、电磁干扰、地震、污染、鼠蚁虫害等自然灾害或意外事故危害； 外部影响：广域网链路断路，分会场视频会议设备故障等； 用户：用户违规使用、误操作等
内部	系统缺陷：软硬件故障、性能限制、安全缺陷等； 内部人员：内部人员不专注或不作为；没有遵循规章制度和操作流程，违规操作导致系统故障或信息损坏；缺乏培训、专业技能不足、不具备岗位技能要求而导致系统故障或被攻击 系统支撑环境：系统依赖的支撑环境受损（温度、湿度）

针对以上威胁来源，可以根据表现形式将威胁分成以下几类；见表 11.10。

表 11.10 威胁分类参考列表

威胁分类	描述	威胁子类
软硬件故障	对业务实施或系统运行产生影响的设备硬件故障、通信链路中断、系统本身或软件缺陷等问题	设备硬件故障、传输设备故障、存储媒体故障、系统软件故障、应用软件故障等
物理环境影响	对会议系统正常运行造成影响的物理环境问题和自然灾害	断电、静电、灰尘、潮湿、温度、鼠蚁虫害、电磁干扰、洪灾、火灾、地震等
内部操作人员无作为或操作失误或私自修改系统参数导致系统故障	应该执行而没有执行相应的操作，或无意执行了错误的操作或滥用自己的权限，做出破坏系统的行为	维护错误、操作失误、错误修改系统参数等
外部用户违规使用设备、误操作	应该执行而没有执行相应的操作，或无意执行了错误的操作导致系统的故障	操作失误
物理攻击	通过物理的接触造成对软件、硬件、数据的破坏	物理接触、物理破坏、盗窃
泄密	信息泄露给不应了解的他人	内部信息泄露、外部信息泄露
抵赖	不承认收到的信息和所做的操作	原发抵赖、接收抵赖、第三方抵赖

② 威胁评估。

判断威胁出现的频率是威胁评估的重要内容，风险管控人员应根据经验和有关的统计数据来进行判断。在评估中，需要综合考虑以下因素评估各种威胁出现的频率：

(a) 以往曾经出现过的威胁及其频率的统计；

(b) 实际环境中通过检测工具、人工巡检以及各种日志发现的威胁及其频率的统计；

(c) 近一两年来其他行业、组织发布的威胁及其频率统计。

威胁分类参见表 11.11。

表 11.11 威胁评估参考表

等级	描　述
高	威胁出现频率较高（每月 1 次及以上），大多数情况下可能发生或已经证实多次发生过
中	威胁出现频率中等（每年 1 次及以上），某种情况下可能发生或已经证实发生过数次
低	威胁出现频率较小，一般很少发生或没有被证实发生过

（7）脆弱性识别。

①脆弱性分类。

脆弱性识别是风险管控中最重要的一个环节，对脆弱性的识别建议从技术和管理两个方面进行。脆弱性分类参见表 11.12。

表 11.12 脆弱性分类参考列表

类　型	脆弱性分类	描　述
技术脆弱性	物理环境	从机房场地、机房温度、机房防火、机房供配电、机房防静电、机房接地与防雷、电磁防护、通信线路的保护、机房区域防护、机房设备管理等方面进行识别
	网络结构	从网络结构设计、边界保护、外部访问控制策略、内部访问控制策略、网络设备安全配置等方面进行识别
	系统软件	从补丁安装、物理保护、用户账号、口令策略、资源共享、访问控制、新系统配置（初始化）等方面进行识别
	系统硬件	从音频设备、音频设备、视频会议设备、网络设备、中控设备、采集设备、灯光设备等方面进行识别
	应用系统	从系统访问控制策略、数据完整性、密码保护等方面进行识别
管理脆弱性	人员组织管理	从组织架构和制度、人员职责管理、第三方人员管理等方面识别
	风险管理	从风险管理策略、风险评估方法、防范措施、应急措施和持续性相关措施等方面识别
	系统安全管理	会议系统运行维护制度、运行日志、变更记录、故障记录、巡检记录、数据备份、相关培训等方面识别
	外包管理	外包管理制度、外包合同管理、外包实施管理、服务水平控制等方面识别

②脆弱性评估。

脆弱性是未被满足的安全需求，因而它是一个相对的概念，需要根据业务对信息安全的要求，识别和评估脆弱性的严重程度。《信息安全技术信息系统安全等级保护基本要求》（GB/T 22239—2015）中，提出和规定了不同安全保护等级信息系统的最低保护要求，风险管控人员可以对照此标准，结合实际，评估系统中存在的脆弱性及其严重程度。

建议从脆弱性被威胁利用的难易程度和脆弱性被利用后对对象造成的损害程度两个方面评估脆弱性的严重程度。脆弱性严重程度评估参考见表11.13。

表 11.13　脆弱性严重程度评估参考表

等级	描述
高	脆弱性容易被威胁利用； 或如果被利用，将对对象造成重大损害
中	脆弱性有一定可能被威胁利用； 或如果被利用，将对对象造成一般程度损害
低	脆弱性很难被威胁利用； 或如果被利用，只对对象造成很小的损害或损害可忽略

（8）已有安全措施确认。

①已有安全措施分类。

在识别脆弱性的同时，风险管控人员应确认是否已经采取了相应的安全措施以及安全措施是否真正有效。对有效的安全措施应继续保持，对确认为不恰当的安全措施应当改进或替换，对没有采取安全措施的脆弱点则应该考虑增加安全措施。

由于安全措施主要是针对脆弱性而言的，因此也可以从技术和管理两方面进行识别，安全措施分类参考见表11.14。

表 11.14　安全措施分类参考列表

类别	子类	描述
技术措施	物理安全	物理访问控制、物理措施（火、雷、电、水等）
	网络安全	网络结构、访问控制、安全审计、入侵防范、网络设备安全
	系统软件安全	软件版本，软件升级，软件备份
	系统硬件安全	主系统连接图、备份系统建设、备品备件预备、系统巡检、系统演练
	应用系统安全	权限管理，密码管理，备份恢复
管理措施	人员组织管理	组织架构、岗位设置与职责、第三方人员管理
	风险管理	风险管理策略、风险管控、应急预案、应急演练、业务连续性规划
	系统安全管理	会议系统运维制度、运行日志、变更记录、故障记录、巡检记录、数据备份、相关培训等
	外包管理	外包人员管理、外包合同管理、外包实施管理、服务水平控制

②安全措施评估。

建议主要从安全措施抵御威胁的有效程度和安全措施降低对象损害的有效程度两个方面评估安全措施的有效性。安全措施有效程度评估参考见表11.15。

表11.15 安全措施有效程度评估参考表

等级	描述
高	安全措施很有效，能够非常有效地抵御威胁、防范风险的发生； 或安全措施可以基本消除威胁利用脆弱性后造成的损害，大幅度降低风险影响
中	安全措施在一定程度上有效，不能完全抵御威胁、防范风险的发生； 或安全措施只能在一定程度上降低脆弱性造成的损害
低	无安全措施或安全措施效果很有限，难以抵御威胁和防范风险的发生； 安全措施很难或几乎不能降低脆弱性造成的损害

（9）风险可能性和影响分析。

①风险可能性分析。

风险的可能性主要从威胁的出现频率、脆弱性的严重程度（脆弱性可能被威胁利用的难易程度）和已有安全措施的有效程度（安全措施抵御威胁的有效程度）三个方面，结合实际情况，综合分析。

表11.16提供了一种评估风险发生可能性的规则，可供参考。

表11.16 风险可能性评估参考表

威胁出现频率	脆弱性严重程度	安全措施有效程度	风险可能性
低	低	低	低
低	低	中	低
低	低	高	低
低	中	低	低
低	中	中	低
低	中	高	低
低	高	低	高
低	高	中	低
低	高	高	低
中	低	低	低
中	低	中	低
中	低	高	低
中	中	低	高
中	中	中	低

续表

威胁出现频率	脆弱性严重程度	安全措施有效程度	风险可能性
中	中	高	低
中	高	低	高
中	高	中	高
中	高	高	低
高	低	低	高
高	低	中	低
高	低	高	低
高	中	低	高
高	中	中	高
高	中	高	低
高	高	低	高
高	高	中	高
高	高	高	低

②风险影响分析。

分析风险影响程度必须考虑对象的重要性,同时还需要考虑对象脆弱性的严重程度(脆弱性被威胁利用后对对象的损害程度)以及安全措施的有效程度(安全措施降低损害的有效程度)。

表 11.17 提供了一种风险影响程度的评估规则,仅供参考。为了突出重点,没有对对象重要程度为低的风险影响进行评估。

表 11.17 风险影响程度评估参考表

对象重要程度	脆弱性严重程度	安全措施有效程度	风险影响程度
中	低	低	低
中	低	中	低
中	低	高	低
中	中	低	高
中	中	中	低
中	中	高	低
中	高	低	高
中	高	中	高
中	高	高	低
高	低	低	低
高	低	中	低

续表

对象重要程度	脆弱性严重程度	安全措施有效程度	风险影响程度
高	低	高	低
高	中	低	高
高	中	中	高
高	中	高	低
高	高	低	高
高	高	中	高
高	高	高	低

（10）风险大小判定。

根据前述内容，风险的大小可以通过以下函数判定：

风险＝F（对象重要程度，威胁出现的频率，脆弱性严重程度，已有安全措施有效程度）

但是，就计算规则 F 而言，目前没有成熟的方法，一般是将上述函数中的四个要素转化成风险发生的可能性和影响程度两个要素，即：

风险＝G（风险发生的可能性，风险发生后的影响程度）

其中：

风险发生的可能性＝f（威胁出现的频率，脆弱性被威胁利用的难易程度，已有安全措施抵御威胁的有效程度）

风险发生的影响程度＝g（对象重要程度，脆弱性被威胁利用后对对象的损害程度，已有安全措施降低损害的有效程度）

以往的风险管控是直接将风险发生的可能性和风险发生后的影响程度作为判定风险大小的原始因素，而不是作为 f、g 函数中各因素的中间计算结果（或者说，这种计算过程隐含在风险管控者的直觉和经验之中，而没有反映到风险管控手册上）。因此，本书所提出的风险管控思路和以往的风险管控思路在本质上是一致的。实践也已证明，以往的风险管控思路是完全可行的，可以继续沿用。

以往风险管控所使用的风险大小判定规则（即 G 函数的计算规则）如图 11.6 所示：

风险共分为四级，一级为高风险，四级为低风险。定级方法如下：

影响程度高、发生可能性高的风险，定义为一级；

影响程度高、发生可能性低的风险，定义为二级；

影响程度低、发生可能性高的风险，定义为三级；

影响程度低、发生可能性低的风险，定义为四级。

本次风险管控建议继续使用这一风险判定规则。

此外，在前述内容中给出了 g、f 的一种参考计算规则，此规则需要风险管控人员根据实际情况进行灵活把握。建议对于比较明确的风险，风险管控人员可直接根据经验判定风险级别。对于难以把握的风险,可以参考本文档所提出的判断原则。

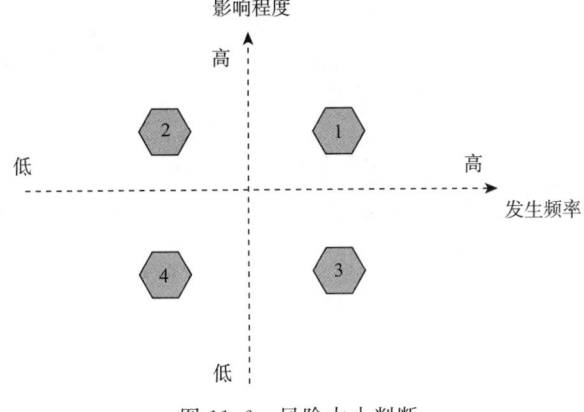

图 11.6 风险大小判断

(11) 风险处理计划。

风险识别和分析本身并不能改变组织面临的安全现状,因此还必须在风险评估结果的基础上,有针对性地制订风险处理计划。即针对不可接受的风险,采取必要的安全措施,并确保通过安全措施的实施,能够将风险降低到可接受的水平。

安全措施主要考虑四种类型的实施策略。

维持:对于在可接受范围内的风险,或者因实施成本过高、客观条件所限等原因无法实施安全措施的风险,选择继续保持现有措施,接受现有风险。

降低/消除:对于不可接受的风险,采取合适的安全措施,将风险降低到可接受的程度,或者完全消除。

规避:选择放弃某些可能引来风险的业务、资产或功能,以此来规避风险。

转移:将风险全部或者部分地转移到其他责任方。

此外,用于降低或消除风险的安全措施,应尽可能从技术和管理两方面考虑,并明确安全措施实施的预期效果、实施条件、进度安排、责任人等。

对于不在可接受范围内并且无法降低的风险,应制订应急预案,并进行定期演练。

11.5.5 某会议室视频会议系统风险防范示例

(1) 对象识别。

××会议室位于×××层,是某公司召开视频会议的主要场所,对象级别比较重要。

将该会议室对象按技术划分有如下分类:网络系统、保障系统、音频系统、视频系统、会议系统、电话会议系统、上级某会议系统、中控系统、采集系统、备份系统、传输线路、应用软件、分会场网络系统;分会场会议系统、分会场内部会议系统。

将××会议室对象按管理划分有如下分类:数据管理、文档管理、人员管理、技术支持、用户服务。

① 系统识别。

技术类对象系统识别见表 11.18,管理类对象系统识别见表 11.19。

表 11.18 某会议室对象—技术类对象系统识别表

序号	系统名称	描述	稳定性	重要程度
1	网络系统	核心路由器、核心交换机等		
2	保障系统	UPS、变电设备、空调、门禁、消防设施		
3	音频系统	话筒、调音台、音频处理器、功放、音箱等设备		
4	视频系统	摄像机、视频矩阵、视频转换器、等离子、投影机等设备		
5	会议系统	视频终端、MCU 等设备		
6	电话会议系统	视频终端		
7	上级某会议系统	上级某视频终端		
8	中控系统	中控主机、触摸屏等设备		
9	采集系统	DVR、录音笔、录播服务器等设备		
10	备份系统	备份终端、备份矩阵、备份音频处理器、备份 DVR 等设备		
11	传输线路	光纤、音视频线、双绞线等		
12	应用软件	MCU 操作软件、音频处理器软件、中控软件等		
13	分会场网络系统	广域网链路、区域中心核心路由器、分会场交换机		
14	分会场会议系统	分会场音视频设备		
15	分会场内部会议系统	内部视频终端，内部 MCU		

表 11.19 某某会议室对象—管理类对象系统识别表

序号	系统名称	描述	可用性	重要程度
1	数据管理	内部数据管理		
2	文档管理	内部文档管理		
3	人员管理	内部人员管理		
4	技术支持	外部技术支持		
5	用户服务	外部用户服务		

②系统对象识别。

在系统识别的基础上，参考风险管控原理中的对象分类原则，结合实际，对各系统所涉及的对象进行深入识别。

（2）风险分析。

以某会议室为例，要分析风险，首先需要弄清楚其基本结构和设备组成。下面以某视频会议室音频系统连接示意图为例说明，如图 11.7 所示。

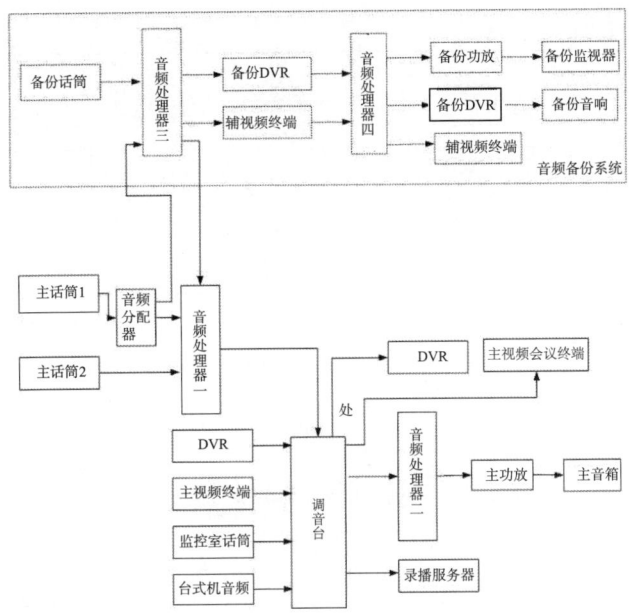

图 11.7 某视频会议系统音频线路图示例

所有连接的设备的输入输出都可能存在风险,是需要着重考虑的地方。
①技术类风险分析。
某视频会议技术风险分析示例见表 11.20。

表 11.20 某视频会议技术风险分析示例表

对象	类别	序号	脆弱性	面临威胁	已有安全措施	风险			应对措施
						可能性	影响	级别	
1.网络系统	内部对象	1.1	交换机老化	硬件故障		低	高	二级	
2.保障系统		2.1	UPS脆弱性	硬件故障		低	高	二级	
3.音频系统		3.1	话筒脆弱性	硬件故障	备份音频系统热备份	低	高	二级	消除
4.视频系统		4.1	投影机脆弱性	硬件故障	投影机冷备份	低	高	二级	消除
5.会议系统		5.1	视频终端脆弱性						
6.电话会议系统		6.1							
7.中控系统		7.1							
8.采集系统		8.1							
9.灯光系统		9.1							
10.备份系统		10.1							
11.传输线路		11.1							
12.总部应用软件		12.1	MCU软件脆弱性	软件故障					

续表

对象	类别	序号	脆弱性	面临威胁	已有安全措施	风险			应对措施
						可能性	影响	级别	
13.分会场网络系统	外部对象	13.1							
14.分会场会议系统		14.1							
15.分会场内部会议系统		15.1							

②管理类风险分析。

某视频会议管理类风险分析见表11.21。

表 11.21 某视频会议管理类风险分析表

对象	类别	脆弱性	面临威胁	已有安全措施	风险			应对措施
					可能性	影响	级别	
1.数据管理	内部对象							
2.文档管理		缺少《×××工作规范》	文档缺失	已经制定《×××管理规范》	高	低	三级	消除
3.人员管理			无作为或误操作					
4.技术支持	外部对象							
5.用户服务								

(3) 风险处理计划。

①应对措施举例。

技术类风险应对举例见表11.22。

表 11.22 某会议室技术类风险应对举例

系统名称	脆弱性	风险级别	应对措施						应急预案
			措施类型	应对措施描述	实施条件	进度安排	责任人	预期结果	
1.网络系统									
2.保障系统									
3.音频系统	话筒脆弱性	二级	消除	提前巡检,热备话筒		已到位		消除	附件××
4.视频系统									
5.会议系统									
6.电话会议系统									

续表

系统名称	脆弱性	风险级别	应对措施						应急预案
			措施类型	应对措施描述	实施条件	进度安排	责任人	预期结果	
7.其他会议系统									
8.中控系统									
9.采集系统									
10.灯光系统									
11.备份系统									
12.传输线路									
13.应用软件									

管理类风险应对举例见表 11.23。

表 11.23 某会议室管理类风险应对举例

系统名称	脆弱性	风险级别	应对措施						应急预案
			措施类型	应对措施描述	实施条件	进度安排	责任人	预期结果	
1.数据管理									
2.文档管理									
3.人员管理									
4.技术支持									
5.用户服务									

②应急预案。

××会议室视频终端主备切换应急预案；

××会议室投影机故障应急预案；

××会议室话筒主备切换应急预案。

③演练计划表。

某视频会议系统演练计划见表 11.24。

表 11.24 某视频会议系统演练计划表

序号	应急预案	演练周期
1	××会议室视频终端主备切换	
2	××会议室投影机故障应急预案	
3	××会议室话筒主备切换应急预案	
……		

11.5.6 风险统计

以某次风险识别结果对风险分类进行了统计，见表 11.25、图 11.8 所示。

表 11.25 风险识别结果统计（按风险分类）

系统风险	类型	一级	二级	三级	四级	合计
视频系统（技术类）	内部					
	外部					
音频系统（技术类）	内部					
	外部					
文档管理（管理类）	内部					
	外部					
合计						

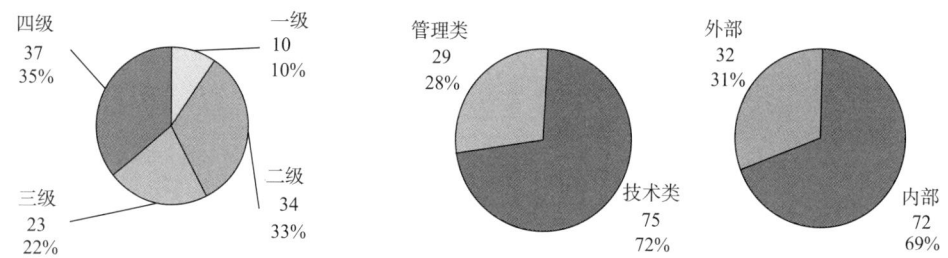

图 11.8 风险识别结果统计（按风险级别、分类、来源）

实施应对措施后的预期风险应对结果见表 11.26。

表 11.26 风险应对结果统计

风险应对效果系统	一降二	一降三	一降四	二降三	二降四	三降四	维持二级	维持三级	维持四级	消除
某会议室										
合计（ ）										

实施风险管控应对措施前后对比情况如图 11.9 所示：

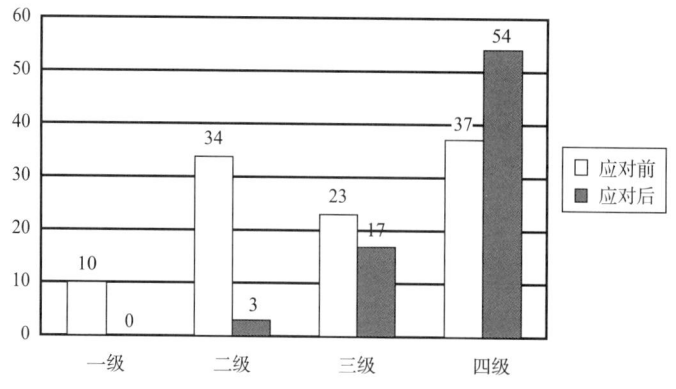

图 11.9 风险应对前后结果对比统计

11.5.7 备品充实计划

表 11.27 为某会议室会议系统对象识别清单。

表 11.27 系统对象识别清单

系统	编号	对象名称	用途描述	位置	责任人	稳定性	重要程度	备注
视频系统	001	投影机						
	002							

11.5.8 视频会议系统通用备份措施

从项目设计开始,业主和项目设计方就必须考虑极端情况下视频会议系统的稳定性,及早入手,从五个方面对系统进行备份。

(1) MCU 备份:MCU 作为视频系统的核心设备,其重要性是第一位的,用户可以做好主用和备用的备份,会前进行演练切换,手动切换时间一般在 10s 以内,自动切换在 2s 以内,对会议效果影响不明显。

(2) 视频终端备份:视频终端和 MCU 一样,一主一辅,做好热备份,切换对会议影响效果不大。

(3) 网络备份:IP/PSTN 网络备份,多运营商链路备份,电话线路备份,极端情况下可以召开电话会议。

(4) 音频话机备份:可以接入普通电话,极端网络状态不好时可以召开电话会议。方便参会方电话或者手机拨入。

(5) 软件移动视频备份:在笔记本电脑或者 PC 电脑上安装视频会议软件,同样可以参加会议,但会议效果会打折扣。

11.5.9 视频会议系统应急预案

在视频会议期间的维护过程中,维护人员应该明确应急的方法和准则,使应急方案负责人可以根据不同形势的紧急程度,立即采取相应的应急措施,明确在应急模式下的操作程序和系统恢复工作程序,以达到应急方案目标的要求。

火情应对方案:根据会场工作人员的安排,沿安全通道尽快撤离会场。

停电应对方案:启用会场 UPS 电源,并与物业管理人员联系。根据实际情况请示领导,决定会议是否继续进行或延期。

会议上的意外情况应对方案:及时切换镜头,播放会议录像或音乐等。

地震等其他意外情况应对方案:根据会场工作人员的安排,尽快撤离会场,到达安全地方。

视频会议系统保障应急程序如下:

(1) 在会议系统运行中,主会场出现声音啸叫、回声。

①立即把总主输出音量适当减小；

②把分路话筒输入推子适当降低一点；

③检查输出有回路的通道，若有，立即关闭；

④适时监听调试效果；⑤先增加分路推子音量，再缓慢增加输出主推子音量。

（2）主会场视频图像有出入。

①首先用会场全景镜头替换切出；

②然后精确调整好图像，再将调整后的镜头切出。

（3）分会场掉线或没有影像。

①MGC连接分会场，然后立即静音；

②交互式会议若是发言单位时，MGC连接分会场，但是不能静音；

③切换到辅终端。

（4）分会场没有影像或影音效果不好。

①首先检查大调音台上主（/辅）广播［若用主（/辅）终端］是否打开；

②检查输出音量大小；

③检查级联点是否静音（不能静音）；

④检查网络状况，查看丢包情况；

⑤立即和其他分会场联系，了解影音效果。

（5）外部声音不正常传入主会场。

①在大调音台上关闭主会议电视（9/10，11/12）输入；

②关闭天花板麦克风；

③交互式会议若是发言单位时，适当调节其输入音量大小；

④交互式会议若不是发言单位，对其静音。

（6）闭路电视声音图像不好。

①立即适当加大输出音量；

②检查输出切换是否正确。

11.6　POLYCOM产品主要故障解决办法

宝利通（POLYCOM）产品家族主要包含：宝利通高清MCU产品；宝利通高清终端产品；HDX高清产品。宝利通商务可视电话；宝利通VVX可视音频产品、POLYCOM高清视频会议录播、新一代统一通信核心平台CMA、宝利通极致远真产品。

MCU产品具体有RMX产品线（RMX 500、RMX 1000、RMX 2000、RMX 4000）。

宝利通高清终端产品有HDX 9000/8000/7000、HDX 4500高清桌面终端；EagleEye View高清摄像头，HDX4000，Polycom Telepresence m100，宝利通RealPresence Mobile，VVX，高清视频会议录播RSS 4000。

宝利通远真系列市场定位：RPX—宝利通极致远真系统；OTX—宝利通时尚远真系统；

ATX—宝利通定制化的三屏远真系统。

11.6.1 HDX 端口的开放

在配置网络设备用于视频会议时可能需要此信息。

表 11.28 显示 IP 端口使用情况。

表 11.28 IP 端口使用情况

端口	功能
23	（Telnet）用于诊断
24	Polycom API
80	（IITTP）获取 Polycom II IDX 系统、Polycom VOX 系统、ViewStation® 和 VS4000™ 信息（IITTP）iPower™ 软件升级和预配置静态－TCP HTTP 界面（可选）
123	UPD 网络时间协议（NTP）
161－162	TCP/UDP SNMP
443	静态－TCP HTTP 界面（可选）
514	UDP syslog
1000－65535	动态 TCP H245。在 Polycom 系统中可设为"固定端口" 动态 UDP－RTP（视频数据）。在 Polycom 系统中可设为"固定端口" 动态 UDP－RTP（音频数据）。在 Polycom 系统中可设为"固定端口" 动态 UDP－RTCP（控制信息）。在 Polycom 系统中可设为"固定端口"。
1503－静态	TCP T.120
1718－静态	TCP 网闸发现（必须是双向的）
1719－静态	TCP 网闸 RAS（必须是双向的）
1720－静态	TCP H.323 呼叫设置（必须是双向的）
1731－静态	TCP 音频呼叫控制（必须是双向的）
3601	TCP（Proprietary－数据通信量）－全球目录数据
5001	TCP/UDP People＋Content IP
5060－静态	TCP/UDP SIP 呼叫设置（必须是双向的）
5061－静态	TL S SIP 呼叫设置（必须是双向的）
5222	XMPP 状态服务
8080－静态	TCP HTTP 服务器（可选）

11.6.2 HDX系列指示灯含义

Polycom HDX 9000系列系统正面的指示灯提供以下信息（表11.29）：

表11.29 HDX9000系列指示灯信息

指示灯	系统状态
关	系统电源已关闭
绿色指示灯点亮	系统处于初始化状态；系统唤醒
绿色指示灯闪烁	系统接收到IR（红外）信号
琥珀色灯点亮	系统处于休眠状态
绿色和琥珀色灯交替闪烁	系统处于软件更新模式；系统处于恢复出厂设置模式

PolycomHDX 8000系列、Polycom HDX 7000系列和PolycomHDX6000系列系统正面的指示灯提供以下信息（表11.30）：

表11.30 HDX4000系列、HDX6000－8000系列指示灯信息

指示灯	系统状态
关	系统电源已关闭
蓝灯点亮	系统处于初始化状态；系统唤醒
蓝色指示灯闪烁	系统接收到IR（红外）信号
琥珀色灯点亮	系统处于休眠状态
蓝色和琥珀色灯交替闪烁	系统处于软件更新模式；系统处于恢复出厂设置模式

Polycom HDX 4000系列监视器侧面的指示灯提供以下信息（表11.31）：

表11.31 HDX4000系列监视器侧面指示灯信息

指示灯（监视器电源）	状态
关	监视器电源已关闭
蓝灯点亮	监视器电源已打开
琥珀色灯点亮	监视器处于待机模式
指示灯快速闪烁	监视器未正确连接到系统。根据系统附带的安装手册，确认监视器已正确连接

Polycom HDX 4000系列内置摄像机旁边的指示灯提供了以下信息（表11.32）：

表11.32 HDX4000系列内置摄像机旁指示灯信息

指示灯（监视器摄像机）	状态
关	系统未处于通话状态
绿色指示灯点亮	系统处于通话状态
绿色指示灯闪烁	系统处于通话状态且Privacy Shutter已关闭

11.6.3 HDX 系列系统状态

◀ 主页—系统—诊断—系统状态

◀ 检测终端每个模块是否正常，报错的项目以红色箭头表示。

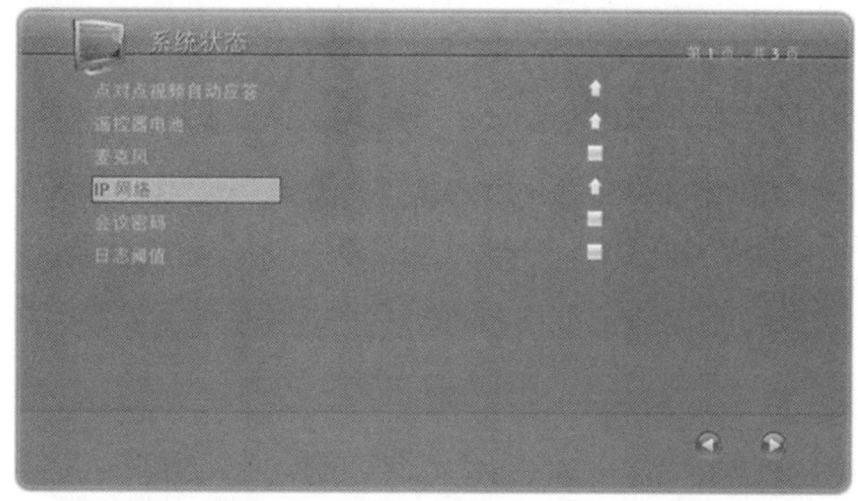

图 11.10　系统状态

11.6.4 通话中的网络丢包查看

◀ 主页—系统—诊断—呼叫统计

- 显示当前呼叫的统计数据。
- 也可在通信时通过遥控器左上角的信息键 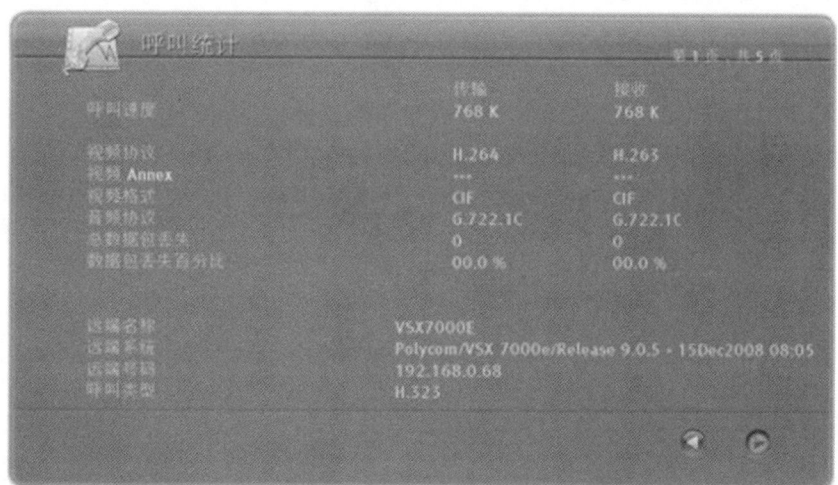 来显示。

图 11.11　通话中的网络丢包查看

11.6.5 HDX 网络测试

◀ 主页—系统—诊断—网络—PING

- PING：测试系统是否能够与指定的远端 IP 地址建立联系。PING 返回简短的 Internet 控制信息协议结果。只有当远端站点配置为使用 H.323 时，它才会返回 H.323 信息。只有当远端站点配置为使用 SIP 时，它才会返回 SIP 信息。

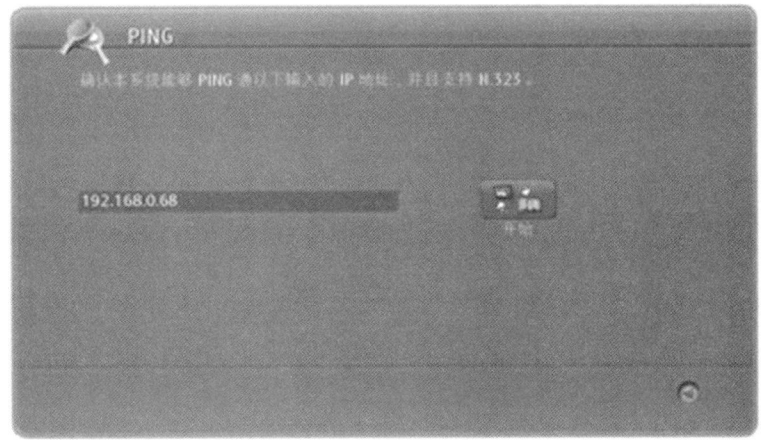

图 11.13　HDX 网络测试

11.6.6 HDX 声音测试

◀ 主页—系统—诊断—音频—扬声器测试

- 该项功能主要用户测试终端的发音系统，如果有音频发出，说明终端是音频输出。

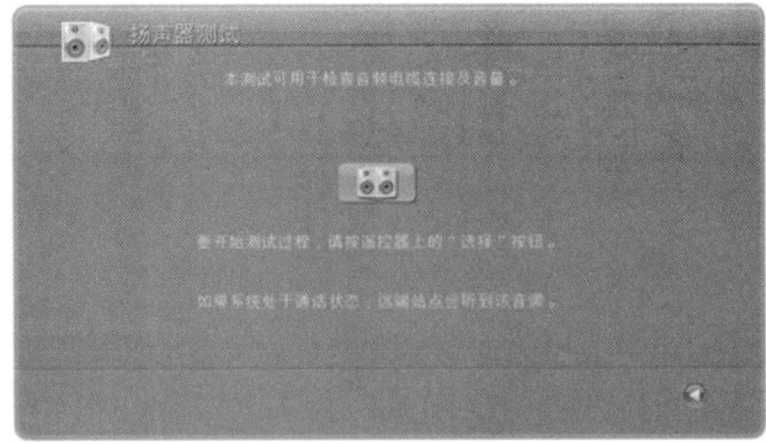

图 11.14　HDX 扬声器测试

◀ 主页—系统—诊断—音频—音频指示器
  • 该项功能主要用户测试终端的音频输入系统,如果有绿色动态横条,说明终端的音频输入。
◀ 当终端在呼叫状态中,还可以诊断远端会场是否有声音传送过来。

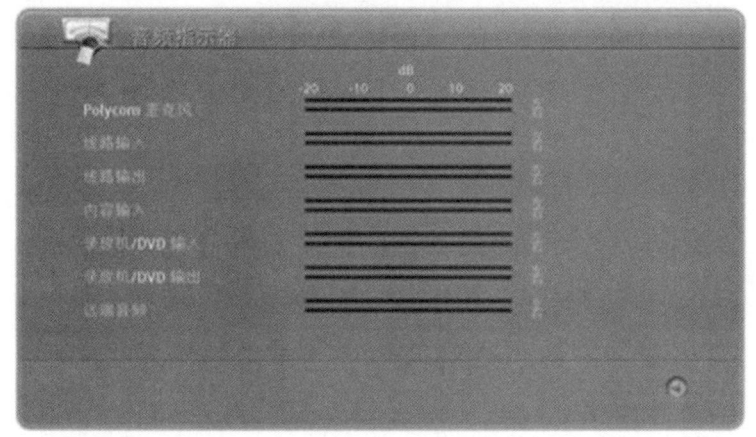

图 11.15　音频指示器测试

11.6.7　系统恢复出厂设置步骤

方法一:

◀ 主页—系统—诊断—系统重设
  • 输入系统的 14 位序列号,选择:系统重设。
  • 大小写通用,按"键盘"输入字母,或连接按键直到需要的字母出现。
◀ 当终端出现故障或是配置出问题时,可以通过系统重设功能恢复终端原始设置,然后重新设置各项参数。

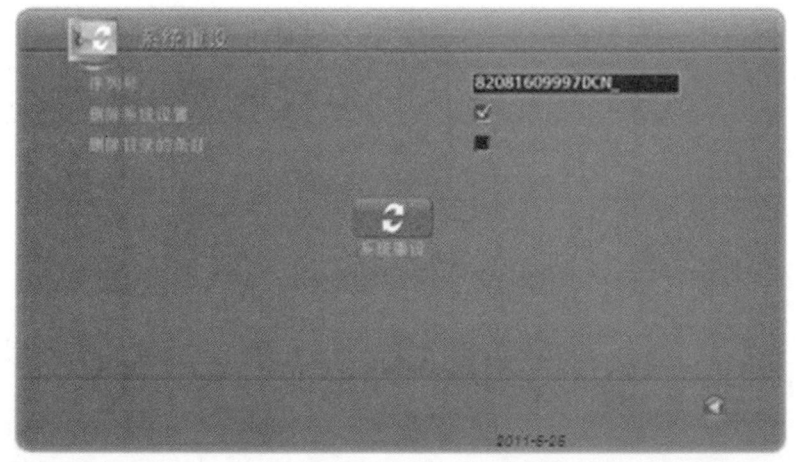

图 11.16　系统重设恢复原始设置

方法二：

可以使用 PolycomHDX 系统的硬件恢复按钮按照下列方法之一重设系统。

（1）恢复配置—这会将大多数系统设置重设为默认值。

（2）恢复出厂设置—完全清除系统设置并将其恢复至出厂分区存储的软件版本和默认配置。如果在连接有 USB 存储设备时按照此程序操作，系统将从 USB 设备恢复，而不是从系统的出厂分区。

恢复按钮位于 PolycomHDX 9000 系列系统的正面，如图 11.17 所示。

图 11.17　HDX 9000 系列恢复按钮位置

恢复按钮位于 Polycom HDX 8000 系列、Polycom HDX 7000 系列和 Polycom HDX 4000 系列系统的正面，如图 11.18 所示。

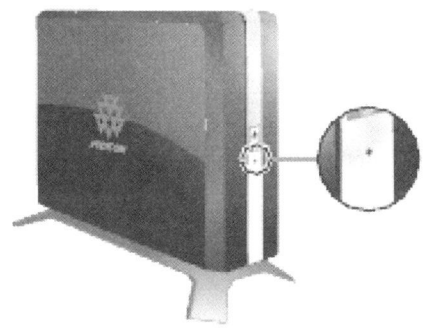

图 11.18　HDX 4000、7000、8000 系列恢复按钮位置

如果系统不能正常工作或忘记管理员房间密码，则可以使用恢复按钮删除系统设置并重新启动系统。此操作类似于使用启用了删除系统设置的系统诊断屏幕上的系统重设功能。

下列项目将会保存：

（1）当前软件版本；

（2）选项密钥；

（3）遥控器通道 ID 设置；

（4）目录条目；

（5）CDR 数据和日志。

使用恢复按钮重设系统配置：

系统电源打开后，按住恢复按钮至少 15s。

15s 后，系统重新启动并显示设置向导。

方法三：

如果 Polycom HDX 系统在软件更新后没有启动或出现严重的问题，则可以使用恢复按钮重新启动采用出厂分区软件的系统。该操作将完全清除系统的闪存并重新安装存储在出厂分区的软件版本和默认配置。

下列项目将不保存：

(1) 软件更新；

(2) 包括选项密钥和遥控器通道 ID 在内的所有系统设置；

(3) 目录条目；

(4) CDR 数据。

如果在连接了 USB 存储设备的情况下，按照此过程将系统恢复为出厂默认设置，则系统会从 USB 设备而不是从系统的出厂分区进行恢复。

使用恢复按钮将系统重设为出厂分区软件：

(1) 在系统电源关闭的情况下，按住恢复按钮。

(2) 按住"恢复"按钮的同时，按一次"电源"按钮。

(3) 按住恢复按钮 5s 以上，然后放开。

在恢复出厂设置过程中，系统在分量监视器上显示 Polycom 启动屏幕。其他类型的监视器显示空白。不要在恢复出厂设置过程中断开系统电源。此过程完成后，系统将自动重新启动。

11.6.8 日常会议服务注意事项

(1) 采用带有遮光布的窗帘，减少室外光线对会议的影响，最好能杜绝自然光，采用人造光。

(2) 室内光线的亮度要够，一般要达到 500~800Lux。

(3) 设备的镜头不能摆放在逆光的位置。

(4) 摄像头的高度在 1.5~1.8m 左右，与人眼基本齐平。

(5) 麦克风的摆放要注意，不能靠近有声音输出的设备（如电视机的音箱）或有噪声发出的设备（如室内的空调旁）。

(6) 会议过程中，不需要发言的会场要主动将本地会场的麦克风关闭，保证会场安静。当需要发言时要及时打开麦克风，发言完毕关闭。

(7) 会议过程中，需要发言讨论时，先打开麦克风向主会场提出请求，得到同意后再继续发言，否则请继续保持静音。

(8) 发言时，要一个人一个人地发言，不要多人同时讲话。因为全向麦克风会把所有人的声音混合，远端听到的声音会非常嘈杂，听不清具体说话内容。

(9) 在会议进行过程中，尽量控制会场噪声，不要在会场中随意走动。

(10) 发言时，不必手持麦克风，距麦克风 0.5~2m 以内为佳。

(11) 会议开始前，应固定好麦克风的位置。麦克风尽量远离有噪声发出的设备，并且尽量使发言人能正对麦克风，这样采集的声音质量更高，声音效果更好。

（12）会议过程中，特别是本地有人发言时尽量不要移动麦克风，不要拍打麦克风，或使纸张在麦克风附近发出沙沙的声音。

（13）用正常的语调讲话，不要大声喊叫，讲话时姿势要自然。

11.7 视频会议常见问题统计与处理

在日常视频会议技术服务中，系统故障主要来源于三个方面：一是系统故障，主要是设备故障引起的，缺少备品备件及时更换，以及对设备健康运行情况掌握不清楚；二是制度缺陷，没有相应的保障策略，缺乏对用户需求的理解和应对，没有成熟的运行维护管理模式，制度流程不清晰；三是人员管理不到位，缺少培训演练，运行维护人员技艺不精，运行维护规律不熟悉不掌握，岗位操作不当，还有和分会场人员沟通不畅。

以某公司视频会议系统故障为例：

按故障发生阶段分类来看：会议中分会场发生网络故障概率70%，会前主会场发生概率高达75%。

对故障发生概率按地点区分统计：主会场30%，分会场60%，主干网络10%。

按系统分类统计：主会场视频故障57%，音频故障33%，中控故障10%；

分会场视频故障51%；音频故障25%，中控故障24%；分会场故障主要发生在网络接入、系统变动和会议转发环节；使用频率多的设备（投影机、显示器、会显屏等）和小型设备（转换器、继电器）故障较多。

11.7.1 会场常见问题及处理

（1）看不到图像。

原因：监视器第一路视频输出设置的格式和所接入的线缆不对。

措施1：长按遥控器的"显示"键，出现输出类型后选择相对应的视频输出。

措施2：通过WEB登录到设备，输入系统的IP地址，在"监视器"中修改相应的输出类型。

（2）显示器蓝屏。

原因：视频源没有选择正确，或镜头的输入类型没有选择正确，转换器、融合器故障造成主会场画面短暂蓝屏。

措施：点击遥控器近端按键，选择正确视频源，检查菜单内关于摄像机的配置。转换器、融合器更新检查。

（3）显示器黑屏。

原因：电视机的频道没有选对或者是视频线没有接好。

措施：正确的选择电视机的频道或者是连接好视频线。

（4）显示器画面太亮。

原因：打开了逆光补偿或镜头逆光。

措施1：关闭逆光补偿。

措施2：转动镜头，调整到不逆光的位置。

（5）镜头无法转动。

原因1：没有选择近端。

措施1：先点击遥控器近端按钮再控制镜头。

原因2：镜头连接线缆没有连接正确。

措施2：检查镜头连接线缆。

原因3：遥控器电量不足。

措施3：更换电池。

原因4：镜头活动空间太小。

措施4：移动镜头位置，方便其转动。

（6）双流无法显示。

原因1：图像的显示位置没有选择正确。

措施1：可以先设置成双显仿真的方式，通过该方式确认双流图像确实已经发出，如果仍然有问题，进入监视器菜单选择正确的图形显示位置。

原因2：PC没有把画面切出来。

措施2：检查并调整PC电脑的设置。

（7）主监视器上无画面。

原因1：系统闲置一段时间后，自动进入了休眠模式。

措施1：请拿起遥控器，唤醒系统。

原因2：显示器电缆连接不正确。

措施2：正确连线，接触正常。

（8）发言时从电视机处听到本地环回声音。

原因1：对方麦克风离扩声设备太近，自己的声音从对方的麦克风又传回来了。

措施1：请求对方调整扬声器音量（变小），同时确保话筒远离视频会议终端音频输出的扬声器；

原因2：音频输出接到了VCR的音频输出。

措施2：把音频输出重新接线调整到第1路音频输出。

（9）对方听不到声音。

原因：没有启用视频会议终端的麦克风或关闭了麦克风。

措施：进入音频设置，找到麦克风设置并启用，打开麦克风开关，确认麦克风红灯没有亮起（红灯亮表示静音）。

（10）电源继电器不受控，无法正常关闭系统。

原因：电流过大，继电器触点老化。

措施：提供备件，增加一组继电器进行分流。

（11）中控主机没反应。

原因：主机死机。

措施：提前开启系统；重启中控主机。

（12）触摸屏无响应。

原因：触摸屏无电源供应；程序紊乱；与中控主机无法通信。

措施：提前开启中控系统；重启触摸屏，或启用备份网控系统。

（13）VGA 输入输出无响应。

原因：接口模块或线路损坏；未正确操作将电脑显示内容切出，显示器分辨率不匹配。

措施：检查更换损坏的物理接口，换线或者模块；采用另一地插接口；不同电脑切出方式不一，调整投影画面分辨率到 1024×768（一般显示设备都兼容的分辨率）。

（14）系统无反应。

原因：系统缺电，转换器不稳定，设备接触不好。

措施：改单点核心设备为双套系统，合理备份，对核心设备进行备份，每次会前调通两套系统并进行切换演练，转换器更换，检查电路，使用 UPS 电源接入。

（15）麦克风不发声。

原因：电容和电阻话筒的电压要求不一样，电压不匹配或无供电，接入调音台方式不正确，调音台增益不足，功放不工作，线路不通，话筒电路损坏；音频处理器接口模块损坏；音频处理器软件故障。

措施：更换电池，增加增益，打开功放等周边设备，检查调通线路，更换麦克风或音频处理器接口模块，将两套麦克风连接到一套扩声系统中。做好有线无线麦克风互备，做好卡龙头与大三芯两种接入方式备份，做好电容与电阻话筒备份；重新灌入程序，启用发言单元自带音箱。

（16）点歌中歌曲少。

原因：歌库未联网或者未更新补充新歌曲。

措施：每月定期升级歌库，或者手工补充；将常见背景音乐加入收藏。

（17）音响等部分设备不稳定工作。

原因：设备可能经常搬动，导致模块松动，或新购入未加电"烧"一段时间，电容电阻等设备性能不稳定。

措施：制定设备移动和接插规范，制作固定的箱子和内部结构使其固定，搬动中尽量固定。

（18）系统噪声明显。

原因：设备未良好接地，功放等周边线路连接方式错误，房间湿气大，设备机房靠近电梯等辐射性大的物体周边，喇叭或者其内部元器件损坏。

措施：更换备品备件；检查连接方式，特别是功放接入方式，远离大的磁场。换别的音箱或者修理坏的喇叭。

（19）调音台不工作。

原因：设备老化、幻象电压供电不稳，灰尘大，系统死机。

措施：做好清洁保护，使用带 UPS 的电压接入，重启调音台，启用发言单元自带音箱。

（20）投影机不正常工作。

原因：无电压和信号输入；中间环节视频矩阵无法完成信号切换，风道振动引起投影机图像位置偏移；信号线某一根缺失。

措施：更换备品备件，更换线缆；启用备份投影；固定投影机升降架，减少会议室投影机移动；启用备份投影机直连。

（21）监视器显示故障。

原因：设备老化，接触不良，信号输入通道不正确。

措施：启用其他监视器；操作到正确通道；及时修复或返厂维修，定期巡检。

（22）无法录音录像。

原因：磁盘满；硬盘录像机硬盘损坏。

措施：消除部分以往录像资料，腾出空间，加强巡检密度频率，做到会前解决；用模拟系统做好备份；更换冗余设备，用录音笔作音频备份；机器做返厂维修处理。

（23）主会场视频终端死机。

原因：设备故障。

措施：会前更换备品备件；会中切换备份终端；启用软视频终端加强监视，发现问题第一时间处理。

（24）部分会场效果不稳定。

原因：主会场 MCU 板卡老化、分会场网络不稳定、光纤收发器运行不稳定。

措施：更换该会场 MCU 相关板卡，将该会场管理部署到别的板卡上；检查维修更换光纤收发器。

（25）文档数据资料保管不方便。

原因：文档管理手段整体落后，缺乏统一有效的管理平台和备份措施；数据管理缺少具体的数据管理规范；人员匮乏，关键岗位无备份，一人多岗。

措施：部署服务器，实现自动化管理；建立健全制度规范，方便索引查找；充实熟练员工到岗。

（26）用户服务不满意。

原因：服务需求不明确、服务期望值过高或者服务能力不足等引起的。

措施：一方面需要提高服务质量来满足对方需要；另一方面可以降低对方期望值，提前把视频会议预计的整体效果告诉对方，让对方心里有数，不要期望值过高；同时加强与用户方沟通，事前和用户方一起联调，早发现问题早处理问题，及时汇报并送相关调试材料、风险管控材料，应急预案，做好沟通协调。

11.7.2 视频会议摄像机常见问题及解决办法

（1）会议摄像机通电后无动作、无图像。

这类问题一般是由供电故障、开关电源故障或者电源线插头松动造成的，较为简单用户可以通过排除供电故障，插紧电源线插头加以解决。

（2）会议摄像机在应用过程中无法进行自检或伴有噪声。

对于此类问题，用户可以首先检查电源线是否松动，因为电源线松动容易造成电源功率不够，直接导致问题的产生。如果并非电源线松动，那就很可能是机械故障，用户需要将产品送去检修。

（3）实际应用中，会议摄像机不受遥控器控制。

这一问题主要是由遥控器电池电量不足或使用距离过远造成的，用户可以通过更换遥控器电池和调整使用距离加以解决。

（4）会议摄像机云台旋转时摄像机图像丢失。

一般来说，这一问题主要因为电源功率不够或是摄像机视频线接触不良引起的，用户可以通过检查电源线插头是否松动以及更换视频线加以解决。还有一种可能是连接到数字接口的显示设备没有直接连接到视频接口。

11.7.3 视频会议终端简单故障排除

（1）无声音（听不到对方声音）：
①电视机到设备的音频线是否接好，由于插拔不当会引起线缆接头松动；
②电视机的音量是否调整到适当位置，非静音状态；
③设备的遥控器音量是否调整到适当位置；
④对方会场是否静音。

（2）对方听不到你的声音：
①是否静音；
②麦克风连接线和麦克风是否正常，线缆是否插好，线缆是否存在短路或断路。

（3）看不到自己的画面：
①摄像机没接好；
②摄像机通道是否为本地摄像机；
③按一下"近端按钮"；
④摄像机线缆接口是否正确；
⑤监视器的设置是否正确。

（4）电视机没有显示：
①设备到电视机的视频线是否接好，插拔不当会引起线缆接头松动，可用万用表来测量；
②电视机是否调到了正确的AV频道。

（5）摄像机不能遥控：
①查看按了"近端"键了吗，确认选对了想要控制的镜头；
②查看遥控器的电池情况；遥控器遥控时是否对着镜头；
③查看遥控器是不是坏了，可以使遥控器的红外发射区域对着镜头，从本地画面中查

看当按遥控器上的按钮时,红外发射区域是不是有红色的闪光,如果确认电池没问题而又没有闪光时,那就是遥控器坏了;

④重新启动系统。

(6) 会议连接不成功:

①确认是否可以 Ping 通 MCU 或对方系统;

②确认呼叫的地址正确吗;

③确认呼叫的系统开机了吗;

④确认呼叫的系统是否正与其他会场通话;

⑤确认总部呼叫你了吗;

11.7.4 大屏显示故障检查排除

系统运行维护工作中,不出现故障是不可能的事情。一旦出现故障,需要按照一定的顺序,采取相应步骤,保证调试和排除故障工作高效率地进行。

在熟悉系统原理和拓扑图之后,首先要清楚哪些原因可能造成发现的故障;第二确认是否为软件设置不当或驱动程序安装不当造成的故障;确认是前端(屏体)还是后端(计算机控制)的故障,局部的故障多为前端的故障,整体的故障多为后端的故障;确认故障的大体部位后采用替换法,每次排除一个故障点,直到排除故障。

如果在完成以上步骤之后若仍未能排除故障,或存在其他问题,一般与生产厂家联系。

大屏显示常见故障如下。

(1) 显示屏出现故障。

应首先检查计算机操作是否正确,如果属于操作失误可重新启动相应播放软件,必要时,重新启动计算机。如果操作正确,则检查显示屏电源是否正常,输入输出端子是否接插牢固。显示屏故障排查见表 11.33。

表 11.33 显示屏故障排查一览表

序号	故障现象	原因分析	排除方法	备注
1	单元箱体不显示	电源线未连接	连接电源	
		电源线、电源座损坏	更换不良部件	
2	某一单元箱体后所有显示单元不受控	此箱体前一箱体信号线连接不正确;或输出接口/信号线不良	正确连线,或更换接口/信号线	与生产厂家联系
		此箱体信号线连接不正确;或输入接口/信号线/扫描板不良	正确连线,或更换接口/信号线/扫描板	与生产厂家联系
3	整块显示屏显示不连续	视频设置不正确	正确设置	
		视频控制器不良	更换视频控制器	与生产厂家联系
		通信线连接不正确	正确连线	
		通信线损坏	更换通信线	

续表

序号	故障现象	原因分析	排除方法	备注
4	整屏不显示	通信线连接不正确	正确连线	
		通信线损坏	更换通信线	
		电源无电力供应	重新选择电力供应	
		电源连接不正确	正确连接	
		配电柜内部件/线材损坏	检查更换不良部件	
		管理控制软件设置不正确	重新正确设置	

（2）显示屏中个别箱体显示不正常（表11.34）。

表11.34 个别箱体显示不正常的原因及调试方法一览表

现象	原因	调试方法
整屏中某个箱体过亮或过暗	(1) 扫描板初始程序与其他不一样； (2) 此箱体内的扫描板工作不正常	(1) 利用亮度发送软件重发亮度、色温、非线性校正、位置等，然后保存下载； (2) 更换该箱体的扫描板
整屏中某个箱体有底色	此箱体扫描板有故障； 接口板接口芯片有故障	(1) 更换扫描板； (2) 更换接口板
整屏中某个箱体缺灰度	(1) 此箱体接口板信号接收不全或转换有故障； (2) 扫描板有故障	(1) 更换接口板； (2) 更换扫描板
箱体中有一行或几行但不是全部无显示	(1) 扫描板与无显示行之间的连线接触不良； (2) 无显示行的第一个模组输入有故障； (3) 扫描板的部分输出有故障	(1) 重新连接扫描板与无显示行之间的连线； (2) 更换无显示行的第一个模组； 更换扫描板
某个箱体播放视频或图像时闪动	(1) 此箱体扫描板有故障； (2) 扫描板供电电压不正常； (3) 如果箱体为某列的最后一个箱体，也可能是上一个接口板输出不正常或中间通信线不正常	(1) 更换此扫描板； (2) 将5V电压调至标准值； (3) 重新连接通信线或更换上一个接口板

（3）整屏显示不正常。

应首先检查计算机操作是否正确，操作正确则检查计算机系统是否出错，如系统出错，请用备份软件重新安装，以恢复操作系统（之前请检测并清除计算机病毒）。若属于操作失误则重新启动计算机，按正确方法操作；再检查各部分连线是否有脱落，以及供电电源是否正常，各种接线是否牢固。

（4）整屏闪动。

请检查计算机与屏幕控制器之间、屏幕控制器与视频光纤通信发送器之间、视频光纤通信发送器与视频光纤通信接收器之间、视频光纤通信接收器与箱体之间、箱体与箱体之间的连接线是否松动、接触不良或断线，否则，请连接牢固。

查看电源指示灯和电压表电压是否在系统正常要求的电压范围内，配电柜三相电压是否正常。显示屏是否正常上电。

（5）若单个或几个箱体闪动。

首先检查其连线及与其相连接的箱体连线是否松动，否则请连接牢固。

黑屏（点不亮）时检查各控制设备有无正确上电（保险有无熔断），以及各信号连接电缆间有无松脱，需在关闭电源的情况下检查并确认。

检查输入视频信号格式（PAL/NTSC）是否在系统允许范围内。

检查各驱动程序是否正确安装或程序丢失，必要时可重装驱动程序。

显示不正常（花或闪动）时检查显示模式设置，可在几种显示模式中切换，检查是否由于显示模式设置不当（显示系统接线框图中已标明计算机显卡模式和LED显示屏显示模式），可选择最低分辨率1024×768试试。

屏体闪动及鼠标有阴影时系统信号不正常，需要重新启动系统。

红、绿、蓝颜色异常闪动时检查相应控制信号连线有无接错、开路或短路。

某一列显示箱体闪动或不亮时检查有故障箱体的相应箱体信号连线、箱体级联信号线，查看有否松脱、插错，电源供应等是否正常。

显示位置不对时调节屏幕控制器，使之调至适当位置。检查计算机显示模式是否在系统要求的分辨率。

其他问题需要厂家协助解决，如红、绿、蓝颜色长亮、瞎点或严重闪动，某一行、列或显示模块不亮，某一行、列显示模块显示颜色严重偏色。

（6）播放外接设备有故障。

不能播放DVD：将系统调成1024×768的32位增强色模式，重新连接或更换DVD与多媒体卡（屏幕控制器）之间的传输线、更换多媒体卡（屏幕控制器）。

不能播放其他外接视频信号：重新连接或更换DVD与多媒体卡（屏幕控制器）之间的传输线、更换多媒体卡（屏幕控制器）、更换播放器、更换外接视频片源。

11.8　视频会议效益分析

11.8.1　业务概述

视频会议系统是信息技术基础设施之一。十几年间，视频会议系统实现了从无到有、从点到面、从小到大、从局部使用到全面铺开，走出了一条稳健发展的道路，打造了一个倍受关注的公众平台。该系统支持音视频广播、音视频交互、音视频加计算机信号广播、音视频加计算机信号交互等四种会议形式，主要用于公司全体宣贯会、各部门和板块业务交流会、项目沟通交流会和技术培训会等，是公司精神宣贯、业务协调、技术培训和项目管理的重要工具。

信息化是当今世界经济和社会发展的大趋势，是推动经济社会发展和变革的重要力量。通过视频会议系统应用，帮助企业提升决策水平、提高生产效率、实现精细管理、强化内部控制、促进源头治理。

11.8.2 信息化效益的定性分析

视频会议已经成为公司的一种重要会议形式。视频会议系统应用范围广、使用频次高、会议效果好，成为公司部署工作、协调业务、培训员工和管理项目的重要工具和方法，同时在提升管理水平、转变工作方式等方面也发挥了重要作用。视频会议的广泛应用使公司各地领导和工作人员实现了"实时、可视、交互"的沟通与协作，大幅提高了公司内部工作部署效率，节省了大量差旅费用，降低了企业管理成本，实现了良好的经济效益和社会效益。

（1）升级企业信息生态系统。

视频会议技术具有快速传播信息的特点，直接支撑企业各项业务，其方便、直观、实时、低碳的优点非常显著，既能节省会议组织时间，提高沟通交流效率，又能扩大会议影响范围，信息传递一步到位，还能节约大量差旅费用，减少碳排量。这些特点使视频会议技术具有信息化和工业化融合点的属性，也使视频会议系统成为深化信息系统应用和发挥对业务支持作用的重要切入点。

视频会议系统的应用符合整个社会信息化快速发展的新形势，实现了公司的会议信息化，为各级领导与下属部门进行沟通和交流提供了多媒体网络平台支持，其思维观念传递的信息化应用提高了在行政、服务和管理方面的效率，体现了公司的现代化管理水平。

通过视频会议方式，公司各级单位可以随时进行"面对面"的交流，能够快速实现人员—系统—业务之间的跨时空无缝连通，从而使业务和信息不分时间和地点的快速流转，实现了以音视频的信息化带动其他业务系统信息化发展水平，大力推动其他业务应用系统的开展，从而提升了信息化投资收益，提高了协同工作效率，升级了企业信息生态，提升了企业的整体信息化应用能力和建设水平。

（2）强化基础管理。

在传统管理幅度理论中，制约管理幅度增加的关键，是无法处理管理幅度增加后指数化增长的信息量和复杂的人际关系，而这些问题在众多强大的信息系统面前迎刃而解。信息技术在企业中的应用使得传统的等级管理向全员参与、模块组织、水平组织等新型组织模式转变，管理幅度可以冲破传统管理模式的限制，垂直的层级组织中大量的中间层已经没有必要，企业内部上下级之间的距离大为缩短，组织结构向扁平化方向发展。

比如在视频会议系统成为可能之前，公司召开多方会议只能通过召开本地会议或者开电话会议的方式进行。召开本地会议除了出差费、会议费等各种会议支出外，还需要在会议正式召开前做好充分而烦琐的会议准备工作，包括会议通知、落实参会人员、印刷会议材料等；而召开电话会议虽然可以起到在同一时间召开会议的作用，但是因为会议主办方无法看到参会方的面貌,降低了参会人员的临会感觉,并且电话会议仅能够传达声音,不能传递多媒体信息,无法真正实现业务协调、项目管理等工作,使得企业的信息反应能力极度缓慢。

通过视频会议系统的应用,公司总部与各单位间的部分管理工作不必通过以往的管理层次逐级传递,可以召开交互、双流等多种模式的视频会议进行"面对面"的音视频交流。这种方便、快捷、高效的"集群式"传递指令的方式,可以实现信息传递扁平化,减少中间环节,避免信息失真现象,对"贯彻政策不走样、落实工作不变形"十分有益,从而增强组织对环境变化的感应能力和快速反应能力。

在实际应用中,公司各业务板块与下属各单位已经习惯采用定期召开视频会议的形式进行各种类型的业务协调和管理,对多级责任单元的任务及时下达起到了重要作用,同时大幅增加了管理人员的管理宽度和深度。

总之,视频会议系统进一步奠定了管理基础,强化了风险控制,完善了体制机制,提升了效率效益,加快推进了管理方式向集约化、精细化的转变,促进了管理手段向信息化、现代化转变,是企业快速适应市场变化的需要。

(3) 支持高级管理活动。

从通常意义上讲,领导决策会议都是采用面对面方式进行的,领导不得不在各个分支机构之间因会议而频繁的出差,占用了领导很大的体力和精力,并且在恶劣天气下出行存在一定程度的安全隐患。而通过对视频会议系统的灵活应用,可以为各级领导提供多种便捷、高效的会议服务。

多点会议是视频会议系统的主要应用形式之一,通常为总部会场对多个(或全体)地区公司召开远程会议。比如由机关部门组织、公司领导出席、全体分会场参加的大型宣贯会。领导在视频会上宣读党和国家的重要指示,或者贯彻公司全局性业务(如反腐倡廉、安全环保等)工作,不仅能够使不同地域的单位同时感受到场面宏大、气氛庄严的会场氛围;更重要的是,通过视频会议的方式能够起到统一宣贯的目的,体现出大型企业管理的整体性和系统性。

当有重大任务安排涉及多个分公司时,总部领导可以同样使用多点会议方式临时邀请各个分公司负责人召开工作会议或进行重要精神文件的学习、工作部署等。此项同样可以应用于各个公司领导间的定期工作交流。视频会议既拉近了总部和各单位之间的距离,也让双方在会议期间目睹了彼此形象,更让领导通过这个窗口,直观地看到了一个参会单位的管理水平和员工的精神面貌。

总部领导听取某个分公司的工作汇报,可采用总部会场与各地区公司分会场之间的点对点会议,使领导能够最快地了解和处理各项业务工作。一旦发生突发性事件,总部领导无须奔赴现场,可直接通过视频会议系统进行有效的远程指挥、监控和处置,极大地提高应急处置能力。

(4) 专业化管理核心业务。

通过信息化的集中建设,公司已经不同程度地实现人、财、物、供、产、销等核心业务的信息化管理，业务信息了实现电子化、数字化和网络化。视频会议系统作为信息化建设项目中的组成部分，成为企业进行高效率的专业化管理核心业务的重要手段。

公司总部通过定期召开业务协调会或者项目沟通会的方式，来进行板块内部或者各业务部门间的业务管理工作。业务协调会一般由机关部门和板块公司组织、部门领导出席、部分地区公司参加，会议内容涉及具体生产和具体业务（如预算管理）等方面。视频会议系统快速响应、灵活多变的特性可以完全满足议程紧张、交互性强、流程多变的会议特点。而由项目组组织、项目组领导主持、部分地区公司会场参会的项目沟通会，视频会议系统除了同样满足互动性强的会议需求外，其丰富多样的双流共享模式和本身具有的及时切换功能，为总部项目组进行总体项目管理与沟通提供了极为高效、快捷的连接方式。

视频会议系统以上形式的应用，将公司内部各下属企业的同类业务纳入系统进行统一集中管理。在实现业务信息共享的同时，还能够避免信息失真，便于业务部门负责人及时了解经营情况，做出正确的判断和决策，大幅提升了公司的业务管控力度和专业化管理水平。

（5）推动企业一体化运营。

信息技术在企业管理中的应用可归纳为策略资讯系统、办公自动化、生产自动化、电信与配销系统以及人工智能系统五大领域，视频会议系统即属于策略资讯系统领域。公司通过使用视频会议系统，可以不受地域和时间的限制，在最短的时间内召集企业各级管理人员和业务人员进行跨越空间的信息共享，在获得实时视听通信的同时，使用双流会议模式可以快速获取所需的生产经营报表等相关业务数据，实现数据、视频、音频三项信息合一。

（6）实现企业电子商务模式。

电子商务在21世纪的今天已经不再属于新鲜事物。最近几年来，网络的大范围普及让人们越来越熟悉这些商务模式：B2B、B2C、C2C等，这些新兴的商务模式在很大程度上推动了我国企业拓展客户空间的步伐，更多的国内企业都或多或少地开始涉及这一领域，并且从中获得了直接或者间接的经济利益，国际贸易也开始变得简单。

视频会议系统主要应用于辅助接轨电子商务业务的日常沟通和管理，如组织部分商务谈判、业务管理、商务洽谈会、产品展示交流、远程业务指导和远程公司内部行政管理会议。视频会议系统的语音和视频的及时沟通摈除了工作人员与客户之间由于距离而产生的陌生感，取而代之的是"面对面"如坐在一起的亲切；文档的展示，文字交流的辅助功能，更能生动地表达自己的观点。双方都在自己熟悉的工作环境中进行远程沟通，从而能够以更好的状态完成预定目标，节省更多的时间用于其他重要工作。而在其他阶段，如合同内容商榷、产品文字资料提供、价格商谈、供货方式谈判等更多方面，视频会议系统的协同办公功能发挥了更大的作用，如电子白板、文件共享、会议录制等都能通过网络传输更大程度地提高工作效率。

最重要的一点是，它能够帮助合作双方节省巨额的商务旅程费用，以相对经济的设备购置与维护成本、相对短暂的设备集成时间，以及相对低廉的网络租用价格，让供求双方都能更好地降低成本投入、提高效能,更环保、经济的达成合作、共同发展。

(7) 构建协同产业联盟。

与其他信息系统相比,视频会议系统主要应用于公司内部的各业务衔接工作。不同业务部门的管理人员召开即时的交互式会议进行面对面的视频交流,进行企业的生产经营协调、事件处置等部署工作。如集团公司各地区主管部门和销售部门定期召开产销视频衔接会,通过在同一时刻协同工作的方式共享需求信息和生产信息,规划生产经营活动,将企业内部管理和外部的生产供应、销售等业务整合在一起,实现业务的整体联动,提升生产的确定性,从而提高企业的市场应变能力,保证取得最大的经济效益。

可以看出,通过对视频会议系统的灵活应用,能够打破各自为政、供产销脱节的管理模式,无缝集成和贯穿公司生产经营的每个环节,形成能统能分、集成规范、统一规划、可视化的全局增值流程,统筹高效规划企业内部各类资源,实现各业务部门资源进行水平式双向或多向流动,进而提高各业务部门的创新力。

视频会议系统的应用,拉近了各业务部门之间的距离,将会议地点从远隔千里变为近在咫尺,随时实现无障碍沟通,提升各业务部门协作能力。即通即用的功能使视频会议系统成为灵敏的"神经",能够让业务相关管理者快速直观的获得信息,并通过"面对面"的沟通进行即时决策。当出现紧急业务时,视频会议系统还能够临时加入其他业务部门参加进行中的会议,真正起到快速反应的作用,避免因信息不流畅而出现的决策失误,把企业面临的风险降至最低。

(8) 改变经济运行模式。

通过使用视频会议系统,集团公司业务部门能够随时召开多方会议,了解到各分公司经济运行情况,并将决策分解落实到各业务部门,起到快节奏、快决策、快落实的作用。不仅如此,视频会议系统的应用节省了员工出差时间,节省了领导决策时间,降低了行政成本,大幅减少了交通、住宿、餐饮等费用支出,为企业内部产运销调控提供便捷而快速的手段,提高了企业工作效率。

视频会议系统的广泛应用改变了企业以往的内部沟通管理模式,为工作推进、政策宣传、危机处置等提供了更为高效实用的信息通道。集团公司各业务部门能够不受地点和环境的约束随时就分公司运营状况、新产品推广、合同谈判、交付方式等各个方面进行充分商议,快速便捷地实现了企业内部的远程异地会商,加强了管理工作的计划性,改善了企业与客户、供应商的关系,大幅度地扩大了管理辖幅,增强了决策的透明度,减少了事故发生与发现之间的延误。

(9) 改变人们生活方式。

随着公司业务规模的扩大、经营地域的拓展和产业链条的延伸,视频会议系统的应用日趋频繁,已经成为各单位之间进行业务沟通的常用联系手段。另外,在各公司严格控制各种会议、检查、评比,精简各类文件和报表的情况下,公司对视频会议系统应用的需求越来越多,并且越来越多样化。

比如通过使用视频会议系统进行定期远程培训,可以将企业文化、线上线下交易流程指导等融入远程课程。培训者不用受舟车劳顿之苦，在本单位的视频会议室就能接受到总部面对面的培训指导。使用视频会议系统的双流等辅助功能能够在培训会上播放录像带、录音带、CD、DVD、实物展示和文件的传输，满足一切教学手段的需要。

视频会议系统的应用改变了企业员工的工作方式，帮助员工更加迅速、高效地与同事、主管、合作伙伴和客户配合工作，提高企业生产效率，减少员工出差次数，有效降低企业运营成本。

公司员工工作方式的改变对其生活方式也产生了积极的影响。在通过视频会议系统的应用过程中，员工在心理上逐渐接受企业的新思维、新工具方式下的管理，接受信息化在企业流程与管理方面的紧密耦合，从而促进观念的信息化。同时，人们的信息化应用水平和应用能力也将持续提升，为企业的发展奠定了坚实基础。

11.8.3 信息化效益的定量分析

（1）估算方法。

视频会议系统的经济效益运用相关因素合成法（PCP）计算，公式为：

$$Ep = \sum Sa - \sum Cb - H - F - I \tag{11-1}$$

式中 Ep——系统的投资收益；$\sum Sa$——产生的总效益，由节省差旅费用（S1）、节省会场费用（S2）与隐形效益（S3）构成；$\sum Cb$——投入的总成本；H——重复计算的效益；F——其他成果所取得的效益；I——实施成果损失费。在视频会议系统效益估算中，H、F、I 取值为 0。

S1、S2、S3 数据基于系统正式启用至某一时间点所召开的各类视频会议数量及参会人数，通过符合实际情况的本地参会折算方法，并依据某国家某部委视频会议节约费用标准计算得出。

召开视频会议与本地会议的明显差别之一在于参会人数的巨大差异。例如在北京召开重大全体宣贯会，采用视频会议形式召开的方式，地区公司参会人数更多（如向下级会场转发会议，参会人数翻两倍左右）。若采用本地召开会议的方式，需考虑交通费、住宿费、会议室使用费、异地出差往返时间等因素，每家单位参会人数最多为 4 人；为全面宣传和贯彻领导指示，参会人员返回至本单位仍需召开各层级会议传达会议内容，增加了会议成本。

视频会议按照会议性质分为宣贯会和讨论会两种。视频会议参会人数根据上述两种会议折算为本地参会人数：宣贯会按照每家单位 4 人至北京参会计算，讨论会按照每家单位 8 人至北京参会计算。召开本地会议各项费用标准参照国家某部委视频会议节约费用标准，即路费 1500 元/人、餐费 120 元/人、住宿费 220 元/人、会议室使用费 1500 元/次。综上所述，宣贯会每家单位出差费为 736 元/次，讨论会每家单位出差费为 1472 元/次。

视频会议系统的效益估算考虑到了视频会议系统的建设和运行维护费用。其中视频会议系统运行维护费用由维护人员费、软硬件维护及耗材费和杂费构成。

维护人员费：运行维护人员工作内容包括视频会议会前调试、会议召开过程中的控制、录像，会后的文档记录，设备日常维护与测试以及文档管理等。

软硬件维护及耗材费：硬件维护指厂商提供服务支持，包括现场定期巡检（通常一个季度一次）、5×9 或 7×24 现场支持和技术培训等。硬件维护费用是在保修期之外支付上述服务的费用。根据 IBM 等主流硬件厂商的定价，通常硬件维护费用是销售费用的 12％～20％，差异取决于服务的等级。

杂费：杂费主要指链路费、硬件设备运行的电费、会议室场地物业费等支出。

链路费主要由地区公司连接至区域中心链路费构成。

硬件设备运行的电费主要包括总部与地区公司会议室系统设备用电费用以及区域中心机房 MCU 用电费用，按照每场会议需用电 8h 计算，总部系统设备平均用电为 $10kW \cdot h$，地区公司系统设备平均用电为 $4.5kW \cdot h$，MCU 属于 24h 常开机设备，价格按照工业用电 1 元/（$kW \cdot h$）计算。

会议室场地物业费可按照 60 元/（$m^2 \cdot a$）计算。

(2) 效益估算。

将以上视频会议折算为现场会议，参照国家某部委视频会议节约费用标准测算；通常情况下，出差人员为各地区公司管理层干部，可按年均工资 20 万计算，按照每场会议平均往返时间 2d 计算。

效益估算见表 11.35。

表 11.35 视频会议系统效益估算表

序号	年份	会议次数	参会单位数量	参会人数	折算现场参会人数	产生的总效益（ΣSa）（折算本地会议费用），万元				投入的总成本（ΣCb），万元		经济效益（Ep）
						差旅费用(S1) 万元	会场费用(S2) 万元	人力资本(S3) 万元	合计	建设费用	运行维护费用	
1	**	**	**	**	**	**	**	**	**	**	**	**
合计		**	**	**	**	**	**	**	**	**	**	**

注：表中数据按照国家某部委会议费用标准测算，即每次会议人均差旅费为 1840 元，会议室使用费为 1500 元。

(3) 财务分析。

为了进一步分析项目的财务指标，根据上述视频会议系统效益估算表整理现金流量见表 11.36。

表 11.36 项目投资现金流量表

序号	项目	合计	计算期										
			1	2	3	4	5	6	7	8	9	10	11
1	现金流入，万元	**	**	**	**	**	**	**	**	**	**	**	**
1.1	差旅费用节省金额，万元	**	**	**	**	**	**	**	**	**	**	**	**
1.2	会场费用节省金额，万元	**	**	**	**	**	**	**	**	**	**	**	**

续表

序号	项目	合计	计算期									
			1	2	3	4	5	6	7	8	9	10	11
1.3	人员支出节省金额，万元	＊＊	＊＊	＊＊	＊＊	＊＊	＊＊	＊＊	＊＊	＊＊	＊＊	＊＊	＊＊
2	现金流出，万元	＊＊	＊＊	＊＊	＊＊	＊＊	＊＊	＊＊	＊＊	＊＊	＊＊	＊＊	＊＊
2.1	建设投资	＊＊	＊＊	＊＊	＊＊	＊＊	＊＊	＊＊	＊＊	＊＊	＊＊	＊＊	＊＊
2.2	系统运行维护费用	＊＊	＊＊	＊＊	＊＊	＊＊	＊＊	＊＊	＊＊	＊＊	＊＊	＊＊	＊＊
3	息税前净现金流量	＊＊	＊＊	＊＊	＊＊	＊＊	＊＊	＊＊	＊＊	＊＊	＊＊	＊＊	＊＊

遵循谨慎性原则，项目税前经济评价指标计算如下：

①财务内部收益率（FIRR）。

财务内部收益率是指项目在整个计算期内各年财务净现金流量的现值之和等于零时的折现率，也就是使项目的财务净现值等于零时的折现率，计算公式为：

$$\sum (CI-Co)_t \times (1+FIRR)^{-t} = 0 \quad (t=1-n) \tag{11-2}$$

财务内部收益率是反映项目实际收益率的一个动态指标，该指标越大越好。一般情况下，财务内部收益率大于等于基准收益率时，项目可行。

②财务净现值（FNPV，12％）。

FNPV（Financial Net Present Value），财务净现值是指把项目计算期内各年的财务净现金流量，按照一个给定的标准折现率（基准收益率）折算到建设期初（项目计算期第一年年初）的现值之和。财务净现值是考察项目在其计算期内盈利能力的主要动态评价指标。计算公式为：

$$FNPV = \sum_{t=0}^{n} (CI-CO)_t (1+i_c)^{-t} \tag{11-3}$$

③收益－成本比率（BCR）。

用于表示项目成本与效益之间关系的比率指标，效益成本比率越高，表示项目效益越好。计算公式为：

$$效益成本比率 = 净利润/总成本 \times 100\% \tag{11-4}$$

④投资回收期。

投资回收期是指从项目的投建之日起，用项目所得的净收益偿还原始投资所需要的年限。计算公式为：

Pt＝累计净现金流量开始出现正值的年份数－1＋上一年累计净现金流量的绝对值/出现正值年份的净现金流量 (11-5)

12 云视频会议

经历了模拟视频会议系统、数字视频会议系统和 IP 网络视频会议三个发展阶段后,当前视频会议应用逐步进入云计算应用时代。云计算、移动互联网技术的快速发展,各类软硬件设备性能的快速提升,宽带网络基础设施的日益完善,用户对视频会议需求的日益深化,为视频会议云计算应用的快速普及奠定了坚实基础。传统基于硬件设备或软件的视频会议系统在实际应用中已融入了越来越多的云计算应用技术。

凭借海量接入、无限扩展、灵活部署、多业务融合、高效沟通、低会议成本等明显优势,云视频会议系统在市场上将获得更多的应用点,应用范围和应用深度将不断拓展。云视频会议时代的到来,必将对原有视频会议市场竞争现状产生巨大的冲击,改变甚至颠覆现有视频会议市场竞争格局以及视频沟通方式。

12.1 云视频会议产生背景

在 2015 年 3 月 5 日上午召开的十二届全国人大三次会议上,李克强总理在政府工作报告中首次正式提出"互联网+"行动计划,意味着"互联网+"时代的到来。李克强总理在政府工作报告中提出,制订"互联网+"行动计划,推动移动互联网、云计算、大数据、物联网等与现代制造业结合,促进电子商务、工业互联网和互联网金融健康发展,引导互联网企业拓展国际市场。"

事实上,在 2000 年实际上就已经有"互联网+"概念的雏形出现。"互联网+"的核心是基于互联网化的组织和平台,创造性利用互联网工具,帮助企业和产品进行更有效的沟通;简单来说,"互联网+"就是"互联网+各个传统行业",但这并不是简单的两者相加,而是利用信息通信技术以及互联网平台,让互联网与传统行业进行深度融合,创造新的发展生态。结合当下的 IT 生态圈,可以很容易理解这种商机模式。成功的互联网企业都是互联网工具+传统企业,这些量化的工具可以是具体的业务场景,比如线上 B2B 交易平台、B2C 交易平台、微信公众号等。

从发展的过程来看,互联网+的演进可分为三个阶段:互联网+企业、互联网+产业、互联网+智慧。互联网+的演进如图 12.1 所示。

从单一的互联网+企业,延伸拓展到整个产业链以及上下游供应链,完成整个产业的创新;随着体系的不断增强,可以逐步将各个相关的产业链联系在一起,从而形成大范围网络覆盖,打造完整的生态圈,逐步实现工业 4.0 的概念,即以智能制造为主导的第四次工业革命,所有这一切最终依托于云计算和大数据这两个技术要素。

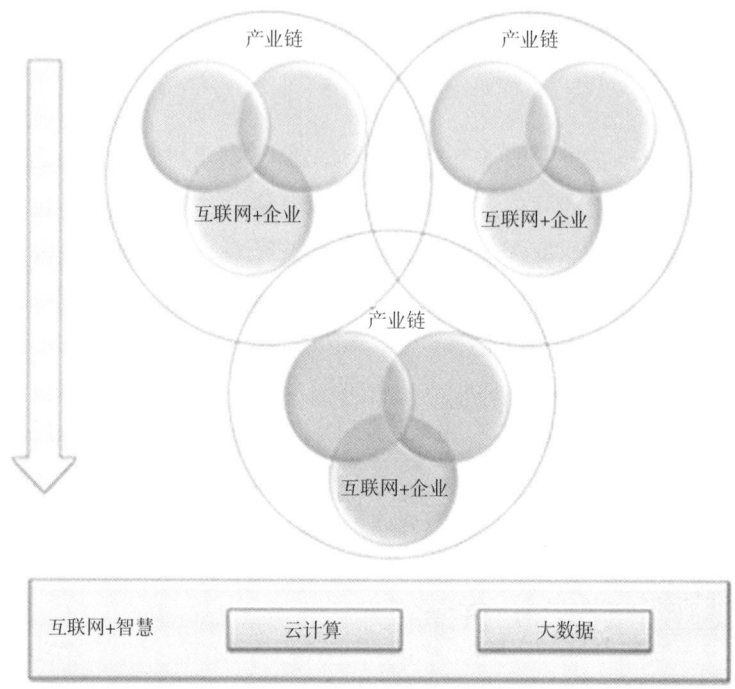

图 12.1　互联网＋的演进图

可以看到，在互联网＋的发展过程中，云计算的力量得到了充分的体现，海量接入、虚拟化和动态资源分配等特性，无不是为了构建超大规模的系统而存在。随着技术的更新，云计算在整个体系中随处可见，覆盖的范围也逐步增大增强。这样对"互联网＋企业"中的企业来说，势必要引发一场沟通协作工作方式的革命。因为这时候对单个企业而言，沟通协作的范围不再仅仅限于企业内部，跨部门、跨地域，跨时间的沟通变得越来越频繁。协作的力量并非是一件新鲜事物，只不过这种良性的循环远非一般意义的利他主义，因为参与者往往并非有意识地参与在其中（或主动，或被动）。

"互联网＋"时代最典型的特点之一就是"共享经济"，通过各种互联网平台，将各种各样原本专用的资源组织起来，分享给相关单位，实现了资源利用的最大化。在这个过程中，云视频会议服务扮演了一个非常重要的角色，即作为整个信息交流的载体，所谓的"纯数字味道"也是基于它而得到体现。之所以说需要云视频会议服务，是因为通信协作的参与方已然发生了变革，他们不再是归属于同一个公司/企业内部的职员，通信协作的发起也是任意时间点，结合当下的移动互联网热潮，人们更倾向于用一个更轻松、更简便的方式参与进来。所有的这一切无不表明，云视频会议服务正在改变着信息的沟通协作方式。

12.2 云视频会议基本概念

12.2.1 云计算定义

云计算（Cloud Computing）是一种通过网络统一组织和灵活调用各种 ICT 信息资源，实现大规模计算的信息处理方式。云计算利用分布式计算和虚拟资源管理等技术，通过网络将分散的 ICT 资源（包括计算与存储、应用运行平台、软件等）集中起来形成共享的资源池，并以动态按需和可度量的方式向用户提供服务。用户可以使用各种形式的终端（如台式计算机、平板电脑、智能手机、智能电视等）通过网络获取 ICT 资源服务。

"云"是对云计算服务模式和技术实现的形象比喻。"云"由大量组成"云"的基础单元（云元，Cloud unit）组成。"云"的基础单元之间由网络相连，汇聚为庞大的资源池。云计算具备四个方面的核心特征：一是宽带网络连接，"云"不在用户本地，用户要通过宽带网络接入"云"中并使用服务，"云"内节点之间也通过内部的高速网络相连；二是对 ICT 资源的共享，"云"内的 ICT 资源并不为某一用户所专有；三是快速、按需、弹性的服务，用户可以按照实际需求迅速获取或释放资源，并可以根据需求对资源进行动态扩展；四是服务可测量，服务提供者按照用户对资源的使用量进行计费。

云计算的最终目标是将计算、服务和应用作为一种公共设施提供给公众，使人们能够像使用水、电、煤气和电话那样按需使用各类 IT 资源。

12.2.2 云计算产业

云计算产业由云计算服务业、云计算制造业、基础设施服务业以及支持产业等组成。

云视频会议属于云计算服务领域。按服务内容的不同，云计算服务业可划分为基础设施即服务（IaaS）、平台即服务（PaaS）和软件即服务（SaaS）三类。IaaS 服务最主要的表现形式是存储服务和计算服务，主要服务商如亚马逊、Rackspace、Dropbox、阿里云、腾讯云等公司。PaaS 服务提供的是供用户实施开发的平台环境和能力，包括开发测试、能力调用、部署运行等，主要厂商包括微软、谷歌等。SaaS 服务提供实时运行软件的在线服务，服务种类多样、形式丰富，常见的应用包括客户关系管理（CRM）、社交网络、电子邮件、办公软件、OA 系统等，服务商有阿里云、谷歌等。

12.2.3 云视频会议服务的优越性

云视频会议服务是基于云计算技术提供的视频服务。基于云计算的视频平台，包括多终端接入、多运营商接入、跨地域接入、高清视频通信、远程办公协作服务等综合视频应用服务管理应用，通过云端服务器来实现。

基于云视频会议服务，用户无须感知平台所在，只需要按照自己的需求体验服务即可。云视频会议服务提供商通过基础平台直接向大量的外部用户提供视频会议服务。外部用户仅需租用终端通过互联网访问平台，即可进行享受完整的视讯体验服务。用户并不拥有云视讯平台资源，仅享受云视讯平台服务。云视频会议让用户随时随地、任何终端都可以进行通信讯，用户无须再为平台接入数量而发愁，无限接入、无限扩展。在云视频会议服务中，终端中存在大量的软硬件设备，因此，可以把此类服务称之为 SaaS（软硬件即服务），在公有云视频会议服务下，用户只需购买相应的软件服务或者是硬件服务费用，即可以享受硬件会议室型终端或者下载 PC 端、APP 客户端带来的高清视频体验。

12.3 云视频会议的部署分类

12.3.1 公有云部署

公有云，是指为外部客户提供服务的云，它所提供的服务供大家使用，而不是特定的人或者组织。目前，典型的公有云有微软的 WindowsAzure、亚马逊的 AWS、Salesforce、阿里云、腾讯云及各类 IDC 托管云等。

公有云的最大优点是，其所应用的程序、服务及相关数据都存放在公共云的提供者处，用户自己无须做相应的投资和建设。

基于公有云模式部署方式的云视频会议，通常都是采用租赁的方式为用户提供服务，用户只需要购买所需要的终端产品（硬件、台式机、移动设备），每月或者每个季度或者每年支付一些服务费用，就可以享受到随时随地召开视频会议的体验，可以免维护，提高了使用效率，成为现代企业办公的一部分。

尽管公有云应用有很多的优越性，但也面临着较大的安全性风险。由于数据不存储在自己的数据中心，其安全性存在一定风险。而承载着这用户核心业务内容的视频会议，安全性一直受到国内大部分用户的关注。从用户角度而言，没有最安全的技术，只有更适合用户的安全级别。如果用户对数据的安全性要求并不高，把部分通信及办公数据放在公网上，可以提高使用便捷性，那么公有云服务就是最适合用户的方式。反之，如果用户的数据都是敏感性数据，那么则建议用户采用私有云方式进行部署。

12.3.2 私有云部署

私有云，是指企业部署在内部，自己拥有使用的云，它所有的服务不是供别人使用，而是专供自己内部人员或分支机构使用。私有云的部署比较适合于有众多分支机构的大型企业或政府部门。随着大型企业数据中心的集中化进程加快，私有云将会成为大型行业用户部署 IT 系统的重要平台。尤其对一些对网络信息安全要求比较高的用户，公有云视频会议的方式显然不能满足用户的需求，这时候用户可以考虑独立部署一套私有云视频会议服务中心，并可在内网提供云视频会议服务。

相对于公共云，私有云数据安全性、系统可用性都较高。但其缺点在于投资额较大，尤其是一次性的建设投资较大，并且不能与互联网连通，不能很好地为在外出差的人员提供云服务，提供的服务也有局限性，无法做到随时、随地、任何终端的接入。

12.3.3 混合云部署

混合云是公有云和私有云的结合，一般由两个或两个以上的云（私有云、或公共云）组成，它们各自独立，但通过标准化技术或专有技术连接在一起，云之间实现了数据和应用程序的共享与互联。

私有云安全可靠、支持核心应用，但是存在建设成本高、投产上线时间长、弹性能力有限的问题；公有云虽然弹性扩展能力强、成本低，但是存在安全性较差、无法支持复杂环境的顾虑。混合云则兼具了两种模型的优势，它将安全性要求高的少量数据和通信放在私网内，成本低、安全性高；将大量的低安全性数据和通信放在公网上，享受公有云的各种便捷；同时，可以使得公有云、私有云在可信范围内完成互联互通。这就是混合云的独特魅力所在。

12.4 云视频会议的特性

12.4.1 传统视频会议的不足

传统视频会议系统已经在市场上经历了 20 多年的发展，传统视频会议架构（MCU＋终端）得到了广大用户的认可。相较于云视频会议服务，传统视频会议系统主要特性就是小，这个"小"体现在系统规模、权限控制以及冗余技术等方面。

（1）系统规模"小"，互联网大容量运营能力弱。

传统的视频会议组网架构一般采用星形结构，如图 12.2 所示。在面对多级部署，一般采用树形结构，即在中心点部署 MCU，在每个会场部署相应的终端，通过通信网络将每个会场连接起来。这种模式大多需要用户自建，在专网上面运行，其无法实现万路以上或者更大规模的运营部署。此外，这种部署模式对互联网适应性差，在互联网的视频效果应用效果并不理想。

（2）权限控制"小"，缺乏对用户群组的管理。

传统视频会议系统由于终端数量规模小，仅通过 E164 号码对设备进行区分。不需要对大量用户账号进行权限管理，缺乏对用户群组的管理，尤其在政府单位，无法按照用户实际区域和层级进行分组，无法做到用户的逻辑隔离，使用操作不便。

（3）冗余技术"小"，难以实现集群式备份。

传统视频会议系统平台备份，一般采用 1＋1 热备份，或者是 N＋1 备份，所有 MCU 均是开启状态，但是备份 MCU 是不工作的。当主用 MCU 出现故障的时候，自动切换到备用 MCU 上，不能做到设备集群式备份。

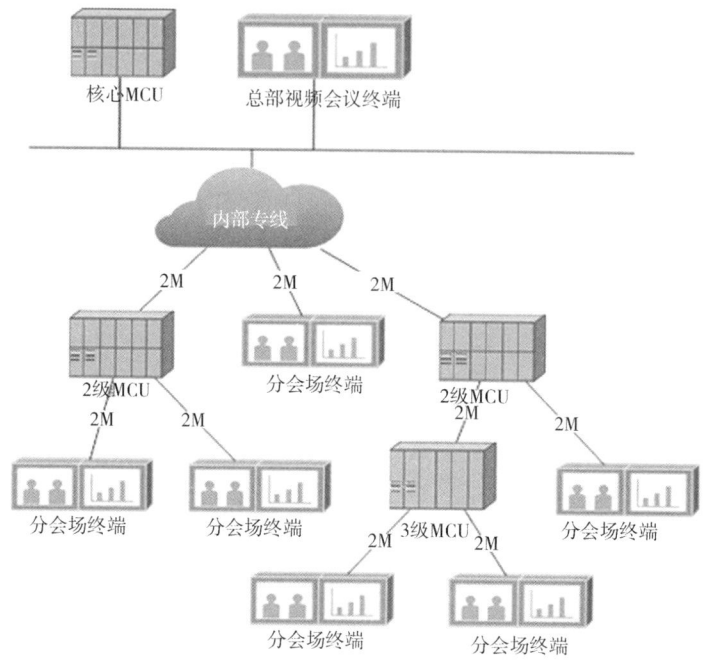

图 12.2 传统的视频会议组网架构

12.4.2 云视频会议的应用特点

相较于传统视频会议,云视频会议的特点是"大",体现在四个方面:分别是"大"规模平台部署、"大"容量用户账号管理、"大"容量终端接入、"大"容量会议并发。具体而言,云计算视频会议的应用特点表现在如下几个方面:

(1) 服务器热备及负载均衡。

支持多级树状网络架构,服务器自动级联,智能编码,且保证音视频的质量;分级的架构支持了大规模会议或培训的应用,且大大节省了带宽;而且分服务器安装方便、管理容易,轻服务器的概念,不需要重新布置会会场的人员分布、用户名密码的设置等,主服务器上设置好会自动分配分服务器连接。

服务器集群组部署于机房负责接收并转发所有中心会场和各分会场视频流,平时状态为动态负载均衡,降低单台服务器压力,同时互为热备份,任意一台出现异常,此服务器上的业务将由另一台服务器实时接管,不影响会议的正常进行。

(2) 资源池最大利用率。

传统视频会议的接入能力与每一台 MCU 进行绑定,二级单位和总部之间无法共享接入能力。云视频系统并发接入会场的数量可统筹考虑,根据最大同时接入会场数量进行设计容量,在进行树状系统部署时,二级单位的视频处理平台无须绑定固定容量,由总部根据各单位实际需求,按需分配每台服务器并发容量,比如 1000 方并发资源可按需自由分配至各级服务器,云视频会议资源分配如图 12.3 所示。

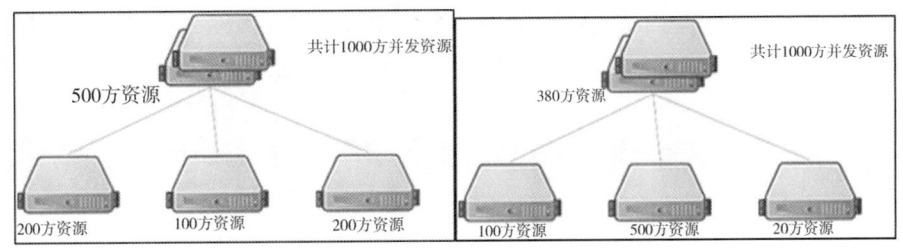

图 12.3　云视频会议资源分配示意图

(3) 灵活的虚拟化部署模式。

系统采用 VE 平台部署后,服务器性能可弹性分配。召开会议时,按需分配服务器能力和资源,会议停止后,虚拟资源立即释放,可将计算性能用于其他业务的计算处理中,充分利用虚拟化平台的灵活弹性优势。

(4) 强大的可定制功能。

API 软件包使得客户将软件视频会议的声音、视频、数据共享集成到客户自己的已有应用程序和流程里面,更加符合客户的使用习惯,无须在不同的程序之间不停跳转。如果客户想把视频会议功能加入到现有的应用程序或者网站门户、OA、邮件等多种办公系统,或者想定制开发一个终端,那么采用 API 是一个简单便捷的方法。这些 API 还可以提供多种服务,比如资源管理、客户状态机的管理、回声消除等功能。

(5) 分布式服务器轻量化快速部署。

多级视频处理平台支持轻量化部署,仅需要部署平台模块,无须单独配置服务器。由中心管理服务器负责统一规划管理。

行业视频会议会场规模庞大,考虑到用户数量及适应树状网络,都需要进行服务器集群及分级分布式部署。传统的硬件视频会议服务器在支持分布式部署时,需要进行服务器级联并分别配置,召开大规模会议时的实时会议控制难度较大,且不能进行同一画面交叉合屏布局设置,是目前硬件视频会议系统急需解决的一大难题。而云视频会议较好地解决了这个难题。

(6) 多样化云视频部署模式。

利用云视频会议技术,可摆脱传统视频会议自主建设这种单一模式。用户可以根据自身的使用习惯以及保密性要求进行部署。如果用户对便捷性服务要求很高,希望随时随地可以召开会议,那么可以为用户提供公有云部署;如果用户对会议保密性要求很高,那么可以为用户自建私有云部署;如果用户既希望享受便捷的开会,让在外出差的人可以通过互联网加入到内部的会议,同时又对内部会议的保密性有一定的要求,那么用户就可以通过混合云(公有云、私有云、混合云)的方式进行部署。

(7) 多运营商链路类型接入。

我国的运营商的最大特点就是多而杂,并且运营商之间的恶意竞争常常导致人为的网络延迟大、丢包率高,往往在用户开视频会议的时候出现画面卡顿、马赛克严重。

云视频会议所用的视讯云平台可分别接入不同运营商的线路,不同的用户通过各自的运营商线路接入到平台中,视讯云平台通过智能路由技术,在平台内部进行码流转换并分发给其他接入用户，避免了跨运营商通信所带来的困扰，真正意义上做到了随时随地接入，享受流畅的视频的体验。跨运营商通信路由示意如图12.4所示：

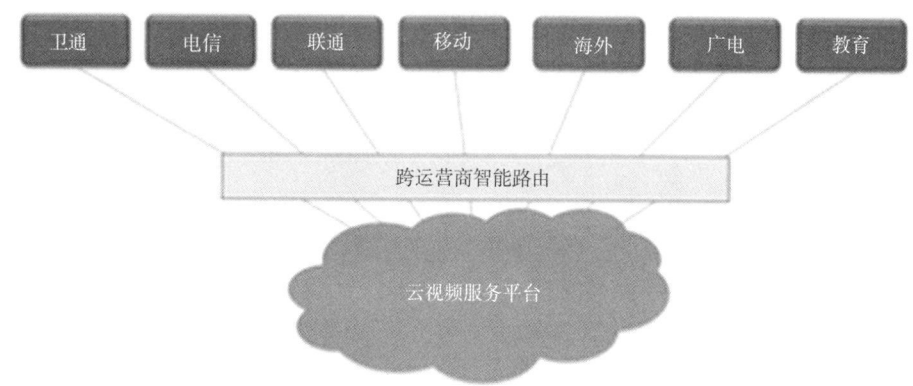

图12.4　跨运营商通信路由示意图

（8）多终端类型接入。

云视频会议下视频通信最终将演变为：任何终端型号、任何网络环境、实现无缝的、实时的、高清的视频云通信，用户只需要一个终端和一个账号，就可以享受到方便快捷的视频体验。

（9）对用户进行域划分管理

云视频会议让用户随心所欲地体验快捷的视频会议，不再担心用户管理的各类问题。如是不是会议的私密性就不能得到保障了？用户真的可以随意接入？外面的人员是不是也可以随意接入到视频会议中？

云视频会议服务需要提供完备的域划分服务，对账号管理、多平台接入、终端用户接入实行域划分。如图12.5所示。

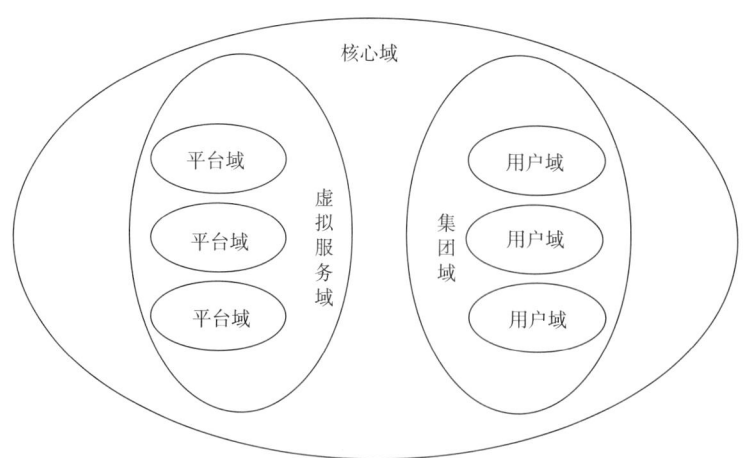

图12.5　云视频会议服务域划分服务示意图

每一个平台域的设备之间不能互相访问，同时每一个用户域就是一个独立的组织，用户域和用户域之间也是不能信息共享的，通过这种管理模式，大大提高了用户会议的私密性。

12.5 过渡中的云视频技术

作为云计算的第一步，资源池的构建在实现云计算基础架构的过程中显得尤为重要，只有构建了合理的资源池，才能实现云计算的最终目的——按需动态分配资源，云视频会议最重要的核心就是云视频会议资源池。但是，有了资源池并不一定就可以称之为云计算架构。

目前行业主要视频会议厂家，采用的方式都是 MCU 堆叠，然后通过综合管理服务器把这些 MCU 虚拟成一个大的 MCU 资源池供用户使用，通常使用 $N+1$ 或者 $N+M$ 备份模式，而非集群化部署，同时无法部署在标准的 IaaS 云计算平台上，这类平台只能叫做过渡中的云视频技术。只有具备集群化部署、虚拟机技术、分布式部署、大容量等云计算技术特点为一身的视频会议系统，才能被称得上是真正的云视频会议系统。

12.5.1 云视频会议服务商与云计算平台共同助力云视频会议发展

在通用云市场，云计算目前正处于"风起云涌"的阶段。根据博思数据发布的《2014—2019 年中国云计算行业分析与投资前景研究报告》，中国仍处于大数据发展应用的初级阶段，数据的庞大复杂程度超过传统数据库系统处理能力，因此需要特定的云计算产业来解决大数据发展的瓶颈。中商产业研究院报告指出，2015 年中国云服务产值规模达到 8381.1 亿元，到 2018 年预计超过 15000 亿元规模。中国互联网的一线梯队 BAT 纷纷推出了自己的云产品，一时间阿里云、腾讯云、百度云充斥于网民的视野。2015 年春运火车票售卖量创下历年新高，而铁路系统运营网站 12306 并没有崩溃，这背后的功劳正是 12306 与阿里云的技术合作，这是云计算的力量第一次走进公众之间，也让大家第一次真实体会到云计算带来的便利性。

云计算平台的飞速发展，为云视频会议服务提供商提供了良好的业务平台，可以实现视频服务的快速部署和 SLA 保证。

12.5.2 云服务在政府行业中的应用趋势

党的十八大强调要加强和创新社会管理，改进政府提供公共服务方式。2013 年，国务院印发了《关于政府向社会力量购买服务的指导意见》（国办发"2013"96 号），明确要求加大政府购买服务力度。从各地市的采购目录看，全国各地的集采目录，明显感到服务类项目的内容和范围都得到了增加和扩大。2015 年 2 月，财政部颁布的《关于印发 2015 年政府采购工作要点的通知》中，明确说明了"完善政府采购云计算服务、大数据及保障国家信息安全等方面的配套政策，支持相关产业发展。"目前来看，政府采购服务类项目已从传统的专业服务快速向新型的商业服务和公共服务领域扩展。同时，各级财政部门也围绕当地经济社会发展目标，多方拓展政府采购服务范围。云视频会议系统具有典型的低成本、高效率、应用简单，工作效率提升显著等特点，属于国家鼓励的云计算服务模式采购模式。可以预见，未来政府用户对视频会议应用将逐步从自建走向采购云服务模式。

12.5.3 云视频会议厂家竞争焦点

对于大多数中小型行业用户而言，IT技术实力不足，缺乏IT技术人才等问题突出，面对一次性投入巨大的视频会议系统硬件，独立建设并安全稳定运行维护视频会议系统的难度较大。这类用户将更愿意采购适用性强、性价比高、运维简单的云视频会议服务。用户只需提出相应的业务需求，即可快速、安全地进行资源配置、远程会话、远程沟通。目前来看，视频会议系统在中小企业领域应用的渗透率依然不高，伴随着社会专业化分工、企业管理精细化等趋势不断显著。采购云视频会议系统服务，可以通过电话会议、视频会议的方式完成商务洽谈、工作汇报、视频销售、技术指导、招聘面试、宣传培训等一系列企业日常工作。可以预见，不远的未来，中小企业将是云视频会议厂商争夺用户的竞争焦点。

附录1　视频会议系统主要厂家介绍

一、华为视讯整体介绍

(一) 华为视讯介绍

华为从1993年开始致力于开发业界一流的视讯产品，至今年已经有20多年的积累。华为视频会议在技术、产品、市场等方面都有了显著发展与重大突破，已发展成为全球领先的视频通信解决方案供应商。

据国际数据公司IDC发布的《IDC中国视频会议市场半年度跟踪报告（2013年上半年）》统计，华为在2013年上半年以34.9%的市场占有率在中国视频会议市场排名第一。

在全球范围内，截至2013年，华为视讯设备累计发货超过18万套。作为全球主流视讯供应商之一，华为视讯产品和解决方案已经在超过60个国家和地区得以规模应用，并成功进入欧洲、北美等发达国家市场。

专利方面，华为视讯已在视频通信领域获得700多件专利受理，450多件专利授权，覆盖业务处理、信令与控制、音频、视频、数据等各个方面；其中，国际专利申请达300多件，已授权130多件，涉及美国、德国、英国和法国等20多个主要国家和地区。同时，华为还在ITU、MPEG、3GPP等国际标准组织中担任Rapporteur或Editor职位，包括在ITU-T担任telepresence标准架构文档editor，在IETF担任telepresence标准（CLUE）USE CASE文档editor。

(二) 华为视讯产品介绍

经过20年的发展，华为已经形成了端到端的视频会议解决方案，覆盖各个系列的产品，华为全系列视讯产品如附图1.1所示：

在分析机构Frost & Sullivan的年度行业评选中，华为于2012年获得"全球智真产品技术创新奖"（2012 Global Technology Innovation Award in the Telepresence Market）和"亚太区视频会议市场成长领导奖"（2012 Growth Leadership Award in Video Conferencing in Asia Pacific）。

在高端的沉浸式智真领域，华为推出了全球首款全景智真系统，可让用户获得更具现场感的全景全高清视觉效果。与业界其他厂商同类产品的高带宽需求不同，华为全景智真在带宽需求上降低25%，1080P高清视频最低只需3M带宽。同时，再加上占地空间节省26%、系统功耗节省42%，全景智真整体上能为企业节省30%TCO。

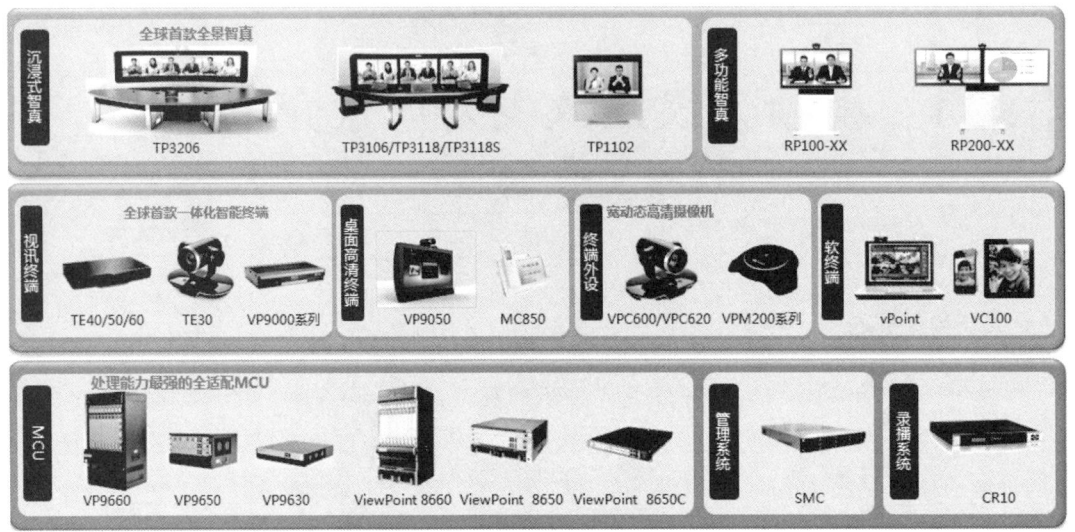

附图 1.1 华为全系列视讯产品

全球全景智真华为 TP3206 如附图 1.2 所示。

附图 1.2 全景智真华为 TP3206 示意图

针对高端客户,华为推出了单屏浸式智真华为 TP1102,如下所示:

2012 年,在《中国信息化》媒体评奖中,华为全景智真 TP3206 获"年度影响力产品奖",沉浸式智真 TP1102 系列获"年度创新力产品奖"。

此外,为了更好地满足企业灵活多样的视频通信需求,华为推出了全球首款一体化智能视讯终端 TE30。TE30 具备前所未有的网络适应能力,有线无线均能支持,1080P 高清视频只需 512K,带宽节省 50%,而网络抗丢包率也达 20%。所以,用户使用 TE30,即便是在一般的办公场所、酒店或甚至是网络不稳定的环境下,都能很好地实现视频沟通,从而有效扩展了视频沟通与协作的覆盖范畴。同时,TE30 还支持语音呼叫、智能人脸检测等功能,能很好地保证各种环境下视频会议的体验。

全球一体化智能视讯终端华为 TE30 如附图 1.3 所示：

附图 1.3　智能视讯终端华为 TE30 示意图

2013 年，华为 TE30 一体化视讯终端获得社科院《互联网周刊》颁发的 2013 年度视频会议最佳创新产品奖。

目前，不同视讯系统的互联互通以及实现与 UC 办公平台间的互联互通也成为当前用户关注的热点。华为新发布的 VP96 系列全适配 MCU 和 SMC2.0 均可实现不同产品间的融合，让会议沟通更简单与灵活。96 系列 MCU 凭借领先的 1080P60 全适配技术，可智能匹配智真、高清终端、标清终端以及移动视频终端等不同会场的接入能力，不仅能让这些会场以任意协议、任意格式、任意带宽自由接入，还能让各会场获得最佳的音视频效果。SMC2.0 产品使得华为视讯系统可以和微软 Lync2010/Ocs2007 以及 IBM Sametime 等 UC 平台以及 Skype 网络电话等互联互通，帮助企业将高效的视频沟通延伸到办公桌面。

MCU96 系列如附图 1.4 所示。

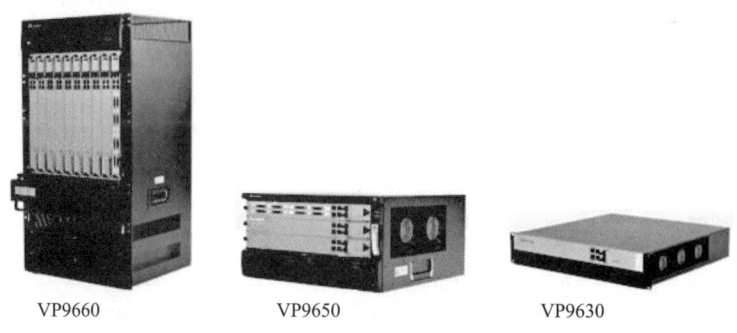

附图 1.4　MCU96 系列示意图

2013 年，华为 VP96 系列全适配 MCU 获得硅谷动力颁发的 2013 最佳视频会议平台奖。

2013 年，华为重磅推出了 TE40、TE50、TE60 三款全新的高清视频会议终端。该系列产品既继承了 TE30 在音视频体验、简单易用等方面的领先优势，同时，又实现了更加强大音视频处理能力，并能全面覆盖从中小型会议到大中型会议乃至超大型会议的不同场景需求。

TE 系类终端如附图 1.5 所示。

附图1.5 华为TE系列产品示意图

TE系列视频会议终端均支持1080P60极致高清视频和AAC-LD宽频语音,同时,TE系列终端还具备业界独有的多视功能,无须MCU参与就能通过终端组合成多画面,既可轻松满足大型会场中多角度摄像的需求,同时还能有效节省带宽。

另外,华为TE系列终端在网络适应能力同样进行了领先行业的突破,实现了低带宽与高体验的完美结合。一方面,采用H.264 HP(High Profile)和华为专利活动视频增强技术VME2.0(Video Motion Enhance),TE系列终端实现1080P高清视频最低仅需512K带宽,相比业界降低50%,有效帮助企业节省带宽成本;另一方面,TE系列终端支持H.264 SVC(Scalable Video Coding)分层视频编码和华为超强纠错抗丢包技术SEC3.0(Super Error Concealment),在网络丢包率达到20%情况下也能确保视频会议的正常召开。

无线技术随着智能手机的应用在人们生活中越来越普及。华为TE系列终端通过对无线网络技术的应用,进一步提升了视频会议的便捷性。首先,TE系列具备业界独有的无线网络接入能力,支持终端、阵列麦克、触控pad等无线互连,可让用户更加方便地进行会议室部署,获得更加灵活的应用。其次,TE系列还能支持无线数据共享,无须VGA连线就能在WiFi或IP网络环境下实现数据共享,而在WiFi环境下,多人轮流共享也无须插拔线缆,十分便捷。

在会议操作方面,TE系列终端还进行了更多人性化的设计,在业界率先推出语音呼叫入会功能,用户在添加会场时,不再需要烦琐的遥控器选择和输入等操作,而只需说出想要添加的会场即可自动连接,具备非常智能的人机互动功能。

(三) 华为视讯愿景

面对不断深入发展的垂直行业应用,华为坚持"被集成不动摇"的策略,秉着致力于让用户轻松实现高效面对面沟通与协作的理念,华为提出了"绿色华为、绿色通信、绿色世界"的战略,并于2008年加入全球ICT行业最具影响力的环保组织GeSI,成为亚洲唯一的GeSI成员。华为绿色战略如附图1.6所示。

绿色,是视频通信技术的本色;未来,它也许会成为衡量视频通信技术生命力旺盛与否的一个直观标志。

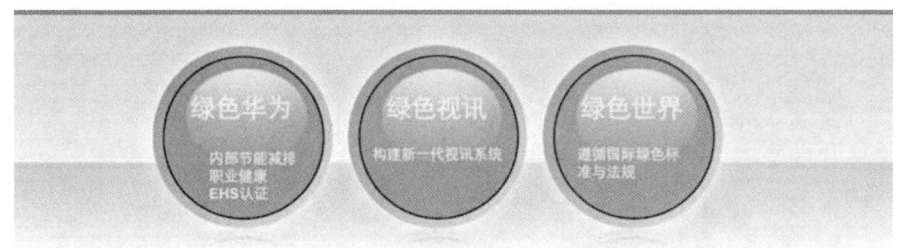

附图 1.6　华为绿色战略

二、Polycom 公司整体介绍

(一) 简介

Polycom 是基于开放标准的统一通信（UC&C）全球领先企业，提供基于 Polycom RealPresence 平台的远程呈现、视频及语音解决方案。RealPresence 平台可以全面支持统一通讯的应用需求，在商业领域、移动领域、乃至社交网络领域都得到广泛应用。目前，全球已有超过 415000 家企业选择了 Polycom 解决方案，他们可以随时随地与同事、合作伙伴和客户进行有效的协作和面对面交流。Polycom 解决方案在全球财富 500 强企业的市场占有率达 95%，同时 Polycom 公司的远程会议系列产品多次获得各种国际奖项，市场占有率多年来持续保持全球第一。

自进入中国市场以来，Polycom 在国内视频会议领域取得骄人业绩，连续多年保持市场占有率第一，圆满完成众多政府、金融、保险、教育、能源等客户的远程视频通信建设。目前 Polycom 在中国拥有如：信息产业部、民政部、中国工商银行、中国人民保险公司、中国联通、中国电信、中国网通、中国石油天然气集团、中国建设银行、平安保险公司等重量级国内用户。同时，也拥有像微软、宝洁、波音、西门子等国际知名用户。而中小型企业用户更是将 Polycom 产品作为首选。

Polycom 是纳斯达克上市公司，总部位于美国加利福尼亚州，员工超过 4000 名，在全球五大洲 35 个国家拥有 80 家分支机构。在中国区已经建设完成包括北京、广州、上海、成都、沈阳、西安、济南在内的 7 大演示中心和办事机构，为客户提供高品质的方案体验和专业服务。同时，Polycom 还在中国设立了世界级研发中心——位于北京的 Polycom 研发中心，专注于视频通信技术和解决方案及产品的开发和设计，支持 Polycom 的全球客户。

(二) Polycom 云视频平台

Polycom 基于其专业的音视频通信技术，创新推出云视频平台，为客户提供自助式、可定制、全兼容、大规模、虚拟化的视频会议系统，通过一系列创新的产品和解决方案，实现统一视频协作、视频资源管理、虚拟化管理、视频内容管理、通用访问与安全等平台化整合的功能，让企业和个人能够不受时间和地点的限制，无论在旅途中、家庭办公、办公室、会议室或者通过远真都能同时进行视频会议，从视觉、听觉、触觉全方位提升用户体验。宝利通云解决方案如附图 1.7 所示。

附图1.7 宝利通云解决方案

(三) 全景式远真 Polycom® RealPresence® Immersive Studio

Polycom® RealPresence® Immersive Studio™是全景式远真体验的又一次重大变革，将为用户带来下一代4k超高清屏幕的1080p 60逼真效果；3个84in超薄边框显示屏和灵活的内容布局，使每一位与会者都清晰可见。Polycom® RealPresence® Immersive Studio™可以便捷灵活的内容共享，将存储在平板电脑或移动设备上的文档实时共享；采用统一通信集成，安装使用无须额外支出，并提供一系列维护和支持服务包，在降低总体拥有成本的同时提高IT团队效率。

Polycom® RealPresence® Immersive Studio™令用户更加专注于会议内容，更加适合头脑风暴或危机管理等讨论型会议。Polycom® RealPresence® Immersive Studio™将为用户营造身临其境的视觉、听觉和逼真的协作体验，便捷、灵活地共享内容，可彻底忽略技术的存在，更加易于部署和使用。宝利通新一代全景式远真解决方案效果图如附图1.8所示。

附图1.8 宝利通新一代全景式远真解决方案效果图

（四）Polycom RealPresence Desktop 桌面终端

Polycom RealPresence Desktop 桌面终端能提供直观的、全新的用户体验，采用统一设计，使用者可通过一致性界面获得一致性体验；双模双协议支持 SVC/AVC 和 H.33/SIP，具备强大的兼容性；支持桌面共享和新增程序两种共享方式；更具有单机模式和集中配置管理两种模式，为办公室环境下的沟通提供更灵活、方便的选择。宝利通桌面终端应用场景如附图 1.9 所示。

附图 1.9　宝利通桌面终端应用场景

（五）Polycom RealPresence Mobile 移动解决方案

移动 4G 时代带来网络环境下数据采集和传输速度的大幅提高，同时为依赖网络传输的视频会议带来了巨大的发展机遇。伴随智能终端的普及，Polycom 早在 2012 年就与苹果、三星、HTC、摩托罗拉等手机厂商建立了合作伙伴关系，推出了可应用于平板电脑和智能手机的 RealPresence Mobile 移动解决方案。Polycom RealPresence Mobile 能够为用户提供更加便捷的视频协作方式，无论在机场、路途中还是世界的任何地方，只要有 WiFi 或移动网络就可以通过平板电脑或智能手机随时随地进行视频协作。

除了具有桌面终端的功能外，RealPresence Mobile 融合 Polycom® SmartPairing™（智能飞屏）技术，并能为移动用户提供包括内容共享和远端摄像机控制等更多功能。此外，Polycom 安全、灵活、高扩展性的防火墙穿越解决方案保障了顺畅、安全的使用体验。宝利通移动解决方案示意图如附图 1.10 所示。

附图 1.10　宝利通移动解决方案示意图

(六) Polycom® RealPresence® CloudAXIS™ 云跨界平台

Polycom® RealPresence® CloudAXIS™ 云跨界平台是基于浏览器的解决方案,功能强大且易于使用,它能通过网络浏览器实现企业与企业、企业及个人间的实时协作,是首款支持企业与企业(B2B)或企业与个人(B2C)的视频协作的解决方案,可为用户创造更大的价值和发展空间。

在使用时,用户只需要轻轻一点,便可通过即时直观的网页界面与企业或防火墙外部的人进行安全沟通。此外,RealPresenceCloudAXIS 云跨界平台配有业界首个具备实时状态显示的全球目录,可集成 Facebook® 和 Google Talk™ 等主流社交应用程序中的联系人,轻松通过 IM 邀请联系人加入会议。主持人发起会议后,受邀的与会人员会收到一个网络链接,点击链接便可通过浏览器立即加入企业级视频协作会议。宝利通云跨界平台通过社交或视频应用导入的全球联系人目录。用户只需拖拽联系人姓名,便可通过浏览器开启一个安全的企业级视频协作会议,操作界面示意图如附图 1.11 所示。

附图 1.11 宝利通云跨界平台操作界面示意图

(七) 可视电话

Polycom 桌面型可视电话作为新一代经理级商务媒体电话,提供顶级的个人通信体验。内置蓝牙配适器,选配高清摄像头;可设置 16 条线路或快速拨号;4.3in 触摸屏幕(480×272p)和 14kHz HD Voice 最大化提升使用的便利性和音视频体验;内置三方会议桥和 Lync & 开放的 SIP。桌面型可视电话如附图 1.12 所示。

2014 年 8 月计世资讯发布的《高效沟通 乐在其中》音频通信白皮书中指出,随着企业对音频通信需求的不断上升,他们迫切的需要一种灵活的音频通信解决方案:一方面需要具备更灵活的开会方式和更多样的接入方式,另一方面则需要操作简单,以满足个人、部门、企业等不同程度的沟通需要。白皮书还指出,为应对企业对语音通信设备的要求,语音通信产品正朝着高效的数据协同能力、更全面的可扩展性和易操作性三大趋势发展。

Polycom 作为全球领先的通信行业企业,自 1992 年推出全球首款 Polycom Sound Station 以来,一直专注于音视频解决方案的推陈出新,通过不断观察企业的沟通需求变化,提供最先进的解决方案,引领行业发展趋势,最大限度地满足不同企业不同程度的通信设备需求。

附图 1.12　宝利通桌面型可视电话

附录2 视频会议相关辅件介绍

一、液晶屏升降器

隐藏式自动升降显示系统是现代高级视频会议系统中常用的理想设备。该产品是专门针对高级会议系统设计的桌面升降系统。在召开一般会议时,显示器降至桌面内,使桌面平整整洁;在召开多媒体会议时,可根据需要,单独、群组或全部升起,用于进行多媒体信息的显示,包括会议内容、信息提示、图像信息等。自动升降显示系统示意图如附图 2.1 所示。

附图 2.1 自动升降显示系统示意图

升降器具有以下特点:

(1) 具有电源保护功能:液晶屏上升后自动供电;液晶屏下降时自动断电;减少电能损耗。机器共由三个电机控制(一个控制开关门,一个控制升降,一个控制角度调节。)

(2) 采用封闭防水电路设计,防水防尘。

(3) 支持 RS232 控制,可单机使用和通过中控集中控制。同时还支持无线连接控制,具有自由编组功能。

(4) 超静音滑轨,升降噪声小于 20dB。

二、投影机电动吊架

投影机不使用时,收藏在机箱内,并且盒门自锁,使投影机受到良好的保护,并有防盗功能。投影机使用时,能自动开启盒门,投影机从盒内自动伸出,使用方便。用完后,又能使其向上缩回盒内,自动关上门,美观大方,隐蔽设计。全部动作都由继电器机械完成。其动作准确,伸缩自如,任凭用户操纵指挥。采用机械定位交剪式、异步减速电磁刹车设计,实现产品运行平稳、定位准确等优点;采取同步设计模式,在机动行程中声音不超出50dB,噪声低;具备集中控制面板,可直接对接中控系统实现集中控制;外表设计美观大方,造型独特富有个性;可负重25~40kg,安全系数高。电动吊架示意图如附图2.2所示。

附图2.2　电动吊架示意图

三、电动升降桌

产品采用四轨道拉动原理设计,拥有造型美观、运行平稳、噪声小、负重量大等特点,可广泛应用于投影机工程、视频会议系统、电视会议系统、大型会议系统等,可以作为发言席使用,不同身高的发言者可以自行调节高度,使得发言效果更理想。电动升降桌示意图如附图2.3所示。

附图2.3　电动升降桌示意图

四、电动升降会标

会标升降采用电动机,具有噪声小、限位精确、过热保护等特点。会标长度可以无限延伸,控制方式可采用开关、无线电控制。配备双出轴涡轮蜗杆减速箱,可以根据需要调整不同的提升速度。系统行程控制采用精度极高的机械计数方式,行程控制与电动机一体化。本机构有完善的电动机延时、过流保护及控制功能。特殊情况可定做。电动升降会标的控制可采用机械按键式、无线电遥控式,也可与多媒体中央控制系统连接,可实现程序化控制或远程控集成到总控室，也可采用智能控制系统。电动会标示意图如附图2.4所示。

附图2.4　电动会标示意图

五、信息插座

专门针对高级会议系统设计的隐藏式插座，采用高级铝合金面板，表面阳极氧化着色处理，使插座高贵、大方。开启缓慢，安全，方便插拔，接口开启容易，静音。隐藏式弹起面板符合人体工学设计，结构紧凑、美观、安装简易，并起到防尘、防水作用。可预先定义多个常用接口，也可以由用户自定义。也可用于大班台、柜台等台面安装，使桌面平整整洁，是现代高级视频会议系统中采用的理想设备。附图2.5将单电源，单VGA口、单视频口、单3.5音频口、双网口、单卡侬口全部放在一起。当然也可以根据需要将国标电源、RCA音频口、USB口、网线、USB线等信息接口集合在一起。信息插座示意图如附图2.5所示。

附图2.5　信息插座示意图

参 考 文 献

[1] 刘希俭.中国石油信息化管理 [M].北京：石油工业出版社，2008

[2] 余学锋，柏艳平，等.企业信息化的管理效益和非技术分析 [J].昆明理工大学学报，2011，(36)：55—58

[3] 李玉辉.企业信息技术投资的战略管理问题研究——向信息化要竞争力和经济效益 [M].北京：中国经济出版社，2004

[4] 中国注册会计师协会.财务成本管理 [M]. 北京：中国财政经济出版社，2012

[5] 梅运谊.基于 H323 视频会议的 QOS 系统解决方案 [R] //第 11 届中国化工学会信息技术应用年会论文集，2007 年 7 月

4